一套书读懂逻辑

逻辑高手

弘丰　编著

应急管理出版社
·北　京·

图书在版编目（CIP）数据

　　一套书读懂逻辑．逻辑高手/弘丰编著．－－北京：
应急管理出版社，2019（2021.4 重印）

　　ISBN 978 - 7 - 5020 - 7745 - 7

　　Ⅰ.①一… 　Ⅱ.①弘… 　Ⅲ.①逻辑思维—通俗读物
Ⅳ.①B804.1 - 49

　　中国版本图书馆 CIP 数据核字（2019）第 252551 号

一套书读懂逻辑　逻辑高手

编　　著	弘　丰	
责任编辑	高红勤	
封面设计	末末美书	

出版发行　应急管理出版社（北京市朝阳区芍药居 35 号　100029）
电　　话　010 - 84657898（总编室）　010 - 84657880（读者服务部）
网　　址　www.cciph.com.cn
印　　刷　晟德（天津）印刷有限公司
经　　销　全国新华书店

开　　本　787mm×1092mm$^1/_{32}$　印张　25　字数　520 千字
版　　次　2020 年 1 月第 1 版　2021 年 4 月第 2 次印刷
社内编号　20192552　　　　定价　125.00 元（全五册）

生活中，逻辑无处不在。无论我们是有意还是无意，逻辑无时不在服务于我们的生活，思考、工作、生活、学习等，处处可见逻辑的影子。逻辑是所有学科的基础，无论你想学习哪门专业，要想学得好、学得快，都要有较强的逻辑思维能力。

现今社会，逻辑能力越来越被人重视，一个很重要的原因就是逻辑能力强的人思维极其活跃，应变能力、创新能力、分析能力甚至领导能力在某种程度上都高于他人。拥有这样能力的人，无论是在学习、生活中，还是工作中，都能有卓越的表现。

一般来说，每个人的逻辑思维能力都不是一成不变的，它是个永远也挖不完的宝藏，只要懂得基本的规则与技巧，再加上适当的科学训练，每个人的逻辑能力都能获得极大的提升。

本书介绍了逻辑学的基本原理和相关技巧，从逻辑的概念、类型，到论证方法、基本规律，把看似枯燥难懂的内容，以贴近生活、通俗易懂的方式讲述得明明白白。本书还向读者提供了各种思考问题的方式和角度，构建全方位的视角，为各种问题的解决和思维度的延伸提供了行之有效的指导。

当你随着本书的指引，通过认真思考和仔细观察，成功地解决了问题之后，你会欣喜地发现，那些拥有卓绝成就的人所具备的超凡思维能力，并不是遥不可及的。通过本书的阅读，你可以冲破思维定式，试着从不同的角度思考问题，不断地进行逆向思维，换位思考。运用从本书中学到的各种逻辑思维方法，能够帮助你成功破解各种难题，让你全面开发思维潜能，成长为社会精英和时代强者。

本书既可作为提升逻辑力的训练教程，也可作为开发大脑潜能的工具书。不同年龄、不同角色的人，都可以从这本书中获得深刻的启示。阅读本书，能让你思维更缜密，观察更敏锐，想象更丰富，心思更细腻，做事更理性。

目 录

第一章 ▷

科学逻辑方法

什么是科学逻辑方法

逻辑方法与科学方法

我们前面讲过，逻辑思维方法就是指依靠人的大脑对事物外部联系和综合材料进行加工整理，由表及里，逐步把握事物的本质和规律，从而形成概念、建构判断和进行推理的方法。

科学方法则是指人们为达到认识客观世界的本质及规律这一基本目的而采用的手段、方式和途径，包括在一切科学活动中采用的思路、程序、规则、技巧和模式。简单地说，科学方法就是人类在所有认识和实践活动中所运用的全部正确方法。

从种类上说，科学方法分为描述事实的经验认识方法和解释事实的理论思维方法；从层次上看，科学方法可以分为哲学—逻辑方法、经验自然科学方法、特殊的科学方法和个别的科学方法。其中，哲学—逻辑方法适用于自然科学、社会科学、思维科学以及人们日常生活的各个方面；经验自然科学方法则仅仅适用于经验自然科学；特殊的科学方法适用于一门或几门学科；而个别的科学方法则是指运用望远镜、显微镜方法。也有人把科学方法分为单学科方法（或专门科学方法）、多学科方法（或一般科学方法，适用于自然科学和社会科学）和全学科方法（具有最普遍方法论意义的哲学方法）

三个层次。

逻辑方法与科学方法是紧密联系在一起的。物理学家爱因斯坦说过："一切科学的伟大目标，即要从尽可能少的假说或者公理出发，通过逻辑的演绎，概括尽可能多的经验事实。"他同时也指出："逻辑简单的东西，当然不一定就是物理上真实的东西；但物理上真实的东西一定是逻辑上简单的东西。"事实上，思维方法本身就是通过概念、判断、推理的运用来揭示客观事物间的因果联系的。而且，在揭示事物真相的过程中，观察、实验、比较、分析与综合都是最为常用的研究方法，它们也需要借助概念、判断、推理等逻辑方法来揭示客观事物间的因果联系。在这方面，逻辑方法与科学方法是难分彼此的。

科学逻辑方法

科学思维逻辑方法就是逻辑方法与科学方法的综合运用，简称为科学逻辑方法。科学逻辑方法可以说是在科学基础上运用逻辑方法去认识、揭示客观事物的规律和本质的方法，也可以说是在逻辑的辅助下运用科学方法去认识、揭示客观事物的规律和本质的方法。

我们所讨论的科学逻辑方法主要包括科学解释的逻辑方法、科学预测的逻辑方法、探求因果联系的逻辑方法和科学假说的逻辑方法等。其中，科学解释的逻辑方法是关于科学解释的逻辑模式与逻辑方法的理论；科学预测的逻辑方法是关于科学预测的逻辑模式和逻辑方法的理论；探求因果关系的逻辑方法则是探求客观事物之间因果联系的逻辑方法，它又可以分为求同法、求异法、求同求异并用法、共变法以及剩余法；而科学假说的逻辑方法则是指人们依据一定的事实材料和科学原理，对事物的未知原因或规律性所作的假定性解释的逻辑方法。爱因斯坦说："物理学的任务，仅在于用假说从经验材料中总结出这些规律。"由此可见，科学假说逻辑方法的重要性。

什么是因果联系

因果联系的含义

古希腊伟大的唯物主义哲学家德谟克利特一生都在探求事物之间的因果联系，并以此为最大快乐。他说过："宁可找到一个因果的解释，也不愿获得一个波斯王位。"比如，如果你看见一只乌龟突然从天下掉下来，并恰好落在一个秃头上，你肯定以为这是一件不可思议的事。但德谟克利特却会告诉你，世上没有不可思议的事，任何结果都是有原因的。不信你抬头看，乌龟一定是从正在天上盘旋的那只老鹰爪中掉下来的。德谟克利特就是要通过这件事告诉我们，任何事物都是处在普遍联系之中的，而一个结果的产生也一定有着它的原因，这就是事物间的因果联系。

因果联系的特征

任何事物都处于普遍联系中，但却并非任何联系都是因果联系。比如，"鱼儿离不开水，瓜儿离不开秧"中，鱼和水、瓜和秧之间的联系是指事物间的直接联系；"城门失火，殃及池鱼"中，火和鱼之间的联系是指事物间的间接联系，但它们却并非因果联系。因果联系作为事物间关系的重要表现形式之一，有着它独有的特征。

　　第一，由因果联系的定义可知，它是一种引起与被引起的关系；同时，原因作为引起的现象，一般都是先出现的，结果作为被引起的现象，一般都是后出现的，原因和结果有着先行后续的关系。因此，因果联系是一种先行后续的引起与被引起关系。比如，苹果成熟后掉落地上，而不是飞向天上，是因为万有引力的原因。先有万有引力，然后才有苹果落地，这是先行后续的关系；万有引力引起苹果落地，这是引起与被引起的关系。

　　第二，因果联系普遍存在于自然、社会及人的思维之中，具有普遍性。比如：

　　一天，通用汽车公司黑海汽车制造厂总裁收到一封抱怨信，说开着该厂的汽车去买冰激凌，只要是买香子兰冰激凌，汽车便发动不了，而买其他牌子的冰激凌，汽车却一切正常。黑海厂总裁对这封信迷惑不解，但还是派了一名工程师去查看。但是，工程师在进行调查时也遇到了相同的问题，而且一连三次都是如此，这让他百思不得其解。接下来的调查中，他开始对日期、汽车往返时间以及汽油类型等做认真详细的记录。最后终于发现，车主买香子兰冰激凌比买其他冰激凌用的时间要短，从而找出了汽车停的时间太短就无法启动的原因。经过进一步研究，发现它跟气锁有关。买冰激凌的时间长的话，可以使汽车充分冷却以便启动；买冰激凌时间短的话，汽车引擎就还是热的，所产生的气锁就耗散不掉，因而汽车无法启动。

一个冰激凌竟然影响到一辆汽车的启动，让人不能不承认因果联系的普遍性。

第三，当相同的原因和一切所必需的条件都存在时，就会必然产生结果，而且只产生相同的结果。这就是因果联系的必然性和确定性。比如，苹果落地和万有引力是因果联系，但是苹果落地与牛顿发现万有引力却不是必然联系。因为看到苹果落地的人很多，但却只有牛顿一人发现了万有引力，这是因果联系的必然性。同时，只要在适用于万有引力的条件下，就一定会产生苹果落地的结果，而不是上天或停留在空中，这是因果联系的确定性。

第四，一般来说，因果联系有一因一果、一因多果、多因一果和多因多果等各种形式，而且有时候甚至不能说出到底哪个是因、哪个是果。也就是说，有时候事物之间可能会互为因果。这就是因果关系的复杂多样性。比如，经济落后可能会造成教育落后、科技落后、军事落后等多个结果；而教育落后、科技落后、军事落后等又必然造成经济落后。

第五，世上没有无因之果，也没有无果之因，原因和结果总是相互依存、共存共生的关系。这就是因果联系的互存性。"黄鼠狼给鸡拜年——没安好心"是这个道理，"没有无缘无故的恨，也没有无缘无故的爱"也是这个道理。

探求因果联系的逻辑方法

事物间的因果联系具有普遍性和客观性，这是人们正确认识事物的前提。只有正确把握因果联系，才能提高人们进行各种活动的自觉性和预见性，在科学研究发现中尤其如此。事实上，科学解释就是在根据现有各种科学现象的"果"去探索它们存在或发生、发展的"因"；而科学预测也是在科学理论和相关条件的基础上，根据事物间的因果联系预测新事物的存在。

　　当然，事物间的因果联系是复杂多样的，要探求复杂多样的因果联系，就要运用科学的逻辑方法。常用的探求事物间因果联系的逻辑方法有求同法、求异法、求同求异并用法、共变法及剩余法。这五种方法是由约翰·穆勒在用归纳法研究自然界的因果联系时创立的，所以称为"穆勒五法"。对此，我们将在以下几节中对前面三种常用的方法进行详细探讨。

求同法

求同法的含义、形式和特点

有甲、乙、丙三块地,在甲地里施磷肥、氮肥、浇水,在乙地里施磷肥、钾肥、除草,在丙地里施磷肥、钙肥、杀虫,结果发现这三块地的产量都高了。由此人们认为,这三块地都缺磷,磷肥是粮食产量提高的原因。

在这里,人们就是运用求同法来探求粮食产量提高的原因的。

所谓求同法,就是在某一被研究对象出现的若干不同的场合中,除某个情况相同外,其他情况均不同,那么这个相同的情况就是被研究对象的原因,它们之间具有因果联系。所以,求同法也叫契合法。如果我们用1、2、3等表示若干不同的场合,用A、B、C等表示先于结果出现的各种情况,用a表示被研究对象,求同法的逻辑形式就可以表示为:

场合	先行情况	被研究对象
1	A、B、C	a
2	A、D、E	a
3	A、F、G	a
……	……	……

所以，A 是 a 的原因。

在场合 1 中，a 与 A、B、C 一起出现；在场合 2 中，a 与 A、D、E 一起出现；在场合 3 中，a 与 A、F、G 一起出现……A 是 a 在各种场合出现时的共同情况，所以 A 是 a 出现的原因，A 与 a 具有因果关系。

根据求同法的逻辑形式，上面所举的例子可以这样表示：

场合	先行情况		被研究对象
甲地	施磷肥、氮肥、浇水	粮食	产量提高
乙地	施磷肥、钾肥、除草	粮食	产量提高
丙地	施磷肥、钙肥、杀虫	粮食	产量提高

所以，施磷肥是粮食产量提高的原因。

在这里，施磷肥是粮食产量在三块不同的地里得以提高的共同条件，所以施磷肥是粮食产量提高的原因，二者具有因果关系。再比如：

小王、小张、小李三人的生长环境、学习条件、生活条件以及工作条件都不相同，但他们却都有着一个好身体。这是为什么呢？经调查发现，原来他们都喜欢运动，而且每周都有固定的运动量。于是，人们就推测出运动是他们身体好的原因。

通过上面的分析，我们可以得出求同法在探求事物间的因果关系时有以下三个特点：

第一，求同法依据的是因果关系的确定性特征，即在必需条件都具备的情况下，同样的原因会引起相同的结果。比如上面的两个事例中，施磷肥在各种不同的场合中都引起"粮食产量提高"这一结果；运动在不同的情况中都引起"身体好"这一结果。

第二，求同法是"异中求同"或者说是"求同除异"，即在各不相同的场合中排除相异的因素，找出相同的因素。比如，上面两个事例中分别排除了施氮肥、钾肥、钙肥、除草、浇水、杀虫等不同因素及生长环境、学习条件、生活条件、工作条件等不同因素，从而分别找出了施磷肥和运动这一相同的因素。

第三，求同法是或然性推理，所推出的结论也是或然的。这主要是因为求同法基本上都是根据经验观察而判断出事物间的因果关系的，而经验并不是任何时候都正确的，所以凭经验得出的结论也就不必然是真的。因此，可以说求同法是一种观察方法，而不是实验方法。

求异法

求异法的含义与形式

有甲、乙两块地，它们连续两年粮食产量都不高，但又不知道什么原因。于是，人们开始通过实验的方法来探求粮食产量低的原因。在其他条件都相同的情况下，人们在甲地里施磷肥、浇水、除草、杀虫，在乙地里浇水、除草、杀虫。结果发现，甲地的粮食产量有了明显提高，乙地的产量则没变。由此人们认为，施磷肥是粮食产量提高的原因，二者具有因果关系。

在这里，人们就是运用求异法来探求粮食产量提高的原因的。

所谓求异法，就是在某一被研究对象出现和不出现的两个场合中，除某个情况不同外，其他情况均相同，那么这个不同的情况就是被研究对象的原因，它们之间具有因果联系。所以，求异法也叫差异法。如果我们用 1、2 表示两个不同的场合，用 A、B、C 等表示先于结果出现的各种情况，用 a 表示被研究对象，求异法的逻辑形式就可以表示为：

场合	先行情况	被研究对象
1	A、B、C	a
2	—B、C	—

所以，A 是 a 的原因。

在场合 1 中，a 与 A、B、C 一起出现；在场合 2 中，A 没有出现，a 也没有出现。因此，A 是 a 出现的原因，二者具有因果关系。

根据求异法的逻辑形式，上面所举的例子可以这样表示：

场合	先行情况	被研究对象
甲地	施磷肥、浇水、除草、杀虫	粮食产量提高
乙地	—浇水、除草、杀虫	—

所以，施磷肥是粮食产量提高的原因。

在这里，甲、乙两块地的其他条件都相同，施磷肥是其唯一不同之处。所以，施磷肥是甲地粮食产量提高的原因。再比如：

为了找出蝙蝠在黑暗中自由飞翔并准确辨别方向的原因，科学家对其进行了实验。首先，科学家把蝙蝠的双眼罩住，结果发现蝙蝠依然能像往常一样准确地辨别方向，丝毫没有因为双眼不能视物而受影响。于是，科学家又换了一种方法，即将蝙蝠的双耳罩住。这下科学家们发现，蝙蝠突然失去了方向感，在空中到处乱飞，不时地撞在墙上。而当科学家把罩住蝙蝠耳朵的东西除去后，蝙蝠又恢复了往常的辨向能力。由此科学家得出了蝙蝠是靠双耳来辨别方位的结论。

在这个实验中，科学家就是采取求异法来探求蝙蝠的双耳与其辨别方位之间的因果联系的，即在其他条件完全相同的情况下，罩住双耳的蝙蝠不能辨别方向，没有罩住双耳的蝙蝠则可以辨别方向。

求异法的特点和需要注意的问题

通过上面的分析，我们可以得出求异法在探求事物间的因果关系时有以下三个特点：

第一，求异法是采用实验的方法进行的，而且一般都是在两个场合中进行；

第二，求异法是"同中求异"，即在两个场合中出现的错综复杂的情况中，排除相同的情况，找出不同的情况；

第三，求异法是或然性推理，所推出的结论也是或然的。这一方面是因为实验手段本身存在的局限性或误差，另一方面是因为现实中的因果关系是极为复杂的，所推出的那个差异未必是引起相应结果的根本原因。

求异法主要用于各种实验中。因为，求异法一般只在两个场合中进行，一个是被研究对象出现的场合，一个是被研究对象不出现的场合。而且，在这两个场合中，只有一种情况不同，其他情况都相同，这对进行试验有很大便利。比如，在进行蝙蝠实验的时候，只需把蝙蝠的眼睛或耳朵罩住或松开即可，整个实验场所及条件都不需要改变。这就省去了很多麻烦，便于实验的顺利进行。因此，求异法是科学研究中最为常用的方法之一。但是，在运用求异法探求因果关系的时候，要保证所得结论的可靠性，就要注意以下几个问题：

第一，要确保被研究对象出现和不出现的两个场合中只有一个情况是不同，而其他情况或条件务必相同。只有在这个前提下，所推出的结论才可能是可靠的。反之，如果不同的情况不唯一，那就无法判断这些情况究竟哪个是原因了。看下面一则故事：

　　一天，约翰穿着旧衣服去参加一个宴会。在酒店门口，约翰被保安拦住了，理由自然是保安觉得他衣衫破旧，不像赴宴的人。直到约翰拿出请柬时，保安才放他进去。进入富丽堂皇的宴会大厅后，满大厅衣着华丽的人都没有理约翰，甚至还嘲笑他的寒酸。约翰很生气，便立刻回去穿了件高档的华丽的礼服，重新回到酒店。这时保安很礼貌地向他问好，宴会上的客人也都争相和他谈话、敬酒。约翰没理那些人，而是当着众人的面脱下了礼服，把它扔到了餐桌上，说道："喝吧，衣服！"众人都很吃惊，约翰却若无其事地说："我穿着旧衣服赴宴时，没人理我，也没人给我敬酒；我穿着华丽的礼服赴宴时，你们都争相和我打招呼、敬酒，可见你们尊敬的不是我，而是我的衣服，那就让它陪你们吧。"说完，约翰便扬长而去。

　　在这个故事中，约翰就是用求异法得出结论的。而且，他在运用求异法进行推理时，被研究对象出现和不出现的两个场合除了一个情况（即华丽的礼服）不同外，其他情况（宴会环境、客人等）完全相同。因此，他得出的结论是可靠的。相反，如果此外还有其他情况不同，比如约翰的言行举止先后不同，那么约翰的这个结论就不一定正确了。

第二，要确保两个场合中的那个唯一的不同情况是引起相应结果的全部原因，而不是部分原因。比如，上面的事例中，如果引起甲地粮食产量提高的原因除了"施磷肥"之外，还有别的（比如光照、温度等），那所推出的结论就是错误的。

第三，要确保两个场合中的那个唯一的不同情况是引起相应结果的根本原因。这主要是因为，在所得出的那个不同情况中，有可能还存在其他因素需要进一步探讨。

求同求异并用法

求同求异并用法的含义

求同求异并用法，也叫契合差异并用法，是指在被研究对象出现的若干场合中，只有一个情况相同；而在被研究对象不出现的若干场合中，都没有出现这一情况，那么这一情况就是被研究对象的原因，二者具有因果联系。其中，我们把被研究对象出现的若干场合叫作正面场合，把被研究对象没有出现的若干场合叫作反面场合。在正面场合所列举的事例叫正事例组，在反面场合列举的事例叫负事例组。比如：

为了研究候鸟在迁徙过程中识别方向的原因，科学家做了这样一个实验。在一个四周装有窗户的六角亭里，设置了一个玻璃底圆柱形铁丝笼，笼中是候鸟的代表——椋鸟。实验首先是在晴天时进行的。经过观察，科学家发现当阳光射进亭子里时，笼中的椋鸟立刻就开始向着它们迁徙的方向飞行；当用镜子将阳光折转 60 度时，椋鸟的飞行方向也会随着调转 60 度；当阳光被折转 90 度时，椋鸟的飞行方向也会调转 90 度。经过反复实验，发现椋鸟总是随着太阳的方向飞行的。接着，科学家又在阴雨天气进行实验，结果发现，在太阳消失的阴雨天里，椋鸟很快就迷失了方向。由此科学家得出结论：候鸟是通过太阳定向的。

在这个实验中，科学家就是通过求同求异并用法来探求太阳与椋鸟定向的因果关系的。在椋鸟能够定向的几个场合里，都有"太阳"这一相同情况；在椋鸟不能定向的几个场合里，都没有"太阳"这一情况。因此，太阳是椋鸟定向的原因，二者具有因果关系。

求同求异并用法的形式和步骤

如果我们用 a 表示被研究对象，用 A 表示共同因素，用 B、C、D 等表示出共同因素外的有关因素，那么求同求异并用法的逻辑形式就可以表示为：

场合	先行情况	被研究对象

	场合	先行情况	被研究对象
	1	A、B、C	a
正面场合	2	A、D、E	a
	3	A、F、G	a
	……	……	
	1	—B、G	—
反面场合	2	—M、N	—
	3	—P、Q	—
	……	……	……

所以，A 是 a 的原因。

从这个逻辑形式中我们可以看出，在被研究对象 a 出现的正面场合（1、2、3……）中，只有一个相同因素 A；在被研究对象 a 没有出现的反面场合（1、2、3……）中，都没有这个相同因素 A。这种性质决定了我们在使用求同求异并用法进行分析时，要分三个步骤：

（1）在正面场合中，被研究对象 a 出现时，都有一个相同因素 A。根据求同法可知，A 是 a 的原因，二者具有因果关系。

（2）在反面场合中，被研究对象 a 没有出现时，都没有出现相同因素 A。根据求同法可知，A 不出现是 a 不出现的原因，二者具有因果关系。

（3）综合比较正、反面场合的结果，即 A 出现时 a 出现，A 不出现时 a 不出现。根据求异法可知，A 是 a 的原因，A 与 a 具有因果关系。比如，上面提到的关于"候鸟定向"的实验，就是通过这样三个步骤来进行的：在被研究对象"椋鸟"能够定向的正面场合（即晴天）中，都有一相同因素"太阳"，根据求同法可知，"太阳"与"椋鸟"定向具有因果关系；在被研究对象"椋鸟"不能够定向的反面场合（即阴雨天）中，都没有相同因素"太阳"，根据求同法可知，"太阳"不出现与"椋鸟"不能够定向具有因果关系；再运用求异法对这两个结果进行分析可知，"太阳"与"椋鸟"定向具有因果关系，并进而得出太阳与候鸟定向具有因果关系。

从求同求异并用法的使用步骤来看，它是通过在正、反面场合中分别使用求同法，再对其所得结论使用求异法，最终推出 A 与 a 的因果联系的。简言之，就是通过两次使用求同法，一次使用求异法推出结论的。因此，相对于求同法和求异法而言，求同求异并用法要复杂得多，但显然也可靠得多。

求同求异并用法与求同法、求异法相继运用的区别

求同求异并用法并不等于求同法和求异法的相继运用。

在求同求异并用法中，正面场合都有相同因素 A 且被研究对象 a 出现，反面场合都没有相同因素 A 且被研究对象 a 不出现。从这方面看，反面场合是对正面场合的检验。但是，反面场合只是通过选择 A 不出现的场合进行检验，而不是通过消除 A 来进行检验的。

在求同法和求异法的相继运用中，是先运用求同法得出一个结论，再运用求异法对其进行检验。如果我们通过观察，发现某一相同因素 A 与某一被研究对象 a 具有因果联系。那么，我们就可以通过求异法对其进行检验，即通过实验消除这一相同因素 A，然后观察这时 a 是否会出现。也就是说，求异法是通过消除 A 来对求同法所得结论进行检验的，而不是选择 A 不出现的场合进行检验。

显然，选择 A 不出现的场合与消除 A 并不是一回事。因为，由前者推出 A 与 a 具有因果联系显然没有由后者推出这一结论可靠。这就好比孙悟空与唐僧的安全之间的关系。如果我们要检验孙悟空与唐僧的安全是否具有因果关系，那么，选择孙悟空不在的时候看唐僧是否安全显然没有直接把孙悟空赶走再看唐僧是否安全更为可靠。

有"药王"之称的孙思邈在研究脚气产生的病因时运用的就是求同求异并用法。首先，他经过观察发现富人得脚气病的要比穷人多。其次，他又发现虽然富人有各种各样的生活经历和习性，但都有一个相同点，即不吃粗粮；而穷人虽然也有各种各样的生活经历和习性，但也有一个相同点，即吃粗粮。由此他认为，不吃粗粮是得脚气病的原因。用逻辑形式表示就是：

	先行情况	被研究对象
	富人甲不吃粗粮	得脚气病
正面场合	富人乙不吃粗粮	得脚气病
	富人丙不吃粗粮	得脚气病
	……	……
	穷人甲吃粗粮	没有脚气病
反面场合	穷人乙吃粗粮	没有脚气病
	穷人丙吃粗粮	没有脚气病
	……	……

所以，不吃粗粮是得脚气病的原因。

无疑，孙思邈由此得出"不吃粗粮是得脚气病的原因"这一结论是有一定科学性的，而且他用米糠、麸子等粗粮治疗脚气病也有明显效果。在这里，孙思邈就是通过选择相同因素（即不吃粗粮）不出现的反面场合对正面场合进行检验的。但显然，并不是所有的富人都有脚气，也并不是所有的穷人都没有脚气。所以，用穷人吃粗粮而没有脚气来检验富人不吃粗粮而得脚气的可靠性就没那么高了。如果在运用求同法得出结论后，再采用求异法对其检验就比直接采用求同求异并用法更为可靠些。

首先，运用求同法进行分析：

场合	先行情况	被研究对象
1	富人甲不吃粗粮	得脚气病
2	富人乙不吃粗粮	得脚气病
3	富人丙不吃粗粮	得脚气病

所以，不吃粗粮是得脚气病的原因。

然后再运用求异法，即消除相同因素"不吃粗粮"对该结论进行检验：

场合	先行情况	被研究对象
1	富人甲吃粗粮	没有脚气病
2	富人乙吃粗粮	没有脚气病
3	富人丙吃粗粮	没有脚气病

所以，吃粗粮是不得脚气病的原因。

所以，由求同法和求异法的相继运用得到的结论要比求同求异并用法得到的结论更具可靠性。

在孙思邈发现脚气病因一千多年后的 1890 年，荷兰医生克里斯琴·艾克曼才发现了粗粮与脚气病的关系。不过，虽然中外的医学家都各自先后发现了不吃粗粮与得脚气病的因果联系，但是却并没有弄清楚究竟是粗粮中的什么物质防治的脚气病。这个谜团直到1911 年才被波兰生化学家卡西米尔·芬克解开。原来，米糠中有一种碱性含氮的晶体物质，这种物质属于胺类，芬克将其称为"生命胺"。它才是防治脚气的真正原因。

　　由此可知，不管是求同求异并用法还是求同法和求异法的相继运用，所推出的结论不一定是最终结论。因为科学是不断进步的，而人们的认识也会随着科学的进步越来越深入。

第二章 ▷

逻辑论证思维

《战国策》中有一则"邹忌讽齐王纳谏"的故事：

邹忌"修八尺有余，而形貌昳丽"。有一天，他为了证明自己和住在城北的徐公谁更美，便分别询问自己的妻子、侍妾和访客，他们都说邹忌比徐公美。邹忌便根据这件事向齐威王进谏："臣诚知不如徐公美，臣之妻私臣，臣之妾畏臣，臣之客欲有求于臣，皆以美于徐公。今齐地方千里，百二十城，宫妇左右，莫不私王；朝廷之臣，莫不畏王；四境之内，莫不有求于王。由此观之，王之蔽甚矣！"

邹忌通过自己的妻子、侍妾、访客与齐威王的妃嫔、大臣、民众的类比，证明了齐威王"受蒙蔽一定很厉害"的论题。邹忌所运用的就是逻辑论证思维中的类比证明。

逻辑论证的含义和形式

1. 逻辑论证的含义

逻辑论证就是用已知为真的判断通过逻辑推理确定另一判断真假的思维过程。

不管是在科学研究中，还是在日常生活中，都要用到逻辑论证。比如：

如果在三代以内有共同的祖先近亲之间通婚，会增加子女遗传性疾病的发生风险。这是因为，近亲结婚的夫妇有可能从他们共同祖先那里获得同一基因，并将之传递给子女。如果这一基因按常染色体隐性遗传方式，其子女就可能因为是突变纯合子而发病。因此，近亲结婚会增加某些常染色体隐性遗传性疾病的发生风险。

在这里，"增加子女遗传性疾病的发生风险"这一结论的得出就是通过逻辑论证来实现的。再比如：

李某经常打儿子小兵，并且宣称"老子教训儿子是天经地义的"。为了制止李某的这种行为，小兵的老师正告李某道："根据《青少年保护法》第二章第八条规定：父母或者其他监护人应当依法履行对未成年人的监护职责和抚养义务，不得虐待、遗弃未成年人。你这样做是违法的。"

在这里，老师援引法律证明李某"老子教训儿子是天经地义"的认识是错误的，也是法律所不容许的，运用的也是逻辑论证。

任何思维活动都离不开概念、判断和推理，逻辑论证在运用已知为真的判断确定另一判断的真实性或虚假性的过程，也是综合运用概念、判断和推理的过程。

需要指出的是，逻辑论证与实践证明是不同的概念。从本质上说，逻辑论证是人的意识对客观存在的反映，而实践证明则是一种实践活动。从形式上说，逻辑论证是对概念、判断和推理的综合运用，是通过已知为真的判断确定另一判断的真假；而实践证明则是人们通过实践活动的各项事实和结果来确定某个判断的真实性。从方式上说，逻辑论证要通过推理来进行，进行推理的过程也是确定各思维对象关系的过程；而实践证明则不能通过推理来进行，它只是将人们对思维对象的各种认识放在实践活动中进行检验。

但是，逻辑论证与实践证明也并非互不兼容。实践是检验真理的唯一途径，如果没有实践活动，就没有进行逻辑论证所必需的真实前提（即论据）及有效的论证方式。可以说，实践证明是逻辑论证的基础。正是有了实践对各种认识活动的证明，逻辑论证才能不断地深化。不仅如此，逻辑论证所得出的结果最终也需要通过实践来证明其真假。因为推理的性质决定了即使推理前提真实、推理形式完全正确，其所得的结论也并非全都为真，尤其是归纳推理和类比推理。所以，推理结论还要通过实践来检验。当然，逻辑论证毕竟是一种有着严谨科学性的论证方法，在实际运用的广度与深度上远比实践证明更具普遍性和概括性。同时，推理可以从已知推出未知，所以逻辑论证就具有了对未知事实推测性或预见性的性质。这对人们的认识活动显然有着极为重要的意义，是实践证明所没有且不可比拟的。如果说实践证明是人们对客观事物的感性认识，那么逻辑论证就是在此基础上形成的理性认识。事实上，逻辑论证就是将经实践证明了的结论上升为具有普遍意义的理论，并用这些理论对客观事物进行更为广泛和深入的研究。

总之，实践证明与逻辑论证是人们进行思维和论证的两种手段，它们互相依存、互为补充，像左膀右臂一样有力地服务于人们认识客观世界过程中所进行的各种活动。

2. 逻辑论证的形式

按照论证目的的不同，逻辑论证可以分为证明和反驳两种形式。

1）证明

所谓证明，就是用已知为真的判断通过逻辑推理确定另一判断为真的思维过程。比如，论证"增加子女遗传性疾病的发生风险"为真的过程就是一个证明过程。再比如：

苏轼的《晁错论》中有一段话：

古之立大事者，不唯有超世之才，亦必有坚忍不拔之志。昔禹之治水，凿龙门，决大河而放之海。方其功之未成也，盖亦有溃冒冲突可畏之患；唯能前知其当然，事至不惧，而徐为之图，是以得至于成功。

在这段话中，苏轼就是通过大禹治水时不惧"溃冒冲突之患"并"徐为之图"这一真实判断来证明"古之立大事者，不唯有超世之才，亦必有坚忍不拔之志"这一判断为真的。

证明过程并不是简单易行的，有时候甚至要经过复杂、艰苦而又漫长的过程，在科学研究中尤其如此。我国著名数学家陈景润论证"哥德巴赫猜想"的过程就是如此：

18世纪中期，德国数学家哥德巴赫提出了"任何一个大于2的偶数均可表示两个素数之和"的命题，简称为"1＋1"。但他终其一生也没能证明出来，最终带着无限遗憾离开了人世。"哥德巴赫猜想"犹如王冠上的明珠，其光彩让陈景润深深地着迷了。为了论证"哥德巴赫猜想"，在那间不足6平方米的斗室里，经过十多年的潜心钻研，并用掉了几麻袋的草纸后，陈景润在1965年5月发表了他的论文《大偶数表示一个素数及一个不超过2个素数的乘积之和》，简称为"1＋2"。这一成果是"哥德巴赫猜想"研究上的里程碑，被人们称为"陈氏定理"。中国的数学家曾用这样一句话来评价陈景润：他是在挑战解析数论领域250年来全世界智力极限的总和。

2）反驳

所谓反驳，就是用已知为真的判断通过逻辑推理确定另一判断为假的思维过程。比如，小兵的老师论证"老子教训儿子是天经地义"为假的过程就是一个反驳的过程。再比如：

有篇《有志者事未必竟成》的文章里有这么一段话：

有志者，事竟成，算得上千古名言，但是也是一个千古误区，误导了古代、近代、现代的数不胜数的人。

我们所看见的，听说的，史书记载的，当然也有有志者事竟成者。但是毋庸讳言，我们看到的，听说的，史书记载的，更多的却是有志者事未竟成者。多少人决心做官而没有能够做官，多少人立志致富而没有能够致富，多少人发誓要有所发明创造却始终没有发明创造出任何专利来。范进中举并不仅仅是个文学作品中的典型事件，终其一生孜孜追求而仍一无所成者大有人在啊……

在这段话中，作者就是通过逻辑推理对"有志者，事竟成"这一判断进行反驳的。

被反驳的判断实际上是由某些已知判断推出的结论，而反驳就是通过另外的已知为真的判断来论证其结论的虚假性，对"有志者事竟成"的反驳即是如此。

在论证过程中，证明与反驳是对立统一的。证明是确定一个判断为真，是"立"，反驳则是确定一个判断为假，是"破"；证明是用来证实正确的，而反驳则是用来批判谬误的。这是它们的对立之处。但是，确定一个判断为假，也就是确定对它的证明不成立。换言之，反驳某个判断，就是证明其否定判断；证明某一判断，也就是反驳其否定判断。由此可知，反驳中有证明，证明中也有反驳。它们并不是互相排斥的，而是互为补充、相辅相成的。在复杂、艰苦或漫长的论证过程中，常常会综合运用证明和反驳两种不同的形式，将证明真理和反驳谬误结合起来。

逻辑论证的特征和作用

根据以上分析，可知逻辑论证有两个基本特征：逻辑论证要通过推理形式来实现；逻辑论证的已知判断（即论据）必须是真实的。

推理是逻辑论证的手段，也是进行逻辑论证的必要条件。逻辑论证离不开推理，不通过推理形式进行的论证不是逻辑论证，比如实践证明就不是通过推理形式来论证的。此外，与推理一样，逻辑论证也要遵循各种逻辑规律和规则，并且通过判断间的真假关系进行推演。实际上，逻辑论证的论据就是推理的前提，而其论题则是推理的结论。

比如：

地球是圆形的（论题），因为凡是圆形的物体，从其中某点出发一直往前走（论据），

还会回到原点；麦哲伦正是从西班牙起航，最后又回到了西班牙（论据）。

这是对"地球是圆形"的证明。我们可以将其用推理形式表示出来：

凡是圆形的物体，从其中某点出发一直往前走，还会回到原点，麦哲伦从地球的某点（西班牙）出发，最后又回到了原点

（西班牙），

所以，地球是圆形的物体。

上面这个逻辑论证的两个论据正好是推理的大小前提，而其论题则是推理的结论。由此可见，逻辑论证的结构就是颠倒后的推理形式，推理是已知前提在先而结论在后，逻辑论证则是结论在先而已知前提在后。

除此之外，还要注意的是，推理是由已知推出未知，而逻辑论证则是由已知为真的判断确定另一判断的真假；推理并不要求已知前提都为真，而逻辑论证的前提则必须是真实的；推理的过程比较单一，只要推理形式正确且符合推理规则，就能进行有效的推理，而逻辑论证的过程比较复杂，有时甚至是漫长的，往往是各种推理形式的综合运用。而且，除了论证方式可能因不遵循推理形式和规则而出现错误外，论据和论题也可能出错。

逻辑论证有助于人们发现和揭示真理。逻辑论证也是一个思维过程，是意识对客观事物及其规律的反映。而对客观事物及其规律进行严密的逻辑论证，也有助于发现和揭示出这些规律和真理。在发现规律或真理后，为了让人们接受、信服并广泛运用它们指导各种实践活动，还必须通过逻辑论证来证明其正确性，在此过程中达到传播真理、推广知识以及揭露、反驳谬误的目的。

在科学研究中，逻辑论证也发挥着重要作用。很多科学假说就是根据逻辑论证提出的，而科学假说对科学理论的确定以及科学体系的建立又有着重要影响。因此，可以说，除少数公理外，大多数科学理论都是通过逻辑论证确定的，没有逻辑论证就没有科学理论体系。

在日常生活中，逻辑论证也是人们表达或反驳某一观点以及人际沟通的重要手段。比如，在病情诊断、刑事侦查、审判、辩论、写作以及说话等各种活动中，人们都能够通过使用逻辑论证使自己的思想或判断更为严谨、完整、有说服力。

逻辑论证的结构

逻辑论证通常由论题、论据和论证方式三部分组成。

1. 论题

论题就是通过逻辑论证确定其真假的判断。论题回答的是"论证什么",即"证明什么或反驳什么"的问题。它是进行逻辑论证的目的。比如:

设一个直角三角形的两个锐角为角 A 和角 B,根据直角三角形的定义可知,直角三角形有一个角是 90 度;根据三角形内角和等于 180 度可知,180 度减去 90 度等于 90 度,即角 A 和角 B 之和为 90 度。所以,在直角三角形中,两个锐角互余。

在这个论证过程中,"在直角三角形中,两个锐角互余"就是论题。

论题通常包括两种:

(1)已被科学原理或事实证明真假的判断。比如,各类公理、定理、定律等,都是根据科学原理或事实,通过逻辑论证或实践活动被证明为真的判断;而"燃素说""造物主""永动机"等都是根据科学原理或事实,通过逻辑论证或实践活动被证明为假的判断。人们可以利用这类已被证明真假的判断来指导各项研究、传播真理或揭露谬误。

（2）未被科学原理或事实证明真假的判断。比如，有关生命的起源、宇宙的形成、是否存在有智慧的外星人等的各种观点都是还没有被证明真假的理论。人们可以利用这类未被证明真假的判断进行科学假说，并通过逻辑论证来证明或反驳这些假说。

需要指出的是，有些议论文的标题虽然是论题，但论题并不等于标题。如果将论证过程比作一篇文章，那么论题就是这篇文章的论点。此外，即使已知都为真，论题的真假也不确定。比如：

《列子·汤问》中有一则"两小儿辩日"的故事：

孔子东游，见两小儿辩斗。问其故。

一儿曰："我以日始出时去人近，而日中时远也。"

一儿以日初出远，而日中时近也。

一儿曰："日初出大如车盖，及日中则如盘盂，此不为远者小而近者大乎？"

一儿曰："日初出沧沧凉凉，及其日中如探汤，此不为近者热而远者凉乎？"

这则故事中，一个孩子的论题是"日始出时去人近，而日中时远"，另一个孩子的论题是"日初出远，而日中时近"。事实上，太阳与人的距离一直没变，这种现象都是地球自转的原因。所以，这两个论题都是虚假的。

2. 论据

论据就是用以确定论题真假的判断，或者说论据是确定论题成立的证据或理由。论据回答的是"用什么来论证"，即"用什么来证明或反驳"的问题。它是进行逻辑论证的依据。比如：

在"直角三角形中两个锐角互余"的论证中，论据即是：

（1）直角三角形的定义；

（2）三角形内角和等于 180 度。

在"两小儿辩日"中，一个孩子的论据是"日初出大如车盖，及日中则如盘盂"，另一个孩子的论据是"日初出沧沧凉凉，及其日中如探汤"。

论据通常也包括两种：一种是理论论据，即已被确定为真的科学原理。各类公理、定理、定律等都是理论论据。比如，在"直角三角形中两个锐角互余"的论证中运用的就是理论论据。另一种是事实论据，即被事实证明的判断。比如，在"两小儿辩日"的论证过程中运用的就是事实论据。

需要注意的是，论据和论题之间必须具有逻辑上的必然联系，并且论据要是充足、真实的。

3. 论证方式

论证方式是指逻辑论证过程中采用的推理形式或论题和论据之间的联系方式。它回答的是"怎样论证"，即"怎样用论据来论证论题"的问题。

根据逻辑论证过程中采用的推理形式的不同，论证方式可以分为演绎论证、归纳论证和类比论证。其中，演绎论证就是根据演绎推理"由一般到个别"的推理形式进行逻辑论证的方式。比如，在"直角三角形中两个锐角互余"的论证中采用的就是演绎推理。归纳论证就是根据归纳推理由"个别到一般"的推理形式进行逻辑论证的方式。比如，在"两小儿辩日"的论证中采用的就是归纳推理。类比论证就是根据类比推理的形式和特征进行逻辑论证的方式。

不过，由于论证过程的复杂性，有时候，在同一论证过程中，要综合运用多种论证方式才能最终证明或反驳论题。

如果说论题是一件衣服，论据是做衣服的布料，那么论证方式就是做衣服的方法；如果说论题是一篇议论文的论点，论据是证明论点的材料，那么论证方式就是这篇文章的议论方法。也就是说，论题和论据反映的是思维对象的内容，而论证方式反映的则是对思维对象进行论证的形式。形式与内容相区别，但形式并不独立于内容之外，而是隐含、表现在内容之中。所以，论证方式并不独立于论题和论据之外，而是隐含、表现在整个逻辑论证过程中。与论题和论据不同，论证方式没有真假之分，只有对错之别。它就像是条纽带，联结着论题和论据。只要明白了论证过程中采用的是哪种推理形式，就可以判断出它的论证方式；只有正确地运用各种推理形式，才能根据正确的论证方式从论据中推出论题。

证明的方法

证明是论证的一种形式，就是用已知为真的判断通过逻辑推理确定另一判断为真的思维过程。换言之，证明就是用真实的论据，采取适当的论证方式确定论题的真实性的论证方法。在结构上，证明也是由论题、论据和论证方式组成的。

在证明过程中，论证方式是多种多样的，因而证明的方法也是多种多样的。

直接证明和间接证明

在证明论题真实性的过程中，根据是否需要借助反论题可以将证明方法分为直接证明和间接证明两种。所谓反论题就是证明过程中，与原论题相矛盾的论题。

1. 直接证明

直接证明就是由真实的论据直接确定论题为真的证明方法。它是从论题出发，通过给它提供真实的直接理由来证明其真实性，也可称为顺推证法、由因导果法。直接证明不需要反论题这一中介。比如：正方形的四条边相等，四个角都是90度，这个窗户是正方形，所以这个窗户四条框相等，四个角都是90度。再比如：

手机辐射会给人体健康带来不良影响。使用手机进行通话时，手机会发射无线电波。而任何一种无线电波都会或多或少地被人体吸收，从而改变人体组织，这有可能给人体的健康带来不良影响。这些电波就被称为手机辐射。所以，手机辐射会给人体健康带来不良影响。

在这个证明过程中，使用了三个论据：任何无线电波都会或多或少地被人体吸收，从而改变人体组织，给人体健康带来不良影响；用手机进行通话时会发射无线电波；无线电波就是手机辐射。而这三个论据直接证明了"手机辐射会给人体健康带来不良影响"这一论题。

如果用 A 表示论题，用 B、C、D 等表示论据，直接证明的证明过程如下：

论题：A

论据：B、C、D……

证明：因为 B、C、D……真，且 B、C、D……推出 A，所以 A 真。

其中，论据 B、C、D 等包括已知条件和各种科学定义、定理、公理等。

2. 间接证明

间接证明是通过证明与原论题相矛盾的反论题为假来证明原论题为真的证明方法。也就是说，间接证明的论据不与原论题直接发生联系，而是与反论题相联系。常用的间接证明方法有反证法和选言证法。

（1）所谓反证法，就是先证明反论题为假，然后根据排中律确定原论题为真的证明方法。当无法从正面证明原论题或从正面证明较为复杂、困难时，一般会采用反证法。比如，在巴基斯坦电影《人世间》中有这么一段情节：

女主人公拉基雅的丈夫恶贯满盈，最后被人枪杀。在她丈夫被杀时，拉基雅也在案发现场并开了枪。根据这两个证据，拉基雅被指控为凶手，遭到警方逮捕。但是，老律师曼索尔却用足够的证据证明了拉基雅不是杀人凶手，将其从绝境中救了出来。在法庭上，曼索尔提供的证据如下：如果拉基雅是凶手，那么至少有一颗子弹会击中被害人。但根据现场勘查，拉基雅发射的五颗子弹全打在了对面的墙上，所以她不是凶手；因为拉基雅是在被害人正面开的枪，如果拉基雅是凶手，子弹也一定是从正面击中被害人。但根据法医鉴定，子弹是从背后击中被害人的，所以她不是凶手。

在这个故事中，曼索尔就是通过反证法，先证明"拉基雅是凶手"为假，从而证明"拉基雅不是凶手"为真。

一般而言，反证法有三个步骤：

第一，设立反论题，即先设立一个与需要被证明的论题相矛盾的论题。比如，曼索尔在为拉基雅辩护时，就先设立了"拉基雅是凶手"这一反论题。

第二，证明反论题为假。在这一步骤中，通常会采用充分条件假言推理，并采用由否定后件推出否定前件的"否定后件式"来证明反论题为假。比如，曼索尔在为拉基雅辩护时，就运用了两个充分条件假言推理：如果拉基雅是凶手（前件），那么至少有一颗子弹会击中被害人（后件）；如果拉基雅是凶手（前件），子弹一定是从正面击中被害人（后件）。

然后，曼索尔根据事实断定这两个推理的后件为假推出前件"拉基雅是凶手"为假。

第三，证明原论题为真。在这一步骤中，通常会运用排中律。因为根据排中律可知，相矛盾的两个判断中必有一个为真。既然反论题为假，那么原论题必为真。比如，既然"拉基雅是凶手"为假，那么"拉基雅不是凶手"就必为真了。

如果用 A 表示论题，用非 A 表示反论题，间接证明的证明过程如下：

原论题：A

设反论题：非 A

证明：非 A 假，所以 A 真

需要注意的是，反论题与原论题一定要是矛盾关系，而不能是反对关系，因为具有反对关系的两个判断是可以同时为假的。

（2）所谓选言证法，就是通过证明与论题相关的其他可能论题为假，从而证明该论题为真的证明方法，也叫淘汰法或排除法。具体地说，选言证法一般是运用选言推理的否定肯定式进行证明的。它先列举出选言前提的所有选言肢，然后否定除某选言肢（即论题）外的其他选言肢都为假来证明该选言肢（即论题）为真。比如：

> 鲁迅在《拿来主义》一文中论证"拿来"与"送来"时说：
>
> 但我们被"送来"的东西吓怕了。先有英国的鸦片，德国的废枪炮，后有法国的香粉，美国的电影，日本的印着"完全国货"的各种小东西。于是连清醒的青年们，也对于洋货发生了恐怖。其实，这正是因为那是"送来"的，而不是"拿来"的缘故。所以我们要运用脑髓，放出眼光，自己来拿！

在这段话中，鲁迅就是运用选言证法来证明"拿来"的正确性的。对于国外的东西，不管是制度、科技还是思想，要么是别人"送来"，要么是自己"拿来"。既然一系列事实证明靠"送来"是不行的，那么只有采取"拿来"主义了。

选言证法一般也分为三个步骤：

第一，设立一个包括原论题在内的选言论题。比如，鲁迅在论证"拿来主义"时，实际上就是设立了"对于国外的东西，要么是等别人送来，要么是自己去拿来"这一选言论题。

第二，证明除原论题外的其他论题都为假。比如，鲁迅就是先证明了等别人"送来"是不行的，因为"送来"的东西有好有坏，这样就会陷入被动。

第三，证明原论题为真。在这一步骤中，就要运用选言推理的否定肯定式了，即否定一部分论题，就是肯定剩下的论题。比如，鲁迅否定"送来主义"，就是证明"拿来主义"是正确的。

如果用 A 表示原论题，用 B、C 等表示与原论题相关的论题，选言证法的证明过程如下：

原论题：A

证明：要么 A，要么 B，要么 C

B 假，C 假，

所以，A 真。

需要注意的是，在列举与原论题相关的其他论题时，一定要穷尽所有可能的情况。只有这样，才能证明原论题为真的唯一性，从而保证这个证明过程的有效性。

反证法中设立的反论题一般是原论题的矛盾论题，而选言证法中设立的反论题通常为与原论题具有反对关系的论题。此外，反证法运用的是充分条件假言推理的否定后件式和排中律，而选言证法运用的则是选言推理的否定肯定式。

必然性证明和或然性证明

根据论证方式的不同，证明方法可以分为必然性证明和或然性证明。

1. 必然性证明

必然性证明是以必然推理为论证方式的证明方法。只要必然性证明的论据真实，论证方式有效，论题就必然为真。它主要包括演绎证明和完全归纳证明。

1）演绎证明

演绎证明就是运用演绎推理"由一般到个别"的推理形式进行逻辑论证的证明方法。

它主要是从真实的科学原理、定律、定理等论据出发证明论题的真实性。比如，我们上面提到的曼索尔证明拉基雅不是凶手时，运用的就是演绎证明，即

（1）如果拉基雅是凶手，那么至少有一颗子弹会击中被害人，

没有一颗击中子弹被害人，

所以，拉基雅不是凶手。

（2）如果拉基雅是凶手，子弹一定是从正面击中被害人，

子弹不是从正面击中被害人，

所以，拉基雅不是凶手。

这两个论证方式都是从一般性认识推出个别性或特殊性认识的演绎推理。

2）完全归纳证明

完全归纳证明就是运用完全归纳推理"由个别到一般"的推理形式进行逻辑论证的证明方法。比如：

张三对李四说："我思来想去，你只有两件事不行。"李四喜道："哪里，你这评价太高了，不敢当啊！不知道我哪两件事不行呢？"张三道："这件事也不行，那件事也不行。"

在这则故事中，张三其实就是通过完全归纳推理证明李四"做什么事都不行"的。因为，"这件事"与"那件事"已经涵盖了全部事情。其推理形式可以表示为：

李四做这件事也不行，

李四做那件事也不行，

（这件事、那件事是"事情"的全部对象），

所以，李四做什么事都不行。

2. 或然性证明

或然性证明是以或然推理为论证方式的证明方法。或然性证明不是严格的逻辑证明，即便论据全部真实，论证方式正确有效，论题的真实性也不是必然的。它主要包括不完全归纳证明和类比证明。

1）不完全归纳证明

不完全归纳证明就是运用不完全归纳推理"由个别到一般"的推理形式进行逻辑论证的证明方法。它包括简单枚举归纳证明和科学归纳证明两种形式。比如：

诗歌的发展经历了一个漫长的过程。最初，诗歌起源于上古的

社会生活，是从劳动生产、两性相恋、原始宗教等中产生的一种有韵律、富有感情色彩的语言形式。《诗经》就是在此基础上整理出来的，它是我国第一部诗歌总集。后来，又经过楚辞、汉赋、汉乐府诗、建安诗歌、魏晋南北朝诗歌、唐诗、宋词、元曲等的发展，从格律到形式都完善起来，内容也更加丰富。

在这段话就是通过不完全归纳证明来论证"诗歌的发展经历了一个漫长的过程"这一论题为真的。虽然它列举了不少论据（从"诗歌的起源"起到这段话结尾），但却并没有将诗歌发展的复杂过程完全列举出来，所以由此论证论题为真的证明方法就是简单枚举归纳证明。

2）类比证明

类比证明就是运用类比推理进行逻辑论证的证明方法。它是以一般性的原理或具体的个别性事例作为论据，对两个或两类对象在某些属性上的相同或相似之处进行类比，根据某一个或一类对象具有某种属性证明另一个或一类对象也具有该属性。它是从"一般到一般"或"个别到个别"的证明方法。

需要注意的是，在运用证明方法对某一论题进行逻辑论证时，一定要保持论据的真实性以及推理形式的有效性，否则就不能有效证明论题为真。

反驳的方法

反驳也是论证的一种形式，就是用已知为真的判断通过逻辑推理确定另一判断为假的思维过程。在结构上，反驳是由被反驳的论题、反驳的论据及反驳方式组成的。其中，被反驳的论题就是被确定为假的判断，反驳的论据是指借以确定被反驳论题为假的判断，反驳方式则是指在反驳过程中运用的论证方式。

根据反驳的结构可知，进行反驳时可以采取反驳论题、反驳论据和反驳论证方式三种方法。

反驳论题

反驳论题就是论证对方的论题为假的反驳方法。根据反驳论题过程中是直接反驳还是间接反驳的不同，反驳论题可以分为直接反驳论题和间接反驳论题两种方法。

1. 直接反驳论题

直接反驳论题就是由真实的论据直接确定论题为假的反驳方法。其中，论据可以是客观事实，也可以是一般原理或科学理论。直接反驳论题不需要借助中间环节，只需根据真实的论据，采用合理的反驳方式从正面确定论题为假即可。在直接反驳论题时，通常使用演绎推理或归纳推理的反驳方式。比如：

《天龙八部》中的丁春秋大言不惭，老说自己"法力无边"，可却接连败在虚竹、乔峰手下，可见他的"法力"的确不怎么样。

这句话中，就是根据丁春秋"接连败在虚竹、乔峰手下"这一事实来反驳他"法力无边"这一论题的。

《孟子·离娄上》中有一段对话：

淳于髡曰："男女授受不亲，礼与？"

孟子曰："礼也。"

曰："嫂溺，则援之以手乎？"

曰："嫂溺不援，是豺狼也。男女授受不亲，礼也；嫂溺，援之以手者，权也。"

在这则对话里，淳于髡显然并非不知道"嫂溺"当"援之以手"，只问孟子而已。既然淳于髡有此一问，那就证明当时确实有人泥古不化，认为"男女授受不亲"是礼教的规定，因此即使嫂子落水了也不能去救，因为要救她势必会有身体上的接触。孟子在反驳这一错误观点时，运用了直接反驳论题的方法，即"嫂溺不援，是豺狼也"。

如果用 A 表示被反驳的论题，用非 A 表示它的否定论题，则直接反驳论题的反驳过程如下：

被反驳论题：A

反驳的论据：事实或科学原理非 A

结论：A 假

反驳方式：直接反驳

2. 间接反驳论题

间接反驳论题是通过证明被反驳论题的矛盾或反对论题为真，从而根据矛盾律确定被反驳论题为假的反驳方法。它包括独立证明法和归谬法。

（1）所谓独立证明法，就是先证明与被反驳论题相矛盾或反对的论题为真，再根据矛盾律确定被反驳论题为假的反驳方法。比如：

南北朝时著名的唯物主义思想家范缜在其《神灭论》中说道：

或问予云："神灭，何以知其灭也？"答曰："神即形也，形即神也。是以形存则神存，形谢则神灭也。"

问曰："形者无知之称，神者有知之名，知与无知，即事有异，神之与形，理不容一，形神相即，非所闻也。"答曰："形者神之质，神者形之用，是则形称其质，神言其用，形之与神，不得相异也。"

问曰："神故非质，形故非用，不得为异，其义安在？"答曰："名殊而体一也。"问曰："名既已殊，体何得一？"答曰："神之于质，犹利之于刃，形之于用，犹刃之于利，利之名非刃也，刃之名非利也。然而舍利无刃，舍刃无利，未闻刃没而利存，岂容形亡而神在。"

在这段话中，范缜通过"刀刃"与"锋利"的比喻，证明了"形者神之质，神者形之用"的观点，并由此推出"神即形也，形即神也，形存则神存，形谢则神灭"，人的"神"和"形"是结合在一起的统一体，从而证明了"神灭论"的正确性。证明了"神灭论"的正确性，即是反驳了人死鬼魂不死的"有神论"。

由上面的分析可知，独立证明法可以分三个步骤进行：

第一，设立被反驳论题的否定论题，即矛盾论题或反对论题。比如，范缜就设立了"神灭论"这一与被反驳论题相矛盾的论题。

第二，证明该否定论题为真。比如，范缜通过"神即形也，形即神也，形存则神存，形谢则神灭"的严密逻辑证明了"神灭论"这一矛盾论题为真。

第三，根据矛盾律证明被反驳论题为假。矛盾律要求，互相矛盾或反对的两个判断不能同真，必有一假。既然被反驳论题的矛盾或反对论题为真，那么被反驳论题就必然为假了。范缜就是这样证明了人死鬼魂不死的"有神论"为假的。

独立证明法的反驳过程可以表示如下：

被反驳论题：A

否定论题：非 A

证明：非 A 真

结论：A 假

（2）所谓归谬法，就是先假定被反驳论题为真，再由此推出荒谬的结论，从而确定被反驳论题为假的反驳方法。比如：

《解颐赘语》中有一则故事：

有一个人信佛，所以坚决反对杀生。他告诉人们："一个人在今世杀了什么，来世就会变成什么。在今世杀一只鸡，来世就会变成一只鸡；在今世杀一头牛，来世就会变成一头牛；即使在今世踩死了一只蚂蚁，来世也会变成一只蚂蚁。"一个叫许文穆的人听了说："那干脆去杀人吧，这样来世就能变成人了。"

这则故事中，许文穆就是运用归谬法来反驳"一个人在今世杀了什么，来世就会变成什么"这一论题的。再比如：

《世说新语》中有一则故事：

孔文举年十岁，随父到洛。时李元礼有盛名，为司隶校尉。诣门者，皆俊才清称及中表亲戚乃通。文举至门，谓吏曰："我是李府君亲。"既通，前坐。元礼问曰："君与仆有何亲？"对曰："昔先君仲尼与君先人伯阳有师资之尊，是仆与君奕世为通好也。"元礼及宾客莫不奇之。太中大夫陈韪后至，人以其语语之，韪曰："小时了了，大未必佳。"文举曰："想君小时必当了了。"韪大踧踖。

这则故事中，孔文举也是运用归谬法来反驳"小时了了，大未必佳"这一论题的。

由上面的分析可知,这一归谬法的显著特点即是"以子之矛,攻子之盾"。它可以分三个步骤进行:

第一,假定被反驳论题为真。比如,许文穆就是假定"一个人在今世杀了什么,来世就会变成什么"这一论题为真;孔文举则是假定"小时了了,大未必佳"这一论题为真。

第二,由被反驳论题推导出一个荒谬的结论。比如,许文穆由假定为真的被反驳命题推导出了"今世杀了人,来世也能变成人"的荒谬结论;孔文举则由假定为真的被反驳命题出发,推导出"太中大夫陈韪小时必当了了",言下之意就是说他现在"不佳"了。

第三,根据充分条件假言推理的否定后件式推出被反驳论题为假。也就是说,如果被反驳命题为真,那么其结论必为真;既然结论为假,那么被反驳命题也必为假。上面两个故事中,许文穆和孔文举都是以此来证明对方的论题为假的。

如果用 A 表示被反驳论题,用 B 表示由被反驳论题推导出的结论,归谬法的反驳过程就可以表示为:

被反驳论题:A

反驳的论据:假定 A 真

如果 A,则 B

非 B

所以,非 A

此外，归谬法还有一种形式，即从被反驳的论题推出一个与之相矛盾或反对的论题，从而证明原论题的虚假性。

报上曾载有这么一个故事：

顾颉刚是章太炎的学生，他从欧洲留学回来后，特意去拜访自己的老师章太炎。与老师聊天时，顾颉刚几次三番地强调凡事只有亲眼见到才可靠。章太炎便笑问道："你有曾祖父吗？"顾颉刚诧异道："我怎么会没有曾祖父呢？"章太炎笑道："那么，你可曾亲见过你的曾祖父？"

章太炎的言下之意就是，既然你没亲眼见过你的曾祖父，而你的曾祖父又是必然存在的，这就是说没有亲眼见到的事也可能是可靠的。这就得出一个与原论题相反对的论题，据此可证明"凡事只有亲眼见到才可靠"是虚假论题。

归谬法与独立证明法并不相同：首先，前者是从被反驳论题推出一个荒谬结论，或者推出一个与之相矛盾或反对的论题，后者则是先设立一个被反驳论题的矛盾或反对论题；其次，前者是通过反驳的方式达到归谬的目的，后者是通过论证的方式达到求真的目的。

反驳论据

反驳论据就是论证对方的论据为假的反驳方法。论据是证明论题的证据，失去了论据的论题就站不住脚。这正如杯子是喝茶的器皿，没有了杯子，茶水就会洒落一地。所以，要想证明一个论题的虚假性，反驳其论据是一个重要的方法。

要反驳对方的论据，一般可从两个方面入手：

（1）指出对方的论据为假。这是最直接，也是最有效的反驳方法。如果不能直接指出其论据为假，能指出其论据不必然为真也可以达到反驳的目的。比如：

小文和小丹是幼儿园同学。一天，小丹对小文说："我要当月亮，不当太阳，因为太阳一定很害怕月亮。"小文问道："为什么啊？"小丹笑着说："因为太阳只敢在白天出来，晚上月亮一出来，它就跑了。"小文说："不对，应该是月亮害怕太阳才是。"小丹问道："那又为什么呢？"小文笑道："因为月亮只敢在夜里出来，早上太阳一露头，月亮就吓得没影了。"

这则幽默中，小丹和小文证明其论题的论据都是虚假的，要想反驳他们的论题，只要指出他们的论据为假即可。

（2）指出对方的论据不足。有时候，对方的论据可能都是真的，这时要对其进行反驳，就要从其论据是否充足入手。比如，"守株待兔"故事中的那个宋国人只凭偶然捡到撞在树上死去的兔子就得出"每天都可以在那里捡到兔子"的结论，显然是犯了论据不足的错误。

需要注意的是，论据的虚假并不代表论题的虚假。因为，有可能论题是真实的，只是人们在用论据证明论题时，选用的论据是虚假的。所以，论据为假并不必然推出论题为假，驳倒了论据也不等于驳倒了论题。比如：

> 弟弟问哥哥："为什么白天看不见星星呢？"
>
> 哥哥想了想说："因为他们晚上眨了一夜的眼睛，到了白天就累了，所以回去睡觉了。"

在兄弟俩的对话中，哥哥用以证明"白天看不见星星"的论据显然是假的，但驳倒了这个论据并不等于驳倒"白天看不见星星"这一论题。因为，在白天，用肉眼的确是看不到星星的，这个论题并不是假的。

反驳论证方式

反驳论证方式就是论证论据和论题之间没有必然的逻辑关系，从而证明由论据推不出论题的反驳方法。我们前面讲过，论证方式是指逻辑论证过程中采用的推理形式或论题和论据之间的联系方式。所以，反驳论证方式就是确定论证过程中采用的推理形式有误或者论据与论题之间没有必然联系。驳倒了论证方式，就证明了论证过程的无效。比如：

所有获诺贝尔文学奖的作品都是优秀作品，

他的作品是优秀作品，

所以，他的作品获得了诺贝尔文学奖。

这个推理违反了直言三段论第二格"前提中必须有一个是否定"的规则，所以该推理形式是错误的。也就是说，在论证"他的作品获得了诺贝尔文学奖"这一论题时，运用的论证方式是错误的，即由两个已知前提并不必然推出这一结论。因此，"他的作品获得了诺贝尔文学奖"这一论题并不必然为真。

我们前面说，驳倒了论据不等于驳倒了论题，同样，驳倒了论证方式也不等于驳倒了论题。因为，论证方式有误只是说明论据与论题之间没有必然的逻辑关系，或者说该论题没有用与其有必然联系的真实论据来证明，这并不代表论题一定为假。比如，上面的推理中，"他的作品获得了诺贝尔文学奖"这一论题就可能是假的，也可能是真的。

反驳的几种方法并不是各自独立、互不相容的。相反，它们是互相补充、相辅相成的。因为，反驳作为逻辑论证的一种形式，其论证过程有时候是极为复杂的，而反驳的各种方法又各有各的长处和短处。所以，在实际运用中，只有将几种方式综合起来运用，才能更有效地反驳虚假论题。

论证的规则

在逻辑论证过程中，不管是论题的确定、论据的选择还是论证方式的运用，都必须遵守一些共同规则。

关于论题的规则

论题是进行逻辑论证的目的，不管是证明一个论题还是反驳一个论题，都必须遵守两条规则。

1. 论题必须明确

正如射箭时必须要瞄准靶心，进行逻辑论证时也一定要明确论题，因为论题是关于"论证什么"的问题。如果连要"论证什么"都不清楚，就好比启程赶路时不知道目的地在哪儿，是无法进行有效论证的。论题必须明确就是要求在逻辑论证过程中，论题要清楚、明白、确定，不管是证明什么还是反驳什么，在概念的表达及判断的断定上都必须明确。比如，如果要论证"正义一定能战胜邪恶"这一论题，就要明确什么是"正义"，什么是"邪恶"。否则，就会犯"论题不明"的逻辑错误。看下面一则故事：

约翰非常善于心算，不管是多么复杂的运算，他都能很快地给出答案。时间长了，约翰就不免骄傲起来。为了避免约翰因为骄傲自大而忘乎所以，父亲决定给儿子一点儿教训。他把约翰叫到面前，说要测试一下他的心算能力。约翰满口答应。父亲开始出题了："一辆载有 352 名乘客的列车到达 A 地时，上来 85 人，下去 32 人；到下一站时，上来 45 人，下去 103 人；再下一站上来 61 人，下去 25 人；接下来的那个车站里上来 88 人，下去 52 人。"父亲越说越快，约翰却毫不在乎，一副胸有成竹的样子。"火车继续行驶"，父亲接着说，"到 B 地时，从车上下去 73 人，上来 26 人；下一站下去 28 人，上来 39 人；再下一站……到达 C 站时，又从车上下去 75 人，上来 51 人。"父亲说到这里停下来，约翰问道："没了？"父亲点点头说道："没了，不过我不想让你告诉我车上还有多少人，我想让你告诉我这列火车一共经过了多少站。"约翰一下子傻在那里。

从逻辑学上讲，"父亲"的论题是模糊不清的，但他也正是利用这一点告诉约翰人不能太骄傲了。不过，在逻辑论证中，我们却必须保证论题的明确性。这就要求我们不但要在思想上对所论证的论题有正确的认识，而且在语言表达上也能准确地表述出来。

2. 论题必须同一

明确论题后，在逻辑论证的过程中，还要保证论题前后同一，这也是同一律的基本要求。论题必须同一就是要求论证过程中，所有的论据都要围绕同一个论题，既不能"偷换论题"，也不能"转移论题"。关于这点，我们在讨论"违反同一律的逻辑错误"时已作论述。

在"偷换论题"或"转移论题"时，有两种常见情况：

一是"论证过多"，即后来"偷换"或"转移"的论题在断定的范围上大于原论题。比如，本来是论证"网络游戏对孩子的危害性"这一论题的，但后来却变成论证"网络对孩子的危害性"，这就犯了"论证过多"的错误，违背了"论题必须同一"的规则。

还有一种情况，就是在论证过程中，抛开要论证的论题转而对提出该论题的人进行评判。这在政治、学术论辩中不乏其例。我们常说的"对事不对人"，其实就是告诫人们不要犯这种"以人为据"的错误。从形式上看，这种逻辑错误也属于"论证过多"。

二是"论证过少"，即后来"偷换"或"转移"的论题在断定的范围上小于原论题。比如，本来是论证"人性中的善与恶"这一论题的，后来却将其局限在"社会"或"战争"等特定范围内加以论证，这就犯了"论证过少"的逻辑错误。

需要注意的是，对于比较宏大的论题，往往会将其先分为几个分论题进行论证，然后再论证原论题的真假，这并不违反"论题必须同一"的规则。比如，要论证"中国的综合国力日益强大"这一论题时，就可以从政治、经济、军事、科技等各个方面进行论证。

关于论据的规则

论据是用来论证论题的证据或理由，要对一个论题进行有效论证，也必须遵守有关论据的一些共同规则。

1. 论据必须真实、充足

论据真实是进行逻辑论证的基础，因为逻辑论证的过程就是由真实的论据证明或反驳论题的真实性的过程。如果论据的真实性没有确定，这就好比驾车去目的地时车的安全性没有确定一样，是无法对论题进行有效论证的。比如，"大学毕业生低收入聚居群体"被称为"蚁族"，如果要证明"蚁族"属于是弱势群体，就要收集能证明其"弱势"的真实证据，而不是凭经验或推测得来的证据。

此外，在论据真实的情况下，还要保证论据的充足。只有具备真实且充足的论据，才能论证论题必然为真或必然为假。比如，要证明"蚁族"属于弱势群体，不能仅根据他们住"集体宿舍"这一证据来证明，还要从收入低、数量大、流动性强等各方面加以论证。

对论据真实、充足的规定是充足理由律的基本要求，如果论据不真实或不充足，就会犯"论据（理由）虚假"或"论据（理由）不足"的逻辑错误。对此，我们在讨论"违反充足理由律的逻辑错误"时已做过论述。

2. 论据的真实性不能靠论题来证明

论据是用来证明论题的，它的真实性必须确定。在论证过程中，如果用论题来证明论据的真实性，就会犯"循环论证"的逻辑错误。所谓"循环论证"，一般是指论题和论据建立在同一内容上，或者说论题和论据互相证明。"循环论证"其实等于什么都没有论证。

比如：

月亮是会运动的，因为它是从东方升起，从西方落下。

月亮之所以能从东方升起，从西方落下，是因为月亮是会运动的。

在这个证明过程中，对"月亮是会运动"这一论题进行证明时，用的是"它能从东方升起，从西方落下"这一论据；在对"月亮能从东方升起，从西方落下"这一论题进行证明时，用的是"月亮是会运动的"这一论据。论题和论据建立在同一内容上，犯了"循环论证"的逻辑错误。

第三章

悖论

开篇话"悖论"

所谓悖论，就是在逻辑上可以推导出互相矛盾的结论，但表面上又能自圆其说的命题或理论体系。其特点即在于推理的前提明显合理，推理的过程合乎逻辑，推理的结果却自相矛盾。悖论也称为"逆论"或"反论"。

悖论的含义

"悖论"一词来自希腊语，意思是"多想一想"。英文里则用"paradox"表示，即"似是而非""自相矛盾"的意思，这实际上也是悖论的主要特征。

如果我们用 A 表示一个真命题为前提，在对其进行有效的逻辑推理后，得出了一个与之相矛盾的假命题为结论，即非 A；相反，以"非 A"这一假命题为前提，对其进行有效的逻辑推理后，也会得出一个与之相矛盾的真命题为结论，即 A。那么，这个 A 和非 A 就是悖论。简言之，如果承认某个命题成立，就可推出其否定命题成立；如果承认其否定命题成立，又会推出原命题成立。也就是说，悖论就是自相矛盾的命题。

悖论的产生一方面是逻辑方面的原因。实际上,悖论就是一种特定的逻辑矛盾。这主要是因为构成悖论的命题或语句中包含着一个能够循环定义的概念,即被定义的某个对象包含在用来对它定义的对象中。简单地说就是,我们本来是对 A 来定义 B 的,但 B 却包含在 A 中,这样就产生了悖论。悖论产生的另一原因是人们的认识论和方法论出现了问题。悖论也是对客观存在的一种反映,只不过是人们认识客观世界的过程中,所运用的方法与客观规律产生了矛盾。

具体地讲,悖论的产生有以下几种情况。

第一,由自我指称引发的悖论。所谓自我指称,是说某一总体中的个别直接或间接地又指称这个总体本身。这个总体可以是语句、集合,也可以是某个类。而自我指称之所以能引发悖论,就是因为"自指"是不可能的。德国哲学家谢林就曾说过:"自我不能在直观的同时又直观他进行着直观的自身。"比如,当你在"思考"的时候,你不可能同时又去"思考"这"思考"本身;当你在"远眺"的时候,你不可能又同时去"远眺"这"远眺"本身。我们曾提到的"所有的克里特岛人都说谎"这一悖论就是因自我指称引发的,因为说这话的受皮梅尼特本人也是克里特岛人。试想,如果这一命题是克里特岛人以外的人做出的,那就不会引发悖论了。再比如,20 世纪初英国哲学家罗素提出的"集合论"悖论也是自我指称引发的,即 R 是所有不包含自身的集合的集合。那么,R 是否包含 R 本身呢？如果包含，R 本身就不属于 R；如果不包含，由规定公理可知，R 本身是存在的，那么 R 本身就应属于 R。这就出现了一个悖论。因为集合论的兼容性是集合论的基础，而集合论的基本概念又已渗透到数学的所有领域，所以，这一悖论的提出极大地震动了当时的数学界，动摇了数学的基础，造成了第三次"数学危机"。后来，罗素将这一悖论用一种较为通俗的方式表达了出来，即"理发师悖论"，也叫"罗素悖论"，它与"集合论"悖论是等同的。因为自我指称可能引发悖论，所以学术界出现的许多理论都是通过禁止自我指称来避免悖论的。不过，也有研究者认为，自我指称不是悖论产生的充分条件或必要条件，禁止自我指称并不能从根本上解决悖论问题。比如，美国逻辑学家、哲学家克里普克就认为"自我指称与悖论形成没有关系，经典解悖方案中不存在任何对自我指称的限制"。但究竟如何，似乎直到现在也没有定论。

第二，由引进"无限"引发的悖论，即通过在有限中引进无限而引发了悖论。比如，公元前 4 世纪，古希腊数学家芝诺提出了一个"阿基里斯悖论"。因此，你永远无法到达你要去的地方，甚至根本无法开始起行。

第三，由连锁引发的悖论，即通过一步一步进行的论证，最终由真推出假，得出的结论与常识相违背。"秃头"悖论就是其中之一：如果一个人掉一根头发，不会成为秃头；掉两根头发也不会，掉三根、四根、五根也不会；那么，这样一直类推下去，即使头发掉光了也不会成为秃头。这就引发了悖论。对于这一悖论，也有人这样描述：只有一根头发的可以称为秃头，有两根的也可以，有三根、四根、五根也可以；那么，这样一直类推下去，头发再多也会是秃头了。

与"秃头"悖论相似的还有一个"一袋谷子落地没有响声"的悖论，即一粒谷子落地没有响声，两粒谷子落地也没有响声，那么，三粒、四粒、五粒……如此类推下去，一整袋谷子落地也没有响声。

第四，由片面推理引发的悖论，即根据一个原因推出多个结果，不管选择哪个结果都可以用其他结果来反驳。这种悖论更多地表现为诡辩。

《吕氏春秋》中有一段记载：

秦国和赵国订立了一条合约："自今以来，秦之所欲为，赵助之；赵之所欲为，秦助之。"居无几何，秦兴兵攻魏，赵欲救之。秦王不悦，使人让（责备）赵王曰："约曰：'秦之所欲为，赵助之；赵之所欲为，秦助之。'今秦欲攻魏，而赵因欲救之，此非约也。"赵王以告平原君，平原君以告公孙龙。公孙龙曰："可以发使而让秦王曰：'赵欲救之，今秦王独不助赵，此非约也。'"

在这里，公孙龙在对待秦赵之约时就使用了诡辩。同样一个条约，却引出了两个完全相反的结果，而且各自从自身角度出发都能自圆其说，这就是由片面推理引发的悖论。

此外，引发悖论的原因还有很多，比如由一个荒谬的假设引发的悖论：如果 2+2=5，等式两边同时减去 2 得出 2=3，再同时减去 1 得出 1=2，两边互换得出 2=1；那么，罗素与教皇是两个人就等于罗素与教皇是 1 个人，所以"罗素就是教皇"。由于 2+2=5 这个假设本就是错误的，因此即使推理过程再无懈可击，其结论也是荒谬的。

悖论的作用

人们曾经一度把悖论看作一种诡辩，认为其只是文字游戏，没什么意义。但是，悖论的产生已经几千年了，几乎与科学史同步。这足可证明自悖论产生以来，人们就一直在对其进行探索与研究。18世纪法国启蒙运动的杰出代表、哲学家孔多塞就曾说："希腊人滥用日常语言的各种弊端，玩弄字词的意义，以便在可悲的模棱两可之中困扰人类的精神。可是，这种诡辩却也赋予人类的精神一种精致性，同时它又耗尽了他们的力量来反对这虚幻的难题。"

随着现代数学、逻辑学、哲学、物理学、语言学等学科的发展，人们也越来越认识到悖论对科学发展的推动作用。历史上的许多悖论都曾对逻辑学和数学的基础产生了强烈的冲击，比如"罗素悖论"就引发了第三次数学危机，而这些冲击又激发出人们更大的求知热情，并促使他们进行更为精密和创造性的思考。人们的这些努力也不断地丰富、完善和巩固着各学科的发展，使它们的理论更加严谨、更加完美。

同时，人们也一直在寻找解决悖论的方法，在这个过程中，人们提出了许多有意义的方案或理论。比如，罗素的分支类型法、策墨罗·弗兰克的公理化方法以及塔尔斯基的语言层次论等。这些方案或理论不仅对解决悖论有着积极作用，也给人们带来了全新的观念。

阿基里斯与龟——芝诺悖论

芝诺哲学可以明智，它通过逻辑的训练让我们无限拓展思维的深度和广度。我们可以说逻辑学是研究思维、思维的规定和规律的科学，但是我们更应该明白，哲学和逻辑无处不在。时至今日，当我们试图在哲学的卷帙浩繁中撷取沧海一粟时，也不得不回望历史，将我们的目光聚焦于古希腊那个璀璨的轴心时代。古希腊哲学家芝诺就曾经提出过一些著名的悖论，对以后数学、物理概念产生了重要影响，芝诺悖论就是其中的一个。

阿基里斯是古希腊神话中善跑的英雄，传说他的速度可以和豹子相比。在他和乌龟的竞赛中，他的速度为乌龟速度的10倍，乌龟在前面100米跑，他在后面追，但他不可能追上乌龟。因为在竞赛中，追者首先必须到达被追者的出发点，当阿基里斯追到100米时，乌龟已经又向前爬了10米，于是，一个新的起点产生了；阿基里斯必须继续追，而当他追到乌龟爬的这10米时，乌龟又已经向前爬了1米，阿基里斯只能再追向那个1米。就这样，乌龟会制造出无穷个起点，它总能在起点与自己之间制造出一个距离，不管这个距离有多小，但只要乌龟不停地奋力向前爬，阿基里斯就永远也追不上乌龟！

中国古人也有相似的例子来表述这个"悖论"，即著名的"一尺之捶，日取其半，万世不竭。"这个句子出自《庄子·天下篇》，是由庄子提出的。

一尺长的木头，今天取其一半，明天取其一半的一半，后天再取其一半的一半的一半，如是"日取其半"，总有一半留下，所以"万世不竭"。简单地说，每次取一半的话，第一次是1/2，第二次是原长的1/4，第三次是原长的1/8……分子永远是1，分母都是平方数，到最终分母虽然会很大，但毕竟不是零，所以说"万世不竭"。一尺之捶是一个有限的物体，但它可以无限地分割下去。

这些结论在实践中是不存在的，但是在逻辑上却无可挑剔。芝诺甚至认为："不可能有从一地到另一地的运动，因为如果有这样的运动，就会有'完善的无限'，而这是不可能的。"如果阿基里斯事实上在T时追上了乌龟，那么，"这是一种不合逻辑的现象，因而绝不是真理，而仅仅是一种欺骗"。这就是说感官没有逻辑可靠。他认为："穷尽无限是绝对不可能的。"芝诺悖论涉及运动学、认识论、数学和逻辑学问题，在历史上引起了长久的思索，至今仍保持着理论上的魅力。

我正在说的这句话是谎话——说谎者悖论

欧几里得作为一级学科的哲学下面还分很多子学科，逻辑学可以说是其中最难的一种，因为它所涉及的素材，并不是我们直观可见的东西，它所尊崇的是纯粹抽象的元素。但是，逻辑也没有那么困难，因为它所面对的自始至终都只是我们自己的思维。思维的边界在哪里，逻辑的疆域就在哪里。

但是，逻辑并不就仅仅意味着对于思维技巧的训练。从更宽广的向度上说，逻辑因为思维而显得更加高贵。然而，我们的思维也会欺骗我们。比如，当有人告诉你他正在对你说谎时，你该怎样判断自己获取信息的可信性呢？好在这只是一个逻辑学上的问题。

"我正在说的这句话是谎话。"

这也许是最简单的一个悖论，但却仍然是无解的悖论。公元前4世纪的希腊哲学家欧几里得提出的这个悖论，至今还在继续困扰着哲学家、数学家和逻辑学家。因为，如果你说它是真话，那么按照话的内容分析，它就应该是一句谎话；反过来，如果你说它是谎话，由于它说自己在说一句谎话，当然它就应该是一句真话了。那么，这句话到底是真话还是谎话呢？这就是著名的说谎者悖论。

类似的悖论最早是在公元前 6 世纪出现的，当时克里特岛哲学家爱皮梅尼特说："所有克里特岛人都说谎。"这句话就有两种理解。假如说他的话是对的，那么作为克里特岛人的爱皮梅尼特就是在说谎，他的话就是错的。反之，假如说他的话是不对的，那么克里特岛也有人不说谎，他的话就是对的。因而，无论怎样都无法自圆其说。仅这一点就足以使人们感到惊讶了。

说谎者悖论还有许多变化形式。例如，在同一张纸上写出下列两句话：下一句话是谎话。上一句话是真话。或者写出一连串的"下一句话是真话；下一句话是真话……"最后标明："第一句话是谎话。"

更有趣的是下面的对话。同学甲对他的朋友乙说："你下句话要讲的是'不'，对不对？请用'是'或者'不'来回答！"如果乙回答说："是！"这就表明他同意了问话人的预言。也就是他要讲的是"不"，因此他的回答是与自己的本意相矛盾的。如果乙回答说："不！"这就表明他不同意问话人的预言。因此，他就应当回答"是"，因而又与自己的本意相矛盾。究竟如何回答，这是数学家正在研究但尚未解决的问题。

这类悖论的一个标准形式是：如果事件 A 发生，则推导出非 A，非 A 发生则推导出 A，这是一个自相矛盾的无限逻辑循环。哲学家罗素曾经认真地思考过这个悖论，他说："那个说谎的人说，'不论我说什么都是假的'。事实上，这就是他所说的一句话，但是这句话是指他所说的话的总体。只是把这句话包括在那个总体之中的时候才产生一个悖论。"罗素试图用命题分层的办法来解决这个问题，但是事实证明，从数学基础的逻辑上彻底地解决这个悖论并不容易。

理发师的招牌——罗素悖论

我们为什么需要逻辑学？很简单，因为我们心中对于真理常怀着温情与崇敬。

真理，每当我们思及自己是在走向通往它的路上，就会自然生出无限动力。一个思维健全，精神上有所追求的人，很难不对真理抱有高度的热忱。然而，我们心向往之的东西，可能犹不可得。人的理性何其有限，真理的疆域又是何其广阔，不思考，我们将何所凭借？但是更多的时候，我们以为自己接近真理了，最后却发现走在与它渐行渐远的路上。"一个科学家所碰到的最倒霉的事，莫过于在他的工作即将完成时却发现所干的工作的基础崩溃了。"说这话的人，正是因为碰到了下面的这个悖论。

1874 年，德国数学家康托尔创立了集合论，并很快渗透到数学的大部分分支中，成为数学最重要的基础理论之一。1902 年，英国数学家、哲学家罗素提出了一个悖论对集合论进行质疑，这个悖论就是著名的"罗素悖论"，形象一点称为"理发师悖论"。

罗素曾用数学符号很详细地描述过这个悖论，但是考虑对我们来说这个用符号表示的悖论形式也许不太好理解，罗素举了一个形象的例子来说明它，即著名的理发师悖论：

萨维尔村理发师挂出了一块招牌："村里所有不自己理发的男人都由我给他们理发，我也只给这些人理发。"于是，有人问他，"您的头发是谁理的呢？"理发师顿时哑口无言。

如果他给自己理发，那么他就属于自己给自己理发的那类人。但是，招牌上说明他不给这类人理发，因此他不能自己理发。如果由另外一个人给他理发，他就是不给自己理发的人。但是，招牌上明明说"他要给所有不自己理发的男人理发"，因此，他应该自己理。由此可见，不管怎样推论，理发师所说的话总是自相矛盾的。

罗素悖论的出现，震动了当时的数学界。当时，德国的著名逻辑学家弗里兹正准备将他关于集合的基础理论完稿付印，得知罗素悖论后，只好推迟了出版计划，并伤心地说出了上文曾提及的那句话："一个科学家所遇到的最不合心意的事，莫过于是在他的工作即将结束时，其基础崩溃了。罗素先生的一封信正好把我置于这个境地。"

罗素悖论带来了所谓的"第三次数学危机"，但是此后，为了克服罗素悖论，数学家们做了大量研究工作，由此产生了大量新成果，也带来了数学观念的革命。看来悖论不仅能给人带来前进道路上的困惑，也能提供前进道路上的动力。

康德的梦——二律背反

哲学以思想为对象，以追求真理为目标。可是，既然每一个人都能够思考，那为什么还要研究哲学呢？的确，我们每人、每天都要面对繁芜的世界，有着这样那样的计较和考量。但是，正如物质有高下之分一样，思维也有自己划分层次和水平的依据。这一依据，就是我们能够在多大程度上运用思维，探讨超感官的世界，而探讨这超感官的世界亦即遨游于超感官的世界。这种精神意义上的崇高追求滋养了我们的心灵，提升了我们生存的品质，完善了人之为人的基本价值。

思考着的人是高贵的，康德正是最高贵的思考者之一：

有一次，康德做了一个奇怪的梦。

在梦中，他独自划船漂到了南非一个荒芜的岛上，他在海上远远就看见那岛上有两根高耸入云的石柱，于是想凑近去看个究竟，谁知道刚一靠岸就被岛民给抓住了。没等开口，那些人的首领就告诉康德：如果说的是真话，就要被拉到真话神柱前处死，如果说的是假话，就要被拉到假话神柱前处死。反正是死路一条了。

康德想了一想，说："我一定会被拉到假话神柱前处死！"

如果康德说的是真话，他应该在真话神柱前被处死，可按照他的话又应该在假话神柱前被处死。反之，如果康德说的是假话，他应该在假话神柱前被处死，可按照他的话又应该在真话神柱前被处死。于是，岛民们傻眼了。他们犹豫了很久，最后不得不把康德给放了。

岛民们要杀康德，完全还可以再立一根石柱，专门杀说悖谬话的人，或者杀说真假难定的话的人。实际上，在现实中，很多话很难简单地说它是真话还是假话。非真即假的思维方式是非常幼稚的。康德的梦至少说明了人类的理性并不是清晰明确的，在很多时候会陷入自相矛盾的陷阱。据说，康德醒来后受到启发，写出了《纯粹理性批判》中关于"人类理性二律背反"的章节，指出了人类的理性并不可靠。

二律背反是康德的哲学概念。简单解释起来，二律背反意指对同一个对象或问题所形成的两种理论或学说虽然各自成立但却相互矛盾的现象。纯粹理性的二律背反的发现在康德哲学形成过程中具有重要意义，它使康德深入到对理性的批判，不仅发现了以往形而上学陷入困境的根源，而且找到了解决问题的途径。康德将二律背反看作是源于人类理性追求无条件的东西的自然倾向，因而是不可避免的，他的解决办法是把无条件者不看作认识的对象而视之为道德信仰的目标。虽然他对二律背反的理解主要是消极的，但他亦揭示了理性的内在矛盾的必然性，从而对黑格尔的辩证法产生了深刻影响。

聪明的母亲——鳄鱼悖论

人生在世，财富、地位皆可追求，但真正决定我们生存价值的，是我们如何评价思想的力量。人类只是会思考的苇草而已，我们的思想可能只是主观的、任意的、偶然的，而并不是本身，并不是真实的和现实的东西。但我们也应该看到，最终区别我们的是我们精神的高度，而精神的内在核心则是思想。人类只有一种方式接近自己心中的上帝，就是思考、思考、再思考。因为这是我们突破自身局限，走入他人心灵的唯一凭借。在这种意义下，思想不仅仅是单纯的思想，而且是把握永恒和绝对存在的最高方式。

在古希腊哲学家中，还流传着一个著名的"鳄鱼悖论"：

从前，一条鳄鱼从一位母亲手中抢走了一个小孩。鳄鱼对母亲说："你猜我会不会吃掉你的孩子？如果你答对了，我就把孩子不加伤害地还给你。"

这位可怜的母亲说："我猜你是要吃掉我的孩子的。"

于是，这条鳄鱼正准备吃掉孩子，可是突然发现自己碰到了难题。如果吃掉这个孩子，那这位母亲就猜对了，就应该把孩子还给她。可是，如果把孩子还给她，那她猜错了，就应该吃掉孩子。这条鳄鱼无奈，只好把孩子交还给母亲。

事实上，无论鳄鱼怎么做，都必定与它说的相矛盾。它陷入了逻辑悖论之中，无法不违背它的承诺而从中摆脱出来。反之，如果这位母亲回答说："你将要把孩子交回给我。"那么，鳄鱼无论怎么做都是对的了。如果鳄鱼交回小孩，母亲就说对了，鳄鱼也遵守了诺言。如果鳄鱼吃掉小孩，母亲猜错了，鳄鱼就可以吃掉小孩而不违背承诺。

这是一个十分经典的悖论。聪明的母亲找到的答案使鳄鱼的前提互不相容。逻辑实际上并没有我们想象的那样艰深晦涩，这样一个经典悖论同样可以运用到我们的现实生活中来。我们在现实生活中常常会预设这样那样的前提，使得应者不论做出怎样的回答，都能得出我们理想的结论。在我们不自觉地运用逻辑的时候，我们又何尝不是在思维的快感中享受精神上的巨大满足呢？

所有的乌鸦都是白的——渡鸦悖论

思维，而不是想象、幻觉、心理，之所以能够作为逻辑学的研究对象，其理由也许是基于这样一个事实，即我们承认思维有某种权威，承认思维可以表示人的真实本性，是划分人与禽兽的区别的关键。从事这种逻辑的研究，无疑有其特别的用处，我们可以借此使人头脑清楚，有如一般人所常说，也可以教人练习集中思想，练习做抽象的思考。在日常的意识里，我们所应付的大都是些混淆错综的感觉的表象。但是在做抽象思考时，我们必须集中精神于一点，借以养成一种从事于考察内心活动的习惯。

诚然，我们尚可超出狭隘的实用观点说：研究逻辑并不是为了实用，而是为了这门科学的本身，因为探索最优良的东西，并不是为了单纯实用的目的。但是，我们也应该有勇气和智慧洞见这样一个事实：最优良的东西往往最有用，比如科学。但是，我们奉为圭臬的科学结论在逻辑上真的严密到无懈可击吗？

现代科学的经验基础是实验，也就是说实验是检验科学理论的根本性标准。做几十次或者上百次实验，如果都证明一个结论是正确的，就可以初步认为这个结论是科学的。即，自然科学是通过有限次数的实验来检验命题真伪的。比如说，对"乌鸦都是黑的"这个结论，只能找上若干个乌鸦来验证，不可能把所有的乌鸦都找来验证。退一步讲，就算把所有活着的乌鸦都找来验证，也不能把死了的和没有出生的乌鸦找来验证。

20世纪50年代，美国哲学家亨普尔提出了著名的"渡鸦悖论"，又叫"乌鸦悖论"，来攻击自然科学的这种检验情况。从逻辑学上看，"乌鸦都是黑的"和"所有非黑的东西都非乌鸦"是相等的，就是说验证了一个就验证了另一个，否定了一个就否定了另一个。那么，按照自然科学的检验方式，就出现了下面的论证：

一只鞋是蓝色的，不是黑的，不是乌鸦；

一朵花是红色的，不是黑的，不是乌鸦；

一根烟囱是灰色的，不是黑的，不是乌鸦；

所以，所有非黑的东西都非乌鸦。

由于"乌鸦都是黑的"和"所有非黑的东西都非乌鸦"是相等的，所以乌鸦都是黑的。

实际上，相同的事实也可以证明"乌鸦都是白的"——

一只鞋是蓝色的，不是白的，不是乌鸦；

一朵花是红色的，不是白的，不是乌鸦；

一根烟囱是灰色的，不是白的，不是乌鸦；

所以，所有非白的东西都非乌鸦。

由于"乌鸦都是白的"和"所有非白的东西都非乌鸦"是相等的，所以乌鸦都是白的。

显然，这样的证明是非常荒唐的——一只鞋子的颜色怎么能证明乌鸦都是黑的呢？

上帝举不起的石头——全能悖论

如果说哲学是对存在的追问，那么逻辑一定是这种追问的工具。在逻辑中，有一种可以推导出互相矛盾之结论，但表面上又能自圆其说的命题或理论体系——悖论。悖论的成因虽然十分复杂，但它的出现往往是因为人们对某些概念的理解认识不够深刻正确所致。

在中古时代的欧洲，人类理性和思辨的火花仅存于教会所办的学校，也就是经院之中。那时的哲学，正是以神学的姿态面对世界的。但是，自从哲学试图摆脱神学的那一刻起，对于上帝是否全知全能的争论就从未停止过。全能的创造者可以创造出比他更了不起的事物吗？这一直是哲学上著名的悖论之一。

安瑟伦是中世纪著名的经院哲学家，被称为"最后一位教父"和"第一位经院哲学家"。他宣称上帝是全能的，无所不知，无所不能。他不仅认为上帝的存在是超然的和不可辩驳的，仅仅从"上帝"这个概念就可以推出上帝的必然存在。他同时认为上帝是我们凡人无法理解的。他称赞上帝说"主啊，我并不求达到你的崇高顶点，因为我的理解能力根本不配与你的崇高相比"。

安瑟伦从"上帝"观念的意义出发分析出上帝必定存在且全能

的方式从一开始就遭到了人们的反对。当时,有位法国僧侣高尼罗对他的这种观点进行了反驳。在《为愚人辩》中,高尼罗问安瑟伦:"上帝能否创造一块他自己举不起的石头?"

这是一个很简单的问题,但却是个非常难以回答的问题。因为不论怎么回答,都会陷入困境。如果上帝是万能的,就应该能够创造一块这样的石头。但是,如果上帝创造出一块这样的石头,他又举不起这块石头,那他就不是万能的。所以,高罗尼说:"或者上帝能创造一块自己举不起来的石头;或者上帝不能创造一块自己举不起来的石头,总之,上帝不是万能的。"

安瑟伦陷入两难困境,无法回答高尼罗的问题,"上帝万能说"因此被动摇了。

上帝究竟能不能创造出自己举不起的石头呢?如果说能,上帝遇到一块"他举不起来的石头",说明他不是万能;如果说不能,那么既有不能之事,同样说明他不是万能。这是用结论来责难前提,是逻辑学领域最广为流传的悖论形式之一。当然,古往今来,人们都试图在这一问题上给出合乎逻辑的完美回答,其中最普遍的一个是:既然上帝是全能的,那么"不能举起"理所当然是毫无意义的条件。任何形式的回答都指出这个问题本身就是矛盾的,就像"正方形的圆"一样。这种解答你能够认可吗?

第四章 ▷

逻辑谬误

什么是逻辑谬误

　　谬误的研究在逻辑学的发展过程中曾经遭受过极端的冷落，甚至曾经被从逻辑学的教材中删除，然而逻辑谬误的重要性最终还是得到了众多学者的认可。重视逻辑应用的学者更是对逻辑谬误给予礼遇，如今逻辑谬误的研究已经扩展到诸多领域，受到了多学科学者的关注。逻辑谬误的研究已经成为逻辑学向前发展的重要助推力量，它激发了人们对逻辑学的兴趣和热情，丰富了逻辑学的内涵和外延。

　　马克思主义认识论指出，谬误是同客观认识及事物发展规律相违背的认识。真理是符合事物发展规律的认识，是对客观事物本来面目的正确反映；谬误则是违背事物发展规律的认识，是对客观事物本来面目的歪曲反映。真理和谬误在一定范围内是绝对对立的，真理不是谬误，谬误不是真理。二者有着原则的界限，不能混淆。但是真理与谬误之间又存在相互依存的关系，事物在真理与谬误的斗争中发展，又在一定条件下相互转化。然而，马克思主义认识论所指的"谬误"也并非逻辑学上的"逻辑谬论"，逻辑学要研究的谬误属于狭义的谬误，是指那些违反逻辑规律和规则的各种错误。它常常出现在那些看似正确具有说服力，却往往经不起认真地推敲、辨别和论证的事情上。

"谬误"一词缘起于拉丁语，英文为 fallacy，原为"阴谋""欺骗"之意，现发展为我们今天所普遍理解的意思。"谬误"一词广泛存在于中外学者的著作中，汉代王充《论衡·答佞》："聪明有蔽塞。推行有谬误，今以是者为贤，非者为佞，殆不得之之实乎？"清代蒲松龄《聊斋志异·青梅》："妾自谓能相天下士，必无谬误。""谬误"一词在西方逻辑学的著作中出现也极早，在两千多年前的古代逻辑学著作中便有出现。古希腊哲学家亚里士多德有许多论述谬误的著作，他在《谬误篇》中说道："谬误主要分为两大类，一类是依赖于语言的谬误；一类是不依赖于语言的谬误。"当代瑞士哲学家波亨斯基认为亚里士多德《谬误篇》中提到的谬误理论是其第一个关于谬误的学说，其后亚里士多德又相继提出了其他关于谬误的观点。

"谬误"在中国古代的逻辑学中被称为"悖"，有"惑、违背道理"的意思，那些有意识地用谬误的推理形式来证明某个观点的正确性被叫作诡辩。在中国古代的典籍中有许多关于诡辩的记载。

"诡辩"一词在我国最早出现于汉代刘安《淮南子·齐谷训》中："诋文者处烦扰以为智，多为人危辩。久稽而不决，无益于讼。"这句中的"人危辩"即是诡辩。其后，《史记·屈原贾生传》中又有："（靳尚）设诡辩于怀王之宠姬郑袖。"

在中国古代历史上有一个著名的关于诡辩的例子"白马非马"。

这个著名的哲学命题的提出者是公孙龙，他是战国时期赵国平原君的食客，此人堪称诡辩之祖。《公孙龙子·白马论》这样记述道："白马非马，可乎？曰：可。曰：何哉？曰：马者，所以命形也；白者所以命色也。命色者非命形也。故曰：白马非马。"大意是说："马"是对物"形"方面的规定，"白马"则是对马"色"方面的规定，对"色"方面的规定与对"形"方面的规定性，自然是不同的。所以说，对不同的概念加以不同规定的结果是：白马与马也是不同的。

在西方哲学史上黑格尔是第一个对诡辩论做系统批判的哲学家。他曾经指出："'诡辩'这个词通常意味着以任意的方式，凭借虚假的根据，或者将一个真的道理否定了，弄得动摇了；或者将一个虚假的道理弄得非常动听，好像真的一样。"黑格尔的这段话，清晰地揭露了诡辩论有意颠倒是非、混淆黑白的特点。

诡辩在外表上、形式上好像运用正确的推理手段，但实际上违反逻辑规律，做出似是而非的推理，是一种"逻辑谬误"。

那么什么是"逻辑谬误"呢？逻辑谬误是指一些推理和论证看似正确、具有很强的说服力，但却经不起仔细的分析，当人们经过认真的推敲之后会发现其推理和论证形式是错误的。

逻辑学在最初形成的时候，谬误研究便成为逻辑学不可或缺的一部分，是逻辑学研究的重要内容。许多逻辑学家、哲学家、语言学家、社会学家、心理学家等都曾涉足谬误的研究，为此付出心血，提出了诸多不同的谬误理论，为逻辑学的研究提供了宝贵的资源。

谬误研究如今已经成为应用逻辑学持久关注的课题。

当代逻辑谬误的研究呈现出综合化、多元化的趋势，各种理论精彩纷呈。系统的谬误理论主要有谬误的形式论、谬误的语用—辩证论、谬误的语用论和谬误的修辞论。具体的谬误形式则更多，据说有学者曾经概括出多达113种的具体谬误形式。现今谬误理论正逐渐向更深层次发展，理论基础与框架也正在逐步构建与完善中，以期以理论框架来指导和论证谬误，同时梳理与澄清诸多混杂的概念术语。当代谬论研究的愿景和目标便是构建成熟的谬误论证理论和体系，同时用来指导人们的日常生活。

每种逻辑谬误产生的原因都是不同的，想要有效地预防和避免谬误就要求我们有一定的逻辑谬误知识。我们需要熟悉谬误的不同种类，针对它们的不同特点采取措施加以规避。

针对不同的逻辑谬误我们可以采取不同的对策。

规避形式谬误：我们需要熟悉各种推理形式的逻辑规则，了解它的相应有效式，在实际生活中经常加以运用，进行思维锻炼，逐渐熟练掌握。只有这样，我们在生活中才能迅速地判断出各种形式的谬误，准确规避形式谬误。

（1）规避歧义性谬误：在用语言表达思想和交流的过程中，我们需要保持语言的确定性和清晰性。要保持语言所使用的概念和判断的准确。

（2）规避关联性谬误：要避免把心理因素与逻辑因素混为一谈，

保证在推理和论证的过程中严格遵循逻辑规则，切记不能把心理因素特别是感情因素带进推理和论证的过程中。

（3）规避论据不足的谬误：我们需要把注意力集中到推理或论证过程中论据对论题的支持程度上。必须确切判明论据的有无或多少，明确它对论题成立所起的支撑，以及对论题的支持和确认程度，以此来识别和警惕那些似是而非的错误推理或论证，避免论据不充足的谬误出现。

日常生活中谬误可以说无处不在，任何人在生活中的思维和表达都可能遇到谬误的问题。谬误与诡辩毕竟是逻辑和真理的对立物和大敌，在生活中我们只有学习和了解了谬误的知识，才能更好地去辨别是非真假。

谬误的种类

谬误的种类很多，根据谬误的不同特点可以将谬误归为不同的类型。关于谬误类型的划分有很多种，有学者将其分为语形谬误、语义谬误和语用谬误；归纳的谬误与演绎的谬误，形式的谬误与非形式的谬误。

语义谬误、语形谬误和语用谬误

此种划分是根据逻辑符号学的相关原理进行分类的。具体按谬误产生于符号运用的语义、语形和语用三方面而对其进行的分类。

语义谬误包括语词的歧义谬误和语句的歧义谬误等。语义谬误产生于对符号的运用过程中，是由于表达式的意义方面的原因而引起的各种谬误，在一个句子中的同一个词表达的意思可能是完全不一样的。

所谓的语形谬误是指符号的运用过程中，产生于符号之间关系的谬误，是由于推理形式的错误而导致的谬误。

而语用谬误是同语言的使用者和语境密切关联的一种谬误，产生于符号与解释者之间关系的谬误。

归纳的谬误和演绎的谬误

这是按谬误产生的推理的不同对谬误进行的分类。人们在观察、实验、调查和统计过程中收集经验材料；在分析、综合、概括、类比和探索事物现象间的因果关系等过程中产生的谬误称为归纳的谬误。像观察谬误、机械类比都属于此种谬误。

演绎谬误是人们在思维的过程中运用演绎推理的各种形式和手段时，不遵循相应的规律所导致的种种谬误。它出现在演绎的过程之中。

形式谬误和非形式谬误

"形式谬误"和"非形式谬误"是目前学术界较为常用的分类方法。这是按照其是否违背推理形式的逻辑规则来进行的分类。

1）形式谬误

所谓"形式谬误"，是演绎上的谬误，在逻辑上推理和论证是无效的，是由于推理形式不正确而产生的错误。形式谬误包括如下一些种类。

1. 不当否定后件式

不当否定后件式是在充分条件假言推理中通过否定前件来否定后件。如果 p 则 q，非 p，所以，非 q。例如，张三谋杀了李四，则他是一个恶人；张三没有谋杀李四，所以他不是一个恶人。这个推理显而易见是不能成立的，在这个事件的推理中，谋杀行为可以使某人成为恶人，但是一个人之所以为恶人有许多其他可以成立的条件，作恶的形式也自然是多种多样，因此"张三没有谋杀李四"并不能确定其不是恶人。

2. 肯定后件式

肯定后件式，即在充分条件假言推理中通过肯定后件来肯定前件。如果 p 则 q，q，所以，p。例如，如果宋青是个书虫，那么他会经常读书；宋青经常读书，所以宋青肯定是一个书虫。这显然也是无效的推理，宋青经常读书可能是因为他是编辑，这是他的工作，这并不能说明他一定就是热爱读书的书虫。

3. 条件颠倒式

条件颠倒式，即任意地调换假言推理的前后件。如果 p 则 q，所以如果 q 则 p。例如，如果 x 是正偶数，则 x 是自然数，所以，如果 x 是自然数，则 x 是正偶数。从数学常识来判断，不言自明。

4. 不正确逆否式

如果 p 则 q，所以，如果非 p 则非 q。例如，如果今年风调雨顺，粮食就会大丰收。所以，如果不是风调雨顺粮食就不会大丰收。

这也是不成立的,除了风调雨顺可以使粮食丰收之外,灌溉、施肥等也可能使粮食获得大丰收。

5. 不当排斥

不当排斥指在相容的选言判断中通过肯定部分选言来否定另一部分。或者 p 或者 q;p,所以,非 q。例如,康熙或者是皇帝或者是清朝人,康熙是雄才伟略的皇帝,所以,康熙不是清朝人。

6. 中项不周延

例如,有些医生是强盗,有些强盗是政客,所以,有些医生是政客。此就属于中项不周延。

7. 大项不当周延

一个三段论大项在前提中不周延,在结论中周延了。例如,鸽子是鸟类,乌鸦不是鸽子,所以,乌鸦不是鸟类。

8. 小项不当周延

一个三段论中小项在前提中不周延,在结论中周延了。例如,所有新纳粹分子都是激进主义者,所有激进主义者都是恐怖分子,所以,所有恐怖分子都是新纳粹分子。

9. 强否定

从对一个联言判断的否定到对每个联言肢的否定。例如,并非李明既会武术,又会舞蹈,所以李明既不会武术,也不会舞蹈。

10. 弱否定

从对一个选言的否定推出至少否定一个选言肢。例如,并非小张或者喜欢钓鱼，或者喜欢打牌，所以小张或者不喜欢钓鱼，或者不喜欢打牌。

11. 无效换位

换位推理应当是限量的，如果不限量，则成为无效换位。例如，所有的诗人都是作家，所以所有的作家都是诗人。

12. 非此即彼

从一个全体判断的假，推出一个全体判断的真。例如，并非所有的女孩都喜欢漂亮衣服，所以所有的女孩都不喜欢漂亮衣服。

13. 差等误推

根据一个全称的判断的假，推出一个特殊称谓判断的假。例如，并非所有的病毒都是有害的，所以并非有的病毒是有害的。

2）非形式谬误

非形式谬误是与形式谬误相对而言的。概括地说，非形式谬误是指一种不确定的推理与论证，是由于推理过程中语言的歧义性或者前提对结论的不相关性或不充分性造成谬误的产生，而非它具有无效的推理形式。它是依据语言、心理的因素从前提得出的，并且这种推出关系是不成立的。

非形式谬误又包括：歧义性谬误、关联性谬误、论据不足谬误。非形式谬误的这三个种类又细分为多种谬误形式，如歧义性谬误中的概念混淆、构型歧义、错置重音、分举合举。

1. 歧义性谬误

歧义性谬误是指我们日常生活中在与人交流时，用语言表达我们自身的观点和思想的过程中，所用语言的确定性和明晰性不能得到有效的保证，也就是在某一确定的语言环境下，使自身运用的语言所使用的概念、判断的确定性丧失，而产生的种种谬误。

2. 关联性谬误

关联性谬误是指那些论据包含的信息看起来与论题的确立有关但事实上却是无关的，由此而引起的种种谬误。一般地说，关联性谬误都与语言和心理有关，但在逻辑上无关，是与语言心理为相关前提而产生的。它多数利用语言表达感情的功能，以语言激发起人们心理上的同情、怜悯、恐惧或敌意等，致使人们接受某一论题。

3. 论据不足谬误

论据不足谬误是由于论据不够充分所导致的论题不成立的错误论证。它也分为很多种，包括以偏概全谬误、以全概偏谬误、以先后为因果谬误、因果倒置谬误、虚假原因谬误等。

构型歧义和语音歧义

构型歧义

构型歧义又称为语句歧义谬误，是由于句子的语法结构不确定、不严谨而产生的多种含义，也就是整体上的歧义。例如，有这样一个推理："班上有 10 个篮球运动员与排球运动员，所以，班上有 10 个篮球运动员。"乍一看觉得这一推理似乎是正确的。但是，仔细一想，"班上有 10 个篮球运动员与排球运动员"这一语句是有很大歧义的：我们可以有两种理解方法，一可以理解为这 10 人既是篮球运动员又是排球运动员；二可以理解为这 10 人中仅有一部分是篮球运动员，其余是排球运动员。因此我们可以看出只有在第一种情况下才能推出命题中的结论，在后一种情况下是推不出上述结论的。在后一种意义上进行的推论而产生的谬误就是一种语句歧义谬误。

关于语句歧义谬误有一个非常流行的故事：一位秀才到朋友家做客，快要回家时不巧天下起了大雨，眼看着无法回家，客人希望主人留自己住宿，于是就写了一行字来探问："下雨天（ , ）留客天（ , ）留我不留（？）"由于古代文章中没有标点，于是主人就故意和他开了个玩笑，把这句话读成了："下雨天（ , ）留客（。）天留（ , ）我不留（。）"心有灵犀的客人哈哈一笑，重新读道："下雨天（，）留客天（，）留我不（？）留（。）"这句话（下雨天留客天留我不留）因三种断句法，就有三种不同的解释，成为一个"语句歧义谬误"的经典案例。

　　并不是所有的"语句歧义"都带来坏的结果，这也需要在具体的语境中去考察。有一些"谬误"是出于需要而故意为之。在"秀才做客"这一例子中，秀才就很好地利用了"语句歧义"。"语句歧义"在特定的场合有时候可以发挥特殊的作用，我们应扬长避短。

　　另外，民间的算命先生往往是利用歧义的高手。他们在实践中掌握歧义运用的技巧，利用歧义来骗取钱财，往往能够达到迷惑人的效果，如果不加以认真地思考分析很容易就落入算命先生的圈套中。

　　一位算命先生给人算命时写下了这样一句话："父在母先亡"。这句话是没有标点的，因此由于标点设置的不同，这句话就会出现截然不同的两种含义：①"父在，母先亡"；②"父，在母先亡"。第一种的含义是说：父亲尚在人世，母亲已经死了。而第二种的含义则是：父亲已经早于母亲而死。如果再加上不同的时间的限制，这句话可以表示对过去的追忆，对现实的描述，对未来的预测，可以说是一个万能的句子，穷尽了所有可能的情况。它可以有 6 种不同的含义：①父母去世，母亲是父亲在世的时候去世的；②父亲现在活着，母亲却已经去世了；③父母去世，父亲先于母亲去世；④父亲已经去世，母亲还健在；⑤现在父母都活着，将来母亲先去世；⑥现在双亲都活着，将来父亲先去世。因此，无论当事者目前情况如何，算命先生都可以说已经"料事如神"了。熟悉了逻辑学的相关知识我们就不难识破这种伎俩。

语音歧义

语音歧义谬误，是同一个句子由于读音的不同，重音所落词语的不同，也就是强调其中不同的部分而导致的语句的不同意义。这种由于读法不同而产生的谬误就是语音歧义谬误。

有的词可轻读，也可重读。不同的读法有时会使句子表示的意义完全不同。比如：我想起来了。这句话中"起来"分别读三声和二声时，表示"起身、起床"的意思；而读三声和轻声时，则表示"想到"的意思。

另外，我们对它某个音节的语音强调不同也会产生不同的意思。"我们不可以在私下里说朋友坏话。"如果我们读这句话的时候是平常的语气，那么它就是一句很平常的话，没有任何强调。如果重音落到"私下里"上，那么这里就有了另外的含义，我们就可以理解为人们可以在公开的地方议论朋友。如果说的时候重音落到"朋友"上面，就有了我们是可以私下里议论不是朋友的人。"一个学生成了千万富翁"，语音重读时我们可以强调是"一个"，当然也可以强调"学生"。重读的词语不同，所强调的不同，意思也就有所不同了。在日常生活中一些商家就会运用这种重读的不同来迷惑消费者，有些商家以特大字表明很低的折扣以示强调，却在折扣后面打上很小的"起"字，消费者往往被低价吸引，结果进店一看却不是那么回事。因此在日常生活中我们既要善于识别这些语音的谬误，又要在运用语言的时候清晰严谨，避免造成语音歧义谬误。

混淆概念和偷换概念

概念是思维的细胞，是反映对象本质属性的思维形式，是认识过程中的一个阶段。思维想要正确地反映客观现实，概念就必须是清晰的、辩证的、富于逻辑性的。概念是主观性与客观性、特殊性与普遍性、抽象性与具体性的辩证统一，也是富有具体内容的、有不同规定的、多样性的统一。

一般来说，概念要通过语词来表达。词义有表达概念的作用，有一词多义和一义多词的现象，造成了概念和语词的复杂关系，因而很容易造成概念方面的逻辑混乱。概念混淆便是主要的一种。

混淆概念是指在同一思维过程中，无意识地把某些表面相似的不同概念当作同一概念使用或在不同意义上使用同一概念而犯的逻辑错误。具有相对意义的词项，如果混淆了相对的范围、论域或语境，也可造成概念混淆。

概念混淆一般是由认识主体对概念本身认识不清或逻辑知识欠缺而造成的。比如：

这门课程很没意思，我一点儿都不想学。

他一有空就打游戏，从不浪费一分一秒。

这两句话都犯了混淆概念的错误。第一句中，"课程"本是一个集合概念，但这里却将其当作非集合概念来使用；第二句中，"浪费"是指消耗有价值的东西或有意义的事，而"打游戏"却多指无价值的东西或无意义的事。

《韩非子》中有一则关于"卜子之妻"的故事：

郑县人卜子使其妻为袴（做裤子），其妻问曰："今袴何如？"夫曰："象吾故袴。"妻子因毁新令如故袴。

这则故事中，卜子说的"象吾故袴"是指在样式上和原来的旧裤子一样，而其妻子却理解为要像旧裤子那样破旧，于是把一条新裤子弄成了旧裤子，犯了混淆概念的错误。

概念混淆是一种较为常见的逻辑错误，主要原因是人们对反应比较接近的事物和现象的概念在内涵和外延上没有辨别清楚。要想避免概念混淆，就要对所使用的概念在准确把握其内涵和外延的基础上，注意对同音异义和近义词的区辨。只有这样将易混淆的概念严格区分，并且结合上下文的语境恰当地使用，才可能避免错误。

具有相对意义的词项，如果混淆了其所相对的范围或语境，也可造成歧义性谬误。比如，蚯蚓是动物，所以，大蚯蚓是大动物，这是一条小蛇，而那是一条大蚯蚓，所以，这条小蛇小于那条大蚯蚓。这里，"大"与"小"是相对而言的，如果把这种相对概念"大""小"

理解成绝对的"大""小"就会犯歧义性的谬误。

除了上述的例子之外，主要有如下的一些情形：误用近义词造成概念混淆；误用同音字造成概念混淆；把两个表示不同时间的概念混淆；把反映事物的具体内容的概念混淆为事物本身的概念；同音异形的概念混淆；对象的概念混淆。

偷换概念是指在同一思维过程中，为达到某种目的而故意违反同一律，把某些表面相似的不同概念当作同一概念使用或在不同意义上使用同一概念而犯的逻辑错误。比如：

有个很小气的财主找阿凡提理发，阿凡提决定给他点儿教训。在给财主刮脸时，阿凡提问："老爷，你要眉毛吗？"财主不假思索道："废话，当然要了！"阿凡提手起刀落，把财主的眉毛刮了下来递给他。财主大怒，阿凡提笑着说："是老爷你自己说要眉毛的啊，我只是按你的吩咐去做啊。"财主无奈，只好继续刮脸。阿凡提又问："老爷，你要胡子吗？"财主一连声地说："不要！不要！"阿凡提又手起刀落，把财主的胡子刮了下来。财主再次大怒，阿凡提还是不慌不忙道："老爷，这可是你自己说不要的，怪不得我啊！"

这则故事中，阿凡提就是故意通过偷换概念来戏弄财主的。第一次财主说"要"眉毛，是指要把眉毛留下来，但阿凡提故意理解为要把它刮下来带回去；第二次财主说"不要"胡子是指不要把胡子刮下来，但阿凡提却故意理解为不要把胡子留下来。通过两次偷换概念，阿凡提不但教训了小气的财主，而且让他无话可说。

断章取义谬误

断章取义在字典中是这样解释的：断，截取；章，篇章。意思是不顾上下文，孤立截取其中的一段或一句。它来自一个成语典故，原指只截取《诗经》中的某一篇章的诗句来表达自己的观点，而不顾及所引诗篇的原意；或指不顾全篇文章或谈话的内容，孤立地取其中的一段或一句的意思，引用与原意不符。后来比喻征引别人的文章，言论时，只取与自己意合的部分。在《左传·襄公二十八年》中有这样的话："赋诗断章，余取所求焉。"

上边所说情况的错误便被称为断章取义谬误。在生活中有很多断章取义的例子，我们经常引用的名言警句中有许多其实都是被断章取义出来的。如果我们不是对名言警句的出处和当时的语境有一个全面的了解，就很难辨别出这些所谓的名言警句是否是断章取义。

上小学的时候老师要求背诵的名言警句中就有很多这样的例子。比如，"吾生有崖，而知无崖。"这句话是庄子说的，出自《庄子·养生主》。然而庄子当时却并不是要我们以有限的生命去追求无限的知识，以庄子的道家无为思想自然是不可能这么执着的。庄子在这句话后边其实还有另一句话："以有崖求无崖，殆哉矣。"庄子的话的原意是："生命有限，而知识是无限的，以有限的生命去学无限的知识，会迷惑而无所得，是很危险的。"这句话是什么时候被断章取义的，在今天已经不可考了。我们上小学的时候，我们的老师和长辈也许并没有深究这个问题。他们为了鼓励我们好好学习、奋发向上便常常引用这句话的前半部分。

除了庄子这个例子之外，还有一句名言："天才是 1% 的灵感加上 99% 的汗水。"我们都知道这句话是爱迪生说的，也许在每个人的学生期间都或多或少地引用过爱迪生的这句话。但殊不知这句话的下一句是："但那 1% 的灵感是最重要的，甚至比 99% 的汗水都要重要。"勤奋固然是很重要的，但是当我们成熟以后一定要注意做事情的方法，科学家的话不是随口说出的，它总有它的内涵。爱迪生的这句话其实一方面强调了勤奋的重要性，一方面也强调了灵感的不可或缺，这样加起来其实才是严谨的，哪一方面忽略了都是不对的。

在爱情中我们常常会用到这样一个词"相濡以沫"，这个词也是出自庄子之口。在《庄子·大宗师》有这样一句话："相濡以沫，不如相忘于江湖。"

庄子给我们讲了这么一个小故事："泉涸，鱼相与处于陆，相呴以湿，相濡以沫，不如相忘于江湖。"故事的意思是，有一天，泉水干了，两条小鱼被困在了陆地上，它们共处于一个小水洼中，为了能活下去，彼此从嘴中吐出泡泡，用以湿润对方的身体。可是，这样做有什么用呢？与其两个人一块儿在死亡的边缘挣扎，还不如回到江河湖海中幸福地活着，即便互相忘记了又有什么呢。

假乞丐乞讨——诉诸怜悯

在电视剧、小说中经常会有这样的场景，某人跪地求饶，说道："我上有八十岁老母，下有三岁孩童，我死了他们可怎么办呢？可怜了我的老母亲和孩子啊，孤苦无依，还望饶恕小人一条狗命！"这种场景在我们现在看来似乎已是十分老套，不过是些骗人把戏，以诉说可怜来博取同情求得活命的低级伎俩。

其实，上边的这个场景，便是典型的诉诸怜悯。诉诸怜悯谬误的论证形式是："A 是值得同情怜悯的，所以，关于 A 的命题 P 是对的。"这种论证显然是不合逻辑的，因为前提与结论没有逻辑的相关。结论为真与假，与某人的不幸境况没有关系，人类同情心不是论断的逻辑理由。在诉诸怜悯的谬误中，往往便是利用种种方法博得人们的怜悯和同情，最后使人们忽视了原来正当或者正确的论点，从而接受了诉诸者的论题。

在火车站广场上，一名年轻人光着上身，在冰冷的水泥地上趴着，左边的裤管空了一半。右脸贴着地面，前方有一个纸盒，他往前爬一步，就把纸盒往前推一步，天非常冷，他显得十分可怜。很多路过的行人都纷纷往纸盒子里投钱，一毛的、一块的，还有五块的和二十的。就这么一步一爬地转了几圈后，"断腿"男忽然坐了起来，在人来人往的广场上开始穿衣服，原本"断掉"的左腿也露了出来。很快，他穿好了衣裤，拍了拍身上和脸上的尘土，在周围人诧异的目光下，带着他的纸盒子起身走了。

这是在一篇新闻中记者描绘的一个场景，这种场景估计很多人都曾经遇到过。让我们同情、怜悯的残疾乞丐其实是一个体格健全的正常人，他只是以身体"残疾"来博取人们的同情，以此骗取钱财。这样的事情让我们大跌眼镜。

在这则新闻中，当记者追问乞讨的年轻人时，他的回答是，觉得干活钱太少，太累。他以这种方法在一天中"表演"一个多小时，就能挣五六十元，非常自在。其余的时间就是去睡觉，去网吧上网、聊天、看电影。他还指望以此赚钱将来娶媳妇。

这个事例中的年轻人以诉诸怜悯的方法引起人们的同情，致使人们产生错误认知，而拿出钱给他。社会中很多的假乞丐便是以这种方法谋取钱财的。

当我们面临在两个陈述中选择相信其中一个时，陈述者的泪水，往往会模糊我们理性思考的视线，那催人泪下的陈述会使感情取代理性的裁决。

某小区有个女人，一天带孩子去买菜的时候，在菜市场被人抢走了孩子。整个事情策划得十分恐怖，让人意想不到。一个老妇人突然上来，对带小孩的妈妈哭喊着："你这个不懂事的女人跑到这来了，可算找到你了，狠心的女人啊。"然后，一个长相斯文白净的小伙子上来就给那女人一巴掌，把女人打得晕头转向。继而，他就推那个女的，说："孩子生着病，你还带出来。"孩子妈妈被打得退后几步，绊倒在台阶上。那个老妇人就一边解开童车上的安全带，一边抱起小孩，一边继续唠叨："孩子都病成这样了，你还带出来，真是的，哪有这样的妈妈啊！"此时，那个男的就更生气地打小孩的妈妈，小孩子哭个不停。那个男的就跟老妇人说："走，赶紧带孩子去医院看病。"于是，老妇人抱着孩子，男人骑摩托，就飞快地走了。孩子的妈妈在地上哭喊说不认识他们，结果没有人管，围观的人都以为是家庭内部矛盾。直到骗子都没影了，妈妈哭得都没气了，大家才知道孩子是被人抢走了。这个事件发生时，一点都看不出是假的，现场所有人都以为是家里人在吵架。

　　事件中犯罪分子除了用了一些狡猾的手段外，还很好地利用了人们的怜悯心理。老妇人假装是孩子的奶奶，哭着喊着说孩子生病了，孩子的妈妈还带孩子出来，这便很容易博得旁观者的同情和怜悯。旁观者会以为孩子的妈妈狠心又不懂事，他们就会对孩子起怜悯之心，担心孩子的病情，会觉得奶奶带孩子去看病是理所应当的。同时犯罪分子又出手打了孩子妈妈，孩子被吓得哭起来，旁观者就会更加怜悯孩子，觉得这孩子实在可怜。也让他们进一步确信了来人是孩子的家属，这个问题是家庭内部问题，也不好插手过问。犯罪分子便是利用旁观者的这种怜悯心理，旁若无人地将孩子抱走了。

在面临问题的时候人们应当理智地去判别，以免让一些犯罪分子有机可乘。

对于"诉诸怜悯的谬误"人们也许还会有一个误解：有人会觉得人们高尚的、不可缺少的同情心怎么也成了荒谬、谬误的东西了？事实上被人们赞美过的、值得赞美的人性绝不是谬误的，只有将它作为支持某论证、判断的根据时，它才会产生谬误。

会一直赢下去——赌徒谬误

在农村很多家庭都希望能有一个男孩来传宗接代，如果生了女孩就拼命地再要孩子，总希望下一个孩子是男孩，然而事与愿违，并不是前几个孩子是女孩了下一个就该轮到生男孩。这种做法便是明显的赌徒谬误，其结果是生了一个女孩又一个，给家庭造成了很大的负担，日子也越过越穷。

赌徒谬误是生活中常见的一种不合逻辑的推理方式，认为一系列事件的结果都在某种程度上隐含了相关的关系，即如果事件 A 的结果影响到事件 B，那么就说 B 是"依赖"于 A 的，以为随机序列中一个事件发生的概率与之前发生的事件有关，即其发生的概率会随着之前没有发生该事件的次数而上升。

赌徒谬误又叫蒙地卡罗谬误，蒙地卡罗是摩纳哥大公国的一个地区，是世界上著名的赌城。摩纳哥的赌博业本身在世界上就首屈一指，因此蒙地卡罗在世界赌博业享有极高盛誉。所以，"赌徒谬误"也以这座著名的赌城来命名。

三国演义中"关云长义释曹操"早已是家喻户晓的故事，在这一故事中曹操的表现就是一种典型的赌徒谬误。

曹操被火烧战船之后与张辽等突围的将领带领几百名士卒逃窜，但见四处火起，心中不胜凄凉感慨。纵马加鞭，走至五更，回望火光渐远，曹操心里才渐渐安定，心想总算是逃过一劫，大难不死。曹操便问随从："这是什么地方？"随从告诉他："此是乌林的西边，宜都的北边。"曹操见周围树木丛杂，山川险峻，便在马上仰面大笑不止。诸将都感到莫名其妙，就问曹操为何兵败还如此大笑。曹操就说："你们不知道吧，这里是埋伏的好地方，不过你们看现在这里不是没有埋伏吗？我们总算逃脱了，要是有埋伏我们必死无疑。"谁料想这话刚说完，两边鼓声震响，火光冲天而起，惊得曹操几乎坠马。原来是赵云早就听从诸葛亮的计策在此处埋伏了，曹操慌忙叫徐晃、张辽双敌赵云，自己费了很大劲总算得以逃脱。

在逃窜途中，天快要亮的时候突然下起了雨，于是曹操就叫将士们在林中避雨休息。这时，曹操坐在疏林之下，又仰面大笑起来。众将便又问："刚才丞相笑周瑜、诸葛亮，以为没有埋伏了，引惹出赵子龙来，又折了许多人马。现在为何又笑？"曹操便又说："我笑诸葛亮、周瑜毕竟智谋不足。若是我用兵时，就这个去处，也埋伏一队人马，以逸待劳；我们纵然留得性命，也不免重伤矣。"正说的时候，前军后军一齐大喊，曹操大惊，弃甲上马。原来又是张飞早在此埋伏好了。曹操又是赶紧奔逃险些丧命。

总算又逃了十几里，眼看追军已经不见踪影，曹操的老毛病就又犯了，又在马上扬鞭大笑。众将问："丞相为何又大笑？"曹操说：

"人们都说周瑜、诸葛亮足智多谋，现在看来，都是无能之辈。要是在这里埋伏些人马我们必死，而这里却没有埋伏。"他话还没说完，一声炮响，两边五百校刀手摆开，为首大将关云长，提青龙刀，跨赤兔马，截住去路。曹军见了，亡魂丧胆，面面相觑。故事的结局是关云长感激曹操昔日的恩义将其放走了。

　　在这个故事中曹操三笑周瑜、诸葛亮无能，谁料想三次都险些丧了性命。曹操生性多疑也不免犯了赌徒谬误的错误，随便地就以为没有埋伏，放松警惕，还自大狂笑，以为诸葛亮已经用尽了计谋，掉以轻心，险些因此丧命。如果不是抱着这种侥幸心理，伤亡大概不会那么惨重，一代枭雄也不致那么狼狈。

　　在股票、期货市场上，连续几个跌停板之后，有很多投资者就会认为市场会反弹，否极泰来。而且，在期货市场上那些老手更容易陷入赌徒谬误，因为根据老手的经验，市场在几个跌停之后一般会出现反弹，然而并不是每次都会这样的，其实，下次出现"涨"和"落"的概率是一样的。他们的经验在这里是无效的，只是一种表面现象，那些依靠经验在此时买进的股民有可能会输得血本无归。

　　曾有学者做过一个关于"赌徒谬误"的心理实验。结果发现，在中国资本市场上具有较高教育程度的个人投资者或潜在个人投资者中，"赌徒谬误"效应对股价序列变化的作用占据着支配地位。也就是说，无论股价连续上涨还是下跌，投资者更愿意相信价格走势会逆向反转，他们相信事情不会一直好下去也不会一直坏下去。

实验者共选取了 285 名具有高学历的人进行了"赌徒谬误"的实验。他们主要是复旦大学的工商管理硕士（MBA）、成人教育学院会计系和经济管理专业的学员以及注册金融分析师 CFA 培训学员，均为在职人员，来自不同行业，从业经验 4~20 年不等。实验过程以问卷调查的形式进行。试验中假设给每个人一万元的资金，让他们投资股市，理财顾问给他们推荐了基本情况几乎完全相同的两只股票，唯一的差别是，一只连涨而另一只连跌，连续上涨或下跌的时间段分为 3 个月、6 个月、9 个月和 12 个月四组。每位投资者给定一个时间段，首先表明自己的购买意愿，在"确定购买连涨股票""倾向购买连涨股票""无差别""倾向买进连跌股票""确定买进连跌股票"5 个选项间做出选择，然后再看他们在各种涨落之间卖出情况的选择。

结果发现：在持续上涨的情况下，上涨时间越长，买进的可能性越小，而卖出的可能性越大，对预测下一期继续上升的可能性呈总体下降的趋势，认为会下跌的可能性则总体上呈上升趋势；反之，在连续下跌的情况下，下跌的月份越长，买进的可能性越大，而卖出的可能性越小，投资者预测下一期继续下跌的可能性呈下降趋势，而预测上涨的可能性总体上呈上升趋势。这个结果表明，随着时间长度的增加，投资者的"赌徒谬误"效应越来越明显。

恐慌、贪婪、欲罢不能、渴望一夜暴富是很多股民都存在的心理，也是那些用大量钱财购买彩票的人的心理。从每天爆满排队开户的新股民和争相买彩票的人可以看出，很多人都在期待着下一次会大涨或者下一次中大奖，渴望一夜暴富。这种赌徒心理，很容易让他们陷入经济和精神的双重危机中。

利欲熏心、侥幸心理、缺乏理性思考是产生赌徒心理的根源。很多贪官、盗贼也都是因为有了赌徒心理而越陷越深、越走越远，最终把自己推向犯罪和死亡的深渊，受到法律的制裁。天网恢恢，疏而不漏，赌徒心理是要不得的。

在生活中，我们要避免赌徒心理的滋长和蔓延。为官者要恪守"为民、务实、清廉"的要求，端正世界观、人生观、价值观，树立正确的权力观，明确为官无论大小，其意义在于依靠群众，想着群众，体察民情，了解民意，集中民智，珍惜民力。为民者要遵守法律道德，不可有侥幸心理，以为偶尔的犯罪行为能逃脱法律的制裁。投资者一定要多学习，理性分析，合理投资，切勿陷入赌徒谬误的误区。

明星代言——诉诸权威

在封建社会里"君叫臣死，臣不得不死"。强权的威力之下，大臣们没有敢乱说话的，皇帝的话几乎没有人敢反对，在这种君权凌驾于一切权力之上的社会里，自然会有许多诉诸威力的谬误。诉诸威力的谬误，是在论证中，凭借强权、势力甚至武力去威胁、恫吓对方，迫使对方接受自己观点的谬误。在《水浒传》中李逵便是一个爱用武力去威胁别人的人。只要三言两语不和，不顺着他的意思，他便会大吼起来："你这厮，敢说俺铁牛不是，俺砍了你。"当然，李逵也算是草莽英雄。用武力威胁的多半是些贪官小人，一些贪官污吏利用强权草菅人命、污人入狱、刑讯逼供、屈打成招，却是诉诸威力谬误害人的典型。

关于诉诸威力的谬误，有着一个非常流行的成语故事"指鹿为马"，出自《史记·秦始皇本纪》。

秦二世时，野心勃勃的赵高日夜盘算着要篡夺皇位，可不知朝中大臣有没有人愿意听他摆布。如何能让大臣听命于自己呢？赵高想出了一个办法，一方面可以试试自己的威信，另一方面也可以摸清哪些大臣反对自己。

　　一天上朝时，赵高牵来一只鹿，在朝廷上当着大臣们的面，献给二世皇帝，并指着鹿故意说："这可是一匹好马啊！是我特意献给陛下的。"秦二世说："这分明是鹿嘛！丞相怎么说成马呢！"赵高说："这就是一匹良马，陛下不信，可以问问诸位大臣。"不少大臣们畏惧赵高的权势，知道他为人阴险，就默不作声；有的为了迎合赵高，就讨好说："这确实是匹宝马呀！"也有一些大臣明确指出："这明明是一只鹿。"事后，那些说鹿是鹿的人，都遭到了赵高的暗算，从此群臣都更加惧怕赵高了。后来，赵高被子婴所杀。

　　历史向我们证明了诉诸威力是站不住脚的，历史终将还我们以真理，终会将谬误踩在脚下，将真理高高地举过头顶。任何诉诸威力的谬误，都将在滚滚的历史长河中悄然逝去。

对人不对事——诉诸人身

德国人卢安克，22 岁时来华旅游，出于对中国的热爱，留在中国，开始在中国山村从事义务教育。2001 年，他来到广西东兰县坡拉乡广拉村。他教那里的孩子讲普通话，学文化，他希望通过教育改变这些孩子的命运。卢安克教书不领工资，他的生活费则来自父母的资助以及当年他在德国做体力活儿赚的钱存到银行获得的利息。在坡拉乡，卢安克经常帮村民犁田、割禾、打谷，为村民设计脱粒机，教村民改造居住环境，人畜居所分开。

他还用自己的钱为村民修了一条宽 0.6 米、长不足 300 米的水泥小路。

卢安克也不是一帆风顺的，他曾因为没有"就业证"就教书被罚款 3000 元；他的教学方法被人斥责为"不入流"；因为他是德国人，所以，有人怀疑他是德国派来的间谍；他的钱还被房东偷走过；他被怀疑有恋童癖……自从他投身志愿教育，人们对他的猜测和攻击就没有停止过。

然而，卢安克不为所动，坚持生活在广西山村，帮助村民和孩子们。最终村民几乎已忘了他是一个外国人，他们像对待村里人一样对待他，和他打招呼、聊天、开玩笑，他终于赢得了尊敬。

上面这个例子中，那些攻击卢安克的人显然犯了诉诸人身的谬误，他们试图找出卢安克人格上的不足，对他进行人格侮辱，诋毁他的支教行为。

诉诸人身的谬误是指，当要论证某一个论题真假或者说某一个人所从事的事业、行为所存在的价值的时候，用他个人的品质来说明问题，而不考虑行为的本身，或者，指出对方持有某种观点是因为对方会因此而获利。诉诸人身的极端表现就是恶意诋毁，比如对对方的个性、国籍、宗教进行恶意的攻击。

诉诸人身之所以是谬误的，是因为这个人的个性、处境，以及行为（在大多数情况下）与这个人论点的正确与否在逻辑上是无关的。

德国哲学家黑格尔的著作中有这样一个例子。在街上，一位女顾客对一位女商贩说："喂，老太婆，你卖的鸡蛋怎么是臭的呀！"女商贩听了之后勃然大怒，说："什么？你说什么？我的鸡蛋是臭的？你竟然敢这样说我的蛋？我看你才臭呢！你全家都是臭的！要是你爸爸没有在大路上给虱子吃掉，你妈妈没有跟法国人相好，你奶奶没有死在医院里，你就该为你花里胡哨的围脖买一件合身的衬衫啦！谁不知道，这条围脖和你的帽子是从哪儿来的？要是没有军官，你们这些人才不会像现在这样打扮呢！要是太太们多管管家务，你们这些人都该蹲班房了。还是补一补你袜子上的那个窟窿吧！"

这个女商贩一连串的攻击就是我们有三寸不烂之舌恐怕也无还击之力。这个故事大概是黑格尔编出来的，但是却非常形象地道出了那些诉诸人身的谬误的行为。

当在生活中遭遇这种情况的时候我们的应对方法应该是：冷静下来不要争吵，理性地指出这种人身攻击，并说明个人的个性或处境与他观点的正确与否是无关的。

然而，也并不是所有的诉诸人身都是错误的。在有些情况下一个人的性格是可以影响他的论断的正确性的，比如一个病态的撒谎者的论断可以认为是不可靠的，但是这种攻击仍是薄弱的，因为病态的撒谎者也有可能在某种场合下说真话。

有的时候，当对方论点明显由于他的个人利益有所偏颇的时候，怀疑对方的论点就是一种谨慎的做法，比如烟酒的生产厂家声称吸烟或者喝酒并不会致癌。这时，就应该对这样的论点持谨慎怀疑的态度了，因为做出这样一个论断是有动机的，不管这个论断是否正确，我们都需要有所怀疑。当然，有动机的论断也并不是都值得怀疑的，比如家长告诉孩子把叉子插入插座可能会导致危险，并不能仅仅因为家长有动机去这样说就证明他的说法错误。

北宋的宰相蔡京是一代奸相，这个论断应该是毫无疑义的，因为历史早有定论。但是我们却不能因为这一定论准确，就把他整个人都否定了。在艺术方面，蔡京还是有很高造诣的，他在书法、诗词、散文等各个艺术领域均有非凡表现。当时的人们常用"冠绝一时""无人出其右者"来形容他的书法，就连狂傲的米芾都曾经表示自己的书法不如蔡京。

北宋苏、黄、米、蔡四大家之中的蔡开始时指的就是他，只是后来因为他的人品太差而改成了蔡襄。

北宋变法图强的标志性建筑木兰陂，中国现存最完整的古代大型水利工程之一，就有蔡京的功劳。蔡京是王安石变法的重要支持者，他对木兰陂的筑成起到了极为关键的作用。

木兰陂未筑之前，溪海之水，淡咸不分，遇到大雨就泛滥成灾，根本不长庄稼。蔡京到任之后，积极响应王安石变法号召，兴修了水利工程，使原来只生蒿草的土地变成肥沃的良田，使其沃野千里。蔡京的这一事迹，在同时代人方天若的《木兰水利志》有所记载。这篇文章将蔡京建木兰陂之事第一次真实地透露给世人，对蔡京建陂之初衷持肯定的态度，这种实事求是的态度是值得肯定的。

由于一直以来蔡京奸臣形象的根深蒂固，人们对他的书法艺术和文学作品非常忽视，对于他兴修水利、参与变法的事情更是少有人提及。其实这也是犯了诉诸人身的谬误，即使是大奸大恶，他所做出的成绩也是成绩，是客观的事实，我们并不能因为他是奸臣就不承认他的艺术成就和他的一些客观功绩。

大家都这样——诉诸众人

诉诸众人的谬误是在论证过程中以持某种观点的人数多来代替对该观点实质性的论证而犯的逻辑错误，因为仅以多数人的观点去论证一个论题，所以也叫以多数人的观点为据的谬误。

天堂要举办一个特别重要的石油会议，石油大亨们都接到了邀请。有一个石油大亨迟到了，当他推开会议室的大门，发现已经没有他的座位了。他在会议室里转来转去，先来的人丝毫没有给他让座的意思，于是，他眼珠一转，高喊道："地狱里发现石油了！"这一喊不要紧，坐在椅子上的石油大亨们纷纷向外跑去，那位最后来的石油大亨有了足够多的座位。可是，坐了没多久，他也坐不住了，心想，大家都去了，难道地狱里真的发现了石油？他再也坐不住了，匆匆忙忙地也向地狱跑去。

石油大亨们的这种盲从行为很像羊群吃草。一群羊在草原上寻觅着青草，它们非常盲目，左冲右撞，杂乱无章。这时，头羊发现了一片肥沃的草地，并在那里吃到了新鲜青草。群羊就紧随其后，一哄而上，一会儿就把那里的青草吃了个干净。

诉诸众人的谬误其实就是基于从众心理而产生的盲从现象，也叫"羊群效应"。

心理学家曾做过一个实验：教授在黑板上画了A、B、C三条线，然后又在A线旁边画了一条X线。A、B、C三条线互不等长，X线和B线一样长，并且很容易就能看出来。然后，他请来十个人。

教授说："请问三条线中哪条跟X线一样长？"

教授话音未落，十人中有九个人同声说："A。"

剩下的那个人愣了一下，心想："怎么回事儿啊？明明是和B线一样长啊！"但是他没说出来。

这时教授说："好像有人没发表意见，我再问一遍，X线跟A、B、C三条线中哪条等长？"那个刚才没回答的人刚想说话，那九个人又说："是A。"

没回答的人十分茫然，不知该不该说。

教授又说："好像还是有人没有发表意见，我希望每一个人都要回答。好，我再问一遍，到底这三条线中哪条线跟X线一样长？"

那九个人又异口同声地说："是A，绝对没错！"然后，教授问那个没说话的人："你觉得哪两条线一样长？"这个人犹豫了一下，但还是特别坚定地说："我也认为A和X一样长。"

为什么那九个人要保持同一个错误口径呢？因为他们是教授的

试验助理，也就是说，十个人中只有一个是事先什么都不知道的，并且这个试验就是要对他进行"从众测试"。

同样的试验测试了 100 个人，发现有 38% 的人和第一个被测试者的答案一样。通过这个测试，我们可以得出这样的结论：世界上有 1/4 ~ 1/3 的人有从众心理。

福尔顿是一位颇有名气的物理学家。在一次研究中，他运用新的测量方法测出固体氦的热传导度。这个结果比人们已知的固体氦的热传导度高出 500 倍。福尔顿觉得差距这么大，恐怕是自己弄错了，如果公布出去，岂不被人笑话？所以他就没有声张。不久，美国的一位年轻科学家，在实验中也测出了固体氦的热传导度，并且结果同福尔顿的完全一样。

这位年轻科学家可没像福尔顿那样顾虑重重，他公布了自己的结果，并且很快引起了科学界的广泛关注。福尔顿追悔莫及，在给朋友的一封信中写道：如果当时我摘掉名为"习惯"的帽子，而戴上"创新"的帽子，那个年轻人绝不可能抢走我的荣誉。

福尔顿的所谓"习惯"的帽子就是一种诉诸众人的谬误。可见，诉诸众人的谬误不但会使人丧失创新意识，还能使人丧失成功的机会。

事实上众人的意见未必都是真理，真理有时掌握在少数人手中，而众人的看法有时倒是谬见。然而，众人之见常常对人有一种心理影响，似乎众人之见即真理，这便是一种从众心理，也叫随大溜。在实际工作中，人们在处理一些事情时，也往往是凡事要随大流。有从众心理的人往往是盲目从众，从不怀疑，不善于独立思考，即使多数人的意见和方案有缺陷，他也不能及时发现。

在《楚辞·渔父》中有一段讲屈原不同流合污而被放逐的事情：

屈原既放，游于江潭，行吟泽畔，颜色憔悴，形容枯槁。渔父见而问之曰："子非三闾大夫与？何故至于斯？"屈原曰："举世皆浊我独清，众人皆醉我独醒，是以见放。"渔父曰："圣人不凝滞于物，而能与世推移。世人皆浊，何不其泥而扬其波？众人皆醉，何不哺其糟而其？何故深思高举，自令放为？宁赴湘流，葬于江鱼之腹中，安能以皓皓之白，而蒙世俗之尘埃乎！"渔父莞尔而笑，鼓而去，乃歌曰："沧浪之水清兮，可以濯吾缨；沧浪之水浊兮，可以濯吾足。"遂去，不复与言。

这是《楚辞》里边的篇章，是说屈原在众人皆醉的时候一个人保持清醒。在多数人都不认为事情应该那样做的时候屈原却能够坚持自己的观点，这其实便是"诉诸众人的谬误"的反证。

不过，有的时候不诉诸众人也是需要一定勇气的，因为不诉诸众人往往就要付出被众人排斥的代价。屈原的仕途本来是很顺畅的，二十几岁时就受到楚怀王的信任，先后做过左徒和三闾大夫的官职，地位相当显赫。他"入则与王图议国事，以出号令；出则接遇宾客，对应诸侯"，一度成为楚国内政外交的关键人物。可就是因为他不愿意与奸佞之人同流合污而遭到谗害，过了20多年的流浪生活，最后投江自杀。

还有北宋大文豪苏轼，虽饱读诗书，满腹经纶，却是"一肚皮不合时宜"，无论旧党还是新党上台，他都不讨好。与当权者发生冲突，结果先被贬为黄州（今湖北黄冈）团练副使，后又辗转就任于颍州、扬州、定州的地方官，最后贬到岭南、海南岛。虽然在宋徽宗即位后，被允许北归，但终因长期流放，一病不起，最后死于常州。

生活中需要有一些怀疑精神，即使大多数人都认为对了，自己也要认真地思考论证，真理有时候并不一定掌握在多数人手中。克服从众心理的影响，避免陷入"诉诸众人的谬误"，激发创新意识、独立精神，有助于做出具有独创性的决策，推动事业的健康发展。

登徒子好色吗——不相干论证

　　楚国大夫登徒子在楚王面前说宋玉的坏话，他说："宋玉这个人长得英俊潇洒，又能言善辩，最主要的是这个人贪恋女色，希望大王不要让他出入后宫。"楚王拿登徒子的话去质问宋玉，宋玉说："臣容貌俊美，是天生的；善于言辞，是从老师那里学来的；至于贪恋女色，实在是没有这样的事。"楚王说："你说不贪恋女色有什么理由吗？有理由讲就留下来，没有理由就离去吧。"

　　于是，宋玉给出了这样的一个理由，以证明自己不好色："天下的美女没有谁比得上楚国女子，楚国美女又没有谁能超过我家乡的女子之美的，而我家乡最美丽的姑娘还得数我邻家之女。邻家之女，增一分太高，减一分太矮；涂上脂粉嫌太白，施加朱红嫌太赤；眉毛如翠鸟之羽毛，肌肤像白雪莹洁剔透；腰身纤细如裹上素帛，牙齿整齐犹如小贝；嫣然一笑，足可以迷倒阳城和下蔡一带的所有人。就是这样一位绝色女子，趴在墙上窥视臣三年，至今臣还没答应和她往来。登徒子却不是这样，他的妻子蓬头垢面，耳朵挛缩，嘴唇外翻而牙齿参差不齐，弯腰驼背，走路一瘸一拐，还患有疥疾和痔疮。这样一位丑陋的妇女登徒子都喜欢得不行，还生了五个孩子。请大王明察，究竟谁是好色之徒呢？"

宋玉这种方法实在是很高明的，他的一席话马上就让楚王相信他是不好色的，而认为登徒子是个实实在在的好色之徒。其实仔细去分析宋玉的话我们会发现，他所列举的理由虽勉强可以证明自己不好色，却证明不了登徒子好色。登徒子不弃丑妻，生了五个孩子，这和他好色不好是没有必然的逻辑关系的。结婚生子乃天经地义、人之常情，是不能以此证明登徒子好色的。宋玉的辩解显然是存在"不相干论证"的谬误。

中国有句古话："有其父必有其子。"说明儿子和父亲在某些能力和性格上有相似性。还有一句俗话："龙生龙，凤生凤，老鼠的孩子生来会打洞。"说明什么人的后代也是什么样子。比如说，英雄豪杰的后代还是英雄豪杰，奸臣恶人的后代还是奸臣恶人。

赵括是赵国名将赵奢的儿子，赵奢曾为赵国立下汗马功劳，在赵国享有很高的威望。秦军进攻赵国时，赵王认为赵括是赵奢的儿子，和父亲比起来一定会青出于蓝而胜于蓝，于是让其取代廉颇与秦军作战。赵括取代廉颇后，改变了廉颇的全部作战方针，他求胜心切，立即派兵出击，秦军佯装败走，赵军追赶，陷入白起设置的包围圈中。

这就是历史上著名的长平之战。在赵王起用赵括的时候，赵母就曾劝谏赵王不要用他的儿子，在赵王一再坚持的情况下，她只好说如果赵括兵败不能把责任推给她，结果正如赵母担心的，赵括大败。

赵王其实就是犯了不相干论证的错误，他以赵奢的才干来推断其儿子的才干显然是错误的，这两者并不存在必然的关系，从赵奢的才干是不能推出赵括也有相同的才干的。赵王要知道赵括的能力是要从他的日常行为、从他带兵的情况和对兵法的掌握等技术上去考量，而不应以其父亲为论证的依据。

因此，能臣良将的后代不一定是能臣良将，奸恶小人的后代不一定就是奸恶小人。

秦桧是历史上著名的卖国贼，遭到众人的唾弃，他的曾孙秦钜却是一位抗金名将。南宋嘉定十四年二月，金兵南侵攻破了黄州。三月，十万金兵抵达蕲州城下。当时的蕲州通判就是秦桧的曾孙秦钜。秦钜很不同于秦桧，他文武兼备，素有报国救世之心。初到任上时，他见蕲州城墙不修，武备松弛，就与新任知州李诚之商量加强战备，训练军队，整修城墙和防御工事，囤积粮草和军用物资，以防金军入侵。到金兵南侵时，蕲州已经是森严壁垒，众志成城。秦钜指挥全军人马奋力死战，前仆后继，坚持月余，杀伤金兵数以万计。可是城中兵力越来越少，弹药等兵器已消耗殆尽，而宋军的援兵始终未到，蕲州终于还是被金兵攻破了。部下劝秦钜化装成老百姓逃走，但是秦钜却坚持抗争到底，最后与家人一起投到熊熊大火中为国捐躯。

所以，我们在判断一个人的时候要从他自身的品德和能力去判断，并不能简单地从他的身世去考量，那样显然是"推不出"的。

不相干论证又叫"推不出"，是指在论证的过程中论据和论题之间违反推理的原则所造成的逻辑谬误。另外也有因论据虚假事理上推不出的情况。

李静和李妹是一对双胞胎姐妹。父亲节时，老师让大家写一篇关于"父亲"的作文。等作文收上来后，老师却发现她们俩的作文竟然一字不差。于是老师就问李静："为什么你的作文和李妹的一样呢？"李静答道："因为我们是同一个父亲，而且我们是双胞胎啊！"

这则故事中，李静和李妹是"同一个父亲"且是"双胞胎"，都是真实的理由，但这两个理由与"作文一样"却没什么关系，因而犯了"推不出"的逻辑错误。

不同人种在体质上存在着很大的差异，所以在不同的运动领域里就会有各自擅长的项目。比如，非洲黑人身体的耐力强，在长跑等力量速度型的运动项目上便占优势，但我们很少见到他们在游泳池中有什么太突出的表现。而国人较适合技巧性质的运动，在力量速度等方面不占优势，像乒乓球、体操、跳水等项目却很强。足球运动是力量、速度与技术的结合体，所以从人体科学角度讲，我们在足球方面的劣势，有先天的不足，而有人把这些归结于高考制度显然是很荒谬的逻辑。并不是简单地改革了高考制度，实行了素质教育，增强了体质，就能让国足在世界上处于领先地位。

《圣经》证实神的存在——循环论证

有一个高中的政治老师,每次在讲政治选择题的时候,都只会念答案,从不解释答案为什么是对的,为什么是错的。当学生问老师的时候,该老师就依据答案中的正确选项,说因为那个正确选项正确的,所以其他错误的是没有根据的,所以正确选项是正确的。

学生对此很无奈,但是也无话可说。

这样的老师真是误人子弟。其实这个政治老师采取的这种解释方法在逻辑谬误中就属于循环论证谬误。

循环论证是论证谬误的一种,当辩论者为支持自己的某项主张所提供的新的论据,其实是旧主张新瓶装旧酒的重复时,就是犯了"循环论证"的谬误。"循环论证"之所以被认为是谬误,是因为在论证过程中,它把论证的前提当作了论证的结论,即所谓的"先定结论"。

有人在论证神的存在时说:"《圣经》上说神存在,由于《圣经》是神的话语,所以《圣经》必然正确无误,所以神是存在的。"显然,对神存在持怀疑态度的人也同样会质疑其前面的假设,还会继续追问《圣经》为什么是正确无误的。这是一个很浅显的例子，根本蒙混不过去，这里只是为了更通俗地说明循环论证的谬误。

大卫·休谟是 18 世纪苏格兰著名的哲学家，他在《神迹论》用以推翻神迹的论点，经常被认为是十分狡猾的循环论证的例子。在《论神迹》一文中他这样解释道："……我们可能会总结认为，基督教不但在最早时是随着神迹而出现的，即使是到了现代，任何讲理的人都不可能在没有神迹之下会相信基督教。只靠理性支撑是无法说服我们相信其真实性的，而任何基于信念而认同基督教的人，必然是出于他脑海中那持续不断的神迹印象，得以抵挡他所有的认知原则，并让他相信一个与传统和经验完全相反的结论。"在论证过程中，休谟提出了几点论据，且每一个论据都指向了"神迹只不过是一种对于自然法则的违逆，即使是神迹也不能给予宗教多少理论根据"的这一论点。也是因为这样的认识，在《人类理解论》一书中，他给神迹下了这样的定义：神迹是对于基本自然法则的违逆，而这种违逆通常有着极稀少的发生概率。可以看出，在检验神迹论点之前休谟便已假设了神迹的特色以及自然法则，也因此构成了一种微妙的循环论证。

除了像休谟这种大哲学家所提出的这种高深的例子，日常生活中还有很多小的事情也会犯循环论证的错误。比如说，当父母误解孩子的时候，父母是不确定孩子是否真的做错了事情的。但在批评孩子的时候，父母会说："瞧瞧你，怎么没有一点羞愧的意思，不知道自己错了吗？"事实上如果孩子没有错，自然是不会有羞愧的意思的。

在一篇文章中看到过这样一段话："几个朋友一起去饭店吃饭，当一盘色、香、味俱全的糖醋鱼上桌的时候，鱼嘴却能张合，鱼鳃还会扇动，我们都很好奇，对此非常不解，于是就问经理这是怎么一回事，鱼都已经烧熟为什么嘴和腮却还会动弹呢？经理解释说，这是因为这里的厨师是做鱼的名师，厨艺十分精湛，所以有的时候鱼熟了，上桌了，鱼嘴和腮却还在动。甚至有时候吃得只剩下骨架了鱼嘴还能张合。我们被经理的这一番话说得乐了起来，全然忘了我们问的是鱼嘴是为什么动弹的。"

在这里，经理实际上是犯了循环论证的错误的。"我们"问经理："鱼都已经烧熟为什么嘴和腮却还会动弹呢？"经理本来是应该告诉消费者具体是什么原因造成的这样一个结果。可是经理说的却是另外一回事，经理给出的理由是：因为厨师的烹饪技艺高超。这个回答虽然彰显出了酒店的档次，但实际上并没有回答出问题的所在。它仍然是重复说明了要求解释的现象：熟鱼为什么会张嘴动腮。对于为什么，他仍没有在道理上加以解释。

在日常的文章书写中我们也很容易出现循环论证的错误。比如，在论述"建设社会主义和谐社会"的论文中有一个学生这样写道："为什么说建设社会主义和谐社会是当务之急呢？因为建设社会主义和谐社会是当前国家建设中最迫切的任务，因此，我们必须把建设社会主义和谐社会作为当前一项重要任务来抓，只有这样社会主义和谐社会才能建立起来。"

在该学生的这段议论中，论题、论据、结论，说来说去都是那么几句话，其实都是在重复"建设社会主义和谐社会重要"，但是并没有说出为什么重要，实际上是一种"同义反复"。很显然，这个学生犯了"循环论证"的错误。在学生日常的议论文写作中这种错误实际上是经常出现的，只是有的不太明显，往往被忽略。由于学生知识面窄，同时对相关知识的掌握又有限，因此，在他们议论一件事情的时候往往找不到合理的论据，但又必须证明自己的论点，于是便出现了循环论证的谬误。循环论证的谬误在我们的初中、高中几何学论证中也常常出现，在一些考试中，当学生实在论证不出来一些题目，情急之下便会对一些要求证的结论预先的假设正确性，最后又求证出来。这看似是论证出来了，实则是犯了"循环论证"谬误。

我们需要注意的是，循环论证的论点在逻辑上是成立的，因为结论可能完全与其前设相等，故结论并非其前设之推论。所有循环论证都必须在论证过程中，假设其命题已经是成立的。所以，亚里士多德把循环论证归纳为实质谬误，而非逻辑谬误。现在学术界习惯把循环论证归于逻辑谬误的范畴。

一言兴邦，一言丧邦——错误引用

　　定公问："一言而可以兴邦，有诸？"孔子对曰："言不可以若是其几也。人之言曰：'为君难，为臣不易。'如知为君之难也，不几乎一言而兴邦乎？"曰："一言而丧邦，有诸？"孔子对曰："言不可以若是其几也。人之言曰：'予无乐乎为君，唯其言而莫予违也。'如其善而莫之违也，不亦善乎？如不善而莫之违也，不几乎一言而丧邦乎？"

　　上边这段话出自《论语·子路》篇，翻译成现代文大概意思是：鲁定公问："一句话就可以使国家兴旺，有这样的说法吗？"孔子回答说："话不可以这样说啊。不过，人们说：'做国君很难，做臣下也不太容易。'如果真能知道做国君的艰难，知道谨言慎行为国家着想，不就近于一句话可以使国家兴旺了吗？"鲁定公又问："一句话就可以使国家灭亡，有这样的说法吗？"孔子回答说："话也不可以这样说啊。不过，人们说：'我做国君没有别的快乐，只是我说什么话都没有人敢违抗我，我说什么算什么。'如果说的话正确而没有人违抗，不也很好吗？如果说的话不正确而没有人违抗，不就近于一句话可以使国家灭亡了吗？"

　　"一言兴邦，一言丧邦"，听起来有点夸张，一句话难道有这么厉害吗？其实这句话看似夸张，细想还是有很大道理的。一句话的错误有时候可以导致一件事情的失败，在战争中或者商业中一句话往往起到关键性的作用。所以说，人们在运用语言的时候一定要谨慎，尤其当转达和引用别人的话时，一定要注意不能有丝毫的错误，否则贻害甚大。

《论语》中有许多语句现今都被错误地引用，给人们造成很多的误解。《论语·泰伯》篇有这样一句话："民可，使由之；不可，使知之。"它的意思是："如果这个人可以造就，有发展前途，就创造条件让他自由发展，否则，就只让他明白一般的道理就可以了。"其实，孔子话的意思是前者，只有那样才符合孔子因材施教的教育思想。后者仅仅是封建社会的愚民思想，封建统治者大肆引用这句话无非是为了稳定他们的统治。正确地理解掌握孔子的这句话对于我们理解孔子的教育思想会有很大的帮助。为人父母的更要深刻理解这句话，它对于如何教育孩子健康成长、使之成才有着重大意义。

梁启超曾说："史料为史之组织细胞，史料不具或不确，则无复史之可言。"由此可见，史料是研究历史和从事历史教学的前提和基础。因此对于一些和历史学相关的纪录片、电影、新闻、教学等一定要注意史料的正确引用，否则不仅会歪曲事实、误人子弟，还会使相关个人和媒体的权威遭到质疑。

《世界上最遥远的距离》据说是泰戈尔的名作，这首爱情诗由于情感真挚感人而广泛流传,然而这首诗的真正作者却存在着很大的争议。

泰戈尔是印度的大诗人,在中国有着广泛的影响,写出这样的诗自然也是属于正常的,很少有人会去怀疑。然而,有网友拿此诗与泰戈尔的《飞鸟集》对照检索,却并没有找到,而且,《飞鸟集》收录的都是两三句的短诗,不可能收录这么长的诗。那也可能仅仅是出处有误,本着严谨的精神,人们继续追查泰戈尔的其他作品,在《新月集》《园丁集》《边缘集》《生辰集》《吉檀迦利》等泰戈尔所有的诗集中均没有找到这首诗。

与这首广泛流传的诗最相近的版本出自张小娴之手。她的小说《荷包里的单人床》里有一段:"世界上最遥远的距离,不是生与死的距离,不是天各一方,而是,我就站在你面前,你却不知道我爱你。"后来有记者采访张小娴证实,这几句确实是她个人的原创,只是后边是由别人续写的。

网络流行之后,书籍、文字的传播交流方便了很多,然而一些不经考证的错误也日益多了起来。无独有偶,电影《非诚勿扰Ⅱ》中有一首据传是仓央嘉措的诗也是错误引用。

片中李香山的女儿在父亲临终前的人生告别会上朗诵了一首名为《见与不见》的诗,该诗被说是仓央嘉措所作,其实和电影所宣称的歌词改编自仓央嘉措《十诫诗》的片尾曲《最好不相见》一样,它们都只是网上盛传而已,并不是仓央嘉措的作品。

　　经媒体的调查证实,《见与不见》的作者其实是现代人, 诗的原名为《班扎古鲁白玛的沉默》, 作者是一个藏族女孩。而《最好不相见》是网友将仓央嘉措的诗改编添加而成的, 并非原作。所以, 在引用别人的话时, 一定要严谨, 对于出处、内涵一定要弄清楚, 字句一定也要和原文完全相符, 避免错误引用。

一套书读懂逻辑

思维导图

弘丰 编著

应急管理出版社

·北 京·

图书在版编目（CIP）数据

一套书读懂逻辑．思维导图／弘丰编著．－－北京：
应急管理出版社，2019（2021.4 重印）
ISBN 978 - 7 - 5020 - 7745 - 7

Ⅰ.①—…　Ⅱ.①弘…　Ⅲ.①逻辑思维—通俗读物
Ⅳ.①B804.1 - 49

中国版本图书馆 CIP 数据核字（2019）第 252548 号

一套书读懂逻辑　思维导图

编　著	弘丰
责任编辑	高红勤
封面设计	末末美书

出版发行　应急管理出版社（北京市朝阳区芍药居 35 号　100029）
电　话　010 - 84657898（总编室）　010 - 84657880（读者服务部）
网　址　www.cciph.com.cn
印　刷　晟德（天津）印刷有限公司
经　销　全国新华书店

开　本　787mm×1092mm$^1/_{32}$　印张　25　字数　520 千字
版　次　2020 年 1 月第 1 版　2021 年 4 月第 2 次印刷
社内编号　20192552　　　　定价　125.00 元（全五册）

"思维导图"概念的提出，标志着人类对大脑潜能的开发进入了一个全新的阶段。如今，这一由英国"记忆之父"东尼·博赞发明的思维工具，已成为 21 世纪的革命性思维工具，并成功改变全世界超过 2.5 亿人的思维习惯。作为一种强大的思维工具和 21 世纪全球革命性的管理工具、学习工具，思维导图的出现，在全球教育界和商界掀起了一场超强的大脑风暴，被人称作"大脑瑞士军刀"。

今天，在哈佛大学、剑桥大学，学校师生都在使用思维导图这项思维工具教学、学习；在新加坡，思维导图已经基本成为中小学生的必修课，用思维导图提升智力能力、提高思维水平已经得到越来越多人的认可。名列世界 500 强的众多公司更是把思维导图课程作为员工进入公司的必修课，其中不乏 IBM、微软、惠普、波音等世界著名的大公司。

21 世纪的经济，无疑是以知识经济为主导，全民族智力的发展将决定着国家未来的繁荣昌盛。人类历史越来越演变成为教育与灾难之间的赛跑。要想促进知识经济的发展和国民素质的提高，就必须提高人们学习、工作的能力和效率。思维导图正是可以帮助我们做到这一点的超强大脑工具，它会在我们学习工作和生活的各个层面发挥作用，为整个社会的发展做出应有的贡献。

本书融科学性、实用性、系统性、可读性为一体，以思维导图的形式介入广大学生和各行各业学习者的生活、工作中，用简明易懂的讲解和实用易学的心智图挖掘创造潜能、思维潜能、记忆潜能、身体潜能和文字表达潜能……解决各类疑难问题，使我们的生活、工作更加轻松和更富成效。

当全世界有超过 2.5 亿人认识到思维导图的巨大价值，使用思维导图并从中获益，希望你也成为他们当中的一员！

目录

第一章 ▷

揭开思维导图的
神秘面纱

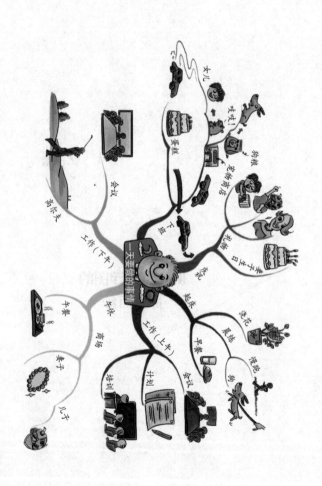

第一节

认识你的大脑从认识大脑潜力开始

你了解自己的大脑吗？

你认为自己大脑潜力都发挥出来了吗？

你常常认为自己很笨吗？

生活中，总有一些人认为自己很笨，没有别人聪明。但是，他们不知道，自己之所以没能取得好成绩、甚至取得成功，是因为他们只使用了大脑潜力的一小部分，个人的能力并没有全部发挥出来。

现在社会发展速度极快，不论在学习或其他方面，如果我们想表现得更出色，那么就必须重视我们的大脑，让大脑发挥出更大的潜力。遗憾的是，很少有人重视这一点。

其实，你的大脑比你想象得要厉害得多。

近年来，对大脑的开发和研究引起了很多科学家的注意，他们做了很多有益的探索，也取得了很多新的科研成果。过去10年中，人类对大脑的认识比过去整个科学史上所认识的还要多得多。特别是近代科技上所取得的惊人成就，使我们能够借助它们得以一窥大脑的奥秘。

他们一致认为，世界上最复杂的东西莫过于人的大脑。人类在探索外太空极限的同时，却忽略了宇宙间最大的一片未被开采过的地方——大脑。我们对大脑的研究还远远不够，还有很多未知的领域，而且可以肯定我们对大脑的研究和开发将会极大地推动人类社会的进步。

那么，就让我们先来初步认识一下我们的头脑——这个自然界最精密、最复杂的器官。

人脑由三部分组成，即脑干、小脑和大脑。

脑干位于头颅的底部，自脊椎延伸而出。大脑这一部分的功能是人类和较低等动物（蜥蜴、鳄鱼）所共有的，所以脑干又被称为爬虫类脑部。脑干被认为是原始的脑，它的主要功能是传递感觉信息，控制某些基本的活动，如呼吸和心跳。

脑干没有任何思维和感觉功能。它能控制其他原始直觉，如人类的地域感。在有人过度接近自己时，我们会感到愤怒、受威胁或不舒服，这些感觉都是脑干发出的。

小脑负责肌肉的整合，并有控制记忆的功能。随着年龄的增长和身体各部分结构的成熟，小脑会逐渐得到训练而提高其生理功能。对于运动，我们并没有达到完全控制的程度，这就是小脑没有得到锻炼的结果。你可以自己测试一下：在不活动其他手指的情况下，试着弯曲小拇指以接触手掌，这种结果是很难达到的，而灵活的大拇指却能十分轻松地完成这个动作。

大脑是人类记忆、情感与思维的中心，由两个半球组成，表面覆盖着 2.5~3 毫米厚的大脑皮层。如果没有这个大脑皮层，我们只能处于一种植物状态。

大脑可分成左、右两个半球，左半球就是"左脑"，右半球就是"右脑"，尽管左脑和右脑的形状相同，二者的功能却大相径庭。左脑主要负责语言，也就是用语言来处理信息，把我们通过五种感官（视觉、听觉、触觉、味觉和嗅觉）感受到的信息传入大脑中，再转换成语言表达出来。因此，左脑主要起处理语言、逻辑思维和判断的作用，即它具有学习的本领。右脑主要用来处理节奏、旋律、音乐、图像和幻想。它能将接收到的信息以图像方式进行处理，并且在瞬间即可处理完毕。一般大量的信息处理工作（如心算、速读等）是由右脑完成的。右脑具有创造性活动的本领。例如，我们仅凭熟悉的声音或脚步声，即可判断来人是谁。

有研究证明，我们今天已经获取的有关大脑的全部知识，可能还不到必须掌握的知识的1%。这表明，大脑中蕴藏着无数待开发的资源。

如果把大脑比喻成一座冰山的话，那么一般人所使用的资源还不到1%，这只不过是冰山一角；剩下99%的资源被白白闲置了，而这正是大脑的巨大潜能。

科学也证明，我们的大脑有2000亿个脑细胞，能够容纳1000亿个信息单位，为什么我们还常常听一些人抱怨自己学得不好，记得不牢呢？

我们的思考速度大约是每小时480英里，快过最快的子弹头列车，为什么我们不能思考得更迅速呢？

我们的大脑能够建立100万亿个联结，甚至比最尖端的计数机还厉害，为什么我们不能理解得更完整更透彻呢？

而且，我们的大脑平均每24小时会产生4000种念头，为什么我们每天不能更有创造性地工作和学习呢？

其实，答案很简单。我们只使用了大脑的一部分资源，按照美国最大的研究机构斯坦福研究所的科学家所说，我们大约只利用了大脑潜能的 10%，其余 90% 的大脑潜能尚未得到开发。

我们不妨大胆假设一下，假如我们能利用脑力的 20%，也就是把大脑潜能提高一倍的话，你的外在表现力将是多么惊人！

或许我们已经知道，我们的大脑远比以前想象得精妙得多，任何人的所谓"正常"的大脑，其能力和潜力远比以前我们所认识到的要强大得多。

现在，我们找到了问题的原因，那就是我们对自己所拥有的内在潜力一无所知，更不用说如何去充分利用了。

第二节

启动大脑的发散性思维

思维导图是发散性思维的表达，作为思维发展的新概念，发散性思维是思维导图最核心的表现。

比如下面这个事例。

在某个公司的活动中，公司老总和员工做了一个游戏：

组织者把参加活动的人分成了若干个小组，每个小组选出一个小组长扮演"领导"的角色，不过，大家的台词只有一句，那就是要充满激情地说一句："太棒了！还有呢？"其余的人扮演员工，台词是："如果……有多好！"游戏的主题词设定为"马桶"。

当主持人宣布游戏开始的时候，大家出现了一阵习惯性的沉默，不一会儿，突然有人开口："如果马桶不用冲水，又没有臭味有多好！"

"领导"一听，激动地一拍大腿："太棒了！还有呢？"

另外一个员工接着说："如果坐在马桶上也不影响工作和娱乐有多好！"

又一位"领导"也马上伸出大拇指："太棒了！还有呢？"

"如果小孩在床上也能上马桶有多好！"

……

讨论进行得热火朝天，各人想法天马行空，出乎大家的意料。

这个公司的管理人员对此进行了讨论，并认为有三种马桶可以尝试生产并投入市场：一种是能够自行处理，并能把废物转化成小体积密封肥料的马桶；一种是带书架或耳机的马桶；还有一种是带多个"终端"的马桶，即小孩、老人都可以在床上方便，废物可以通过"网络"传到"主"马桶里。

这个游戏获得了巨大的成功，其中便得益于发散性思维的运用。

针对这个游戏，我们同样可以利用思维导图表示出来。

大脑作为发散性思维联想机器，思维导图就是发散性思维的外部表现，因为思维导图总是从一个中心点开始向四周发散的，其中的每个词汇或者图像自身都成为一个子中心或者联想，整个合起来以一种无穷无尽的分支链的形式从中心向四周发散，

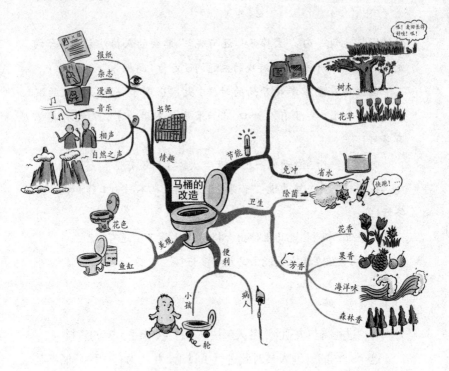

或者归于一个共同的中心。

我们应该明白，发散性思维是一种自然和几乎自动的思维方式，人类所有的思维都是以这种方式发挥作用的。一个会发散性思维的大脑应该以一种发散性的形式来表达自我，它会反映自身思维过程的模式，给我们更多更大的帮助。

第三节

思维导图概述

思维导图由世界著名的英国学者东尼·博赞发明。思维导图又叫心智图，是把我们大脑中的想法用彩色的笔画在纸上。它把传统的语言智能、数字智能和创造智能结合起来，是表达发散性思维的有效图形思维工具。

思维导图一面世，即引起了巨大的轰动。

作为 21 世纪全球革命性思维工具、学习工具、管理工具，思维导图已经应用于生活和工作的各个方面，包括学习、写作、沟通、家庭、教育、演讲、管理、会议等，运用思维导图带来的学习能力和清晰的思维方式已经成功改变了 2.5 亿人的思维习惯。

英国人东尼·博赞作为"瑞士军刀"般思维工具的创始人，因为发明"思维导图"这一简单便捷的思维工具，被誉为"智力魔法师"和"世界大脑先生"，闻名世界。作为大脑和学习方面的世界超级作家，东尼·博赞出版了 80 多部专著或合著，系列图书销售量已达到 1000 万册。

思维导图是一种革命性的学习工具，它的核心思想就是把形象思维与抽象思维很好地结合起来，让你的左右脑同时运作，将你的思维痕迹在纸上用图画和线条形成发散性的结构，极大地提高你的智力技能和智慧水准。

在这里，我们不仅是介绍一个概念，更要阐述一种最有效最神奇的学习方法。不仅如此，我们还要推广它的使用范围，让它的神奇效果惠及每一个人。

思维导图应用得越广泛，对人类乃至整个宇宙产生的影响就越大。

而你在接触这个新东西的时候会收获一种激动和伟大发现的感觉。

思维导图用起来特别简单。比如，你今天一天的打算，你所要做的每一件事，我们可以用一张从图中心发散出来的每个分支代表今天需要做的不同事情。

简单地说，思维导图所要做的工作就是更加有效地将信息"放入"你的大脑，或者将信息从你的大脑中"取出来"。

思维导图能够按照大脑本身的规律进行工作，启发我们抛弃传统的线性思维模式，改用发散性的联想思维思考问题；帮助我们做出选择、组织自己的思想、组织别人的思想，进行创造性的思维和脑力风暴，改善记忆和想象力等；思维导图通过画图的方式，充分地开发左脑和右脑，帮助我们释放出巨大的大脑潜能。

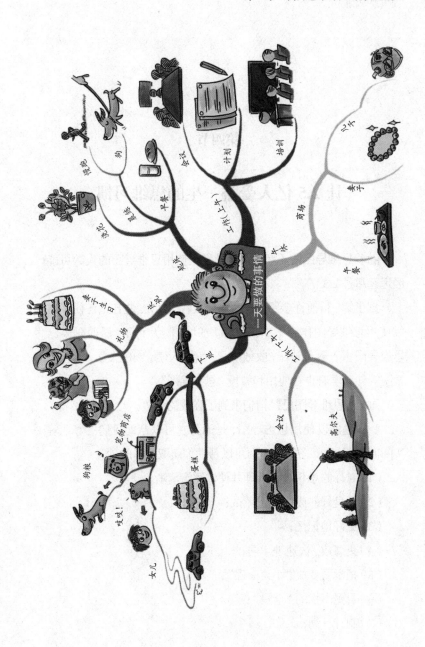

第四节

让 2.5 亿人受益一生的思维习惯

随着思维导图的不断普及，世界上使用思维导图的人数可能已经远远超过 2.5 亿。

据了解，目前许多跨国公司，如微软、IBM、波音正在使用或已经使用思维导图作为工作工具；新加坡、澳大利亚、墨西哥早已将思维导图引入教育领域，收效明显，哈佛大学、剑桥大学、伦敦经济学院等知名学府也在使用和教授"思维导图"。

可见，思维导图已经悄悄来到了你我的身边。

我们之所以使用思维导图，是因为它可以帮助我们更好地解决实际问题，比如，在以下方面可以帮助你获取更多的创意：

（1）对你的思想进行梳理并使它逐渐清晰；

（2）以良好的成绩通过考试；

（3）更好地记忆；

（4）更高效、快速地学习；

（5）把学习变成"小菜一碟"；

（6）看到事物的"全景"；

（7）制订计划；

（8）表现出更强的创造力；

（9）节省时间；

（10）解决难题；

（11）集中注意力；

（12）更好地沟通交往；

（13）生存；

（14）节约纸张。

第五节

思维导图让大脑更好地处理信息

让大脑更好更快地处理各种信息，这正是思维导图的优势所在。使用思维导图，可以把枯燥的信息变成彩色的、容易记忆的、高度组织的图，它与我们大脑处理事物的自然方式相吻合。

思维导图可以让大脑处理信息时更简单有效。

从思维导图的特点及作用来看，它可以用于工作、学习和生活中的任何一个领域里。

比如，作为个人，可以用来进行计划，项目管理，沟通，组织，分析解决问题等；作为一个学习者，可以用于记忆，笔记，写报告，写论文，做演讲，考试，思考，集中注意力等；作为职业人士，可以用于会议，培训，谈判，面试，掀起头脑风暴等。

利用思维导图来应对以上方面，都可以极大地提高你的效率，增强思考的有效性和准确性以及提升你的注意力和工作乐趣。

比如，我们谈到演讲。

起初，也许你会怀疑，演讲也适合做思维导图吗？

没错！你用不着担心思维导图无法使相关演讲信息顺利过渡。一旦思维导图完成，你所需要的全部信息就都呈现出来了。

其实，我们需要做的只是决定各种信息的最终排列顺序。一幅好的思维导图将有多种可选性。最后确定后，思维导图的每个区域将涂上不同的颜色，并标上正确的顺序号。继而，将它转化为写作或口头语言形式，将是很简单的事，你只要圈出所需的主要区域，然后按各分支之间连接的逻辑关系，一点一点地进行就可以了。

按这种方式，无论多么烦琐的信息，多么艰难的问题都将被一一解决。

又比如，我们在组织活动或讨论会时需用的思维导图。

也许我们这次需要处理各种信息，解决很多方面的问题。当我们没有想到思维导图的时候，往往会让人陷入这样的局面：每个人都在听别人讲话，每个人也都在等别人讲话，目的只是为等说话人讲完话后，有机会发表自己的观点。

在这种活动或讨论会上，或许会发生我们不愿看到的结果，比如，大家叽叽喳喳，没有提出我们期望的好点子，讨论来讨论去没有解决需要解决的问题，最后现场不仅没有一点秩序，而且时间也白白地浪费了。

这时，如果活动组织者运用思维导图的话，所有问题将迎刃而解。活动组织者可以在会议室中心的黑板上，以思维导图的基本形式，写下讨论的中心议题及几个副主题，让与会者事先了解会议的内容，使他们有备而来。

组织者还可以在每个人陈述完自己的看法之后，要求他用关键词的形式，总结一下，并指出在这个思维导图上，他的观点从何而来，与主题思维导图的关联等。

这种使用思维导图方式的好处显而易见：

（1）可以准确地记录每个人的发言；

（2）保证信息的全面；

（3）各种观点都可以得到充分的展现；

（4）大家容易围绕主题和发言展开，不会跑题；

（5）活动结束后，每个人都可记录下思维导图，不会马上忘记。

这正是思维导图在处理大量信息面前的好处，在讨论会上，可以吸引每个人积极地参与目前的讨论，而不是仅仅关心最后的结论。

利用思维导图这种形式可以全面加强事物之间的内在联系，强化人们的记忆、使信息井然有序，为己所用。

在处理复杂信息时，思维导图是你思维相互关系的外在"写照"，它能使你的大脑更清楚地"明确自我"，因而能更全面地提高思维技能，提高解决问题的效率。

第六节

怎样绘制思维导图

其实，绘制思维导图非常简单。思维导图就是一幅幅帮助你了解并掌握大脑工作原理的使用说明书。

思维导图就是借助文字将你的想法"画"出来，因为这样才更容易记忆。

绘制过程中，我们要用到颜色。因为思维导图在确定中央图像之后，有从中心发散出来的自然结构；它们都使用线条、符号、词汇和图像，遵循一套简单、基本、自然、易被大脑接受的规则。

颜色可以将一长串枯燥无味的信息变成丰富多彩的、便于记忆的、有高度组织性的图画，接近于大脑平时处理事物的方式。

"思维导图"绘制工具如下：

（1）一张白纸；

（2）彩色水笔和铅笔数支；

（3）你的大脑；

（4）你的想象。

这些就是最基本的工具，当然在绘制过程中，你还可以拥有更适合自己习惯的绘图工具，比如成套的软芯笔，色彩明亮的涂色笔或者钢笔。

东尼·博赞给我们提供了绘制思维导图的7个步骤,具体如下:

(1)从一张白纸的中心画图,周围留出足够的空白。从中心开始画图,可以使你的思维向各个方向自由发散,能更自由、更自然地表达你的思想。

(2)在白纸的中心用一幅图表达你的中心思想。因为一幅图可以抵得上1000个词汇或者更多,图像不仅能刺激你的创意性思维,帮助你运用想象力,还能强化记忆。

(3)尽可能多地使用各种颜色。因为颜色和图像一样能让你的大脑兴奋。颜色能够给你的思维导图增添跳跃感和生命力,为你的创造性思维增添巨大的能量。此外,自由地使用颜色绘画本身也非常有趣!

(4)将中心图像和主要分支连接起来,然后把主要分支和二级分支连接起来,再把三级分支和二级分支连接起来,以此类推。

我们的大脑是通过联想来思维的。如果把分支连接起来,你会更容易地理解和记住许多东西。把主要分支连接起来,同时也创建了你思维的基本结构。

其实,这和自然界中大树的形状极为相似。树枝从主干生出,向四面八方发散。假如大树的主干和主要分支、或主要分支和更小的分支以及分支末梢之间有断裂,那么它就会出现问题。

(5)让思维导图的分支自然弯曲,不要画成一条直线。曲线永远是美的,你的大脑会对直线感到厌烦。美丽的曲线和分支,就像大树的枝杈一样更能吸引你的眼球。

(6)在每条线上使用一个关键词。所谓关键字,是表达核心意思的字或词,可以是名词或动词。关键字应该是具体的、有意义的,这样才有助于回忆。

单个的词语使思维导图更具有力量和灵活性。每个关键词就像大树的主要枝杈，然后繁殖出更多与它自己相关的、互相联系的一系列次级枝杈。

当你使用单个关键词时，每一个词都更加自由，因此也更有助于新想法的产生。而短语和句子却容易扼杀这种火花。

（7）自始至终使用图形。思维导图上的每一个图形，就像中心图形一样，可以胜过千言万语。所以，如果你在思维导图上画出了10个图形，那么就相当于记了数万字的笔记！

以上就是绘制思维导图的7个步骤，不过，这里还有几个技巧可供参考：

把纸张横放，使宽度变大。在纸的中心，画出能够代表你心目中的主体形象的中心图像。再用水彩笔任意发挥你的思路。

先从图形中心开始画，标出一些向四周放射出来的粗线条。每一条线都代表你的主体思想，尽量使用不同的颜色区分。

在主要线条的每一个分支上，用大号字清楚地标上关键词，当你想到这个概念时，这些关键词立刻就会从大脑里跳出来。

运用你的想象力，不断改进你的思维导图。

在每一个关键词旁边，画一个能够代表它、解释它的图形。

用联想来扩展这幅思维导图。对于每一个关键词，每一个人都会想到更多的词。比如，你写下"橙子"这个词时，你可以想到颜色、果汁、维生素C，等等。

根据你联想到的事物，从每一个关键词上发散出更多的连线。连线的数量根据你的想象可以有无数个。

第七节

教你绘制一幅自己的思维导图

思维导图就是一幅帮助你了解并掌握大脑工作原理的使用说明书，并借助文字将你的想法"画"出来，便于记忆。

大脑每天都在为我们工作，不仅能有效地制作思维导图，还能轻松地为我们解决各种问题。

在日常生活中，我们该如何维护、保养好我们的大脑呢？良好的生活方式对于保护大脑，维持大脑的正常运转，以及进行创造性思维活动具有重要的意义。

简要来说，良好的生活方式包括起居有时、饮食有节、生活规律、适当运动、保持积极乐观的心态、要戒烟限酒等。

现在，让我们来绘制一幅"如何维护保养大脑"的思维导图。

你可以试着按以下步骤进行：

准备一张白纸（最好横放），在白纸的中心画出你的这张思维导图的主题或关键字。主题可以用关键字和图像（比如在这张纸的中心可以画上你的大脑）来表示。

用一幅图像或图画表达你的中心思想（比如你可以把你的大脑想象成蜘蛛网）。

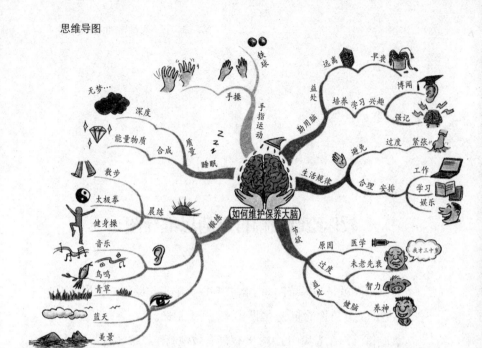

使用多种颜色（比如用绿色表示营养部分，红色表示激励部分）。

连接中心图像和主要分支，然后再连接主要分支和二级分支，接着再连二级分支和三级分支，依次类推（比如"营养"是主要分支，"维生素""蛋白质"等是二级分支，"维生素A""B族维生素""卵磷脂"等是三级分支等）。

用曲线连接。每条线上注明一个关键词（比如"滋润""创造力"等）。

多使用一些图形。

好了，按照这几个步骤，这张思维导图你画好了吗？

第二章

开启右脑模式，获取超强记忆力

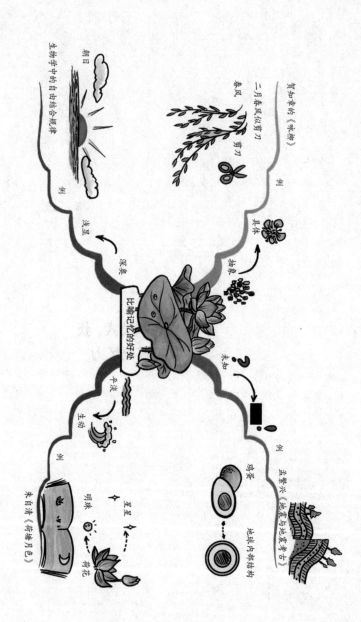

比喻记忆的好处

贺知章的《咏柳》

例

二月春风似剪刀

春风　剪刀

例

具体

抽象

未知

例

孟繁兴《地震与地震考古》

地球内部结构

鸡蛋

朝日

例

浅显

深奥

例

生动学中的自由结合规律

平淡

生动

例

朱自清《荷塘月色》

明珠　星星

荷花

第一节

你的记忆潜能开发了多少

俄国有一位著名的记忆家，他能记得 15 年前发生的事情，他甚至能精确到事情发生的某日某时某刻。你也许会说"他真是个记忆天才"！其实，心理学家鲁利亚曾用数年时间研究他，发现他的大脑与正常人没有什么两样，不同的只是他从小学会了熟记发生在身边的事情的方法而已。

每个人读到这里都会觉得不可思议。其实，人脑记忆是大有潜力可挖的。你也可以向这位记忆家一样，而这绝对不是信口开河。

现代心理学研究证明，人脑由 140 亿个左右的神经细胞构成，每个细胞有 1000 万~10000 万个突触，其记忆的容量可以收容一生之中接收到的所有信息。即便如此，在人生命将尽之时，大脑还有记忆其他信息的"空地"。一个正常人头脑的储藏量是美国国会图书馆全部藏书的 50 倍，而此馆藏书量是 1000 万册。

人人都有如此巨大的记忆潜力，而我们却整天为误以为自己"先天不足"而长吁短叹、怨天尤人，如果你不相信自己有这样的记忆潜力的话，你可以做下面的实验证明。

请准备好钟表、纸、笔，然后记忆下面的一段数字（30 位）和一串词语（要求按照原文顺序），直到能够完全记住为止。写下记忆过程中重复的次数和所花的时间等。4小时之后，再回忆默写一次（注意：在此之前不能进行任何形式的复习），然后填写这次的重复次数和所花的时间。

数字：10991285724639246570259143 6807

词语：恐惧 马车 轮船 瀑布 熊掌 武术 监狱 日食 石油 泰山

学习所用的时间：

重复的次数：

默写出错率：

此时的时间：

4小时后默写出错率：

现在再按同样的形式记忆下面的两组内容，统计出有关数据，但必须使用提示中的方法来记忆。

数字：1871053412798265876638 90278643

[提示：使用谐音的方法给每个数字确定一个代码字，连成一个故事。故事大意：你原来很胆小，服了一种神奇的药后，大病痊愈，从此胆大如斗，连杀鸡这样的"大事"也不怕了，一刀砍下去，一只矮脚鸡应声而倒。为了庆祝，你和爸爸，还有你的一位朋友，来到酒吧。你的父亲饮了63瓶啤酒，大醉而归。走时带了两个西瓜回去，由于大醉，全都丢光了。现在，你正给你的这位朋友讲这件事，你说："一把奇药（1871），令吾杀死一矮鸡（0534127），酒吧（98），尔来（26），吾爸吃了63啤酒（58766389），拎两西瓜（0278），流失散（643）。"]

词语：火车 黄河 岩石 鱼翅 体操 惊讶 煤炭 茅屋 流星 汽车

[提示：把10个词语用一个故事串起来，请在读故事时一定要像

看电视剧一样在脑中映出这个故事描述的画面来。故事如下：一列飞速行驶的"火车"在经过"黄河"大桥时撞在"岩石"上，脱轨落入河中，河里的"鱼"受惊之后展"翅"飞出水面，纷纷落在岸上，活蹦乱跳，像在做"体操"似的。人们目睹此景大为"惊讶"，驻足围观。有几个聪明人拿来"煤炭"，支起炉灶来煮鱼吃。煤不够了就从"茅屋"上扒下干草来烧。鱼刚煮好，不料，一颗"流星"从天而降砸在炉上。陨石有座小山那么大，上面有个洞，洞中开出一辆"汽车"来，也许是外星人的桑塔纳吧。]

学习所用的时间：

重复的次数：

默写出错率：

此时的时间：

4 小时后默写出错率：

通过比较两次学习的效果，可以看出：使用后面提示中的记忆方法来记忆时，时间短，记忆准确，效果持久。

其实，许多行之有效的记忆训练方法还鲜为人知，本书就将为你介绍很多有效的训练方法。如果你能掌握并运用好其中的一个方法，你的记忆就会被强化，一部分潜能也就会被开发出来而产生很可观的实际效果；如果你能全面地掌握并运用好这些训练方法，使它们在相互协同中产生增值效应，那么你的记忆力就会有惊人的长进，近于无穷的潜能也会释放出来。多数人自我感觉记忆不良，大都是记忆方法不当所造成的。

所以，我们要相信自己的大脑，它就犹如照相底片，等待着信息之光闪现；又如同浩瀚的汪洋，接纳川流不息的记忆之"水"——无"水"满之患；还好像没有引爆的核材料，一旦引爆，它会将蕴藏的超越其他材料万亿倍的核热潜能释放出来,让你轻而易举地腾飞,铸就辉煌,造福人类和自己。

当然,值得注意的是,虽然记忆大有潜力可挖,但是也不要滥用大脑。因为脑是一个有限的装置——记忆的容量不是无限的,一瞥的记忆量很有限。过频地使用某些部位的脑神经细胞,时间一久,还会出现功能降减性病变(主症是效率突减),脑细胞在中年就不断地死亡而数量不断地减少,其功能也由此而衰退……

故此,不要"头悬梁,锥刺股,"地去记忆那些过了时的、杂七杂八、无关紧要、结构松散、毫无生气、可用笔记以及其他手段帮助大脑记忆的信息。

第二节

改变命运的记忆术

记忆无时无刻不在与人们的生活、学习发生着紧密的联系。没有记忆人就无法生存。

历史上,从希腊社会以来,就有一些不可思议的记忆技巧流传下来,这些技巧的使用者能以顺序、倒序或者任意顺序记住数百数千件事物,他们能表演特殊的记忆技巧,能够完整地记住某一个领域的全部知识等。

后来,有人称这种特殊的记忆规则为"记忆术"。随着社会的发展，人们逐渐意识到这些方法能使大脑更快、更容易记住一些事物，并且能使记忆保持得更长久。

实际上，这些方法对改进大脑的记忆非常明显，也是大脑本来就具有的能力。

有关研究表明，只要训练得当，每个正常人都有很强的记忆力，人的大脑记忆的潜力是很大的，可以容纳下5亿本书那么多的信息——这是一个很难装满的知识库。但是由于种种原因，人的记忆力没有得到充分的发挥，可以说，每个人可以挖掘的记忆潜力都是非常巨大的。

思维导图，最早就是一种记忆技巧。

人脑对图像的加工记忆能力大约是文字的1000倍。让你更有效地把信息放进你的大脑，或是把信息从你的大脑中取出来，一幅思维导图是最简单的方法——这就是作为一种思维工具的思维导图所要做的工作。

在拓展大脑潜力方面，记忆术同样离不开想象和联想，并以想象和联想为基础，以便产生新的可记忆图像。我们平时所谈到的创造性思维也是以想象和联想为基础的。

两者比较起来，记忆术是将两个事物联系起来从而重新创造出第三个图像，最终只是达到简单地要记住某个东西的目的。思维导图记忆术一个特别有用的应用是寻找"丢失"的记忆，比如你突然想不起了一个人的名字，忘记了把某个东西放到哪去了，等等。

在这种情况下，对于这个"丢失"的记忆，我们可以采用思维的联想力量，这时，我们可以让思维导图的中心空着，如果这个"丢失"的中心是一个人名字的话，围绕在它周围的一些主要分支可能就是像性别、年龄、爱好、特长、外貌、声音、学校或职业以及与对方见面的时间和地点等。

通过细致的罗列，我们会极大地提高大脑从记忆仓库里辨认出这个中心的可能性，从而轻易地确认这个对象。

据此，编者画了一幅简单的思维导图：

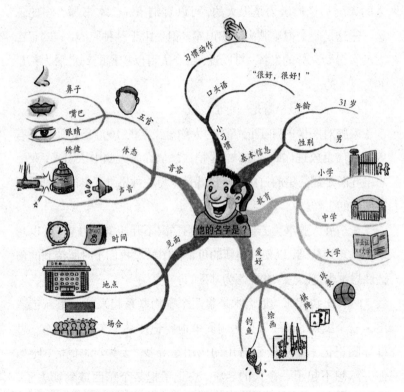

受此启发，你也可以回想自己曾经忘记的人和事，借助思维导图记忆术把他们一一"找"回来。

如果平时，我们尝试把思维导图记忆术应用到更广的范围的话，那么就会有效地解决更多的问题。

思维导图记忆术需要不断地练习，让它潜移默化你的生活、学习和工作，才会发生更大的效用，甚至彻底改变你的人生。

第三节

超右脑照相记忆法

著名的右脑训练专家七田真博士曾对一些理科成绩只有 30 分左右的小学生进行了右脑记忆训练。所谓训练，就是这样一种游戏：摆上一些图片，让他们用语言将相邻的两张图片联想起来记忆，比如"石头上放着草莓，草莓被鞋踩烂了"等。

这次训练的结果是这些只能考 30 分的小学生都能得 100 分。

通过这次训练，七田真指出，和左脑的语言性记忆不同，右脑中具有另一种被称作"图像记忆"的记忆，这种记忆可以使只看过一次的事物像照片一样印在脑子里。一旦这种右脑记忆得到开发，那些不愿学习的人也可以立刻拥有出色记忆力，变得"聪明"起来。

同时，这个实验告诉我们，每个人自身都储备着这种照相记忆的能力，你需要做的是如何把它挖掘出来。

现在我们来测试一下你的视觉想象力。你能内视到颜色吗？或许你会说："噢！见鬼了，怎么会这样。"请赶快先闭上你的眼睛，内视一下自己眼前有一幅红色、黑色、白色、黄色、绿色、蓝色然后又是白色的电影银幕。

看到了吗？哪些颜色你觉得容易想象，哪些颜色你又觉得想象起来比较困难呢？还有，在哪些颜色上你需要用较长的时间？

请你再想象一下眼前有一个画家，他拿着一支画笔在一张画布上作画。这种想象能帮助你提高对颜色的记忆，如果你多练习几次就知道了。

当你有时间或想放松一下的时候，请经常重复做这一练习。你会发现一次比一次更容易想象颜色了。当然你可以做一做白日梦，从尽可能美好的、正面的图像开始，因为根据经验，正面的事物比较容易记在头脑里。

你可以回忆一下在过去的生活中，一幅让你感觉很美好的画面：例如某个度假日、某种美丽的景色、你喜欢的电影中的某个场面等。请你尽可能努力地并且带颜色地内视这个画面，想象把你自己放进去，把这张画面的所有细节都描绘出来。在繁忙的一天中用几分钟闭上你的眼睛，在脑海里呈现一下这样美好的回忆，如此你必定会感到非常放松。

当然，照相记忆的一个基本前提是你需要把资料转化为清晰、生动的图像。

清晰的图像就是要有足够多的细节，每个细节都要清晰。

比如，要在脑中想象"萝卜"的图像，你的"萝卜"是红的还是白的？叶子是什么颜色的？萝卜是沾满了泥还是洗得干干净净的呢？

图像轮廓越清楚，细节越清晰，图像在脑中留下的印象就越深刻，越不容易被遗忘。

再举个例子，比如想象"公共汽车"的图像，就要弄清楚你脑海中的公共汽车是崭新的还是又老又旧的？车有多高、多长？车身上有广告吗？车是静止的还是运动的？车上乘客很多很拥挤，还是人比较少，宽宽松松？

生动的图像就是要充分利用各种感官，视觉、听觉、触觉、嗅觉、味觉，给图像赋予这些感官可以感受到的特征。

想象萝卜和公共汽车的图像时都用到了视觉效果。

在这两个例子中也可以用到其他几种感官效果。

在创造公共汽车的图像时，也可以想象：公共汽车的笛声是嘶哑还是清亮？如果是老旧的公共汽车，行驶起来是不是吱呀有声？在创造萝卜的图像时，可以想象一下：萝卜皮是光滑的还是粗糙的？生萝卜是不是有种细细幽幽的清香？如果咬一口，又会是一种什么味道呢？

经过上面的几个小训练之后，你关闭的右脑大门或许已经逐渐开启，但要想修炼成"一眼记住全像"的照相记忆，你还必须进行下面的训练：

1. 一心二用（5分钟）

"一心二用"训练就是锻炼左右手同时画图。拿出一根铅笔。左手画横线，右手画竖线，要两只手同时画。练习一分钟后，两手交换，左手画竖线，右手画横线。一分钟之后，再交换，反复练习，直到画出来的图形完美为止。这个练习能够强烈刺激右脑。

你画出来的图形还令自己满意吗？刚开始的时候画不好是很正常的，不要灰心，随着练习的次数越来越多，你会画得越来越好。

2. 想象训练（5分钟）

我们都有这样的体会，记忆图像比记忆文字花费的时间更少，也更不容易忘记。因此，在我们记忆文字时，也可以将其转化为图像，记忆起来就简单得多，记忆效果也更好了。

想象训练就是把目标记忆内容转化为图像，然后在图像与图像间创造动态联系，通过这些联系能很容易地记住目标记忆内容及其顺序。正如本书前面章节所讲，这种联系可以采用夸张、拟人等各种方式，图像细节越具体、清晰越好。但这种想象又不是漫无边际的，必须用一两句话就可以表达，否则就脱离记忆的目的了。

如现在有两个水杯、两朵蘑菇，请设计一个场景，水杯和蘑菇是场景中的主体，你能想象出这个场景是什么样的吗？越奇特越好。

对于照相记忆，很多人不习惯把资料转化成图像，不过，只要能坚持不懈地训练就可以了。

第四节

进入右脑思维模式

我们的大脑主要由左右脑组成，左脑负责语言逻辑及归纳，而右脑主要负责的是图形图像的处理记忆。所以右脑模式就是以图形图像为主导的思维模式。进入右脑模式以后是什么样子呢？

简单来说，就是在不受语言模式干扰的情况下可以更加清晰地感知图像，并忘却时间，而且整个记忆过程会很轻松并且快乐。和宗教或者瑜伽所追求的冥想状态有关，可以更深层次地感受事物的真相，不需要语言便可以立体、多元化、直观地看到事物发生发展的来龙去脉，关键是可以增加图像记忆和在大脑中直接看到构思的图像。

想使用右脑记忆，人们应该怎样做呢？

由于左右侧的活动与发展通常是不平衡的，往往右侧活动多于左侧活动，因此有必要加强左侧活动，以促进右脑功能。

在日常生活中我们尽可能多使用身体的左侧，也是很重要的。因为身体左侧多活动，右侧大脑就会发达。右侧大脑的功能增强，人的灵感、想象力就会增加。比如，在使用小刀和剪子的时候用左手，拍照时用左眼，打电话时用左耳。

还可以见缝插针锻炼左手。如果每天得在汽车上度过较长时间，可利用它锻炼身体左侧。如用左手指钩住车把手，或手扶把手，让左脚单脚支撑站立。或将钱放在自己的衣服左口袋，上车后以左手取钱买票。有人设计一种方法：在左手食指和中指上套上一根橡皮筋，使之成为8字形，然后用拇指把橡皮筋移套到无名指上，仍使之保持8字形。

以此类推，再将橡皮筋套到小指上，如此反复多次，可有效地刺激右脑。此外，有意地让左手干右手习惯做的事，如写字、拿筷、刷牙、梳头等。

这类方法中具有独特价值而值得提倡的还有手指刺激法。苏联著名教育家苏霍姆林斯基说："儿童的智慧在手指头上。"许多人让儿童从小练弹琴、打字、珠算等，这样双手的协调运动，会把大脑皮层中相应的神经细胞的活力激发起来。

还可以采用环球刺激法。尽量活动手指，促进右脑功能，是这类方法的目的。例如，每捏扁一次健身环需要10~15千克握力，五指捏握时，又能促进对手掌各穴位的刺激、按摩，使脑部供血通畅。

特别是左手捏握，对右脑起激发作用。有人数年坚持"随身带个圈（健身圈），有空就捏转，家中备副球，活动左右手"，确有健脑益智之效。此外，多用左、右手掌转捏核桃，作用也一样。

正如前文所说，使用右脑，全脑的能力随之增加，学习能力也会提高。

你可以尝试着在自己喜欢的书中选出20篇感兴趣的文章来，每一篇文章都是能读2~5分钟的，然后下决心开始练习右脑记忆，坚持3~5个月，看看效果如何。

第五节

给知识编码，加深记忆

红极一时的电视剧《潜伏》中有这样一段，地下党员余则成为了与组织联系，总是按时收听广播中给"勘探队"的信号，然后一边听一边记下各种数字，再破译成一段话。你一定觉得这样的沟通方式很酷，其实我们也可以用这种方式来学习，这就是编码记忆。

编码记忆是指为了更准确而且快速地记忆，我们可以按照事先编好的数字或其他固定的顺序记忆。编码记忆方法是研究者根据诺贝尔奖获得者美国心理学家斯佩里和麦伊尔斯的"人类左右脑机能分担论"，把人的左脑的逻辑思维与右脑的形象思维相结合的记忆方法。

反过来说，经常用编码记忆法练习，也有利于开发右脑的形象思维。其实早在 19 世纪时，威廉·斯托克就已经系统地总结了编码记忆法，并编写成了《记忆力》一书，于 1881 年正式出版。编码记忆法的最基本点，就是编码。

所谓"编码记忆"就是把必须记忆的事情与相应数字相联系并进行记忆。

例如，我们可以把房间的事物编号如下：1——房门、2——地板、3——鞋柜、4——花瓶、5——日历、6——橱柜、7——壁橱。如果说"2",马上回答"地板"。如果说"3",马上回答"鞋柜"。这样将各部位的数字号码记住,再与其他应该记忆的事项进行联想。

开始先编10个左右的号码。先对脑子里浮现出的房间物品的形象进行编号。以后只要想起编号,就能马上想起房间内的各种事物,这只需要5~10分钟即可记下来。在反复练习过程中,对编码就能清楚地记忆了。

这样的练习进行得较熟练后,再增加10个左右。如果能做几个编码并进行记忆,就可以灵活应用了。你也可以把自己的身体各部位进行编码,这样对提高记忆力非常有效。

作为编码记忆法的基础,如前所述,就是把房间各部位编上号码,这就是记忆的"挂钩"。

请你把下述实例,用联想法联结起来,记忆一下这件事:1——飞机、2——书、3——橘子、4——富士山、5——舞蹈、6——果汁、7——棒球、8——悲伤、9——报纸、10——信。

先把这件事按前述编码法联结起来,再用联想的方法记忆。联想举例如下:

(1)房门和飞机:想象入口处被巨型飞机撞击或撞出火星。

(2)地板和书:想象地板上书在脱鞋。

(3)鞋柜和橘子:想象打开鞋柜后,无数橘子飞出来。

(4)花瓶和富士山:想象花瓶上长出富士山。

(5)日历和舞蹈:想象日历在跳舞。

(6)橱柜和果汁:想象装着果汁的大杯子里放的不是冰块,而是木柜。

(7)壁橱和棒球:想象棒球运动员把壁橱当成防护用具。

（8）画框和悲伤：画框掉下来砸了脑袋，最珍贵的画框摔坏了，因此而伤心流泪。

（9）海报和报纸：想象报纸代替海报贴在墙上。

（10）电视机和信：想象大信封上装有荧光屏，信封变成了电视机。

如按上述方法联想记忆，无论采取什么顺序都能马上回忆出来。

这个方法也能这样进行练习，先在纸上写出1~20的号码，让朋友说出各种事物，你写在号码下面，同时用联想法记忆。然后让朋友随意说出任何一个号码，如果回答正确，画一条线勾掉。

掌握了编码记忆的基本方法后，只要是身边的事物都可以编上号码进行记忆，把记忆内容回忆起来。

第六节

用夸张的手法强化印象

开发右脑的方法有很多，荒谬联想记忆法就是其中的一种。我们知道，右脑主要以图像和心像进行思考，荒谬记忆法几乎完全建立在这种工作方式的基础之上，从所要记忆的一个项目尽可能荒谬地联想到其他事物。

古埃及人在《阿德·海莱谬》中有这样一段："我们每天所见到

的琐碎的、司空见惯的小事，一般情况下是记不住的。而听到或见到的那些稀奇的、意外的、低级趣味的、丑恶的或惊人的触犯法律的等异乎寻常的事情，却能长期记忆。因此，在我们身边经常听到、见到的事情，平时也不去注意它，然而，在少年时期所发生的一些事却记忆犹新。那些用相同的目光所看到的事物，那些平常的、司空见惯的事很容易从记忆中漏掉，而一反常态、违背常理的事情，却能永远铭记不忘，这是否违背常理呢？"

古埃及人当时并不懂得记忆的规律才有此疑问。其实，在记忆深处对那些荒诞、离奇的事物更为着迷……这就是荒谬记忆法的来源，概括地讲，荒谬联想指的是非自然的联想，在新旧知识之间建立一种牵强附会的联系。这种联系可以是夸张，也可以是谬化。

荒谬记忆法最直接的帮助是你可以用这种记忆法来记住你所学过的英语单词。例如你用这种方法只需要看一遍英语单词，当你一边看这些单词，一边在头脑中进行荒谬的联想时，你会在极短的时间内记住近 20 个单词。

例如，记忆 "Legislate（立法）" 这个单词时，可先将该词分解成 leg、is、late 三个字母，然后把 "Legislate" 记成 "为腿（Leg）立法，总是（is）太迟（late）"。这样荒谬的联想，以后我们就不容易忘记。关于学习科目的记忆方法，我们在后面章节中会提到。在这一节中，我们从最普通的例子说明荒谬联想记忆应如何操作。

以下是 20 个项目，只要应用荒谬记忆法，你将能够在一个短得令人吃惊的时间内按顺序记住它们：

地毯 纸张 瓶子 椅子 窗子 电话 香烟 钉子 鞋子 马车 钢笔 盘子

胡桃壳 打字机 麦克风 留声机 咖啡壶 砖 床 鱼

你要做的第一件事是，在心里想到一张第一个项目的图画"地毯"。你可以把它与你熟悉的事物联系起来。实际上，你要很快就看到任何一种地毯，还要看到你自己家里的地毯。或者想象你的朋友正在卷起你的地毯。

这些你熟悉的项目本身将作为你已记住的事物，你现在知道或者已经记住的事物是"地毯"这个项目。现在，你要记住的事物是第二个项目"纸张"。你必须将地毯与纸张相联想或相联系，联想必须尽可能地荒谬。如想象你家的地毯是纸做的，想象瓶子也是纸做的。

接下来，在床与鱼之间进行联想或将二者结合起来，你可以"看到"一条巨大的鱼睡在你的床上。

现在是鱼和椅子，一条巨大的鱼正坐在一把椅子上，或者一条大鱼被当作一把椅子用，你在钓鱼时正在钓的是椅子，而不是鱼。

椅子与窗子：看见你自己坐在一块玻璃上，而不是在一把椅子上，并感到扎得很痛，或者是你可以看到自己猛力地把椅子扔出关闭着的窗子，在进入下一幅图画之前先看到这幅图画。

窗子与电话：看见你自己在接电话，但是当你将话筒靠近你的耳朵时，你手里拿的不是电话而是一扇窗子；或者是你可以把窗户看成是一个大的电话拨号盘，你必须将拨号盘移开才能朝窗外看，你能看见自己将手伸向一扇窗玻璃去拿起话筒。

电话与香烟：你正在抽一部电话，而不是一支香烟，或者是你将一支大的香烟向耳朵凑过去对着它说话，而不是对着电话筒，或者你可以看见你自己拿起话筒来，一百万根香烟从话筒里飞出来打在你的脸上。

香烟与钉子：你正在抽一颗钉子，或你正把一支香烟而不是一颗钉子钉进墙里。

钉子与打字机：你在将一颗巨大的钉子钉进一台打字机，或者打字机上的所有键都是钉子。当你打字时，它们把你的手刺得很痛。

打字机与鞋子：看见你自己穿着打字机，而不是穿着鞋子，或是你用你的鞋子在打字，你也许想看看一只巨大的带键的鞋子，是如何在上边打字的。

鞋子与麦克风：你穿着麦克风，而不是穿着鞋子，或者你在对着一只巨大的鞋子播音。

麦克风和钢笔：你用一个麦克风，而不是一支钢笔写字，或者你在对一支巨大的钢笔播音和讲话。

钢笔和收音机：你能"看见"一百万支钢笔喷出收音机，或是钢笔正在收音机里表演，或是在大钢笔上有一台收音机，你正在那上面收听节目。

收音机与盘子：把你的收音机看成你厨房的盘子，或是看成你正在吃收音机里的东西，而不是盘子里的。或者你在吃盘子里的东西，并且当你在吃的时候，听盘子里的节目。

盘子与胡桃壳："看见"你自己在咬一个胡桃壳，但是它在你的嘴里破裂了，因为那是一个盘子，或者想象用一个巨大的胡桃壳盛饭，而不是用一个盘子。

胡桃壳与马车：你能看见一个大胡桃壳驾驶一辆马车，或者看见你自己正驾驶一个大的胡桃壳，而不是一辆马车。

马车与咖啡壶：一只大的咖啡壶正驾驶一辆小马车，或者你正驾驶一把巨大的咖啡壶，而不是一辆小马车，你可以想象你的马车在炉子上，咖啡在里边过滤。

咖啡壶和砖块：看见你自己从一块砖中，而不是一把咖啡壶中倒出热气腾腾的咖啡，或者看见砖块，而不是咖啡从咖啡壶的壶嘴涌出。

这就对了！如果你的确在心中"看"了这些心视图画，你再按从"地毯"到"砖块"的顺序记20个项目就不会有问题了。当然，要多次解释这点比简简单单照这样做花的时间多得多。在进入下一个项目之前，只能用很短的时间再审视每一幅通过精神联想的画面。

这种记忆法的奇妙是，一旦记住了这些荒谬的画面，项目就会在你的脑海中留下深刻的印象。

第七节

神奇比喻，降低理解难度

比喻记忆法就是运用修辞中的比喻方法，使抽象的事物转化成具体的事物，从而符合右脑的形象记忆能力，达到提高记忆效率的目的。人们写文章、说话时总爱打比方，因为生动贴切的比喻不但能使语言和内容显得新鲜有趣，而且能引发人们的联想和思索，并且容易加深记忆。

比喻与记忆密切相关，那些新颖贴切的比喻容易纳入人们已有的知识结构，使被描述的材料给人留下难以忘怀的印象。其作用主要表现在以下几个方面：

1. 变未知为已知

例如，孟繁兴在《地震与地震考古》中讲到地球内部结构时曾以"鸡蛋"作比："地球内部大致分为地壳、地幔和地核三大部分。整个地球，打个比方，它就像一个鸡蛋，地壳好比是鸡蛋壳，地幔好比是蛋白，地核好比是蛋黄。"这样，把那些尚未了解的知识与已有的知识经验联系起来，人们便容易理解和掌握。

再如，沿海地区刮台风，内地绝大多数人只是耳闻，未曾目睹，而读了诗人郭小川的诗歌《战台风》后，便有身临其境之感。"烟雾迷茫，好像十万发炮弹同时炸林园；黑云乱翻，好像十万只乌鸦同时抢麦田""风声凄厉，仿佛一群群狂徒呼天抢地咒人间；雷声呜咽，仿佛一群群恶狼狂嚎猛吼闹青山""大雨哗哗，犹如千百个地主老爷一齐挥皮鞭；雷电闪闪，犹如千百个衙役腿子一齐抖锁链。"

这些比喻，把许多人未能体验过的特有的自然现象活灵活现地表达出来，开阔了人们的眼界，同时也深化了记忆。

2. 变平淡为生动

例如，朱自清在《荷塘月色》中写到花儿的美时这么说："层层的叶子中间，零星地点缀着些白花，有袅娜地开着的，有羞涩地打着朵儿的，正如粒粒的明珠，又如碧天里的星星。"

有些事物如果平铺直叙，大家会觉得平淡无味，而恰当地运用比喻，往往会使平淡的事物生动起来，使人们兴奋和激动。

3. 变深奥为浅显

东汉学者王充说："何以为辩，喻深以浅。何以为智，喻难以易。"就是说应该用浅显的话来说明深奥的道理，用易懂的事例来说明难懂的问题。

运用比喻，还可以帮助我们很快记住枯燥的概念公式。例如，

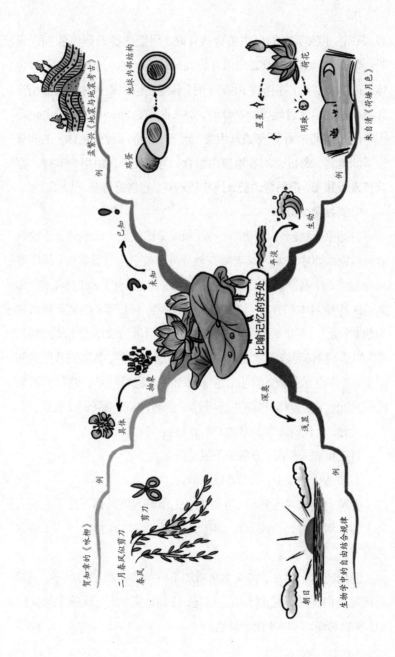

有人讲述生物学中的自由结合规律时，用篮球赛来作比喻加以说明：赛球时，同队队员必须相互分离，不能互跟。这好比同源染色体上的等位基因，在形成F1配子时，伴随着同源染色体分开而相互分离，体现了分离规律。赛球时，两队队员之间，可以随机自由跟人。这又好比F1配子形成基因类型时，位于非同源染色体上的非等位基因之间，则机会均等地自由组合，即体现了自由组合规律。篮球赛人所共知，把枯燥的公式比作篮球赛，自然就容易记住了。

4. 变抽象为具体

将抽象事物比作具体事物可以加深记忆效果。如地理课上的气旋可以比成水中漩涡。某老师在教聋哑学校学生计算机时，用比喻来介绍"文件名""目录""路径"等概念，将"文件"和"文件名"形象地比作练习本和在练习本封面上写姓名、科目等；把文字输入称为"做作业"。各年级老师办公室就像是"目录"；如果学校是"根目录"的话，校长要查看作业，先到办公室通知教师，教师到教室通知学生，学生出示相应的作业，这样的顺序就是"路径"。这样的形象比喻，会使学生觉得所学的内容形象、生动，从而增强记忆效果。

又如，唐代诗人贺知章的《咏柳》诗：

碧玉妆成一树高，万条垂下绿丝绦。

不知细叶谁裁出，二月春风似剪刀。

春风的形象并不鲜明，可是把它比作剪刀就具体形象了。使人马上领悟到柳树碧、柳枝绿、柳叶细，都是春风的功劳。于是，这首诗便记住了。

运用比喻记忆法，实际上是增加了一条类比联想的线索，它能够帮助我们打开记忆的大门。但是，应该注意的是，比喻要形象贴切，浅显易懂，这样才便于记忆。

第八节

快速提升记忆的 9 大法则

在学习过程中，每一个学习者都会面临记忆的难题，在这里，我们介绍了一个记忆 9 大法则，以便帮助我们更好地提高记忆力，获得学习高分。

记忆的 9 大法则如下：

1. 利用情景进行记忆

人的记忆有很多种，而且在各个年龄段所使用的记忆方法也不一样，具体说来，大人擅长的是"情景记忆"，而青少年则是"机械记忆"。

比如，每次在考试复习前，采取临阵磨枪、死记硬背的同学很多。其中有一些同学，在小学或初中时学习成绩非常好，但一进了高中成绩就一落千丈。这并不是由于记忆力下降了，而是随着年龄的增长，擅长的记忆种类发生了变化，依赖死记硬背是行不通了。

2. 利用联想进行记忆

联想是大脑的基本思维方式，一旦你知道了这个奥秘，并知道如何使用它，那么，你的记忆能力就会得到很大的提高。

我们的大脑中有上千亿个神经细胞，这些神经细胞与其他神经细胞连接在一起，组成了一个非常复杂而精密的神经回路，包含在这个回路内的神经细胞的接触点达到1000万亿个。突触的结合又形成了各种各样的神经回路，记忆就被储存在神经回路中，这些突触经过长期的牢固结合，传递效率将会提高，使人具有很强的记忆力。

3. 运用视觉和听觉进行记忆

每个人都有适合自己的记忆方法。视觉记忆力是指对来自视觉通道的信息的输入、编码、存储和提取，即个体对视觉经验的识记、保持和再现的能力。

视觉记忆力对我们的思维、理解和记忆都有极大的帮助。如果一个人视觉记忆力不佳，就会极大地影响他的学习效果。

相对视觉而言，听觉更加有效。由耳朵将听到的声音传到大脑知觉神经，再传到记忆中枢，这在记忆学领域中叫"延时反馈效应"。比如，只看过歌词就想记下来是非常困难的，但要是配合节奏唱的话，就很快能够记下来，比起视觉的记忆，听觉的记忆更容易留在心中。

4. 使用讲解记忆

为了使我们记住的东西更深，我们可以把自己记住的东西讲给身边的人听，这是一种比视觉和听觉更有效的记忆方法。但同时要注意，如果自己没有清楚地理解，就不能很好地向别人解释，也就很难能深刻地记下来。所以，首先理解你要记忆的内容很关键。

5. 保证充足的睡眠

我们的大脑很有意思，它也必须需要充足的睡眠才能保持更好的记忆力。有关实验证明，比起彻夜用功、废寝忘食，睡眠更能保持记忆。睡眠能保持记忆，防止遗忘，主要原因是因为在睡眠中，

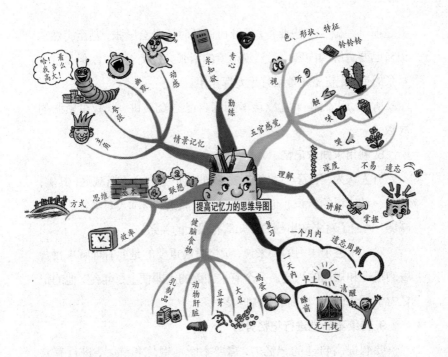

大脑会对刚接收的信息进行归纳、整理、编码、存储，同时睡眠期间进入大脑的外界刺激显著减少，我们应该抓紧睡前的宝贵时间，学习和记忆那些比较重要的材料。不过，既不应睡得太晚，更不能把书本当作催眠曲。

有些学习者在考试前进行突击复习，通宵不眠，更是得不偿失。

6. 及时有效地复习

有一句谚语叫"重复乃记忆之母"，只要复习，就会很好地记住需要记住的东西。不过，有些人不论重复多少遍都记不住要记住的东西，这跟记忆的方法有关，只要改变一下方法就会获得另一种效果。

7. 避免紧张状态

不少人都会有这种经历，突然要求在很多人面前发表讲话，或者之前已经做了一些准备,但开口讲话时还是会紧张,甚至突然忘记自己要讲解的内容。虽然说适度的紧张会提高记忆力,但是过度紧张的话,记忆就不能很好地发挥作用。

所以,我们在平时应该多训练自己当众演讲,以减少紧张的次数。

8.利用求知欲记忆

有人认为,随着年龄的增长,我们的记忆力会逐渐减退,其实,这是一种错误的认识。记忆力之所以会减退,与本人对事物的热情减弱,失去了对未知事物的求知欲有很大的关系。

对一个善于学习的人来说,记忆时最重要的是要有理解事物背后的道理和规律的兴趣。一个有求知欲的人即便上了年纪,他的记忆力也不会衰退,反而会更加旺盛。

9.持续不断地进行记忆努力

要想提高自己的记忆力,需要不断地锻炼和练习,进行有意识地记忆。比如,可以对身边的事物进行有意识的提问,多问几个"为什么",从而加深印象,提升记忆能力。

在熟悉了记忆的9大法则后,我们就可以根据自己的情况做出提高记忆力的思维导图了。

第三章

重塑身体，激发运动潜能

第一节

生命在于运动

生命在于运动，健康也在于运动。健康谚语说得好，"铁不冶炼不成钢，人不运动不健康"，充分说明了运动对身体健康的重要性。

运用思维导图规划自己的生活，指导自己进行体能锻炼，意义巨大。

生命对于我们每个人而言既是宝贵的，也是脆弱的，人生苦短，犹如白驹过隙，珍惜生命自然离不开运动。

经常运动可以保持体力不衰，适当用脑可以保持脑力不衰。"流水不腐，户枢不蠹"，运动（体力的和脑力的）是延缓衰老、防病抗病、延年益寿的重要手段。

对儿童而言，运动能促进少年儿童身体的生长发育。比如，骨骼、肌肉，锻炼和不锻炼就大不一样。坚持锻炼的少年儿童，肌肉、骨骼都比较结实粗壮，身高也比不锻炼的人要高。身高主要决定于下肢长骨，而长骨的生长则依靠两端的骺软骨板。

在儿童时期，长骨的骺软骨板的细胞不断分裂、增殖和骨化，使长骨纵向生长。细胞增殖需要大量的血液提供营养，体育锻炼能促使全身血液循环加快，增多骺软骨板中的血液量，从而促进细胞分裂和增殖，使骨骼增长更快。

调查证明，同年龄、同性别的少年儿童，经常参加体育锻炼的比不参加的身高高 4~8 厘米。

运动还能增强体内各内脏器官的功能。经常运动的人，肺的容量比不运动的要大一倍以上；心肌发达，心脏的收缩力加强；胃肠道功能增强，消化好，饭量增加。

运动能增强体质，提高机体的抵抗力和对自然环境的适应能力，从而预防疾病发生。

在体育锻炼过程中，自然界的各种因素也会对人体产生作用，如日光的照射、空气和温度的变化以及水的刺激等，都会使人体提高对外界环境的适应力。

所以，经常参加体育运动的人，不仅身体壮实，而且活泼、聪明，反应敏捷，接受新事物也快，平时极少生病。体育运动还能使人体态健美。

根据思维导图原则，可试着画一幅健身的思维导图。

第二节

运动能让你身心健康

科学研究发现，运动可以改善人的心理状态，消除忧郁沮丧等不良情绪，达到增强身心健康的作用。旅游、栽花、散步是有效地解除不良情绪的好办法；赛球、健美操、登山、跳舞等集体性娱乐活动，可以使机体神经和肌肉松弛，迅速消除紧张和忧郁，并产生欢快感。

　　人体是一个整体，人的健康与情绪有密切关系。要想保持愉快稳定的情绪和健康的心理状态，更好地适应外部环境的变化，那就请运动吧，相信运动会给你带来意外的收获。

　　运动是消除心中忧郁的一种好方法。体育活动一方面可使注意力集中到活动中去，转移和减轻原来的精神压力和消极情绪；另一方面还可以加速血液循环，加深肺部呼吸，使紧张情绪得到放松。因此，应该积极参加体育活动。

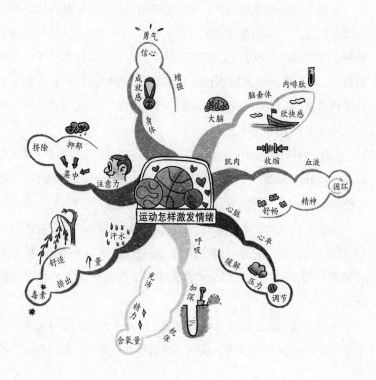

运动可使人心情愉快，轻松活泼，在振奋心情上比服用任何良药都更有效。研究证明，情绪和情感是客观刺激物影响大脑皮质活动的结果。在情绪活动中机体所发生的外在表现和内在变化是与神经系统多种水平的机能相联系的，是大脑皮层和皮层下中枢协同活动的结果。

通过体育运动如跑步、疾走、游泳、打羽毛球、排球、篮球、足球、骑自行车、登山等能加强心搏，促进血液循环及消化系统的新陈代谢，使大脑得到充分的氧气和营养物质，能使大脑皮质的兴奋和抑制恢复平静，从而达到改善不佳心情的目的。这些运动应每周坚持3~5天，每次至少30分钟。

运动不仅影响生理参数，也影响性格特征，尤其对情绪的稳定有很大作用。参加体育活动可以使人精神高度集中，是控制精神紧张和心理失调的有效途径。它们有助于消除过度紧张和疏导被压抑的精力，对于解除或减轻不佳心情，保持心理健康是很有益的。参加体育竞技，可以为不良情绪提供一个"排泄口"，使遭到挫折而产生的冲动提升为向前的动力。

因此，对社会生活中受到不平等待遇的人以及向往公平竞争的人们来说，运动场无疑是一个很好的发泄场所和实现自己理想的场所。一些心理学家通过大量研究肯定了体育运动对情绪的排泄作用。

这些学者认为，体育运动不仅仅是消闲或锻炼身体，它还具有心理医疗的价值。它像一种净化剂，通过社会认可的渠道，使参加者被压抑的情感和精力得到宣泄和升华，从而使受伤的心灵得以痊愈。

经常运动，能使你保持精神舒畅、精力充沛，从而增加应付现实生活中种种困难的能力。所以，都来参加运动吧，选择适合自己的运动，可以让你和自然更加接近，并将得到日光与运动的叠加益处，增强体质，改变不佳心情。

第三节

运动，益智健脑的良方

美国科学家在过去 35 年内对 400 名 21~84 岁的成年人进行了语言能力、感觉速度、空间定向及计算思维等方面的测试研究。结果表明，25％常参加运动锻炼的人，在智力和反应方面明显高于未参加锻炼的同龄人，可见，运动能益智健脑。

运动锻炼何以能益智健脑？

运动可提高血糖含量。大脑活动所需的能量主要来源于糖。大脑本身储备糖极少，只有当人体血液每 100 毫升中血糖达 120 毫克时，脑功能活动才能正常，如果血糖降至每 100 毫升 50 毫克左右时，人就会疲乏、思维迟钝、工作效率下降。食物是血糖的供给源，运动能使人食欲大增，消化功能增强，可促进食物中淀粉转化为葡萄糖，并源源不断地提供给脑神经细胞使用。

大脑需要氧气和其他营养物质。科学实验表明，常从事运动的人，心脑血管会更具有弹性，血液循环也更加通畅。研究数据显示，喜欢运动的人血液循环量比一般人高出 2 倍，这样能够向大脑组织提供更充足的氧气和营养物质，使大脑活动更自如，思维更敏捷。

运动也是一种积极的休息方式。适量运动时运动中枢兴奋，可有效快速地抑制思维中枢，使其得到积极的休息。

有人做过实验：思考的神经连续工作 2 小时，然后停下来休息，至少需要 20 分钟才能消除疲劳，而用运动方式则只需 5 分钟疲劳就消除了。说明运动确能使大脑的紧张状态得到缓解。这有助于大脑思维功能的合理应用，促使工作学习效率提高。

运动促使大脑释放一些有益的生化物质如内啡肽等。这些物质对促进人的思维和智力大有益处。

为了让自己更加聪明、灵活，请多多参加体育锻炼吧！这是益智健脑的最佳选择。

第四节

思维导图激活你的身体潜能

身体潜能就是你身体中潜在的能量，它与心理潜能一起，构成人的潜能系统。潜能并不神秘，它乃是人的身体、心理发展的前提条件或可能性。

科学家告诉我们，人的身体中存在巨大潜能，充分挖掘这种潜能，是使人得到全面提高的重要途径。身体潜能是一个有机系统，它与兴趣、欲望、本能、情感、精神、意志、性格等诸多内在因素融合为一体，需要我们用科学的方法来进行挖掘。

对于每一个人来说，充分发掘、利用自己的身体潜能，是创造积极人生、走向成功的重要条件。

思维导图的诞生，使得我们激活自己的身体潜能有了科学的、系统的方法，让我们从重新审视自己的身体开始，全面地思考一下有关身体健康、心理健康的问题，做出能够使我们的身体潜能充分被发掘的思维导图，对自己来一番脱胎换骨的改造吧！

1. 重新审视你的身体

如果有人问你：你了解自己的身体吗？你肯定会说，当然了解！但听了下面这个故事，你也许会怀疑自己的结论：

有一位老人，在年近 60 岁马上面临退休之际，获得了一次到西藏出差的机会，他感到自己很幸运，高兴地去了，想趁此机会好好地观光一下。

这天，当他在拉萨的小巷里闲逛的时候，突然听到身后传来一阵低沉的吼叫声，转身一看，一条牛犊大小的浑身披着黝黑色长毛的藏獒，一边吼叫着一边向他奔来。

他吓得冷汗一下冒出来，拼命地沿着小巷向前奔跑，藏獒在身后紧追不舍，就在马上就要扑到他身上的危急时刻，他看到眼前出现了一堵墙，天哪，原来这是一个没有出口的死胡同！这时，藏獒呼呼的喘息声他已经听得清清楚楚，他的大脑里此时只有一个念头：逃！

他闭着眼纵身一跳，竟然跳上了那个一人多高的墙头！藏獒向上扑了几次，都没能扑到他，悻悻地走了。

当他返家后把这个惊险的故事讲给家人听的时候，大家都惊呆了：他一向身体比较瘦弱，也不爱锻炼，由于有比较严重的哮喘病，每年都要入院治疗一两次，让他纵身跃上一人多高的墙头，这是大家想也不敢想的事呀!

我们可能都听到过类似的故事:情急之下,人确实能爆发出他自己也不敢想象的巨大潜能;我们也看到过很多科学家报告他们的研究成果,证明在人类的身体中还有很多潜能没有被挖掘出来:比如人类脑细胞的使用比例只有百分之几,人类的平均寿命只有应达寿命的1/2左右,人类的记忆能力、计算能力、创造能力如果得到科学发掘还可大幅度提高等。

2. 你是最神奇的,最可贵的

有人曾经做过一个调查,向不同年龄、不同行业的人提出一个问题:你认为这个世界上什么动物最神奇?答案是五花八门的——有人说是感觉灵敏、善解人意的狗,有人说是能飞越大洋、跋涉万里而从不迷路的鸿雁,有人说是矫健无比的"美丽杀手"美洲豹,有的则说当之无愧者应是历经劫难仍能顽强生存,且有惊人的繁殖能力的蟑螂……

听完他们那饶有兴致的诉说后,我们应该用最肯定的语调向他们说道:"不,不对,你应该知道,大自然中,最神奇、最可贵的动物应该是人!就是你,就是我,就是我们每一个人!"

是的,不知你是否认真想过,我们人类的身体是世界上最精密、最复杂、最神奇的构造,且不用说人类创造的科学技术、文学艺术、社会管理等的巨大社会成果是其他动物的能力根本达不到、也不可想象的,就是人类最常见、也是最可爱的一个表情——笑,也是所有的其他动物无论经过怎样的训练也学不会的。

人的大脑共有100亿~150亿个神经细胞,每天能记录大约8600万条信息。据估计,人的一生能凭记忆储存100万亿条信息。每一秒钟,你的大脑进行着10万种不同的化学反应。根据神经学家的部分测量，大脑的神经细胞回路比今天全世界的电路线网络还要复杂 1400 多倍。但人的大脑和机器截然不同，它可能在运转中修复，在修复过程中照样运转。例如，脑的某部分完全破坏后，另一部分经过训练可以代替损坏部分的功能。

一个成人体内共有 1000 多万亿个细胞。最大的是卵细胞，直径约 200 微米。人体皮肤约有 500 万个毛囊，200 多万个汗腺。皮脂腺一昼夜可分泌 20~40 克皮脂。人的头发有 10 万根，每天要长 0.35 毫米；一个健康人 24 小时内要掉 30~40 根头发，如不再生 10 年后就可成为光头。

其实，每个人都应该认识到，我们的躯体，不仅仅是受之于父母，也是受之于我们人类的祖先——想当年我们人类仅仅是四肢着地行走、没有语言、不会制造使用工具的类人猿，可经过数万代人对身体不懈的开发而形成的进化，使今天的现代人的身体构造与当年的类人猿相比已经发生了很大的变化。

想想吧，能够生在今天、拥有如此珍贵的身体的我们，更应该好好地保护自己，努力地开发自己，以不枉此生，以不愧对后人！

3. 准确评价你的健康状况

我们的身体如此珍贵，相信每个人都想好好保护它，使它健康而充满活力。当然，身体越健康，它的潜能也才能被更大程度地激活和挖掘。但问题是，你是否对自己的健康状况进行过科学、准确的评价呢？

世界卫生组织对健康的定义是：没有疾病和身体强壮，而且人的生理和心理状况与社会处于完全适应的完美状态。为了进一步使人们完整和准确理解健康的概念，世界卫生组织规定了衡量一个人是否健康的大准则：

（1）有充沛的精力，能从容不迫地担负日常生活和繁重工作，而且不感到过分紧张与疲劳；

（2）处事乐观，态度积极，乐于承担责任，事无大小，不挑剔；

（3）善于休息，睡眠好；

（4）应变能力强，能适应外界环境的各种变化；

（5）能够抵抗一般性感冒和传染病；

（6）体重适当，身体匀称，站立时，头、肩、臂位置协调；

（7）眼睛明亮，反应敏捷，眼睑不易发炎；

（8）牙齿清洁，无龋齿，不疼痛；牙龈颜色正常，无出血现象；

（9）头发有光泽，无头屑；

（10）肌肉丰满，皮肤有弹性。

根据有关专业人员的调查：人群中符合世界卫生组织健康标准者约占 15%，患有各种疾病者也约占 15%，而处于亚健康状态者却占 65% 左右。亚健康状态是指无器质性病变的一些功能性改变。它是人体处于健康和疾病之间的过渡阶段，在身体上、心理上没有疾病，但主观上却有许多不适的症状表现和心理体验。

另据世界卫生组织研究报告：人类 1/3 的疾病通过预防保健是可以避免的，1/3 的疾病通过早期的发现是可以得到有效控制的，1/3 的疾病通过信息的有效沟通能够提高治疗效果。因此，我们对健康的维护不仅仅是对疾病的治疗，更重要的是在疾病没有到来之前的"防患"。

第五节

做出改善身体健康状况的思维导图

通过你在上一节中对自己身体的一番评价，相信你已经判断出自己是处在健康、患病还是亚健康状态了吧。

如果你确认自己是处在健康状态，那的确应该受到恭喜，但根据世界卫生组织的有关调查情况来看，世界上80%以上的人都处在亚健康和患病的状态，何况今天的健康者明天也有可能会患病，所以，我们每个人都有必要为自己绘制一张能够不断改善身体健康状况的思维导图。

为了使你绘制的思维导图科学、周密、行之有效，建议在绘制之前要根据自己的实际情况学习一些有关的医学保健知识。学习的方法大致有以下几种：

（1）系统地学习卫生保健知识。由于人体保健知识的面很宽，有关的内容很多，需要学习者投入较多的时间和精力。

（2）根据自己的健康状况学习有关的卫生保健知识。比如糖尿病人首先学习有关糖尿病的治疗知识，孕妇学习孕期的保健知识等。

（3）根据自己所处的生理阶段学习有关的卫生保健知识。比如青少年学习青春发育期的卫生保健知识，中年人学习更年期的卫生保健知识。

（4）学习适应面比较广的卫生保健知识。比如如何建立平衡科学的膳食、如何减轻自己的亚健康症状、如何挑选适合自己的锻炼方式等。

在掌握了必要的卫生保健知识后，你就可以根据自己的身体健康状况绘制一张能够不断改善你的身体健康状况的思维导图了。

获得均衡全面的营养是激活身体潜能的物质基础。为了激发身体潜能还必须注意吸收人体必需的六大营养素。

如果把人体比喻为一架非常精确、非常复杂的机器，那么营养素就是使折价机器能够正常运转的能源和润滑油。营养素的来源是靠我们每天摄取的食物中获得的，它能够满足人类用于修补旧组织、增生新组织、产生能量和维持生理活动的需要。

食物中可以被人体吸收利用的物质叫营养素。目前已知的40多种营养素可以被分为6大类，即蛋白质、脂肪、碳水化合物、维生素、矿物质和水，这就是人体所必需的6大营养素。前三者因为在体内代谢后产生能量，故又称产能营养素。

（1）蛋白质。如果把人体当作一座建筑物，那么蛋白质就是构成这座大厦的建筑材料。人体的重要组成成分：血液、肌肉、神经、皮肤、毛发等都是由蛋白质构成的；蛋白质还参与组织的更新和修复；调节人体的生理活动，增强抵抗力等。

（2）脂肪。是组成人体组织细胞的一个重要组成成分，它被人体吸收后供给热量，是同等量蛋白质或碳水化合物供给能量的2倍，是人体内能量供应的重要的储备形式；脂肪还有利于脂溶性维生素的吸收，维持人体正常的生理功能；体表脂肪可隔热保温，减少体热散失，支持、保护体内各种脏器，以及关节等不受损伤。

（3）碳水化合物。是人体最主要的热量来源，参与许多生命活动，是细胞膜及不少组织的组成部分；可维持正常的神经功能；促进脂肪、蛋白质在体内的代谢作用。

（4）维生素。是维持人体正常生理功能必需的一类化合物，它们不提供能量，也不是机体的构造成分，但膳食中绝对不可缺少，如某种维生素长期缺乏或不足，即可引起代谢紊乱，以及出现病理状态而形成维生素缺乏症。

（5）矿物质。是人类不可缺少的又一类营养素，它包括人体所需的元素，如钙、磷、铁、锌、铜等。矿物质是构成人体组织的重要原料，帮助调节体内酸碱平衡、肌肉收缩、神经反应等。

（6）水。是人类和动物（包括所有生物）赖以生存的重要条件。水可以运转生命必需的各种物质及排除体内不需要的代谢产物；促进体内的一切化学反应；通过水分蒸发及汗液分泌散发大量的热量来调节体温；关节滑液、呼吸道及胃肠道黏液均有良好的润滑作用，泪液可防止眼睛干燥，唾液有利于咽部湿润及吞咽食物。

了解了以上人体所需要的营养和相关知识后，你可以试着画出改善自己身体健康状况的思维导图。

第六节

运动也要"量体裁衣"

人们往往根据自己的兴趣选择运动方式,但常常并不适合自己,从而造成更大的伤害。健康专家认为,不同人群应该根据自身特点,选择不同的运动方式,即所谓的"运动处方"。

量体裁衣制定"运动处方",要根据自己的年龄、身体结构、身体状况等,按个体差异,为自己设计一个适合自己的"运动处方",以达到强身健体的目的。

首先从年龄方面考虑,要选择符合自己年龄阶段的运动方式。

1. 20 岁左右

这个时段身体功能处于鼎盛时期,心律、肺活量、骨骼的灵敏度、稳定性及弹性等各方面均达到最佳状态。从运动医学角度讲,这个时期运动量不足比运动量偏高更对身体不利。

锻炼可隔天进行一次,每次 20~30 分钟增强体力的锻炼,方法是试举重物,负荷量为极限肌力的 60%,一直练到肌肉觉得疲劳为止。如多次练习并不觉得累,可以加大器械重量 10%,必须使主要肌群都得到锻炼。20 分钟的心血管系统锻炼,方法是慢跑、游泳、骑自行车等,强度为脉搏 150~170 次 / 分钟。这些运动能消耗大量的热量，强化全身肌肉，并能提高耐力与手眼的协调性。

2. 30 岁左右

此时段人的身体功能已超越了顶峰。这时如忽视身体锻炼，对耐力非常重要的摄氧量会逐渐下降。此时身体的关节常会发出一些响声，这是关节病的先兆。为了使关节保持较高的柔韧性，应多做伸展运动，还要注意心血管系统的锻炼。锻炼隔天一次，每次进行5~30分钟的心血管系统锻炼，强度不要像20岁时那样大。20分钟增强体力的锻炼，与20岁时相比，试举的重量要轻一些，但做的次数可多一些。5~10分钟的伸展运动，重点是背部和腿部肌肉。

方法是：仰卧，尽量将两膝提拉到胸部，坚持30秒钟；仰卧，两腿分别上举，尽量举高，保持30秒钟。这个年龄阶段的人可以选择攀岩、滑冰、武术或踏板运动来健身，除了减重，这些运动能加强肌肉弹性，特别是臂部与腿部的肌肉，还有助于加强活力、耐力，能改善你的平衡感、协调感与灵敏度。

3. 40 岁左右

超过40岁的人选择运动项目不仅应有利于保持良好的体型，而且能预防常见的老年性疾病，如高血压、心血管疾病等。

锻炼每星期进行两次，内容包括：25~30分钟的心血管锻炼，中等强度，如慢跑、游泳、骑自行车等。10~15分钟的器械练习，器械重量要比30岁时的轻一些，重量太大会损害健康，但次数不妨多些。

为防止意外，最好不使用哑铃，而用健身器械。5~10分钟的伸展运动，尤其要注意活动各关节和那些易于萎缩的肌肉。周三加一次45分钟增强体力的锻炼，不借助器械，可用俯卧撑、半蹲等，重复多组，每组约20次，数量依自己的承受力而定。

40岁左右的人应选择具有低冲击力的有氧运动，如爬楼梯、网球等运动。

4. 50岁左右

应选择游泳、重量训练、划船以及高尔夫球。

5. 60岁以后

应该多散步、跳交际舞、练瑜伽或进行水中有氧运动等。正如美国健身专家约翰·杜尔勒《身体、思维及运动》一书中解释他的健康生活观念时所说："人与生俱来便各自不同，个人的身体类型显示不同的遗传因素，不同的身体构造对不同的运动都会产生一定的影响。"

如果你觉得游泳很沉闷，又不想常到健身房跳健身舞，或者对打网球没有好感，可能这些都是不适合你的运动。要解决这个问题其实很简单，关键在于界定你所属的思维——身体类型，再根据你的特别需要，选择要做的运动。

健身运动的窍门在于根据你的身体状况，要留意身体何时感觉舒服与痛楚。杜尔勒说："运动不应有伤身体；只要选择与你身体适合的运动，并持之以恒，就有可能改变你的一生。"

处于不同病态的人也要选择符合自己的运动处方，在进行锻炼时一定要考虑自身的健康状况。

1. 糖尿病人的运动处方

步行、慢跑、游泳和骑自行车等。强度控制在最大心率的50%~70%范围内。频度为每周5~7次，每天运动时间为40~60分钟。

2. 肥胖病人的运动处方

每天坚持30分钟以上中等强度的运动。体重较大的病人过度运动会损伤关节，最好采用游泳等锻炼形式。

3. 高血压病人的运动处方

血压稳定的病人可每天参加 20~30 分钟的步行、游泳、打太极拳、骑自行车等运动锻炼。有并发症的病人应根据医生的指导进行锻炼。

4. 骨质疏松病人的运动处方

严重骨质疏松的病人运动量和形式不当，可能促使骨折发生，也可损伤关节。轻中度病人可多参加直立着地运动，重度病人应根据医生指导进行特殊形式的锻炼，卧床病人做被动运动。

5. 冠心病病人的运动处方

冠心病病人应适量运动，促进冠状动脉的侧支循环，减低心肌梗死的死亡率和复发率。运动量和时间要循序渐进，运动前要做充分的准备活动和整理活动。

运动时放点音乐，会使运动变得更有乐趣。一边运动，一边欣赏音乐，使注意力不总是落在运动的"辛苦"上。那些能伴随音乐节奏进行的运动，既锻炼身体，也是一种令人愉悦的享受。

第七节

步行，最完美的运动方式

世界卫生组织经过充分的研究，从对中老年人安全有效、保健防病的角度出发，于 1992 年提出：最好的运动是步行。

当今世界群众体育锻炼的观念发生了急剧的变化，健身的方法趋向于科学、安全、简单化。

以往许多人认为，不吃苦就练不好身体，现在人们则认为，过多、过于剧烈的运动对健康未必有益，而适度的运动已成为一种时尚，这就是目前在国际上较为流行的有氧代谢耐力运动，如步行、跑步、骑自行车、登楼梯、健身操、跳绳、打太极拳等，在这诸多运动中，步行是世界卫生组织指出的世界上最好的运动。

步行对健身有 6 点好处：

（1）步行是可以长期坚持的锻炼方式，它不受时间、地点限制，动作缓和，不易受伤，因此"走为百练之祖"。步行健身的人与坐着的人相比，肺活量较大。

（2）步行健身是增强心脏功能的有效手段之一。大步疾走可使心脏跳动加快，心搏量增加，血流加速，对心脏是一种很好的锻炼。如果心率能达到每分钟 110 次，保持 10 分钟以上，则心肌与血管的韧性与强度大有增进，从而减少心肌梗死与心脏衰竭病的发作。

（3）步行健身在预防肥胖和减肥方面有明显益处。长时间步行和大步疾走，能增加能量的消耗，促使体内脂肪的利用，起到很好的减肥作用。

（4）步行锻炼还有助于促进人体内糖类代谢的正常化。饭前饭后散步是防治糖尿病的有效措施，研究结果表明，中老年人如果以每小时 3 公里速度散步 1~2 小时，代谢率可提高 50%。

（5）步行是一种需要承受体重的锻炼，有助于延缓和防止骨质疏松症，延缓退行性关节的变化，预防和消除关节炎的某些症状。

（6）能促进食欲和消化，从而增加营养的摄取量。

步行虽然是很好的运动方式，但也要掌握一些要领。

首先要掌握三个字：三、五、七。具体地讲就是最好一次要走 3

公里(大约为 8000 步)，时间在 30 分钟以上；一个礼拜最少运动 5 次；运动后心跳要达到 170 次／分钟。这个数字的计算是用运动后的心跳次数加年龄得出来的。如 50 岁的话，应运动到心跳 120 次／分钟为最佳状态。身体好的可以多一些，身体差的可以少一些。另外，步行运动也要做到适量，过量运动对身体是有害的，甚至会造成猝死。

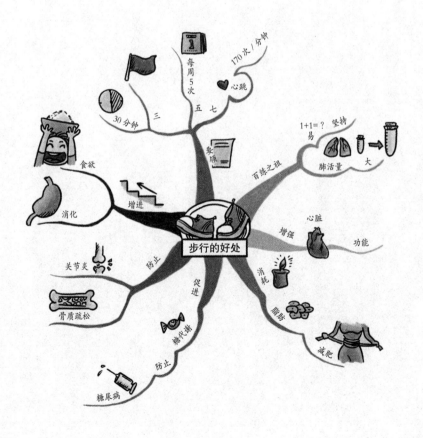

第四章

厘清思路，"画"出高
效学习力

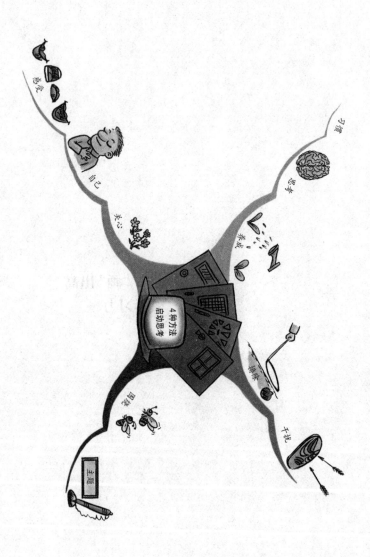

第一节

4 种方法帮助我们启动思考

生活中，很多人认为思考本身是很乏味的、抽象的、让人迷惑的，这与使人昏昏欲睡的认识不无关系。那么，思维导图在帮助并启动我们思考方面就显示出了特有的魅力与价值，成了帮助我们厘清思路的创造性工具。

为了让我们神奇的大脑转动起来，保障我们每天顺畅地思考，并提高思考力，可以从以下几个方面入手：

1. 排除多余的干扰

当我们针对要解决的问题进行思考的时候，一定要避免不受其他次要想法的干扰，因为我们的大脑里每天都有数千个一闪而过的想法产生，其中很大一部分会起到干扰的作用，使我们难以清醒地专注于我们想要思考的问题。

如果采用思维导图的形式，可以在罗列关键词的同时，进行相互的比较和筛选，可以有效排除多余的干扰，让思考更集中。

2. 紧紧围绕主题

一般，我们一次只思考一个主题，这时，我们必须命令我们的大脑集中注意力。也许，这种命令在起作用前需要几分钟时间，需要我们耐心地帮助我们的大脑关注于我们思考的主题。

这样做的好处是，可以迅速激活我们的大脑，使它运转起来，获得我们想要的想法。

这个思考的主题可以作为思维导图的关键词放在节的中心位置。

3. 关心一下自己的感受

如果当你绞尽脑汁，还是很难围绕所要解决的问题启动思考时，那么，你可以尝试着关注一下自己的内心感受，把这些感受写在思维导图上。问问自己在思考过程中，产生了什么感受，并顺着这些感受展开与内心的对话，说不定会瞬间打开思路，获得意外的惊喜。

4. 养成随时思考的习惯

当思考成了一种习惯，无疑会对你有很大的帮助。让大脑经常处于工作状态，很容易发动你的思考过程，获得解决问题的有效方法。

平时，借助思维导图，你可以对身体发生的任何事情随时随地进行评价、质疑、比较和思考。利用思维导图无限发散的特性，可以让思维更清晰有力，哪怕是胡思乱想，也会为你所关注的问题找到满意的答案。

以上几种方法可以帮助我们训练思考。只有当我们的思考借助思维导图，并与思维导图完美地结合在一块儿的时候，才会更容易帮助我们获得源源不断的想法，这些想法不仅新奇而且富于创造力。

现在，请你针对如何启动自己的思考画一幅思维导图。

第二节

3招激活思维的灵活性

灵活思维的好处是，当我们遇到难题时，可以多角度思考，善于发散思维和集中思维，一旦发现按某一常规思路不能快速达到目的时，能立即调整思维角度，以期加快思维过程。

激活思维的灵活性，可以从下面3个方面入手：

1. 培养迁移能力

迁移，是指一种学习对另一种学习的影响。

我们更多地要用到的是知识迁移能力，即将所学知识应用到新的情境，解决新问题时所体现出的一种素质和能力，形成知识的广泛迁移能力可以避免对知识的死记硬背，实现知识点之间的贯通理解和转换，有利于认识事件的本质和规律，构建知识结构网络，提高解决问题的灵活性和有效性。

思维的灵活性主要体现在解决问题时的迁移能力上，必须有意识地去培养自己的迁移能力，从而能够灵活地解决学习中的一些问题。

语文学习中，常常能遇到写人物笑的片段，比如《葫芦僧判断葫芦案》中的"笑"，《红楼梦》第四十四回中每一个人的"笑"，《祝福》中祥林嫂的"三笑"，各自联系起来，分析比较，各自表现了人物的什么个性，同时揭示了什么主题，等等。

通过这种训练，可以使分析作品中人物的能力和写作中刻画人物的水平大大提高。

2. 利用"一题多解"

这种方法在数学学习中经常使用，对"一题多解"的训练，是培养思维灵活的一种良好手段，这种训练能打通知识之间的内在联系，提高我们应用所学的基础知识与基本技能解决实际问题的能力，逐步学会举一反三的本领。

学会"一题多解"的思维方式，可以训练思维的灵活性，使自己在思考问题的起点、方向上及数量关系的处理上，不拘泥于一种方式，而是根据需要和可能，随时调整和转换。

3. 大量阅读不同体裁的文章

文章是作者进行创造性思维的成果。一篇文章的创造性，主要体现在它的构思和语言的运用上，体现在文章的思想观点和表达方式上。

不同体裁的文章，也各有各的特点，就是同一体裁中的同一内容的文章，风格也是各异。在阅读一篇优秀文章时，善于发现它们的不同，善于吸取它们各自的特点，对于训练自己的思维是有益的。

总之，多读各种不同的文章，既可以获得知识，又可以获得思维和写作的借鉴，可以从比较中学习到从不同角度观察事物、思考问题的方法，从而培养思维的灵活性。

培养思维的灵活性，要学会从不同的角度、不同的方向用多种方法来解决问题。要培养思维的灵活性，就要多动脑筋，加强学习，在实践中探索新思路、验证新方法，并及时总结、改进，就一定能增强思维的灵活性，搞高思维的应变能力。

　　针对 3 种行之有效的激活思维灵活性的方法，可用思维导图表示。

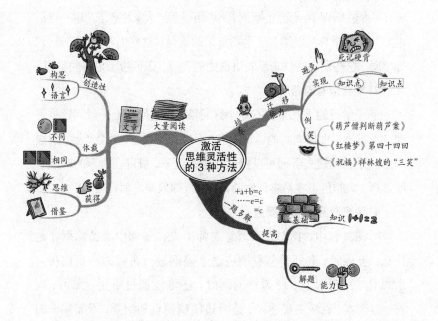

第三节

有效听课应注意的 8 个细节

　　高效的学习者听课都有一个特点，那就是"听课要听细节"，有效听课的 8 个具体细节为：

1. 留意开头和结尾

　　老师在讲课时，开头一般是概括上节课的要点，指出本节课要讲的内容，把旧知识联系起来的环节，要仔细听清。老师在每节课结束前，一般会有一个小结，这也是听课的重点所在。

2. 留意老师讲课中的提示

我们在听课中，经常能听到老师提示大家"大家注意了""这一点很重要""这两个容易混淆""这是不常见的错误""这些内容说明""最后"等字眼，这些词句往往暗示着讲课中的要点，应该给予足够的重视。

3. 学会带着问题听课

善于学习的人几乎都有一个好习惯，即他们善于带着问题去听课。听课不是照搬老师的讲课内容，而应积极思考，学会质疑，解决困惑。带着问题去听课可以提高注意力效率，可以在听课的时候有所选择，大脑也不容易感到疲劳，不仅听课效率高而且会更轻松。

4. 留意教师讲解的要点

听课过程中，我们应该留意老师事先在备课中准备的纲要是什么，上课时，老师是怎样围绕这个提纲进行讲解的。我们在力求抓住它、听懂它、理解它的同时，还可以通过听讲、练习、问答、看课本、看板书等途径，边听边明确要点和纲要，弄懂知识的内在联系。

5. 留心老师分析问题的思路

各学科知识之间都有前因后果、上关下联的逻辑关系，有时可以相互推理，思路互通。在理科中表现得比较明显，比如一个定理、一条定律、一道习题，都有具体的思维方法，我们用心留意老师分析问题的思路和方法，仔细揣摩，就能轻松获得灵活的思维能力，越学越出色。

6. 留意老师的板书归纳和反复强调的地方

不言而喻，反复强调的地方往往是重要的或难以理解的内容，板书归纳不仅重要，而且是具有提纲挈领的作用。要注意在听清讲解、看清板书的基础上思考、记忆，并且做好笔记，便于以后重点复习。

7. 留心老师如何纠错

每个人都有做错题的时候，当老师在为同学纠错的时候，不管是你做错的题或者是别人做错的题，你都应该留心。如果你能对这些容易做错的题保持足够的警惕，那么以后就能有效地避免犯同样的错误，千万不要以为别人做错的题与你无关。

8. 留意老师对知识点的概括和总结

几乎每个老师都会在上完一堂课或讲过某些知识点之后进行概括和总结，这些"总结"是课堂知识的精华，也是考试的重点，应该好好理解和掌握。

第四节

11 种方法正确进行课后复习

在这里，介绍 11 种正确进行课后复习的方法：

1. 及时进行第一次复习

很多人都有这样的经验，对于刚刚学习过的知识，越早复习记忆越深刻。

不论是在课堂上以各种机会和形式进行复习巩固，还是课后的精读、归纳整理、总结概括、研习例题、多做练习等，都是及时复习的好做法。

当天学的知识，要当天复习好。否则，内容生疏了，知识结构散了，就要花更多的时间重新学习。要明白，修复总比重建倒塌了的房子省事得多。

2. 尝试运用回忆

在课后试着把老师所讲的内容回忆一遍，如果记得不清可以随时翻看课本，然后再回忆。如此反复几次之后，才能把提纲编写得准确、完整。这种方法可以加强记忆和理解。

3. 多种感官参与复习

手、耳、口、脑、眼并用的情况下可以增强复习效果，不仅适用于文科类的学习与记忆，同样适合于理科。

4. 要紧紧围绕概念、公式、法则、定理、定律复习

思考它们是怎么形成与推导出来的，能应用到哪些方面，它们需要什么条件，有无其他说明或证明方法，它与哪些知识有联系……通过追根溯源，牢固掌握知识。

5. 复习要有自己的思路

通过一课、一节、一章的复习，把自己的想法、思路写成小结，列出表来，或者用提纲摘要的方法把前后知识贯穿起来，形成一个完整的知识网。

6. 复习中遇到问题要先思考

这样有利于集中注意力、强化记忆、提高学习效率。每次复习时先把上次的内容回忆一下，不仅保持了学习的连贯性，引起对学过知识的回想，而且可以加深记忆的连续性和牢固性。

7. 复习中要适当做一些题

可以围绕复习的中心来选题、做题。在解题前，要先回忆一下过去做过的有关习题的解题思路，在此基础上再做题。做题的目的是检

查自己的复习效果，加深对已学知识的理解，培养解决问题的能力。

做综合题能加深对知识的完整化和系统化理解，培养综合运用知识的能力。勤于复习，并学会科学地复习，并养成一种良好的习惯。

只有这样，我们所学的知识才会更加牢固，以后的学习才会更加轻松。

8. 把知识点做成一张"知识网"

每科知识之间都有关联，如果孤立地去看所学的知识，很难理解透彻，如果能把知识点放在一张"知识网"中去看待，那样就很容易理解和记忆。

比如，初中代数重点"分式的运算"，如果联系到小学学过的"分数运算"就能容易搞清楚彼此的联系。

9. 运用"方法"和"技巧"

在复习过程中，要注意总结用过的"方法"和"技巧"，主要体现在思维方法和分析解决问题的思路上，这种思路和方法有可能出现在课本中，也可能是老师的点拨。

10. 交叉复习方法

在复习阶段，可以找一些涉及不同部分知识的综合应用题，交替学习同一科目内的不同部分，通过比较分析，可以加深自己对知识的理解和应用能力。

11. 随时自测，时刻认清自己

自我测验既是一种复习方法，也是我们学习主动性的表现。在学习中养成随时对自己进行自我检测的好习惯，会清楚地明白自己好在哪里，差在哪里，随时有针对性地进行重点复习，以达到事半功倍的效果。

第五节

解决生活和学习中遇到的困惑

目前，思维导图已经应用于生活的各个方面。在对于帮助自我分析，更深入地了解自己，包括自己的需求、欲望、中长期目标等方面具有很实际的意义。比如，你考虑报某个暑期补习班，确立自己下学期的学习目标，思维导图都可以在很大程度上帮助你理顺想法、明晰思路。

在自我分析方面，如何正确地了解和评估自己呢？

一般，对自我的认识包括对生理、心理、理性、社会自我等几个部分的认识。生理方面，主要是指对自己的相貌、身体、服饰打扮等方面的认识；心理方面，主要指对自我的性格、兴趣、气质、意志、能力等方面的优缺点的评估与判断；理性方面，主要是指通过社会教育和知识学习而形成的理性人格，如对自我的思维方式和方法、道德水平、情商等因素的评价；社会自我认识，主要指对自己在社会上所扮演的角色，在社会中的责任、权利、义务、名誉，他人对自己的态度以及自己对他人的态度等方面的评价。

这些自我认识都可以在思维导图上表现出来。

画图之前，需要你拿出一张白纸来，在白纸中心画一个中央图像代表自己，然后由这个中心图像向四周发散，并根据生理、心理、理性、社会自我四个方面，联想与自己相关的所有属性，并将你想到的属性与中心连线，比如你可以参考的属性有：性格、爱好、长处、短处、理想、兴趣、家庭背景、交际圈、朋友圈、长期或短期目标是什么、上大学最想做的事是什么、现在的苦恼是什么、自己最尊重的人，自己需要为父母做到什么等方面。

你在列出这些属性的同时，也可以给出该属性的具体表达，如性格后面标上"开朗"，等等。

由于思维导图可以对你的内在自我做一个全面的综合反映，因此，当你获得了比较清晰的反映内在自我的外部形象后，你就不太可能做出一些有违自己本性和真实需求的决定，从而使你避免一些不快的结果发生。

为了避免一些自己不愿意看到的结果出现，最好的办法就是从绘制一幅能够帮助自我分析的"全景图"开始，在这幅图里要尽可能多地包括你的性格特点和其他特征。

我们在做自我分析方面，尽量选择一个比较舒服的环境，最好能对你的精神起到刺激作用，这一点非常重要。目的是使你在做自我分析时达到无所顾忌，做到完整、深刻和实用。

在画图时，不必考虑图面的整洁度，可以快速地画出思维导图，能够让事实、思想和情绪毫无保留并自由地流动起来，如果过于整洁和仔细的话，容易抑制思维导图带给我们的无拘无束感。当然，选择好主要分支之后，你应该再绘制一张更大一些、更有艺术气息、更为成熟的思维导图。

最后做出最终的决定，并计划你的下一步行动。

总之，通过绘制自我分析的思维导图，可以帮助我们更清晰地知道生活和学习的重点在哪里，可以使我们获得更多对于自己的客观看法。

通过思维导图可以更全面真实地反映个人情况，解决更多的实际问题，从而为下一步决定做好准备。

第六节

7招强化抗挫折能力，实现高分

学习是一个不断遭遇挫折、克服困难的过程。

为了实现自己的学习目标，取得高分，就需要我们增强自身的抗挫折能力。

具体说来，有以下7种办法：

1. 培养自己的抗挫折能力

古今中外历史上，所有为人类做出大贡献的伟人，都经历过无数次挫折，都有很强的抗挫折能力。每当我们遭遇挫折的时候，要学会换一种眼光去看待，学会锻炼自己的意志，让自己一次比一次坚强。

2. 把学习失利当作机遇

我们可以把学习和考试中遇到的失误和失利当成磨炼自己意志的机会，当成增长自己能力的机遇。

3. 时刻充满必胜的信心

一般情况下，当我们遭遇挫折时，情绪难免会失落，这时，你不妨放声高呼几声，比如："挫折你尽管来吧，我定能战胜你！"同时，面对挫折，不要退缩，要想方设法去寻求解决问题的新途径。

4. 发挥自己的积极主动性

无论是在生活或学习中，我们都应尽可能地减少对老师和父母的依赖，只要是自己能做的事情，就不请别人帮忙和代做。善于调动自己的积极主动性，我们才能主动锻炼自己，增长抗挫能力。

5. 养成锻炼身体的好习惯

健康的身体是取得好成绩的保证。身体的强弱对学习效果的好坏影响很大。一个身体健壮的人，比起身体羸弱的人，往往可以凭借充足的精力去克服学习上的困难。

平时，我们应该有锻炼身体的意识，每天坚持做一至两项自己喜欢的运动，长期坚持下去，自然能增强抵抗恶劣环境的能力。对学习中遭遇的挫折，也许就会不以为然了。

6. 平时主动给自己制造难题

日常学习中，可以根据学习进展，不时地给自己制造些难题，设计些困境，以发挥自己的能动性，挖掘自己的学习潜力，从而完善自己的知识结构。

7. 设法多读一些名人传记

名人传记是人类的精神养料。比如，我们熟知的罗曼·罗兰的《名人传》中，曾引用了贝多芬的名言："不幸的人啊！切勿过于怨叹，人类中最优秀的和你们同在。"假如你读过这本书，或许在你感到绝望的时候就会想到音乐巨人贝多芬，在迷茫的时候想到画家米开朗琪罗，在孤独的时候想到托尔斯泰。

阅读名人传记，就像是在和伟大的人对话，除了让我们了解到他们的人生经历之外，也能让我们对比自己，从而清楚地看到，原

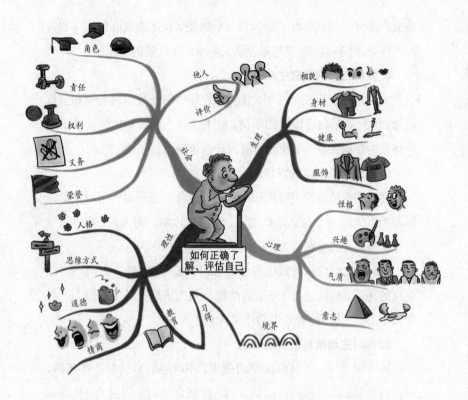

来自己面临的困难是多么的渺小，只要多一些毅力和耐心，任何困难都将不堪一击。

我们在不断阅读名人传记的过程中，就能感觉到人生就是不断战胜困难、战胜挫折的过程。

其实，像《史记》等历史著作就是很好的人物传记读本，如果是自传性的书，我们尽量选择那些年纪偏大的，对人生有所总结的人的作品，比如季羡林先生的作品就值得一读；如果是给别人写的传记，我们尽量读那些大家的作品，比如林语堂写的《苏东坡传》等。

第五章

摆脱盲目低效，轻松
搞定工作难题

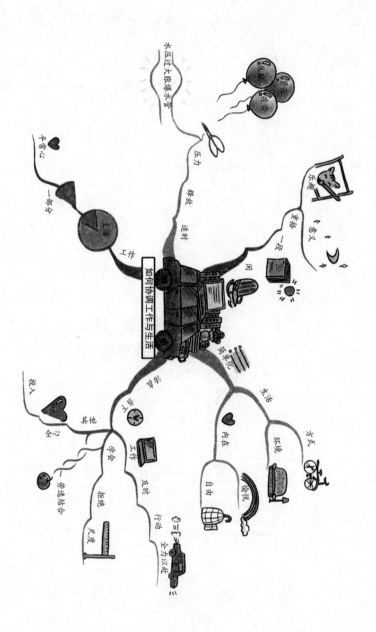

第一节

如何突破工作中的"瓶颈"

工作一段时间后，往往会遇到一个"瓶颈"期。为了突破工作中的"瓶颈"，我们需要为自己进行准确的定位，调整心态，进而选择适合自己的充电方式。

如果我们善于使用思维导图的话，那么面对工作或生活中的任何瓶颈，我们都能厘清、理顺，从而有效应对。

无论事业还是生活，每个人都会遇到"瓶颈期"。最糟糕的是，你并不知道这一次的"瓶颈期"有多长。于是有人戏称之为"悠长假期"。应该怎样度过这个"假期"呢？希望下面的这个小故事能够带给你启发。

在 18 世纪淘金热刚刚兴起的时候，南非的金矿还埋藏在一望无际的沙漠下。一个名叫乔治·哈里森的人来到南非，他对自己说，他要找到世界上最大的金矿。可是命运似乎并没有眷顾这名年轻人，十几年的时间过去了，乔治·哈里森连金矿的影子都没有看到，只是在一些小金矿作坊里没日没夜地干着最脏最累的活儿。

处于"瓶颈期"的他松懈下来，放弃了寻找金矿的任何准备。

在很偶然的机会，乔治·哈里森发现了一条长 420 公里，宽 24

公里的金脉，这也是目前世界上最大的金矿。

就在他感觉到喜从天降的时候，却发现自己不具备任何开采金矿的资本。万不得已，他只得出售了这条金矿的开采权，价格是10英镑！如此低廉的价格，等于白送了开采权。

命运和乔治·哈里森开了一个大玩笑。但是只要认真思考一下，就会发现乔治错过金矿的原因，就在于他忽略了"随时准备着"的准则，就算处于"瓶颈期"，在给自己放一个长假的时候，也不能对自己的技术、知识不闻不问。

在"瓶颈期"，每个人的苦闷大多是源于缺乏目标。

这时，我们首先需要做的是静下心来思考，给自己一个全新而准确的定位。这个定位就像一颗启明星，可以指引你前进的方向。

工作的瓶颈期会使我们有一些空余时间，不要让这些时间白

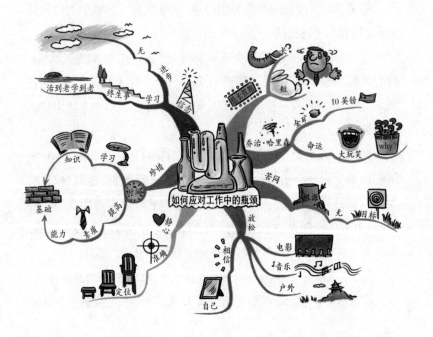

白溜走，不妨动手学习一直很感兴趣却由于平日的忙碌而疏忽的东西。也许将来的某一阶段，你会发现在"瓶颈期"略显艰苦的"修炼"已经给你铺垫了厚实的基础。

下面这个故事中的主人公就是借助学习突破了他的工作瓶颈期，而且迎来了一个崭新的发展阶段。

王明是一家外贸公司的职员，他对自己的工作很不满。

在一次朋友聚会上，他十分生气地对好友张亮说："我的老板真是有眼无珠，他从来都不重视我，我哪天非在他面前发火不可，然后离开公司。"

张亮听后，问王明："你对你所在的公司完全了解了吗？对公司所做业务搞明白了吗？"

王明摇摇头，非常疑惑地看了看张亮。张亮接着说："俗话说'君子报仇十年不晚'嘛！你不用着急辞职，我建议你把你们公司的业务流程先全部搞清，并认真学习那些你不会的东西，等什么都学会后再辞职不干也来得及。"

张亮见王明表情迷惑，就解释说："你想想啊，公司是一个不用花钱就可以学习的地方，等你全部都学会了再辞职的话，就能给自己出气，还能有很多收获，岂不是一举两得吗？王明，难道你不这么认为吗？"张亮的建议王明谨记在心。此后，王明勤学默记，经常在别人下班之后，他还待在办公室中研究写商业文书的方法。

时间过得飞快，一年后，王明偶然遇到了张亮，张亮问他："现在你应该把公司的事情学得差不多了吧？什么时候准备拍桌子辞职啊？"

不料王明却说："但是，这半年来我感觉老板对我非常重视了，近来不断给我加薪，并委以重任，现在，我已经是公司最红的人了！"

从这个故事中，我们应该明白这样一个道理：现在已经步入终生学习的时代，学习是终生的事情，是没有时间的分隔、人员的界定和场所限制的，要想有所发展，就一定要时刻学习。

提高学习的能力要比学习知识重要得多，知识虽然也在时刻更新，但人们只有在提高了学习知识能力的同时才能更好地吸收新知识、运用新技能，以此提高自己的整体素质，才能适时地突破瓶颈。

第二节

如何跨越职业停滞期

工作中，突然出现的"职业停滞期"会让人陷入一种深深的"本领恐慌"中，要突破这种职业停滞期，我们要学会"自我革命"，只有不断地突破自我，才能够不断成长。

在职场中，很多人会遭遇一种"职业停滞期"。

例如，有些人因为对自身没有很好的职业规划，接受新知识的态度也不是很积极，结果导致自己的创新能力跟不上新员工，眼看着身边的新员工一个个加薪、晋职，他们陷入一种深深的"本领恐慌"中。

然而，面对自己职业上的停滞，他们更多的是埋怨企业没能给他们职位提升的空间，这种想法是不对的。"解铃还需系铃人"，这时，需要我们进行"自我革命"，只有不断地突破自我，才能够不断成长。在这一点上，一则关于鹰的故事可以给我们带来一个很好的启示。

鹰是世界上寿命最长的鸟类之一，其寿命可达70年，但当鹰长到40岁的时候，它的爪子开始脱落，喙变得又长又弯，翅膀上的羽毛也长得又浓又厚，已不再是飞行的工具，相反成了一种负担。

这时的鹰就如同企业的中年员工一样，必须做出一个困难却又关乎生命的选择：要么安静地死去，要么经过一个痛苦的进化过程获得新生。让人敬佩的是，所有的鹰都选择了后者。它们努力地飞到悬崖边上筑巢，数月停留在那里不再飞翔，用喙击打岩石，直到老喙完全脱落。新喙长出后，鹰会用它把指甲一根根地拔出来，新指甲长出来后再用爪子把羽毛一根根拔掉。5个月后，鹰获得了新生。

世界著名的信息产业巨子，英特尔公司的前总裁安迪·葛鲁夫，在功成身退之时，回顾自己创业的历史，曾深有感触地说："只有那些危机感强烈、恐惧感强烈的人，才能生存下去。"

恐惧，无疑是一种不安的心志，而居安思危是使"惧"成为不惧的新起点。"惧"是审时度势的理性思考，是在超前意识前提下的反思，是不敢懈怠、兢兢业业、勇于进取的积极心志。

正是在这种惧者生存的经营理念下，英特尔在安迪·葛鲁夫的领导下，常能够适时地进行变革，最终成为全世界最大的芯片制造商。

"英特尔"成立时，葛鲁夫在研发部门工作。1979年，葛鲁夫出任公司总裁，刚一上任，他立即发动攻势，声称在一年内要从摩托罗拉公司手中抢夺 2000 个客户，结果"英特尔"最后共计赢得 2500 个客户，超额完成任务。

此项攻势源于其强烈的危机意识，他总担心英特尔的市场会被其他企业占领。

1982 年，由于经济形势恶化，公司发展趋缓，他推出了"125% 的解决方案"，要求雇员必须发挥更高的效率，以战胜咄咄逼人的日本。他时刻担心，日本已经超过了美国。

在销售会议上，可以看到身材矮小、其貌不扬的葛鲁夫。他的匈牙利口音使其吐词不清，他用拖长的声调说："'英特尔'是美国电子业迎战日本电子业的最后希望所在。"

危机意识渗透到安迪·葛鲁夫经营管理的每一个细节中。1985 年的一天，葛鲁夫与公司董事长兼 CEO 的摩尔讨论公司目前的困境。他问："假如我们下台了，另选一位新总裁，你认为他会采取什么行动？"

摩尔犹豫了一下，答道："他会放弃存储器业务。"葛鲁夫说："那我们为什么不自己动手？"在 1986 年，葛鲁夫为公司提出了新的口号，"英特尔，微处理器公司"。

"英特尔"顺利地渡过了困难时期。其实，这皆赖于葛鲁夫那浓厚的危机观念。他始终认为，居安思危者方可生存，企业家一定要居安思危，保持忧患意识，企业方可长久。为了不让公司再度陷入困境，葛鲁夫让"英特尔"几近疯狂地投入微处理器的战场之中。1992 年，葛鲁夫让"英特尔"成为世界上最大的半导体企业。因为"英特尔"已不仅仅是微处理器厂商，它逐渐成了整个计算机产业的领导者。1994 年，一个小小的芯片缺陷，一下子将葛鲁夫再次置于生死关头。12 月 12 日，IBM 宣布停止发售所有奔腾芯片的计算机。预期的成功变成泡影，雇员心神不宁。12 月 19 日，葛鲁夫决定改变方针，更换所有芯片，并改进芯片设计。最终，公司耗费相当于奔腾 5 年广告费用的巨资完成了这一工作。但"英特尔"又一次活了下来，而且更加生气勃勃，是葛鲁夫的性格和他的危机观念挽救了公司。

如今，"英特尔"已经掌握了微处理器的市场，可在危机观念的指导下，它没有任何放松的迹象，葛鲁夫仍然没有沾沾自喜而就此松懈。在他的带领下，"英特尔"把利润中非常大的部分花在研发上，继续疯狂行径的葛鲁夫依旧视竞争者如洪水猛兽。葛鲁夫那句"只有恐惧、危机感强烈的人，才能生存下去"的名言已成为"英特尔"企业文化的象征。

其实，危机是随时都会出现的，危机当前，逃避不是上策，只有勇敢地面对它，根据发展形势进行必不可少的变革，才是个人与企业长久发展之计。

第三节

如何缓解心理压力

今天，在工作强度日趋加大，市场竞争日趋激烈的情况下，不少人感到难以承受沉重的工作压力，并出现了明显的心理反应。在这种情况下，减压已经成为一个刻不容缓的问题。

2003 年 6 月，温州市东方集团副总经理朱永龙因长期精神抑郁自杀身亡；

2003 年 8 月，韩国现代集团董事长郑梦宪跳楼身死；

2005 年 4 月，爱立信（中国）有限公司总裁杨迈由于心脏骤停在北京突然辞世；

……

中国约有 70% 的白领处于亚健康状态。

为什么会这样呢？一句话，都市节奏太快，职场压力太大。

所谓的压力是当我们去适应由周围环境引起的刺激时，我们的身体或精神上的生理反应。一般而言，98% 的压力来自芝麻小事，只有 2% 的压力可能造成生活上的大问题。

然而，这 2% 的压力却产生了 98% 的"负面性压力"。有人面对压力，会暴饮暴食、酗酒、吸毒，变成工作狂，但有人却会把压力视为机会，借着压力将自己转化得更成熟稳健。

不良压力危害人的生理和心理健康，威胁人生幸福，如何应对压力是一堂人生必修课。当面对压力时，你可以采用以下方法来化解压力、缓解压力：

1. 让心灵暂时出逃

工作无休止，事业无尽头，但是健康却是我们永恒的本钱。在这个日新月异的社会里，每个人都越来越看重自己的身份和事业，既想做白领、做主管、做老板，又要做好丈夫、好妻子、好父亲、好母亲。

这些来自职场和家庭的不同身份，就像一张无形的网，罩得人们喘不过气来。其实，你完全可以让自己停下来歇一歇。在办公室

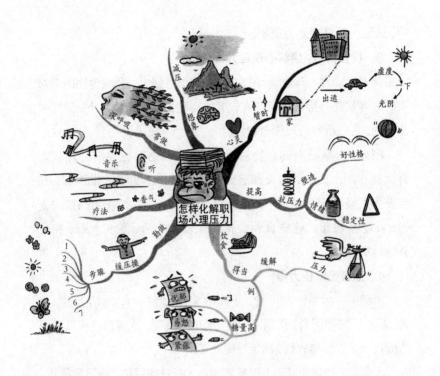

和家的两点一线之外，找一个让心灵暂时出逃的地方，将人生重负稍放片刻，在那里虚度一下光阴。出来之后，你也许就会觉得，迎接你的，是又一个生机勃勃的明天。

2. 提高你的抗压能力

提高抗压能力的第一步是要有意识地塑造自己良好的性格，对待事情，要能拿得起，放得下，保持情绪的稳定性。这样当压力到来时，就不会有大起大落的不适应感。

再者，要意志坚定、胸怀坦荡、心境豁达，凡事不钻牛角尖。

最后要善于处理人际关系。今天，每个人都面临事业、学术、婚姻、住房、医疗、利益分配等诸多问题，在这些关系个人利益的问题中，人际关系显得尤为重要。

3. 饮食得当，缓解心理压力

营养学家和心理学家经过几十年的潜心研究，发现食物因素对人的心理状态包括情绪状态有较大的影响。在一定情况下，选择最佳食物，可以缓解心理压力和负担。

例如，含糖量高的食物对忧郁、紧张和易怒行为或心理状态有缓解作用。因此，如果你遇到难题，思虑过度或紧张不安，甚至发生严重失眠的话，建议在睡觉前喝点脱脂牛奶或加蜂蜜的麦粥，并吃些香蕉。这些食物会帮助你安定心情、顺利入眠，并且会睡得更香。

4. 勤做缓解压力操

步骤一：两手慢慢平伸，手握拳头，慢慢用力，包括上臂、前臂、拳头。慢慢用力，再用力，感觉肌肉的紧绷，达到自己可以承受的极致。然后慢慢放松，两手慢慢放下；

步骤二：身体坐正，下巴往胸前压，两肩往后拉，然后往前压，再用力往后拉，用力，慢慢放松，动作要慢；

步骤三：眉毛上扬，用力往上扬，用力，再用力，然后慢慢松开；

步骤四：鼻子、嘴巴、眼睛用力往脸中间挤，慢慢用力，然后慢慢放松；

步骤五：嘴唇紧闭，用力咬紧牙齿，慢慢用力，然后慢慢放松；

步骤六：嘴巴张开，舌头抵住下齿龈，嘴巴用力张开，舌头用力抵住，再用力，慢慢放松；

步骤七：身体坐直，身体往后仰，用力往后仰，再用力，慢慢回复原来位置，慢慢做两个深呼吸。

5.　香气疗法

香气治疗法目前在日本颇为流行，它不是简单地买回一些植物汁或者植物油来享受其芬芳就完事，而是有越来越多的商家开始利用这种香气为人们提供治疗服务，据说该治疗可以起到缓和人们紧张情绪和改进人际关系的神奇功效。

很多美容院都已开展了这项服务。当然，如果没有条件的话，那么养几盆有香味的花，每天早晚跑去阳台各闻一次，然后做做伸展运动，也许压力也会随之一扫而光。

6.　听自己最喜欢的歌

音乐同样具有安定情绪和抚慰的功效。想尽情地发泄一番，那就听一听摇滚乐；想厘清一下情绪，那就听听古典音乐。你可以买上一两张新碟，把自己关在房间里戴上耳机，你就可以尽情地沉浸在音乐王国里面了。

7.　有空常做深呼吸

呼吸并不只有维持生命的作用，吐纳之法还可以清新头脑，平静思绪。所以，当你因压力太大而心跳加快时，不妨试着放松身心，做几个深呼吸。

8.　在想象中减压

听起来很新鲜，其实研究证明想象能有效减轻压力。例如设想自己在草地漫步，闻到近处有兰花，踩着鹅卵石在没膝深的溪水中探行，躺在海滩上让潮水一遍一遍地冲刷。要注意想象一些声音、景象、气味等的细节。

第四节

如何摆脱不良的工作情绪

"雄鹰翱翔天空,难免折伤飞翼;骏马奔驰大地,难免失蹄折骨。"人的一生不可能一帆风顺,事事如意,我们在工作中也难免会遇到挫折。摆脱不良的工作情绪将有助于工作的顺利进行,并可以给你带来好的心境。

有的人在工作中遇到挫折后,就消沉、灰心、萎靡不振,丧失信心,放弃了努力,甚至自怨自艾,自暴自弃。

长久的压抑甚至导致精神疾病,其实,在遇到挫折后,不妨冷静而理智地分析导致挫折的原因和过程,从中找到较好的解决办法。

下面介绍几种摆脱不良工作情绪的方法:

(1)沉着冷静,不慌不怒。

(2)增强自信,提高勇气。

(3)审时度势,迂回取胜。所谓迂回取胜,即目标不变,方法变了。

(4)再接再厉,锲而不舍。当你遇到挫折时,要勇往直前。你的既定目标不变,努力的程度加倍。

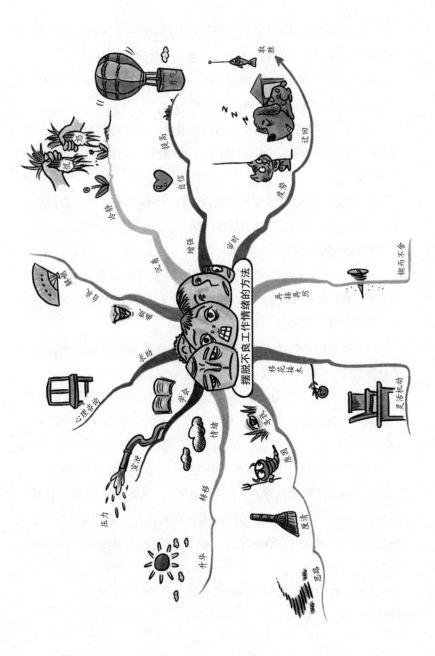

（5）移花接木，灵活机动。倘若原来太高的目标一时无法实现，可用比较容易达到的目标来代替，这也是一种适应的方式。

（6）寻找原因，厘清思路。当你受挫时，先静下心来把可能产生的原因寻找出来，再寻求解决问题的方法。

（7）情绪转移，寻求升华。可以通过自己喜爱的集邮、写作、书法、美术、音乐、舞蹈、体育锻炼等方式，使情绪得以调适，情感得以升华。

（8）学会宣泄，摆脱压力。面对挫折，不同的人有不同的态度。有人惆怅，有人犹豫，此时不妨找一两个亲近的人、理解你的人，把心里的话全部倾吐出来。

从心理健康角度而言，宣泄可以消除因挫折而带来的精神压力，可以减轻精神疲劳；同时，宣泄也是一种自我心理救护措施，它能使不良情绪得到淡化和减轻。

（9）必要时求助于心理咨询。当人们遭遇到挫折不知所措时，不妨求助于心理咨询机构。

心理医生会对你动之以情，晓之以理，导之以行，循循善诱，使你从"山重水复疑无路"的困境中，步入"柳暗花明又一村"的境界。

（10）学会幽默，自我解嘲。"幽默"和"自嘲"是宣泄积郁、平衡心态、制造快乐的良方。当你遭受挫折时，不妨采用阿Q的精神胜利法，比如"吃亏是福""破财免灾""有失有得"等来调节一下你失衡的心理。或者"难得糊涂"，冷静看待挫折，用幽默的方法调整心态。

对此，我们用思维导图画出摆脱不良工作情绪的方法，以时刻提醒自己。

第五节

如何保持最佳的工作状态

以最佳的工作状态工作不但可以提升我们的工作业绩，而且还可以带来许多意想不到的成果。良好的精神状态不是财富，但是它会带给我们财富，也会让我们得到更多的成功机会。

精神状态能如何影响工作，不是任何人都清楚，但是我们都知道没有人愿意跟一个整天提不起精神的人打交道，也没有哪一个领导愿意提拔一个精神萎靡不振、牢骚满腹的员工。

微软的招聘官曾指出："从人力资源的角度来讲，我们愿意招的员工，他首先是一个非常有激情的人，对公司有激情、对技术有激情、对工作有激情。可能他在这个行业涉世不深，年纪也不大，但是他有激情，和他谈完之后，你会受到感染，愿意给他一个机会。"

刚刚进入公司的员工，自觉工作经验缺乏，为了弥补不足，常常早来晚走，斗志昂扬，就算是忙得没时间吃饭，依然很开心，因为工作有挑战性，感受也是全新的。

这种工作时激情四射的状态，几乎每个人在初入职场时都经历过。可是，这份工作激情来自对工作的新鲜感，以及对工作中可预见问题的征服感，一旦新鲜感消失，工作驾轻就熟，激情也往往随之溜走。一切又开始平平淡淡，昔日充满创意的想法消失了，每天的工作只是应付完了即可。既厌倦又无奈，不知道自己的方向在哪里，也不清楚究竟怎样才能找回令自己心跳的激情。在领导的眼中也由一个前途无量的员工变成了一个比较称职的员工。

现今这个充满竞争的社会里，在以成败论英雄的工作中，谁能自始至终陪伴、鼓励、帮助我们呢？同事、亲人和朋友们，都不能做到这一点。唯有我们自己才能激励自己更好地迎接每一次的挑战。

所以要想变得积极起来完全取决于我们自己。

如果我们每天清晨始终以最佳的精神状态出现在办公室里，面带微笑问候一声同事，以昂扬的精神状态投入工作，感染周围的同事，工作时神情专注，走路时昂首挺胸，与人交谈时面带微笑……

越是疲倦的时候，就要表现得越好、越显精神，让人完全看不出一丝倦容，这样会给周围的人来积极的影响。

良好的工作状态是我们责任心和上进心的外在表现，这正是领导期望看到的。在这个社会中，人们都承受着巨大的有形或者无形的压力。所以就算生活、工作不尽如人意，也不要愁眉不展、无所事事，要学会掌控自己的情绪，让一切变得积极起来。让我们始终对未来充满希望！明天会更好！如果我们乐观，一切事情都是亮色的，包括糟糕的事情，如果我们悲观，一切事情都是灰色的，包括美好的事情。

所以，保持对工作的新鲜感是保证我们工作激情的有效方法。

可是这做起来很难，不管什么工作都有从开始接触到全面熟悉的过程。要想保持对工作的恒久的新鲜感，可以从以下几方面着手：

首先，必须改变工作只是一种谋生手段的认识，把自己的事业、成功和目前的工作连接起来；其次，保持长久激情的秘诀，就是给自己不断树立新的目标，挖掘新鲜感，把曾经的梦想捡起来，寻找机会去实现它。审视自己的工作，看看有哪些事情可以更好地处理，然后把想法实施到工作中，认同企业文化培养归属感，对自己的企业和工作感到骄傲，在我们解决了一个又一个的问题后，自然就产生了一些小小的成就感，也会因此受到鼓舞，感觉生活是美好的，这种新鲜感觉就是让激情每天陪伴自己的最佳良药；最后，要热爱工作并充满激情。不要扼杀对美好事物的追求和热情，对我们的工作倾入全部的热情，每天精神饱满地去迎接工作，以最佳的精神状态去发挥自己的才能，就能充分发掘自己的潜能。我们的内心同时也会变化，越发有信心，别人也就会认同我们存在的价值。

第六节

如何保持完美的职业形象

成功形象是一个人的无形资产，"看起来像个成功者和领导者"，那么你的事业会为你敞开幸运的大门。

西方有句名言："你可以先装扮成'那个样子'，直到你成为'那个样子'。"如果你已经成为"那个样子"，但没有扮成"那个样子"，那么对你的成功事业就会带来一定的阻碍。先看一个事例。

我国东北盛产大豆，以其粒大、油多、脂肪丰富而闻名全国。

改革开放后，一大批农民企业家迅速崛起，陈志贵就是其中的一个。他就地取材，以当地特产的优质大豆为原料，创办了一家豆粉饼加工厂。

由于经营得方，业务很快就做大了，不仅将客户发展到了全国，甚至还发展到了东南亚地区。

一天，陈志贵收到了一张来自香港的大订单，他亲自带领工人连夜加班，终于在规定的时间内完工，将货物发往了香港。但几天之后，香港公司却打来电话，说货物"有质量问题"，要求退货。

陈志贵十分纳闷儿，自己的产品一向以质量过硬而赢得卓越信誉，况且，这批产品由自己亲自监工生产，怎么会出现质量问题呢？绝对不是质量问题，一定是其他环节上出现了问题！陈志贵十分自信，他简单收拾了一下行李，立即乘飞机飞往香港。

当西装革履、风度翩翩的陈志贵出现在香港公司的总经理面前时，对方竟然惊讶地张大了嘴巴。虽然还不明白退货的问题出在哪里，但感觉敏锐的陈志贵已从对方的细微变化中捕捉到了什么。

在以后两天的相处中，陈志贵不亢不卑，侃侃而谈，充分表现出一个现代企业家应有的气质和风度，最终不仅"质量问题"烟消云散，还和那位总经理成了好朋友，成为长期的商业伙伴。

但是"质量问题"始终是陈志贵心中的一个疑团，因为他和对方谈得多是企业管理和人生修养方面的问题，他们根本没有再提什么质量问题。直到多年之后，陈志贵向那位经理询问才得知真正原因。

原来，这批货是香港公司的一个部门经理向陈志贵订的货，但在向总经理汇报后，总经理得知这批货是由农民家庭加工生产时，脑海里凭空臆想出了一个土得掉渣的农民形象。他顾虑重重，对那批货看也不看，就做了退货的决定。但当形象鲜明、个性十足的陈志贵突然出现在他面前时，他才知道自己犯了个多么可笑的错误。

可见，成功形象是一个人的无形资产，"看起来像个成功者或者领导者"，那么你的事业会为你敞开幸运的大门，让你脱颖而出。

民主选举时，由于你"像个领导"，人们会投你一票；提拔领导时，由于你"像个领袖"，你会被领导和群众接受；对外进行商务交往时，由于你"像个成功的人"，人们愿意相信你的公司也是成功的，因而愿意与你的公司进行交易。

沈先生有很高的经商才能，从一家大公司辞职后他想开家公司。但是当他的公司开张时，生意却出奇惨淡，他的客户在他简陋的办公室中往往坐不到五分钟就起身告辞。

后来他在实力的虚实上做起文章来，以吸引入流的商人和客户。

他租用了一套还算像样的房子，将里面的家具放入仓库，从别处借来一套上档次的办公家具，精心布置一番，顿使办公室气派不凡。

他又从家中拿来一些商务方面的书，搁在书架上，而且专放些半新半旧的，这使人不致怀疑他在生意上的真才实学。他通过熟人买了一套计算机机壳，盖上好看的装饰布，只要人们不亲自操作，谁也不知道那是样子货。他花小钱认认真真地"包装"了他的公司。

不过，他的公司也有真正属于他的东西，就是传真机和电话机。以后，他的公司里生意人渐渐多了，他出色的谈判技巧配上有实力的表象，使人增加了对他的信任，终于他有了几个固定的客户。

就这样，他虚虚实实、真真假假、若有若无地与形形色色的商人打交道，并且战绩辉煌，有了相当可观的收入。他将公司搬进了一家饭店，办公室里的那台电脑也变成真的了。当沈先生经过一系列改变后，他就让人产生了"看起来像个成功人士"的感觉，这促使他迈出走向成功的关键的一步。

因为在人们的意识中，具备这种成功形象的大都是已经成功的人，因此，"看起来像个成功者"能够让你感受成功者的自信，激励自己走向成功，模仿成功者的举止、行为，被人们首先认可是具有潜力的成功者。因而，当成功的机会到来时，你就是成功者！

为了取得成功，你必须在脑中"看"到你正在取得成功的形象，

在脑中显现你充满自信地投身一项困难的挑战的形象。这种积极的自我形象反复在心中呈现，就会成为潜意识的一个组成部分，从而引导我们走向成功。

努力在外表塑造"像个成功人士"的例子数不胜数，因为他们深刻理解"看起来像个成功者"的形象对事业有多大的促进作用。

当然，看起来像个成功人士，不仅仅是外表、谈吐和举止都要像个成功者，而且要有许多特质，这些特质是看不见摸不着的，但它却是成功的根本。这些特质包括：

1. 热情奔放

成功者一直有一个理由，一个值得付出、激起兴趣、且长据心头的目标，驱使他们去实行、去追求成长和更上一层楼。这目标给予他们开动成功列车所需的动力，使他们释放出真正的潜能——这就是热情。

2. 乐观向上

一个能够在一切事情不顺利时仍然微笑的人，比一个遇到艰难就垂头丧气的人，更具有胜利的条件。

3. 要有策略

策略就是组合各种才能的计划，有策略才能使事情按部就班地完成。

4. 清楚的价值观

看看那些真正的成功人士，他们虽然职业不同，但却有共同的道德根基，知道为人本分和当仁不让。所以要想成功，就得明白自己的价值观，这是极为重要的关键。

5. 精力充沛

缺乏活力、步履蹒跚的人想进入卓越之林，那几乎是不可能的。

精力充沛之人的四周，几乎整日充满各种各样的机会，忙得他们分身乏术。

6. 超凡的凝聚力

差不多所有的成功者都有一种凝聚众人的超凡能力，这种能力能把不同背景、不同信仰的一群人集合在一起，建立共识，统一行动，这样才能保证事业成功。

7. 善于沟通

能带动我们生活和工作的人，都是能与他人沟通的大师，他们具有传送见解、请求、消息的能力，所以能成为伟大的政治家、企业家等。成功者的特质，仿佛是由心中燃烧的火焰，驱使他们去追求成功。拥有成功特质的人，在不断实现自己理想的过程中，也广泛地赢得了世人的欢迎和瞩目。

第七节

有效晋升的完美方略

在日新月异的当今社会，随着科技的飞速发展，竞争日趋激烈。一个人要想在职场上稳坐钓鱼台，并且步步高升并非易事。但是，掌握了正确的方法，职场晋升不再是童话。

对于公司员工来说，晋升几乎是每个人永远追求的梦想。但是，晋升好运并非落在每一个人身上，而只青睐那些成绩出色、工作努力的员工，谁能成为同行的佼佼者，谁就能成为公司老板所青睐的对象。

其实，晋升如同其他事情一样，也需掌握一定的方法，如果使用的方法得当，那么，你将很快地达到你的晋升目标。下面的几种晋升策略也许会带给你一些体悟。

攻略一：毛遂自荐，学会推销自己

当今职场，每个人都要具有自我推销意识，尽力把自己的能力展现给上司和同事，让他们认同你。如果你有惊世之才，却不懂得去推销自己，犹如埋在地底下的一块宝石，无法让人欣赏你的光芒，等于是自我埋没。

当上司提出一项计划，需要员工配合执行时，你可以毛遂自荐，充分表现你的工作能力。

李坚在某研究所就职。一天，办公室主任请他看一份报告，并准备在此之后呈送所长。李坚看后认为："这个报告不行，如果依照它办理，将会导致失败。"他向所长大胆地提出了这一看法。所长说："既然他的不行，那么就请你拿出一份可行的方案来吧！"

第二天，李坚拿出一份报告呈递所长，得到所长的大力赞赏。

一个月后，李坚就被提升为办公室主任，原主任也因此而被解雇。

在这个例子中，如果李坚不善于抓住向所长表现自己才能的机会，就很难得到所长的重用。

攻略二：主动去做上级没有交代的事

在现代职场里，有两种人永远无法取得成功：一种人是只做上级交代的事情，另一种人是做不好上级交代的事情。这两种人都是首先被上级"炒鱿鱼"的人，或者是在卑微的工作岗位上耗费终生却毫无成就的人。

在现代职场，过去那种听命行事的工作作风已不再受到重视，主动进取、自动自发工作的员工将备受青睐。在工作中，只要认定那是要做的事，就立刻采取行动，马上去做，而不必等到上级的交代。

攻略三：敬业让你出类拔萃

无论从事什么职业，只有全心全意、尽职尽责地工作，才能在自己的领域里出类拔萃，这也是敬业精神的直接表现。

王凯大学毕业后被分配到一个研究所，这个研究所的大部分人都具备硕士和博士学位，王凯感到压力很大。经过一段时间的工作，王凯发现所里大部分人不敬业，对本职工作不认真，他们不是玩乐，就是搞自己的"第三产业"，把在所里上班当成混日子。

王凯反其道而行之，他一头扎进工作中，从早到晚埋头苦干，经常加班加点。王凯的业务水平提高很快，不久成了所里的"顶梁柱"，并逐渐受到所长的重用，时间一长，更让所长感到离开他就好像失去左膀右臂。不久，王凯便被提升为副所长，老所长年事已高，所长的位置也在等着王凯。

敬业不但能使企业不断发展，而且还能使员工个人事业取得成功。

攻略四：关键时刻，为上级挺身而出

琼斯是某学院的部门助理，他的上级博格负责管理学生和教职员工。糟糕的签到系统使许多班级拥挤不堪，而另一些班级却是人太少，面临被注销的危险。博格的工作遭到众多师生的非议，承受着改进学生签到系统的压力。琼斯自告奋勇开发一个新的签到体系。博格高兴地同意了他的意见。经过艰苦工作，琼斯开发出一个

准确高效的签到管理系统，不久后的一次组织机构改组中，博格升任主任，随即，琼斯被提升为副主任。

对于琼斯开发并成功地完成了这套系统，博格给予了高度赞扬。

一般来说，时刻和老板保持一致，并帮助老板取得成功的人往往会成为企业的中坚力量，并且会成为令人羡慕的成功人士。

当某项工作陷入困境之时，如果你能挺身而出，大显身手，定会让老板格外赏识；当老板生活上出现矛盾时，你若能妙语劝慰，也会令老板十分感激。此时，你不要变成一块木头，呆头呆脑、冷漠无能、畏首畏尾、胆怯懦弱。若那样的话，老板便会认为你是一个无知无识、无情无能的平庸之辈。

攻略五：不要抱怨分外的工作

在职场上，很多人认为只要把自己的本职工作做好，把分内的事做好，就可以万事大吉了。当接到上司安排的额外工作时，不是满脸的不情愿，就是愁眉不展，唠唠叨叨地抱怨不停。

抱怨分外的工作，不是有气度和有职业精神的表现。一个勇于负重、任劳任怨、被老板器重的员工，不仅体现在认真做好本职工作上，也体现为愿意接受额外的工作，能够主动为上司分忧解难。因为额外工作对公司来说往往是紧急而重要的，尽心尽力地完成它是敬业精神的良好体现。

如果你想成功，除了努力做好本职工作以外，你还要经常去做一些分外的事。因为只有这样，你才能时刻保持斗志，才能在工作中不断地锻炼、充实自己，才能引起别人的注意。

攻略六：积极进取，赢得晋升

进取心代表着开拓精神，开拓精神则说明对现实有忧患意识，对未来有探险精神。这样的人才，老板将委以重任。

安于现状的人在老板的心中就是没有上进心的人，这种人也许循规蹈矩，不出差错，但公司不会需要太多这样的人。公司如果是以增长为目标，那么就需要不安于现状、放眼未来的员工。

绝大多数老板希望员工具有积极进取的冒险精神，明知山有虎，偏向虎山行。其实，也只有这样的人才可以令企业有更大的飞跃，那些安于现状的员工只能做"垫底"的功用，这种人令老板放心，但绝不会令老板欣赏。

攻略七：让老板知道你做了什么

你是不是每天全力以赴地工作，数年来如一日？不过，有一天你突然发现，纵使自己累得半死，别人好像都没发现，尤其是老板，似乎从来没有当面夸奖或表扬过你。

这个问题可能不在老板，而是出在你自己身上。大多数的员工都有一种想法：只要我工作卖力，就一定能够得到应有的奖赏。但问题是：光会做没有用，做得再多也没有人知道。要想办法让别人，特别是你的老板知道你做了什么。

攻略八：做一名忠诚的员工

王双长相平平，学历不高，在一家进出口贸易公司做电脑打字员。那年，公司现金周转困难，员工工资开始告急，人们纷纷跳槽。在这危急的时刻，王双没有走，而是劝说消沉的老板振作起来。在王双的努力下，公司谈成了一笔很大的服装业务，王双为公司拿到1000万美元的订单，公司终于有了起色。

后来，公司改成股份制，老板当了董事长，王双则成了新公司第一任总经理。有人问王双如何取得了这样的成就，王双说："要说我个人如何取得了这样的成就只有两点：那就是一要

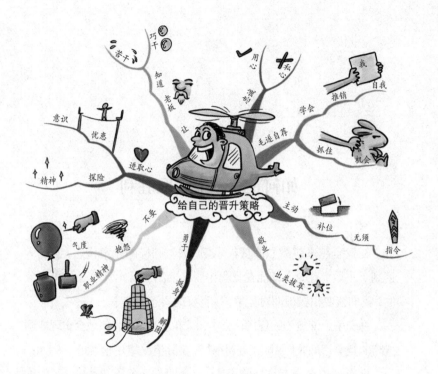

用心，二没私心。"

　　不知王双的话对你是否有启发。现在很多人一边在为公司工作，一边在打着个人的小算盘，这样的人怎么能为公司的发展做出贡献呢？公司没有发展，个人又怎能成功呢？

　　任何一个老板都喜欢忠诚的员工，只有忠诚的员工才能获得老板的信任。如果员工不忠诚，老板就会有如坐针毡的感觉，一些重大的事情就不敢交给这样的员工去做，员工又怎能获得加薪与晋升的机会呢？

第八节

如何在竞争中夺取胜利

在竞争越来越激烈的现代职场，面对同样的竞争状态，有的人遭到了失败，有的人却能在竞争中脱颖而出。既然竞争是不可避免的，我们就要积极地面对竞争，以良好的心态去竞争。

在竞争愈演愈烈的现代社会中，同事之间不可避免地会出现或明或暗的竞争，表面上可能相处得很好，实际情况却并非如此。

你有时也许会有这样的困惑：上司对你印象不错，你自己的能力也不差，工作也很卖力气，但却总是迟迟到达不了成功的顶峰，甚至常常感到工作不顺心，仿佛时时处处有一只看不见的手在暗中扯你的后腿。百思而不得其解之后，你也许会灰心丧气颓然叹道："唉，那是上帝之手吧！"

美国斯坦福大学心理系教授罗亚博士认为，人人生而平等，每个人都有足够的条件成为主管，平步青云，但必须要懂得一些应对竞争的技巧。掌握了这些技巧，你的成功也许就能事半功倍。

1. 要有竞争意识

在工作中勤于上进和学有所长的人，有时会遇到这种情况：有些比自己条件差的人却先于自己取得了某种成功，或者比自己升迁得快，或者比自己更被老板赏识和器重。这究竟是怎么一回事呢？答案之一便是缺乏"竞争意识"。

人类自古至今，总是生活在各种各样的竞争之中，一个人要在职场生存和发展，就要有竞争意识，就要有一种比对手做得更好的意识。

勇于竞争和善于竞争，是使自己在人群中脱颖而出和在事业上卓尔不群的基本原因之一。一味埋头赶路而丝毫不顾及其他对手的情况，缺乏在社会上立足的竞争意识，你就很可能会成为在同一起跑线上起跑的落伍者。

2. 加强沟通，展现实力

工作是一股绳，员工就好比拧成绳子的每根线，只有各根线凝聚成一股力量，这股绳才能经受外力的撕扯。这也是同事之间应该遵循的一种工作精神或职业操守。生活中，有的企业因为内部人事斗争，不仅企业本身"伤了元气"，整个社会舆论也产生不良影响。作为一名员工，尤其要加强个体和整体的协调统一。

因为员工作为企业个体，一方面有自己的个性，另一方面，就是如何很好地融入集体，而这种协调和统一很大程度上建立于人的协调和统一之中。所以，无论自己处于什么职位，首先需要与同事多沟通，因为你个人的视野和经验毕竟有限，要避免给人留下"独断专行"的印象。

当然，同事之间有摩擦是难免的，我们应具有"对事不对人"的原则，及时有效地调解这种关系。不过从另一角度来看，此时也是你展现自我的好机会。用实力说话，真正令同事刮目相看。即使有人对你有些非议，此时也会"偃旗息鼓"。

3. 互惠互利，共筑双赢

一只狮子和一只野狼同时发现了一只山羊，于是商量共同去追捕那只山羊。它们配合得很默契，当野狼把山羊扑倒后，狮子便上前一口把山羊咬死。

但这时狮子起了贪念，不想和野狼共同分享这只山羊，于是想把野狼也咬死。野狼拼命抵抗，后来狼虽然被狮子咬死，但狮子自己也受了很重的伤，无法享受美味。

如果狮子不起贪念，和野狼共享那只山羊，那不就皆大欢喜了吗？何必争得个你死我活的"单赢"呢？

单赢不是赢，只有双赢互利才是真正的赢。战争的至高境界是和平，竞争的至高境界是合作。一名职业人士在进入职场伊始，就应当力求这样的结果。互惠互利，共筑双赢，这是与竞争对手寻求共同利益的最好办法。

4. 心胸开阔，以静制动

通常情况下，我们会将自己的竞争对手看作死敌，为了成为那个令人艳羡的胜利者，也许会不择手段地排挤竞争对手。或是拉帮结派，或是在上司面前历数别人的不是，或是设下一个又一个巧计使得对方"马失前蹄"……可悲的是，处心积虑的人往往并不能成为最终的赢家，除了收获沮丧和悔恨，再也得不到别的什么了。

5. 学会欣赏你的竞争对手

张前应聘一家著名的广告公司，经过层层选拔，最终进入了复试，成了6位入围者之一。复试内容很简单：让每位入围者按要求设计一件作品并当众展示，让另外5人打分，写出相关的评语。

张前在评分时，对其中两人的作品非常佩服，怀着复杂的心情给他们打了高分，并写下了赞语。令他意外的是，他入选了！而更令他意外的是，他欣赏的那两人中只有一位入选！他不明白这是为什么。

该广告公司老总的一番话使他幡然醒悟。老总说："入围的6个人可以说都是佼佼者，专业水平都较高，这固然是重要的方面。但公司更为关注的是，入围者在相互评价中，是否能彼此欣赏。因为，庸才自以为是，看不见别人的长处，若对对方视而不见，那就显得心胸太狭隘了，从严格意义来说那不叫人才。落聘的几位虽然专业水平不错，但遗憾的是他们缺乏欣赏对手的眼光，而这点较专业水平其实更重要。"

在当前日趋激烈的就业竞争中，是否具有欣赏别人的眼光和接纳别人的胸襟，是非常重要的。因为有了这样的眼光和胸襟，才能取长补短，团结协作，共同进步。这也正是复合型人才必备的素养之一。

第六章

**突破自我，快速提升
社交能力**

第一节

突破自我，才能够突破困境

突破自我，才能够突破现实的困境。

有一条小河从遥远的高山上流下来，流过了很多个村庄与森林，最后它来到一个沙漠。它想：我已经越过了重重障碍，这次应该也可以越过这个沙漠吧！当它决定越过这个沙漠的时候，它发现河水渐渐消失在泥沙之中，它试了一次又一次，总是徒劳无功。

于是，它灰心了。"也许这就是我的命运，我永远也到不了传说中那片浩瀚的大海。"它颓废地自言自语。

这时候，四周响起了一阵低沉的声音："如果微风可以跨越沙漠，那么河流也可以。"原来这是沙漠发出的声音。

小河流很不服气地说道："那是因为微风可以飞过沙漠，可是我却不可以。"

"因为你坚持你原来的样子，所以你永远无法跨越这个沙漠。你必须让微风带着你飞过这个沙漠，到达你的目的地。你只要愿意放弃你现在的样子，让自己蒸发到微风中。"沙漠用它低沉的声音建议道。

这种建议超出了小河的想象。"放弃我现在的样子，然后消失在微风中？不！不！"小河流无法接受这样的事情，毕竟它从未有过这样的经验，叫它放弃自己现在的样子，那不等于自我毁灭吗？"我怎么知道这是真的？"小河流这么问。

"微风可以把水汽包含在它之中，然后飘过沙漠，等到了适当的地点，它就把这些水汽释放出来，于是就变成了雨水。然后，这些雨水又会形成河流，继续向前进。"沙漠很有耐心地回答。

"那我还是原来的河流吗？"小河流问。

"可以说是，也可以说不是。"沙漠回答，"不管你是一条河流或是看不见的水蒸气，你内在的本质从来没有改变。你之所以会坚持你是一条河流，因为你从来不知道自己内在的本质。"

此时，小河流的心中，隐隐约约地想起了自己在变成河流之前，似乎也是由微风带着自己，飞到内陆某座高山的半山腰，然后变成雨水落下，才变成今日的河流。于是，小河流终于鼓起勇气，投入微风张开的双臂，消失在微风之中，让微风带着它，奔向它生命中的归宿。

生命是一个不断改变以适应外界变化的过程。只有不断地调整自己的心态，积极改变，才能战胜生活中的重重困难，顺利地走向成功。

海尔刚刚拓展海外市场的时候，很多人不理解，海尔守着中国市场，完全可以吃大块儿的肉，可到了国外市场，或许只有喝汤的份儿。

对此，张瑞敏的看法不同，他觉得海尔之所以要走出去，并不是因为他们强大到什么都不怕，相反，是因为想到不出去的后果更可怕，所以才出去。

如果不出去，就很难知道竞争对手有什么样的实力，有什么样的规则。所以，张瑞敏曾提出一个口号叫作"国门之内无名牌"，必须走出去，锻炼和提高自己的竞争能力。

张瑞敏说："海尔刚刚出去的时候，只是刚刚进小学的一个小学生，但是我们的对手可能是大学生或者是研究生，我们根本不可能和人家对话。

"虽然小学生是一定要败给大学生的，但这个小学生是为了想成为大学生才出去的，所以，我们要老老实实地向人家学习，慢慢地提高自身的竞争能力。"

有人问张瑞敏："如果先把小学生培养成大学生，再出去跟他们较量，会不会更好一些呢？"

张瑞敏回答道："在这个环境里头永远培养不出大学生来，打个比方来说，你要游泳，但是你老是在岸上，不下水，在地面上学习这些动作，即使这个动作学习得再好、再漂亮，你也永远不会成为游泳高手。

"所以，必须在水中学习游泳，进去之后可能会喝几口水，可能会受一些挫折，但是最终你一定会成功。"

张瑞敏之所以冒天下之大不韪，选择到美国设厂，为的就是四个字：先难后易。

虽然海尔的国际化进程一开始并不被一些保守人士所接受，然而据海尔自己披露，自1998年以来，海尔在美国的销售量年均增长率达115%，市场份额也在不断扩大，海尔的公寓冰箱及小型冰箱已占美国30%以上的市场份额，海尔冷柜已占12%的份额，海尔酒柜已占有50%以上的份额。

就像一个企业一样，我们自身也会面临许多层出不穷的问题，当我们遇到困境和难题的时候，也应当像海尔一样，要勇于自我挑战和自我超越，只有突破了自我，才能够突破困境。

第二节

利用思维导图提高情商

著名 GOOGLE 公司中国区总裁李开复曾说："情商意味着：有足够的勇气面对可以克服的挑战、有足够的度量接受不可克服的挑战、有足够的智慧来分辨两者的不同。"自 20 世纪 90 年代以来，一个新的名词"情商"被人们普遍使用，有研究者甚至认为，一个人的成功，情商因素远远大于智商因素。

那么什么是情商呢？情商是怎么被人们发现的，这个概念又是谁提出来的？我们能不能把握自己的情商呢？

科学研究的结果表明，人的情商不是一成不变的，是可以通过对大脑的开发及科学的训练得到不断提高的。大量的实践证明思维导图就是可以引导大家迅速提高情商的有力工具。

情商就是情绪商数，情绪智力，情绪智能，情绪智慧。也就是我们经常说的理智、明智、理性、明理，主要是指的你的信心，你的恒心，你的毅力，你的忍耐，你的直觉，你的抗挫力，你的合作精神等一系列与人素质有关的反映程度。它是一个人感受理解、控制、运用表达自己以及他人情绪的一种情感能力。

1995 年，美国哈佛大学心理学教授丹尼尔·戈尔曼提出了"情商"（EQ）的概念，认为"情商"是一个人重要的生存能力，是一种发掘情感潜能、运用情感能力影响生活各个层面和人生未来的关键品质因素。戈尔曼认为，在成功的要素中，智力因素固然是重要的，但情感因素更为重要。

丹尼尔·戈尔曼在其所著的《情感智商》一书中说："情商高者，能清醒了解并把握自己的情感，敏锐感受并有效反馈他人情绪变化的人，在生活各个层面都占尽优势。情商决定我们怎样才能充分而又完善地发挥我们所拥有的各种能力，包括我们的天赋能力。"丹尼尔·戈尔曼所偏重的是日常生活中所强调的自知、自控、热情、坚持、社交技巧等心理品质。

为此，他将情商概括为以下 5 个方面的能力：

（1）认识自身情绪的能力；

（2）妥善管理情绪的能力；

（3）自我激励的能力；

（4）认知他人情绪的能力；

（5）人际关系的管理能力。

哈佛心理学家麦克利兰研究一家全球餐饮公司，发现高情商的人中，87% 业绩突出，奖金额领先，其所领导的部门销售额超出指标15%~20%。而情商低的人，年终考评成绩很少取得优秀，其所领导的部门业绩低于指标 20%。所以，著名的二八法则告诉我们：成功的 20% 靠智商，80% 靠情商。

在这里，有三种提升情商的途径：

1. 学会控制情绪是提升情商的前提

很多人在情绪发作过后，错已铸成的时候，才后悔当初没有控制好自己的情绪，其实问题的所在并不是他没有控制情绪的能力，而是他没有在日常生活中养成控制自己情绪的习惯，没有认识到失去控制的情绪是可以随时将人带入天堂或地狱的。

情商较高的人往往能有效地察觉出自己的情绪状态，理解情绪所传达的意义，找出某种情绪和心境产生的原因，并对自我情绪作出必要和恰当的调节，始终保持良好的情绪状态。

情商较低的人则因不能及时地认识到自我情绪产生的原因，而无法有效地对情绪进行控制和调节，导致消极情绪如雾一样弥漫心境，久久难以消退。

所以，要想完善自己的行为，必须从头脑开始打造自己。而要打造高情商，就要通过反复的实践去领悟，让思想逐渐感化自我。

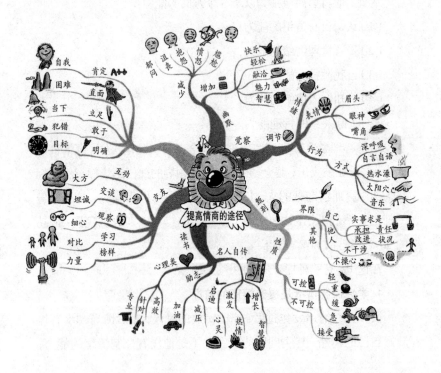

我们要通过加强修养逐渐学会控制自己的情绪，如果你能够成为驾驭自己情绪的主人，你未来的人生肯定会更加美好。

2. 培养自信心是提升情商的基础

自信，是一个人做任何事情的基础、获取成功的基石。怀着自信的心态，一个人就能成为他希望成为的样子。

生活中蕴藏着这样一个道理，强者不一定是胜利者。但是，胜利者都属于有信心的人。一个不能说服自己能够做好所赋予任务的人，不会有自信心。

平时，对自信习惯的培养很重要。对事情进行分析，找出事情获得成功的关键因素，对非关键性因素，自己的非能力，要正确面对，要学会抓大放小。

一个具有自信心的人，通常会认为自己有智慧、有能力，至少不比别人差；有独立感、安全感、价值感、成就感和较高的自我接受度。同时，有良好的判断力、坚持己见，具有良好的合作精神和适应性。

一个自信的人，不会在任何困难面前轻易低头。你觉得自己将无一是处，你就不会再向更高的目标努力。因为良好的自我心像表现出来就是自信心。

3. 用幽默感提升情商层次

在幽默大师查理·卓别林眼里，幽默是智慧的最高体现，具有幽默感的人最富有个人魅力，他不仅能与别人愉快相处，更重要的是拥有一个快乐的人生。

幽默能使生活变得轻松，使你生活在愉快的氛围里。生活虽然说起来充满了喜怒哀乐，但是谁都盼望自己的生活中多一些欢乐，少一些忧愁和烦恼。幽默的语言可以对人们的生活做出恰当的喜剧性反映，它通常会带给人们极大的趣味性和娱乐性，有时它还可以消除生活中的一些窘境，减少那些不愉快的情绪，给生活带来轻松和乐趣。

幽默在人们生活中的重要性，如同生物对于阳光、水和空气的需要。对疲乏的人们，幽默就是休息；对烦恼的人们，幽默就是解药；对悲伤的人们，幽默就是安慰；对所有的人，幽默就是力量！

第三节

用爱心和诚信编织自己的社交网络

生活中，当你迫切需要有一位知心朋友、一份新工作、一栋新房子或提升你的专业技能时，你可以去找专业人士咨询。但是如果你拥有一个完好的社交网，你完全可以不花这份"冤枉"钱，你所需要的一切建议都可以从人际网中免费获得，而且是最快速、最安全、最可靠的。

当然，这个前提是你必须用爱心和诚信来编织。同时你需要建立一个自己的朋友档案。

那么，平时应该怎样建立自己的朋友档案呢？

首先，你可以把上学时的同学资料做一个记录整理出来，当毕业几年甚至几年后，你会有很多同学分散在各种不同的行业，有的可能已经在某个行业小有成就。当你需要帮忙时，凭着你们原来的同窗关系，他们一定会帮你忙的。这种同学关系还可从大学向下延伸到高中、初中、小学，如能充分运用这种关系，这将是你一笔相当大的资源和财富。当然，要建立起这些同学关系，你得经常与他们保持联系，并且随时注意他们对你的态度。

其次，整理你身边朋友的资料，对他们的具体情况做个详细记录。如他们的住所、电话、工作等。工作变动时，也要在你的资料上随时修正，以免需要时找不到人。

同学和朋友的资料是最不能疏忽的，你还可以在档案中记下他们的生日，并在他们生日时寄上一张贺卡，或者一份精美礼物，这样你们的关系一定会突飞猛进。平时注意保持这种关系，到你有事相求时，他们一定会尽力相助，万一他们自己帮不了你，也可能动用自己的关系网为你帮忙。

同时，在应酬场合中认识的"朋友"也不能忽略，尽管你们只交换过名片，还谈不上交情。这种"朋友"面很广，各行业各阶层都有，所以你应该保留好这些名片，并且在名片上尽量记下这个人的特征，以备再见面时能"一眼认出"。

现代社会，电脑已经成为很多人不可缺少的办公设备，因此你也可以用电脑建立一个朋友档案。也有人用笔记簿，还有人用名片簿，这些都各有长处。

不管你使用什么方法，在建立这种档案时，有几点你必须记住：每个朋友对你都有用处，每个朋友都不可放弃，每个朋友都要保持一定的关系。

人与人之间的感情是在相处中慢慢培养出来的，人与人之间关系也会随着感情的加深而加深。在现代社交中，不仅要拥有自己的朋友档案，还要学会如何与他人和谐相处，这样才能将"社会关系"这张网编织完美。

思维导图

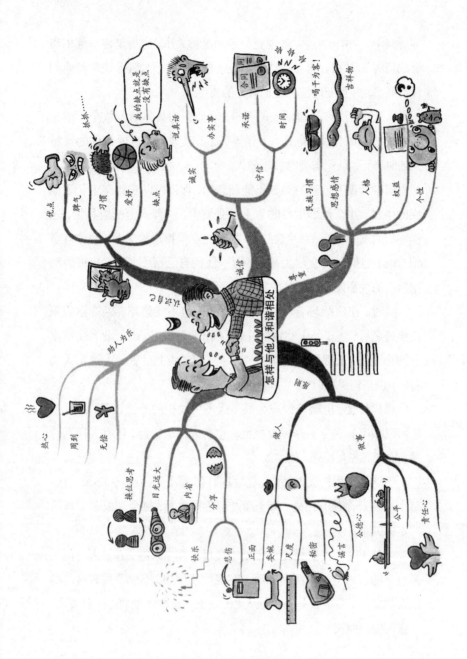

132

那么，怎样才能使自己广结人缘并与他人和谐相处？

（1）要学会真诚地欣赏和赞美别人的长处，因为每个人的身上都有自己闪光的一面，所以学会欣赏并赞美别人，是赢得友谊的第一步；

（2）在与人相处时，不要处处争强好胜，处处显得比对方强，这样容易引起对方的反感，甚至引发矛盾；

（3）在与人交往中，应学会分享别人的喜怒哀乐，注意给他人以支持和鼓励；

（4）要学会尊重和认可他人的独特性，尊重他人的隐私权，给他人以独处的空间和时间。

只有当我们了解了他人和自我之后，才会积极主动地与他人交往，取得他人的认可和接受，以乐观向上的态度面对生命的每一天，学会善待自己，善待他人，是与他人和谐相处的基础。

生活中，只有你懂得了怎样与人和谐相处之后，才能结交更多的好朋友，学习到更多的东西，甚至帮助你迈向更大的成功。相反，也许你很能干，聪明过人，可是不懂得维护自己的"网络"，搞得关系紧张，人们不喜欢你，那么很多人为的机遇就会与你失之交臂，到头来你将一事无成。

现在，请你找出一张空白纸出来，画一幅表示你人际关系的思维导图，称量一下自己与人交往中，爱心和诚信的重量是多少？接下来，你就知道该怎么做了。

第四节

换位思考法

换位思考是人际交往的重要方面，可以避免争端，有效缓和人与人之间的矛盾。

换位思考的一个特点是，必须站在对方的立场去感受和思考。如果我们总是站在自己的位置上去"猜想"别人的想法及感受，或是站在"一般人"的立场上去想别人"应该"有什么想法和感受。那么，可想而知，会有一个什么样糟糕的结果。

有时候，我们看起来是在为对方思考，但是，你不仅没有因此而得到别人的感激，甚至还惹起别人的反感。当事情的后果不如我们所想象或期待时，我们也多半觉得委屈，觉得"出力不讨好"。那么，事情是不是真的这样呢？还是有其他原因？

仔细分析就会发现，这种换位思考并不是真正的换位思考，而是以本位主义来了解别人的想法及感受，这并非真正地为别人着想，因为它忽略了"对方"真正的想法及感受。这样导致的结果有可能使彼此间的关系变得更加紧张，因为大家都没有彼此完全理解或欣赏对方的观点。

比如，A、B 两个人以前是很好的伙伴，这次闹了矛盾，A 总觉得是 B 伤害了自己，他就认为是 B 不好。而 B 认为是 A 伤害了自己，他也觉得 A 不好。如此下去，两人的误会越来越深，甚至到了无法调和的地步。

但是，运用思维导图就可以化解开两人的矛盾，给双方提供一个交流的平台，避免更负面的影响。

另外，还可以借助思维导图的发散性和无所不包的本质，使矛盾双方把各自的问题放在一个更为宽广和积极的环境下加以分析考虑。

不得不承认的是，在使用思维导图较为广泛的地方，不少人因为制作思维导图，真正地互换位置对对方考虑，最终成功挽救了彼此间的友谊。

比如，面对 A、B 两个的误解，我们同样可以用思维导图化解，但前提是，两人都完全认可并理解思维导图的理论和应用方面的有效作用。

首先，矛盾双方可以分别制作一个思维导图，把自己体会到的问题和对方在交流时表现出来的问题罗列出来。

比如，A 在中央图像的上下两端画上两个人的人脸，中间由一条粗线连接，然后围绕两人表现出一些基本的人性特征。

A 在中间连接线的左边标出影响两人的消极特征，是对两人不利的方面；在连接线的右边标出两人的积极特征，而且是有助于解决问题的方面。

同时，A 还可以在图形的左边列出引起两人矛盾的环境因素，而右边可以相应地列出可以克服冲突问题的一些特征品质和方法。

另外，A 为了表达换位思考的重要性，达到消除误会的目的，还可以在消极的一面画上表示交流被完全封闭，彼此听不进任何意见的图像，代表着冲突、争斗和不团结；在积极的一面画上笑脸，表示创造、友善、幸福和高效率。

B 也需要制作一幅单独的思维导图，把自己对冲突事件的认识，喜欢以及讨厌对方的一些方面罗列出来，包括解决问题的方案。

为了使问题细化、客观，两个人也可以分别画三幅思维导图，把喜欢对方、讨厌对方、解决方案分别绘制出来。

然后，两人可以坐在一起进行正式讨论，两人也可以轮流表达自己的观点，可以先针对负面的消极的思维导图，再讨论积极的思维导图，最后一起探讨解决的方案。

两人在探讨过程中，允许一方发表意见，另一方只是聆听，一定要听对方讲完。或者在事先准备好的白纸上，把对方的观点全面而准确地做成思维导图。当另一方发表意见的时候，互相轮换，一方同样制作思维导图。

最后的关键是，两人彼此交换意见，包括探讨解决问题的方法。紧接着，两人可以把双方意见中一致的地方找出来，并确定一个行动方案，使冲突得到最大程度的化解。

第五节

悉心倾听，开启对方的心门

如果想成为一个讨人喜欢的人和一个成功的人，应该学会在说话之前先倾听别人的意见。

有一位美国管理学专家说过，高效经理人的秘诀之一，就是先倾听别人的意见。这一方面体现了对别人的尊重。作为下属，如果他的老板能够专心倾听他说话，他会感到幸福。作为合作伙伴，如果对方给他首先说话的机会，他会对其马上产生好感。另一方面，只有听了别人的意见，才能够知道他心里想的是什么，也就能相应地做出反应，有利于决策的优化。而如果不愿意倾听别人的话，则会让人非常不快，弄不好还会带来麻烦。

在商场上应该遵循先倾听别人说话的原则，在日常生活中也是一样。人们都喜欢别人认真倾听自己的话，然后根据听到的来表达自己的意见。是否在说话之前先倾听，对于人际关系的影响是非常大的。

倾听是一门艺术，运用思维导图，同样可以艺术地帮助我们。

古罗马诗人帕布利琉斯·赛勒斯曾经表示：一个人对他人感兴趣的最好、最简单、最有效的方法就是倾听他们说话——真正在听，关注他们说的每一句话，而不是站在那里盘算自己接下来该说些什么话题或奇闻逸事！

积极悉心的倾听，能够表明你对对方的重视和尊重，能够轻易获得对方的好感，是走进他人内心的钥匙。

其实，倾听别人说话就是这样，你若能耐心地听对方倾诉，这就等于告诉对方"你说的东西很有价值""你是一个值得我结交的人"。无形中，对方的自尊得到了满足。这样，彼此心灵间的交流就会使双方的感情距离越来越近。可见，善于倾听无形中起到了褒奖对方的作用，是建立良好人际关系的一个必要的手段。

交谈与倾听过程中，其实是按照一定的顺序进行的，不是想说

思维导图

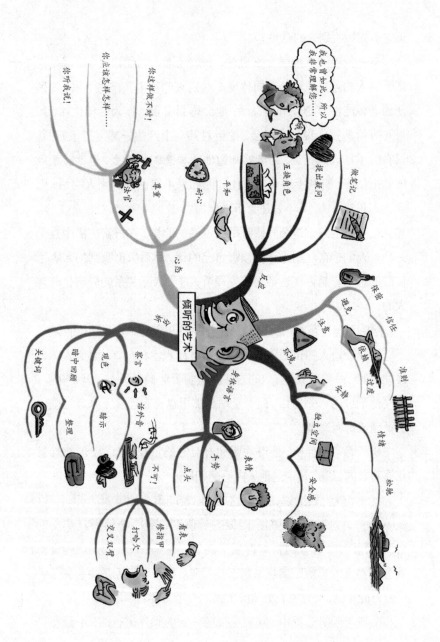

138

什么就说什么，想什么时候说就什么时候说。即，需要双方的相互配合才能使谈话进行下去。

在这里，为你介绍几种倾听的艺术，供你参考：

（1）创造一个适合交谈和倾听的环境。比如，环境很安静，能使对方达到身心放松的状态；

（2）在倾听对方说话过程中，要适时地表现出积极的身体语言，你能获取比对方说的话本身更多的内容；

（3）利用眼睛的优势，热情的目光可以表明你对聆听非常感兴趣，因而也仍然对他人感兴趣；

（4）客观看待一些容易触发我们负面情绪的词汇，试着用更开放的态度去看待它们；

（5）学会一边聆听一边注意思考对方的身体语言，及时捕捉到对方的弦外之音，但不能表现出走神儿；

（6）在不必要的情况下，尽量不要打断对方的讲话，注意对方的陈述；

（7）如果要插话的话，注意你讲话的时间不能太长，千万不要使对方变成你的聆听者；

（8）注意把握最核心的问题，如果对方的讲话已经脱离主题，你可以巧妙地把话题拉回来；

（9）心态要保持平和，充满耐心，自己更不能有偏见，不要造成争论的发生；

（10）不要随意猜测对方的意思，更不宜提前说出你的结论；

（11）在某些场合可以做笔记，不仅有助于你的聆听，也会让对方感觉到你对他讲话内容的重视；

（12）聆听时要懂得随声附和，并配合对方的表达速度而进行思考，跟着对方的节奏走，遇到不懂的问题要提出疑问，并得到确认。因为这些语意不清或不了解的话，可能就会造成以后彼此的误会；

（13）当你耐心地听完对方的谈话后，自己也应该说一些和对方的话题有关的话。比如对对方说："我对这些方面也很感兴趣。"接着可以继续说下去，甚至使自己变说话者，对方变成聆听者。这样经过及时交换位置的谈话也是交流取得成功的关键所在。

第六节

用"沟通"抹去"代沟"

一个不善沟通的人就不会有良好的人际关系，更不用说与别人合作，达到共赢，拥有成功的事业了。从某一层面上来说，一个人沟通所能达到的程度决定了他事业的品质。

我们每个人都是一个独立的个体，每个人都有不同的观念，不同的文化背景，不同的价值观，甚至有不同的语言。

但在社会这个群体中，个体便会聚集起来。一个人要把自己的想法向别人表达清楚需要沟通，一个人要从别人那里得到什么，也需要沟通。

人和人之间存在着差异，就必然会有代沟。如果想要消除它，沟通是必不可少的。要拥有良好的沟通品质和沟通效果，最好遵循以下几个原则：

（1）多谈对方感兴趣的话题；

（2）多谈对方熟悉的事情；

（3）多谈对对方有利有益的事情；

（4）多用推崇、赞美的语言；

（5）多听少说。80％用于听，20％用于说；

（6）多问少说。80％用于问，20％用于说；

（7）多谈轻松的话题。

由上我们可以看出，在沟通中，学会倾听是至关重要的。不同的倾听会带来不同的结果：

（1）完全不用心的倾听。这种人心不在焉，只沉迷于自己的内心世界，这样就会产生很深的代沟，甚至无法抹去。

（2）假装在倾听。这种人好像在用身体语言倾听，有时还会复述别人的话来做回应，但实际上并未有实质上的沟通。

（3）选择性的倾听。这种人只沉迷于自己感兴趣的话题和自己关心的事情，虽然有所沟通，但却容易产生歧义。

（4）留意地倾听。这种人全心全意地凝神倾听，可惜他始终从自己的角度出发，看似沟通，但却从己方想对方，代沟没有完全消除。

（5）同理心倾听。站在对方角度倾听，实现了与人的同步理解沟通。

沟通并无好坏之分，唯有去考虑其优点和缺点，才能解决问题。

想要拥有同理心，同步是第一步。在实际的沟通中，彼此认同既是一种可以直达心灵的技巧，又是沟通的动机之一。这样，在认同这个态度上，外在技巧和内在动机就结合得比较完美。认同经由同步而来，沟通关系都是从同步开始跨出第一步的。并且，认同的目的几乎就是达到同步，这就形成了一个奇妙的过程：同步——认同——同步。

作为沟通的第一步，同步指的是沟通双方彼此经过协调后所形成的、有意要达到同样目标时所采取的相互呼应、步调一致的态度。它意味着沟通在经过彼此的默许和暗示之后正走在通向顺利的路上。

只有当沟通双方站在对方的角度看问题时，同步才会开始。于是，彼此都寻找到共同点。各种共同点综合起来，沟通的可行性就大了。所以说，要沟通就得寻求同步。

如此看来，如果想与人很好的沟通，就要做到同理心倾听，这样做，就能够实现真正的沟通，使合作无阻碍，为共赢铺平道路。在对与人倾听的几种层次区分之后，你就可能通过观察判断，采取相应的配合措施，从而达到与他人有同感。

有了同感就可以更加顺畅地沟通。这其中相当重要的是投其所好。站在对方的角度，发现对方的兴趣立场，"知己知彼，才能百战不殆"。

无论是在哪种场合下与人交际，总是可以通过很多渠道了解到对方的喜好。对他人喜好之物表示兴趣，可以顺利地找到沟通的共同点。

但要做好投其所好并不是容易的，这个问题不适合主动挑起，更多的是要暗示，因为不经意和他人的兴趣爱好相一致，更令他人兴奋。

如果主动挑起话题，往往达不到效果。比如说一个喜欢书法的人，你要是主动去和他大谈特谈书法，他可能很厌烦，因为这方面他是专家，你所说的在他看来一句都说不到点子上。如果你无意中表示出兴趣来，让他来谈论，你们的沟通就会很迅速地达到融洽。

不经意地表达出和别人一样的兴趣爱好，会让别人主动趋近自己。

　　寻找对方的兴趣点，达到知己知彼，沟通才能够畅通无阻，没有代沟，使合作无间，携手共赢，走向成功之路。

第七节

如何打造个人品牌

　　美国商业图书《个人品牌》的两位作者戴维·麦克纳利和卡尔·D.斯皮克指出，要想利用企业智慧来推动个人成功，要想拥有和谐愉快的生活，你就要像那些"品牌明星"一样，建立起自己强有力的个人品牌，让大家都真正理解并完全认可你。

　　你想知道21世纪最巧妙的职场成功法则吗？答案就是打造个人品牌。美国著名管理专家汤姆·彼得斯曾说："大公司都了解品牌的重要性……现在，在个人主义时代，你必须拥有你自己的个人品牌。"

　　在经济活动中，品牌的概念有很准确的定义：品牌是买主或潜在买主所拥有的一种印象或情感，描述了与某组织做生意或者消费其产品或服务时的一种相关体验。

　　将品牌的概念放在个人角度去考虑，那就是：你的品牌是他人持有的一种印象或情感，描述了与你建立某种关系时的全部体验。

　　你的品牌就是你的身价！美国电影明星伍迪·艾伦说："只要

在工作中为人所知，那么，你就成功了90％。"对一个演员来说，这是至理名言。而对于职场来说，个人品牌同样重要。

个人品牌的价值影响到你在职场上的成功与否，而提升你的品牌价值无疑是最关键的一步。那么，怎样打造自己的个人品牌，为自己在职场成功打下基础呢？

1. 给自己的个人品牌进行定位

你想成为什么类型的员工？你的个人特长在哪儿？你的个性适合从事什么样的工作？你目前的工作有价值吗？不同的人会有不同的职场定位。找出自己在职场存在的独特价值，是个人品牌定位的关键。

阿西莫夫是一个科普作家，同时也是一个自然科学家。一天，当他正埋头进行科学研究的时候，突然意识到："我不能成为一个一流的科学家，却能够成为一个一流的科普作家。"

于是，他把全部精力放在科普创作上，终于成了当代著名的科普作家。

打造个人品牌的第一件事，就是找出自己与他人不同的特质，给自己一个准确的定位，然后沿着这种定位不懈地努力下去。

2. 树立良好的外在形象

你的外在形象直接影响着别人对你的评价、估量，你穿着得体，无形中就抬高了自己的身价，别人就容易答应你的要求。

一个人的外貌的确很重要，穿着得体的人给人的印象就好，这等于在告诉大家："这是一个重要的人物，有智慧、有成就、可靠。大家可以尊敬、追随、信赖他。他自重，我们也尊重他。"反之，一个穿着随便的人给人的印象就差，它实际在告诉大家："这是个没什么作为的人，太马虎、没有效率、没有地位。"

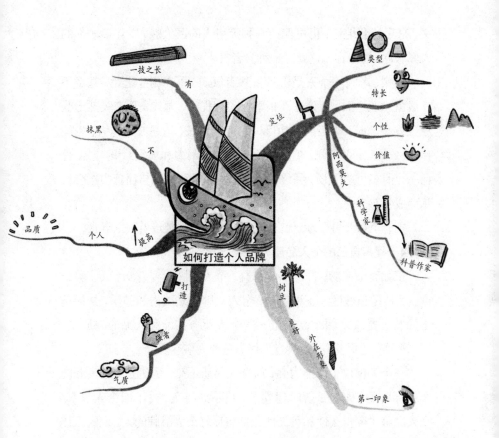

人的第一印象是最深刻的。长相凶恶的人令人害怕，缺乏自信的人总是让人觉得猥琐。一些人之所以很容易博得别人的欢心，正是因为他能给人良好的第一印象，这正体现了外在形象的重要性。

3. 打造你的强者气质

一个人能否成就伟业，关键不在于他目前拥有什么，而在于将来能做什么，即是否具有潜能、爆发力等强者素质。假如你具有强大的领导能力和开拓能力，具备成才的优良素质，即使现在身无分文、毫无社会地位，仍可保持一种吸引人的巨大魅力，让接触你的人佩服你、尊敬你。这就是一种强者气质。

其实，考验一个人是否具备强者气质，不在创业之始，甚至不在成就事业之后，而是在开拓事业的过程中，尤其表现在突然遭受重大挫折之时，即距离成功目标的道路越长，遭遇波折越大，越能体现一个人是否坚强，越能检验一个人的耐力和勇气。事实上，任何一个具备强者气质，并终成大业者，都是在磨难与痛苦中接受历练而成熟起来的。

拥有了强大的实力、优良的气质，一个人才能成就一番事业。

4. 提高自己的个人品质

正如企业品牌、产品品牌一样，个人品牌也要有知名度、美誉度，尤其是忠诚度。也可以说，个人品牌就是能力和品质，其最基本的特征是具备两个高质量——个人业务技能和人品的高质量。即，既要有才更要有德，具有人格力量和人格魅力。

一个人仅仅工作能力强，而个人品质不高，是建立不起良好的个人品牌的，即使是暂时建立了，也不能持久，更不能令人信服。个人品牌讲究持久性和可靠性。拥有良好个人品牌的人，他的工作态度和工作能力是受周围的人所肯定的，其也必定能为企业创造更大的价值。这样的人，受企业欢迎，让他人尊重，并且为社会所需。

5. 不给你的"品牌"抹黑

不给你的"品牌"抹黑，简单地说，就是不要让人对你的印象变坏，例如说你懒惰、势利、邪气、不忠、无情、粗鲁、阴险……一旦你被这样评论，那么你的个人品牌度必定降低，虽然你事实上并不是那样的人；而在关键时刻，这些评语极有可能对你造成伤害。

6. 要有一技之长

在当今社会，全才不过是天方夜谭，于是，专家出现了。专家其实只意味着他对某个专业的某个细节了解得比别人多一点而已。

既然我们已经无法成为全才，那么，不妨试着去了解某个专业的某些细节吧，越细越好，这样，当别人有疑问时，首先想到的肯定会是你。

小陈在参加一家县级杂志社的招聘考试时，面对学历高、专业对口的众多竞争对手，却意外地成了一匹黑马。原来小陈擅长撰写新闻评论，多年的潜心经营使他在这个县城小有名气，形成了个人特色鲜明的"职业品牌"，而招聘方正缺这种在某个领域能独当一面的专业人才。

在求职过程中，一些求职者虽然学历高、知识面广，却被拒之门外，其中一个很重要的原因便在于他们十八般武艺样样都通晓一二，但没有一样拔尖，不具备出奇制胜的利器，也就失去了令人刮目相看的"职业品牌"。

21世纪是品牌时代，在职场中也应尽快建立起自己的个人品牌，从而成为能让老板和同事记住的人，说到你，能让人马上想到你许多与众不同的优点，比如你的业务能力、你的亲和力等。在这个有着充分选择自由的时代，如果在职场中具有了自己的个人品牌，就会有更多选择的机会和更多向上发展的机遇。

一套书读懂逻辑

思维风暴

弘丰 编著

应急管理出版社
·北 京·

图书在版编目（CIP）数据

一套书读懂逻辑．思维风暴／弘丰编著．－－北京：
应急管理出版社，2019（2021.4 重印）

ISBN 978－7－5020－7745－7

Ⅰ．①一… Ⅱ．①弘… Ⅲ．①逻辑思维—通俗读物
Ⅳ.①B804.1－49

中国版本图书馆 CIP 数据核字（2019）第 252549 号

一套书读懂逻辑　思维风暴

编　　著　弘　丰
责任编辑　高红勤
封面设计　末末美书

出版发行　应急管理出版社（北京市朝阳区芍药居 35 号　100029）
电　　话　010－84657898（总编室）　010－84657880（读者服务部）
网　　址　www.cciph.com.cn
印　　刷　晟德（天津）印刷有限公司
经　　销　全国新华书店

开　　本　787mm×1092mm¹/₃₂　印张　25　字数　520 千字
版　　次　2020 年 1 月第 1 版　2021 年 4 月第 2 次印刷
社内编号　20192552　　　　定价　125.00 元（全五册）

　　如果你的面前摆着一只水杯，杯子里面装着半杯水，你会用怎样的语言来描述它？

　　"我看到杯子中还有一半水"，还是"我看到杯子中一半没有水"？

　　这两种回答有什么区别吗？若从数学的角度来衡量这两句话，它们是可以画等号的。因为无论你怎样描述，都表述了一个事实：杯子的 1/2 空间装有水，另外 1/2 空间没有水。

　　然而，若从思维的角度来讲，两者是有本质区别的。看到杯中还有半杯水的人看到的是现在，是自己已经拥有的事物；看到杯中一半没有水的人看到的是空白，也就是看到了还未被开拓的那部分新领域。二者比较而言，看到现在的人很可能满足于当前的成绩，而难有更大的突破；而看到空白的人眼光放得更远，时时刻刻在寻觅着更广阔的发展空间。那么，二者最终所取得的成就也就会有差异了。而这些都源于他们的思维不同。

那么，思维究竟为何物呢？

心理学家与哲学家认为，思维是人类最本质的一种资源，是一种复杂的心理过程。他们将思维定义为：人脑经过长期进化而形成的一种特有的机能，是人脑对客观事物的本质属性和事物之间内在联系的规律性所作出的概括与间接的反应。

思维控制了一个人的思想和行动，也决定了一个人的视野、事业和成就。不同的思维会产生不同的观念和态度，不同的观念和态度产生不同的行动，不同的行动产生不同的结果。做任何事情，如果缺乏良好的思维，就会障碍重重，非但难以解决问题，而且还会使事情变得更加复杂。只有具有良好的思维，才能化解生活中的难题，收获理想的硕果。正确的思维是开拓成功道路的重要动力源。

本书向读者介绍了多种重要的思维方法，其主要的目的就是帮助读者发掘头脑中的资源，使大家掌握开启智慧之门的钥匙。同时，也为读者打开了洞察世界的窗口。每一种思维方法向读者提供了一种思考问题的方式和角度，而各种思维本身又是相互交融、相互渗透的，在运用联想思维的同时，必然会伴随着形象思维；在运用逆向思维的时候，又会受到辩证思维的指引。这些思维方法的有机结合，为我们构建了全方位的视角，为各种问题的解决和思考维度的延伸提供了行之有效的指导。

目 录

序　章 ▷

改变思维，改变人生

思维：人类最本质的资源

鲁迅先生曾说过这样一段话："外国用火药制造子弹来打敌人，中国却用它做爆竹敬神；外国用罗盘来航海，中国却用它来测风水；外国用鸦片来医病，中国却拿它当饭吃。"我们在回味鲁迅先生这番尖锐的评论时，不应只将其作为揭露国人悲哀的样板，更应当思考其中蕴含的更深层的意义：面对同样的事物，中国人与外国人为什么会采取不同的态度？为什么会有截然不同的用途？

难道说中国人没有外国人聪明？但事实却是中国发明火药、指南针的时间比外国早了几百年。难道说中国人不思进取、甘愿落后？这恐怕也不符合事实。中国人一向以自强不息、积极向上的面孔示人。那么，我们只能将其归结为思维方法的不同。

思维是人类最本质的一种资源，是一种复杂的心理现象，心理学家与哲学家都认为思维是人脑经过长期进化而形成的一种特有的机能，并把思维定义为"人脑对客观事物的本质属性和事物之间内在联系的规律性所作出的概括与间接的反应"。我们所说的思维方法就是思考问题的方法，是将思维应用到日常生活中，用以解决问题的具体思考模式。

我们说，思路决定出路。因为思维方法不同，看问题的角度与方式就不同；因为思维方法不同，我们所采取的行动方案就不同；因为思维方法不同，我们面对机遇进行的选择就不同；因为思维方法不同，我们在人生路上收获的成果就不同。

有这样一个小故事，希望能对大家有所启发。

思维风暴

　　两个乡下人外出打工，一个打算去上海，一个打算去北京。可是在候车厅等车时，又都改变了主意，因为他们听邻座的人议论说，上海人精明，外地人问路都收费；北京人质朴，见吃不上饭的人，不仅给馒头，还送旧衣服。去上海的人想：还是北京好，赚不到钱也饿不死，幸亏车还没到，不然真是掉进了火坑。去北京的人想：还是上海好，给人带路都挣钱，还有什么不能赚钱的呢？我幸好还没上车，不然就失去了一次致富的机会。

　　于是他们在退票处相遇了。原来要去北京的得到了去上海的票，去上海的得到了去北京的票。去北京的人发现，北京果然好，他初到北京的一个月，什么都没干，竟然没有饿着。不仅银行大厅的太空水可以白喝，而且商场里欢迎品尝的点心也可以白吃。去上海的人发现，上海果然是一个可以发财的城市，干什么都可以赚钱，带路可以赚钱，开厕所可以赚钱，弄盆凉水让人洗脸也可以赚钱。只要想办法，花点力气就可以赚钱。

　　乡下人凭着对泥土的感情和认识，从郊外装了 10 包含有沙子和树叶的土，以"花盆土"的名义，向不见泥土又爱花的上海人出售。当天他在城郊间往返 6 次，净赚了 50 元钱。一年后，凭"花盆土"，他在大上海拥有了一间小小的门面房。在长年的走街串巷中，他又有一个新发现：一些商店楼面亮丽而招牌较黑，一打听才知道是清洗公司只负责洗楼而不负责洗招牌的结果。他立即抓住这一空当，买了梯子、水桶和抹布，办起了一个小型清洗公司，专门负责清洗招牌。如今他的公司已有 150 多名员工，业务也由上海发展到了杭州和南京。

　　前不久，他坐火车去北京考察市场。在北京站，一个捡破烂的人把头伸进卧铺车厢，向他要一个啤酒瓶，就在递瓶时，两人都愣住了，因为 5 年前他们曾经交换过一次车票。

我们常常感叹：面对相同的境遇，具有相近的出身背景，持有相同的学历文凭，付出相近的努力，为什么有的人能够脱颖而出，而有的人只能流于平庸？为什么有的人能够飞黄腾达、演绎完美人生，而有的人只能一败涂地、满怀怨恨而终？

我们不得不说，这些区别和差距的产生往往也源于思维方式的不同。成功者之所以成功，是因为他们掌握并运用了正确的思维方法。正确的思维方法可以为人们提供更为准确、更为开阔的视角，能够帮助人们洞穿问题的本质，把握成功的先机。而失败的人之所以失败，是因为他们不善于改变思维方法，陷入了思维的误区和解决问题的困境，就像一位工匠雕琢一件艺术品时选错了工具，最后得到的必然不是精品。

为什么从苹果落地的简单事件中，只有牛顿能够引发万有引力的联想？为什么看到风吹吊灯的摆动，只有伽利略能够发现单摆的规律？为什么看到开水沸腾的景象，只有瓦特能够将其原理运用到蒸汽机的创造之中？因为他们运用了正确的思维方法，所以他们才能走在时代的最前沿。

启迪思维是提升智慧的途径

我们一直都深信"知识就是力量"，并将其奉为金科玉律，认为只要有了文凭，有了知识，自身的能力就无可限量了。事实却不完全如此，下面这个小故事也许能够给你带来一些启示。

在很久以前的希腊，一位年轻人不远万里四处拜师求学，为的是能得到真才实学。他很幸运，一路上遇到了许多学识渊博者，他们感动于年轻人的诚心，将毕生的学识毫无保留地传授给他。可是让年轻人感到苦恼的是，他学到的知识越多，就越觉得自己无知和浅薄。

他感到极度困惑，这种苦恼时刻折磨着他，使他寝食难安。于是，他决定去拜访远方的一位智者，据说这位智者能够帮助人们解决任何难题。他见到了智者，便向他倾诉了自己的苦恼，并请求智者想一个办法，让他从苦恼中解脱出来。

智者听完了他的诉说之后，静静地想了一会儿，然后慢慢地问道："你求学的目的是为了求知识还是求智慧？"年轻人听后大为惊诧，不解地问道："求知识和求智慧有什么不同吗？"那位智者笑道："这两者当然不同了，求知识是求之于外，当你对外在世界了解得越深越广，你所遇到的问题也就越多越难，这样你自然会感到学到的越多就越无知和浅薄。而求智慧则不然，求智慧是求之于内，当你对自己的内心世界了解得越多越深时，你的心智就越圆融无缺，你就会感到一股来自内在的智性和力量，也就不会有这么多的烦恼了。"

年轻人听后还是不明白，继续问道："智者，请您讲得更简单一点好吗？"智者就打了一个比喻："有两个人要上山去打柴，一个早早地就出发了，来到山上后却发现自己忘了磨砍柴刀，只好用钝刀劈柴。另一个人则没有急于上山，而是先在家把刀磨快后才上山，你说这两个人谁打的柴更多呢？"年轻人听后恍然大悟，对智者说："您的意思是，我就是那个只顾砍柴而忘记磨刀的人吧！"智者笑而不答。

人们往往把知识与智慧混为一谈，其实这是一种错误的观念。知识与智慧并不是一回事，一个人知识的多少，是指他对外在客观世界的了解程度，而智慧水平的高低不仅在于他拥有多少知识，还在于他驾驭知识、运用知识的能力。其中，思维能力的强弱对其具有举足轻重的作用。

人们对客观事物的认识，第一步是接触外界事物，产生感觉、知觉和印象，这属于感性认识阶段；第二步是将综合感觉的材料加以整理和改造，逐渐把握事物的本质、规律，产生认识过程的飞跃，进而构成判断和推理，这属于理性认识阶段。我们说的思维指的就是这一阶段。

在现实生活中，我们常常看到有的人知识、理论一大堆，谈论起来引经据典、头头是道，可一旦面对实际问题，却束手束脚不知如何是好。这是因为他们虽然掌握了知识，却不善于通过开启思维运用知识。另有一些人，他们的知识不多，但他们的思维活跃、思路敏捷，能够把有限的知识举一反三，将之灵活地应用到实践当中。

南北朝的贾思勰，读了荀子《劝学篇》中"蓬生麻中，不扶而直"的话，想：细长的蓬生长在粗壮的麻中会长得很直，那么，细弱的槐树苗种在麻田里，也会这样吗？于是他开始做试验，由于阳光被麻遮住，槐树为了争夺阳光只能拼命地向上长。三年过后，槐树果然长得又高又直。由此，贾思勰发现植物生长的一种普遍现象，并总结出了一个规律。

古希腊的哲学家赫拉克利特说：知识不等于智慧。掌握知识和拥有智慧是人的两种不同层次的素质。对于它们的关系，我们可以打这样一个比方：智慧好比人体吸收的营养，而知识是人体摄取的食物，思维能力是人体消化的功能。人体能吸收多少营养，不仅在于食物品质的好坏，也在于消化功能的优劣。如果一味地贪求知识的增加，而运用知识的思维能力一直在原地踏步，那么他掌握的知识就会在他的头脑当中处于僵化状态，反而会对他实践能力的发挥形成束缚和障碍。这就像人吃了过多的食物，多余的营养无法吸收，反倒对身体有害。

我们一再强调思维，绝非贬低知识的价值。我们知道，思维是围绕知识而存在的，没有了知识的积累，思维的灵活运用也会存在障碍。因此，学习知识和启迪思维是提升自身智慧不可偏废的两个方面。没有知识的支撑，智慧也就成了无源之水、无本之木；没有思维的驾驭，知识就像一潭死水，波澜不惊，智慧也就更无从谈起了。

环境不是失败的借口

有些人回首往昔的时候，满是悔恨与感叹：努力了，却没有得到应有的回报；拼搏了，却没有得到应有的成功。他们抱怨，抱怨自己的出身背景没有别人好，抱怨自己的生长环境没有别人优越，抱怨自己拥有的资源没有别人丰富。总之，外界的一切都成了他们抱怨的对象。在他们的眼里，环境的不尽如人意是导致失败的关键因素。

然而，他们错了。环境并不能成为失败的借口。环境也许恶劣，资源也许匮乏，但只要积极地改变自己的思维，一定会有更好的解决问题的办法，一定会得到"柳暗花明又一村"的效果。

我们身边的许多人，就是通过灵活地运用自己的思维，改变了不利的环境，使有限的资源发挥了最大的效益。

广州有一家礼品店，在以报纸做图案的包装纸的启发下，通过联系一些事业单位低价收下大量发黄的旧报纸，推出用旧报纸免费包装所售礼品的服务。店主特地从报纸中挑选出特殊日子的或有特别图案的，并分类命名，使顾客可以根据自己的个性和爱好选择相应的报纸。这种服务推出后，礼品店的生意很快就火了起来。

这家礼品店的老板不见得比我们聪明，他可以利用的资源也不比别的礼品店经营者多，但他却成功了。因为他转变了思维，寻找到了一个新方法。

我们在做事的过程中经常会遇到资源匮乏的问题，但只要我们肯动脑筋，善于打通自己的思维网络，激发脑中的无限创意，就一定能够将问题圆满解决。

总是有人抱怨手中的资源太少，无法做成大事。而一流的人才根本不看资源的多少，而是凡事都讲思维的运用。只要有了创造性思维，即使资源少一些又有什么关系呢？

1972 年新加坡旅游局给总理李光耀打了一份报告说：

"新加坡不像埃及有金字塔，不像中国有长城，不像日本有富士山，不像夏威夷有十几米高的海浪。我们除了一年四季直射的阳光，什么名胜古迹都没有。要发展旅游事业，实在是巧妇难为无米之炊。"

李光耀看过报告后，在报告上批下这么一行文字：

"你还想让上帝给我们多少东西？上帝给了我们最好的阳光，

只要有阳光就够了！"

后来，新加坡利用一年四季直射的阳光，大量种植奇花异草、名树修竹，在很短的时间内就发展成为世界上著名的"花园城市"，连续多年旅游业收入位列亚洲第二。

是啊，只要有阳光就够了。充分利用这"有限"的资源，将其赋予"无限"的创意思维，即使只具备一两点与众不同之处，也是可以取得巨大成功的。

每一件事情都是一个资源整合的过程，不要指望别人将所需资源全部准备妥当，只等你来"拼装"；也不要指望你所处的环境是多么的尽如人意。任何事情都需要你开启自己的智慧，改变自己的思维，积极地去寻找资源，努力地创造资源。只有这样，才能踏上成功之路。

正确的思维为成功加速

思维是一种心境，是一种妙不可言的感悟。在伴随人们实践行动的过程中，正确的思维方法、良好的思路是化解疑难问题、开拓成功道路的重要动力源。一个成功的人，首先是一个积极的思考者，经常想方设法运用各种思维方法，去应对各种挑战和各种困难。因此，他们也较容易体味到成功的欣喜。

美国船王丹尼尔·洛维格就是一个典型的成功例子。

从他获得自己的第一桶金，乃至他后来拥有数十亿美元的资产，都和他善于运用思维、善于变通地寻找方法息息相关。

当洛维格第一次跨进一家银行的大门，人家看了看他那磨破了的衬衫领子，又见他没有什么可作抵押的东西，很自然地拒绝了他的贷款申请。

他又来到大通银行，千方百计总算见到了该银行的总裁。他对总裁说，他把货轮买到后，立即改装成油轮，他已把这艘尚未买下的船租给了一家石油公司。石油公司每月付给的租金，就用来分期还他要借的这笔贷款。他说他可以把租契交给银行，由银行去向那家石油公司收租金，这样就等于分期付款了。

大通银行的总裁想：洛维格一文不名，也许没有什么信用可言，但是那家石油公司的信用却是可靠的。拿着租契去石油公司按月收钱，这自然是十分稳妥的。

洛维格终于贷到了第一笔款。他买下了他所要的旧货轮，把它改成油轮，租给了石油公司。然后又用这艘船作抵押，借了另一笔款，又买了一艘船。

洛维格能够克服困难，最终达到自己的目的，他的成功与精明之处，就在于能够变通思维，用巧妙的方法使对方忽略他的一文不名，而看到他的背后有一家石油公司的可靠信用为他做支撑，从而成功地借到了钱。

和洛维格相似，委内瑞拉人拉菲尔·杜德拉也是凭借积极的思维方法，不断找到机会进行投资而成功的。在不到 20 年的时间里，他就建立了投资额达 10 亿美元的事业。

在 20 世纪 60 年代中期，杜德拉在委内瑞拉的首都拥有一家很小的玻璃制造公司。可是，他并不满足于此，他学过石油工程，他认为石油是个能赚大钱且更能施展自己才干的行业，他一心想跻身于石油界。

有一天，他从朋友那里得到一则信息，说是阿根廷打算从国际市场上采购价值2000万美元的丁烷气。得此信息，他充满了希望，认为跻身于石油界的良机已到，于是立即前往阿根廷，想争取到这笔生意。

去后，他才知道早已有英国石油公司和壳牌石油公司两个老牌大企业在频繁活动了。这是两家十分难以对付的竞争对手，更何况自己对石油业并不熟悉，资本又不雄厚，要做成这笔生意难度很大。但他并没有就此罢休，他决定采取迂回战术。

一天，他从一个朋友处了解到阿根廷的牛肉过剩，急于找门路出口外销。他灵机一动，感到幸运之神到来了，这等于向他提供了同英国石油公司及壳牌公司同等竞争的机会，对此他充满了必胜的信心。

他旋即去找阿根廷政府。当时他虽然还没有掌握丁烷气，但他确信自己能够弄到，他对阿根廷政府说："如果你们向我买2000万美元的丁烷气，我便买你2000万美元的牛肉。"当时，阿根廷政府想赶紧把牛肉推销出去，便把购买丁烷气的标给了杜德拉，他终于战胜了两个强大的竞争对手。

投标争取到后，他立即筹办丁烷气。他随即飞往西班牙，当时西班牙有一家大船厂，由于缺少订货而濒临倒闭。西班牙政府对这家船厂的命运十分关切，想挽救这家船厂。

这则消息，对杜德拉来说，又是一个可以把握的好机会。他便去找西班牙政府商谈，杜德拉说："假如你们向我买2000万美元的牛肉，我便向你们的船厂定制一艘价值2000万美元的超级油轮。"西班牙政府官员对此求之不得，当即拍板成交，马上通过西班牙驻阿根廷使馆，与阿根廷政府联络，请阿根廷政府将杜德拉所订购的2000万美元的牛肉，直接运到西班牙来。

杜德拉把 2000 万美元的牛肉转销出去之后，继续寻找丁烷气。他到了美国费城，找到太阳石油公司，他对太阳石油公司说："如果你们能出 2000 万美元租用我这条油轮，我就向你们购买 2000 万美元的丁烷气。"太阳石油公司接受了杜德拉的建议。从此，他便打进了石油业，实现了跻身于石油界的愿望。经过苦心经营，他终于成为委内瑞拉石油界的巨子。

洛维格与杜德拉都是具有大智慧、大胆魄的商业奇才。他们能够在困境中积极灵活地运用自己的思维，变通地寻找方法，创造机会，将难题转化为有利的条件，创造了更多可以利用的资源。

这两个人的事例告诉我们，影响我们人生的绝不仅仅是环境，在很大程度上，思维控制了个人的行动和思想。同时，思维也决定了自己的视野、事业和成就。美国一位著名的商业人士在总结自己的成功经验时说，他的成功就在于他善于运用思维、改变思维，他能根据不同的困难，采取不同的方法，最终克服困难。

思维决定着一个人的行为，决定着一个人的学习、工作和处世的态度。正确的思维可以为成功加速，只有明白了这个道理，才能够较好地把握自己，才能够从容地化解生活中的难题，才能够顺利地到达智慧的最高境界。

改变思维，改变人生

马尔比·D.巴布科克说："最常见同时也是代价最高昂的一个错误，就是认为成功依赖于某种天才、某种魔力、某些我们不具备的东西。"成功的要素其实掌握在我们自己手中，那就是正确的思维。一个人能飞多高，并非由人的其他因素，而是由他自己的思维所制约。

下面的这个故事，相信对大家会有启发。

一对老夫妻结婚50周年之际，他们的儿女为了感谢他们的养育之恩，送给他们一张世界上最豪华客轮的头等舱船票。老夫妻非常高兴，登上了豪华游轮。真的是大开眼界，可以容纳几千人的豪华餐厅、歌舞厅、游泳池、娱乐厅等应有尽有。唯一遗憾的是，这些设施的价格非常昂贵，老夫妻一向很节省，舍不得去消费，只好待在豪华的头等舱里，或者到甲板上吹吹风，还好，来的时候他们怕吃不惯船上的食物，带了一箱泡面。

转眼游轮的旅程要结束了，老夫妻商量，回去以后如果邻居们问起来船上的饮食娱乐怎么样，他们都无法回答，所以决定最后一晚到豪华餐厅里吃一顿，反正最后一次了，奢侈一次也无所谓。他们到了豪华的餐厅，烛光晚餐、精美的食物，他们吃得很开心，仿佛找到了初恋时候的感觉。晚餐结束后，丈夫叫来服务员要结账。服务员非常有礼貌地说："请出示一下您的船票。"丈夫很生气："难道你以为我们是偷渡上来的吗？"说着把船票丢给了服务员，服务员接过船票，在船票背面的很多空栏里划去了一格，并且十分惊讶地说："二位上船以后没有任何消费吗？这是头等舱船票，船上所有的饮食、娱乐，都已经包含在船票里了。"

这对老夫妇为什么不能够尽情享受？是他们的思维禁锢了他们的行为，他们没有想到将船票翻到背面看一看。我们每一个人都会遇到类似的经历，总是死守着现状而不愿改变。就像我们头脑中的思维方式，一旦哪种观念占据了上风，便很难改变或不愿去改变，导致做事风格与方法没有半点变通，最终只能将自己逼入"死胡同"。

如果我们能够像下面故事中的比尔一样，适时地转换自己的思维方法，就会使自己的思路更加清晰，视野更加开阔，做事的方法也更灵活，自然就会取得更优秀的成就。从某种程度上讲，改变了思维，人生的轨迹也会随之改变。

从前有一个村庄严重缺少饮用水，为了根本性地解决这个问题，村里的长者决定对外签订一份送水合同，以便每天都有人把水送到村子里。艾德和比尔两个人愿意接受这份工作，于是村里的长者把这份合同同时给了这两个人，因为他们知道一定的竞争将既有益于保持价格低廉，又能确保水的供应。

获得合同后，比尔就消失了，艾德立即行动了起来。没有了竞争使他很高兴，他每日奔波于相距 1 公里的湖泊和村庄之间，用水桶从湖中打水并运回村庄，再把打来的水倒在由村民们修建的一个结实的大蓄水池中。每天早晨他都必须起得比其他村民早，以便当村民需要用水时，蓄水池中已有足够的水供他们使用。这是一项相当艰苦的工作，但艾德很高兴，因为他能不断地挣到钱。

几个月后，比尔带着一个施工队和一笔投资回到了村庄。原来，比尔做了一份详细的商业计划，并凭借这份计划书找到了 4 位投资者，和他们一起开了一家公司，并雇用了一位职业经理。比尔的公司花了整整一年时间，修建了从村庄通往湖泊的输水管道。

在隆重的贯通典礼上，比尔宣布他的水比艾德的水更干净，因为比尔知道有许多人抱怨艾德的水中有灰尘。比尔还宣称，他能够每天24小时、一星期7天不间断地为村民提供用水，而艾德却只能在工作日里送水，因为他在周末同样需要休息。同时，比尔还宣布，对这种质量更高、供应更为可靠的水，他收取的价格却是艾德的75%。于是村民们欢呼雀跃、奔走相告，并立刻要求从比尔的管道上接水龙头。

为了与比尔竞争，艾德也立刻将他的水价降低到75%，并且又多买了几个水桶，以便每次多运送几桶水。为了减少灰尘，他还给每个桶都加上了盖子。用水需求越来越大，艾德一个人已经难以应付，他不得已雇用了员工，可又遇到了令他头痛的工会问题。工会要求他付更高的工资、提供更好的福利，并要求降低劳动强度，允许工会成员每次只运送一桶水。

此时，比尔又在想，这个村庄需要水，其他有类似环境的村庄一定也需要水。于是他重新制订了他的商业计划，开始向其他村庄推销他的快速、大容量、低成本并且卫生的送水系统。每送出一桶水他只赚1便士，但是每天他能送几十万桶水。无论他是否工作，几十万人都要消费这几十万桶的水，而所有的这些钱最后都流到比尔的银行账户中。显然，比尔不但开发了使水流向村庄的管道，还开发了一个使钱流向自己钱包的管道。

从此以后，比尔幸福地生活着，而艾德在他的余生里仍拼命地工作，最终还是陷入了"永久"的财务问题中。

比尔之所以能获得成功，就在于他懂得及时转变思路。当得到送水合同时，他并没有立即投入挑水的队伍中，而是运用他的系统思维将送水工程变成了一个体系，这个体系中的人物各有分工，通力协作。当这一送水模式在本村庄获得成功后，比尔又运用他的联想思维与类比思维，考虑到其他的村庄也需要这种安全、卫生、方便的送水服务，更加开拓了他的业务范围。比尔正是运用了巧妙的思维达到了"巧干"的结果。

思路决定出路，思维改变人生。拥有正确的思维，运用正确的思维，灵活改变自己的思维，才能使自己的路越走越宽，才能使自己的成就越来越显著，才能演绎出更加精彩的人生画卷。

让思维在自由的原野上"横冲直撞"

美国康奈尔大学的威克教授曾做过这样一个实验：他把几只蜜蜂放进一个平放的瓶中，瓶底向光；蜜蜂们向着光亮不断碰壁，最后停在光亮的一面，奄奄一息；然后在瓶子里换上几只苍蝇，不到几分钟，所有的苍蝇都飞出去了。原因是它们多方尝试——向上、向下、向光、背光，碰壁之后立即改变方向，虽然免不了多次碰壁，但最终总会飞向瓶颈，脱口而出。

威克教授由此总结说：

"横冲直撞总比坐以待毙好得多。"

思维阔无际崖，拥有极大自由，同时，它又最容易被一些东西束缚而困守一隅。

在哥白尼之前，"地心说"统治着天文学界；在爱因斯坦发现相对论之前，牛顿的万有引力似乎完美无缺。大家的思维因有了一个现成的结论，而变得循规蹈矩，不再去八面出击。后来，哥白尼和爱因斯坦"横冲直撞"，前者发现了"地心说"的错误，后者发现了万有引力的局限。

在学习与工作中，我们要学一学苍蝇，让思维放一放野马，在自由的原野上"横冲直撞"一下，也许你会看到意想不到的奇妙景象。

1782年的一个寒夜，蒙格飞兄弟烧废纸取暖，他俩看见烟将纸灰冲上房顶，突然产生了"能否把人送上天"的联想，于是兄弟俩用麻布和纸做了个奇特的彩色大气球，八个大汉扯住口袋进行加温随后升天，一直飞到数千米高空，令法国国王不停地称奇，从而开辟了人类上天的先河。

英军记者斯文顿在第一次世界大战中，目睹英法联军惨败于德军坚固的工事和密集的防御火力后，脑中一直盘旋着怎样才能对付坚固的工事和密集的火力这一问题。一天，他灵感突发，想起在拖拉机周围装上钢板，配备机枪，发明了既可防弹，又能进攻的坦克，为英军立下奇功。

有时，并不是我们没有创造力，而是我们被已有的知识限制，思维变得凝滞和僵化。而那些思维活跃、善于思考的人往往能做到别人认为不可能做到的事情。

1976年12月的一个寒冷早晨，三菱电机公司的工程师吉野2岁的女儿将报纸上的广告单卷成了一个纸卷，像吹喇叭似的吹起来。然后她说："爸爸，我觉得有点暖乎乎的啊。"孩子的感觉是喘气时的热能透过纸而被传导到手上。正苦于思索如何解决通风电扇节能问题的吉野突然受到了启发：将纸的两面通进空气，使其达到热交换。他以此为原型，用纸制作了模型，用吹风机在一侧面吹冷风，在另一侧面吹进暖风，通过一张纸就能使冷风变成暖风，而暖风却变成了冷风。此热交换装置仅仅是将糊窗子用的窗户纸折叠成像折皱保护罩那种形状的东西，然后将它安装在通风电扇上。室内的空气通过折皱保护罩的内部而向外排出；室外的空气则通过折皱保护罩的外侧而进入保护罩内。通过中间夹着的一张纸，使内、外两方面的空气相互接触，从而产生热传导。如果室内是被冷气设备冷却了的空气，从室外进来的空气就能加以冷却，比如室内温度26℃，室外温度32℃，待室外空气降到27.5℃之后，再使其进入室内。如果室内是暖气，就将室外空气加热后再进入室内，比如室外0℃，室内20℃，则室外寒风加热到15℃以后再入室。这样，就可节约冷、热气设备的能源。

三菱电机公司把这一装置称作"无损耗"的商品，并在市场出售。使用此装置，每当换气之际，其损失的能源可回收2/3。

有时，我们会被难以解决的问题所困扰，这时，需要我们为思路打开一个出口，开辟一片自由的思想原野，让思维在这片原野上"横冲直撞"，这样，会让你得到更多。

第一章

创新思维——想到
才能做到

创新思维始于一种意念

事实上，我们每天都会产生创新思维。因为我们在不断改变我们所持有的对世界的看法。

有人说，创新行为是一种偶然行为。不可否认，创新有其偶然性，但更多的创新实践者在创新的过程中是意识到他们的行为的意义与价值的。也就是说，他们知道自己是在创新，而且，他们有创新的欲望，创新思维已经深入他们的头脑，成为他们的一种意念。

有人称赞牛顿头脑灵活、思维具有创造性，为人类作出了重大的贡献。牛顿说："我只是整天想着去发现而已。"牛顿的"整天想着去发现"就是一种创新的意念。

可以说，创新思维就始于创新的意念。在生活和工作中，如果我们能够像牛顿一样，具有强烈的创新意念，就一定会发现别人发现不了的东西。

王伟在一家广告公司做创意文案。一次，一个著名的洗衣粉制造商委托王伟所在的公司做广告宣传，负责这个广告创意的好几位文案创意人员拿出的东西都不能令制造商满意。没办法，经理让王伟把手中的事先搁置几天，专心完成这个创意文案。

接连几天，王伟在办公室里抚弄着一整袋的洗衣粉，想："这个产品在市场上已经非常畅销了，以前的许多广告词也非常富有创意。那么，我该怎么下手才能重新找到一个点，作出既与众不同，又令人满意的广告创意呢？"

有一天，他在苦思之余，把手中的洗衣粉袋放在办公桌上，又翻来覆去地看了几遍，突然间灵光闪现，他想把这袋洗衣粉打开看一看。于是他找了一张报纸铺在桌面上，然后，撕开洗衣粉袋，倒出了一些洗衣粉，一边用手揉搓着这些粉末，一边轻轻嗅着它的味道，寻找感觉。

突然，在射进办公室的阳光下，他发现了洗衣粉的粉末间遍布着一些特别微小的蓝色晶体。审视了一番后，证实的确不是自己看花了眼，他便立刻起身，亲自跑到制造商那儿才得知这些蓝色小晶体是一些"活力去污因子"。因为有了它们，这一次新推出的洗衣粉才具有了超强洁白的效果。

明白了这些情况后，王伟回去便从这一点下手，绞尽脑汁，寻找最好的文字创意，因此推出了非常成功的广告。

正因为整天都想着去发现、去创造，王伟才能够瞬间找到创作的灵感。同样，也正由于整天想着去发现，蒙牛的杨文俊才能想出方便消费者的好办法。

2002年2月，时值春节，蒙牛液体奶事业本部总经理杨文俊在深圳沃尔玛超市购物时，发现人们购买整箱牛奶搬运起来非常困难。

由于当时是购物高峰，很多汽车无法开进超市的停车场，而商场停车管理员又不允许将购物手推车推出停车场，消费者来回好几次才能将购买的牛奶及其他商品搬上车，这一细节引起了杨文俊的重视。

此后，杨文俊就不断在思考这件事情，想着怎么样才能方便搬运整箱的牛奶？

一次偶然的机会，杨文俊购买了一台VCD，往家拎时，拎出了灵感：

一台 VCD 比一箱牛奶要轻，厂家都能想到在箱子上安一个提手，我们为什么不能在牛奶包装箱上也装一个提手，使消费者在购物时更加便利呢？

这一想法在会上一经提出，就得到了大家的认同，并马上得以实施。

这个创意使蒙牛当年的液体奶销售量大幅度增长，同行也纷纷效仿。

现在看来，这一创意很简单。可为什么杨文俊能够提出来，而其他人却提不出来呢？原因就在于是否有创新的意识，是否能做到"整天想着去发现"。

我们常说"心想事成"，而"心想"是前提。如果没有"心想"的意念，自然不会产生"事成"的结果。创新思维的开启同样始于创新的意念。有了创新的意念，才能将创新更好地付诸行动。创新思维是可以培养的，只要拥有创新的意念，整天想着去发现，创新的念头和思路就会源源不断地涌现出来。

打破思维的定式

曾经有一位专家设计过这样一个游戏：

十几个学员平均分为两队，要把放在地上的两串钥匙捡起来，从队首传到队尾。规则是必须按照顺序，并使钥匙接触到每个人的手。

比赛开始并计时。两队的第一反应都是按专家做过的示范：捡起一串，传递完毕，再传另一串，结果都用了 15 秒左右。

专家提示道："再想想，时间还可以再缩短。"

其中一队似乎"悟"到了，把两串钥匙拴在一起同时传，这次只用了 5 秒。

专家说："时间还可以再减半，你们再好好想想！"

"怎么可能?!"学员们面面相觑，左右四顾，不太相信。

这时，场外突然有一个声音提醒道："只是要求按顺序从手上经过，不一定非得传啊！"

另一队恍然大悟，他们完全抛开了传递方式，每个人都伸出一只手扣成圆桶状，摞在一起，形成一个通道，让钥匙像自由落体一样从上落下来，既按照了顺序，同时也接触了每个人的手，所花的时间仅仅是 0.5 秒！

美国心理学家邓克尔通过研究发现，人们的心理活动常常会受到一种所谓"心理固着效果"的束缚，即我们的头脑在筛选信息、分析问题、作决策的时候，总是自觉或不自觉地沿着以前所熟悉的方向和路径进行思考，而不善于另辟新路。这种熟悉的方向和路径就是"思维的定式"。

人一旦陷入思维的定式，他的潜能便被抹杀了，离创新之路也就越来越远了。下面这个小实验也许可以说明这一点。

有一只长方形的容器，里面装了 5 千克的水。如何想个最简单的办法，让容器里的水去掉一半，使之剩下 2.5 千克。

有人说，把水冻成冰，切去一半；还有人说，用另一容器量出一半。但是这都不是最简单的，而最简便的方法，是把容器倾斜成一定的角度。相当于将一块长方形木块，从对角线锯成两块。如果是固体，人们很自然会从这方面去想；如果是液体，就要靠思维去分析。

这个例子说明，看问题既要看到事物的这一面，又要想到事物的另一面；平面可以看成立体，液体可以想象成固体，反之亦然。它属于平面几何学的范畴。平面几何学成功地把三维中的一些问题抽象成了二维，使许多问题得以简化；而在生活中，应避免将三维简化为二维的思维定式。

在荒无人烟的河边停着一条小船，这条小船只能容纳一个人。有两个人同时来到河边，两个人都乘这条船过了河。请问，他们是怎样过河的？很简单，两人是分别处在河的两岸，先是一个渡过河来，然后另一个渡过去。

对于这道题，有些人大概"绞尽了脑汁"。的确，小船只能坐一人，如果他们是处在同一河岸，对面又没有人，他们无论如何也不能都渡过去。当然，你可能也设想了许多方法，如一个人先过去，然后再用什么方法让小船空着回来等。但你为什么始终想到这两个人是在同一岸呢？题目本身并没有这样的意思呀！看来，你还是从习惯出发，从而形成了"思维栓塞"。

思维定式是人们从事某项活动的一种预先准备的心理状态，它能够影响后续活动的趋势、程度和方式。构成思维定式的因素：一是有目的地注意。猎人能够在一位旅游者毫无察觉的情况下，发现潜伏在草丛中的野兽，就是定式的作用。二是刚刚发生的感知经验。在人多次感知两个重量不相等的钢球后，对两个重量相等的钢球也会感知为不相等。三是认知的固定倾向。如果给你看两张照片，一张照片上的人英俊、文雅，另一照片上的人凶恶、丑陋，然后对你说，这两人中有一个是全国通缉的罪犯，要你指出谁是罪犯，你大概不会犹豫吧！先前形成的经验、习惯、知识等都会使人形成认知的固定倾向，影响后来的分析、判断，形成"思维栓塞"——即思维总是摆脱不了已有"框框"的束缚，从而表现出消极的思维定式。

对于创新思维的培养来说，思维的定式是比较可怕的，创新思维的缺乏也往往是由于自我设限造成的，随着时间的推移，我们所看到的、听到的、感受到的、亲身经历的各种现象和事件，一个个都进入我们的头脑中而构成了思维模式。这种模式一方面指引我们快速而有效地应对、处理日常生活中的各种小问题，然而另一方面，它却无法摆脱时间和空间所造成的局限性，让人难以走出那无形的边框，而始终在这个模式的范围内打转转。

要想培养创新思维，必须先打破这种"心理固着效果"，勇敢地冲破传统的看事物、想问题的模式，用全新的思路来考察和分析面对的问题，进而才有可能产生大的突破。

拆掉"霍布森之门"

何谓"霍布森之门"？

这源于一个"霍布森选择"的故事。关于"霍布森选择"的故事版本有很多，这是其中的一个版本。

1631 年，英国剑桥有一个名叫霍布森的马匹商人，对前来买马的人承诺：只要给一个低廉的价格，就可以在他的马匹中随意挑选，但他附加了一个条件：只允许挑选能牵出圈门的那匹马。

这显然是一个圈套，因为好马的身形都比较大，而圈门很小，只有身形瘦小的马才能通过。实际上这是限定了范围的选择，虽然表面看起来选择面很广。那扇门即所谓的"霍布森之门"。

那么，"霍布森之门"与创新思维有关联吗？

当然有。

因为我们的头脑中都存在一个或大或小的"霍布森之门"。它就是我们对事物的固有判断。

在工作与生活中，我们常会遇到这样的情况，一方面是广泛地学习和接受新事物，也决定从中选择一些好的方法或建议，但最终都通不过一些固有的观念所造成的小门，只不过这扇门存在于自己的心中，不易被我们察觉。而正是这扇小门，成了我们迈向成功的障碍，甚至会使我们丧失解决问题的自信。

就像在我们的固有观念中，推销一把斧子给当今美国总统简直是天方夜谭。但一位名叫乔治·赫伯特的推销员却成功地做到了。

布鲁金斯学会得知乔治把斧子推销给了当时的美国总统这一消息，立即把刻有"最伟大推销员"的一只金靴子赠予了他。这是自 1975 年以来，该学会的一名学员成功地把一台微型录音机卖给尼克松后，又一学员登上如此高的门槛。

布鲁金斯学会以培养世界上最杰出的推销员著称于世。它有一个传统，在每期学员毕业时，设计一道最能体现推销员能力的实习题，让学生去完成。克林顿当政期间，他们出了这么一个题目：请把一条三角裤推销给现任总统。8 年间，有无数个学员为此绞尽脑汁，可是最后都无功而返。克林顿卸任后，布鲁金斯学会把题目换成：请把一把斧子推销给小布什总统。

鉴于前 8 年的失败与教训，许多学员知难而退，个别学员甚至认为，这道毕业实习题会和克林顿当政期间一样毫无结果，因为现在的总统什么都不缺少，再说即使缺少，也用不着他亲自购买。即便他亲自购买，也不一定赶上正是你去推销。

然而，乔治·赫伯特却做到了，并且没有花多少工夫。一位记者在采访他的时候，他是这样说的："我认为，把一把斧子推销给小布什总统是完全可能的，因为布什总统在得克萨斯州有一个农场，里面长着许多树。于是，我给他写了一封信，说：'有一次，我有幸参观你的农场，发现里面长着许多矢菊树，有些已经死掉，木质已变得松软。我想，你一定需要一把小斧头，但是从你现在的体质来看，一些新小斧头显然太轻，因此你仍然需要一把不甚锋利的老斧头。现在我这儿正好有一把这样的斧头，很适合砍伐枯树。假若你有兴趣的话，请按这封信所留的信箱，给予回复……'最后他就给我汇来了 15 美元。"

事后，很多人发出感叹：啊，原来这么简单！可为什么那些人没有去尝试呢？因为他们头脑中已经有了一道"霍布森之门"，除了"向总统推销东西不可能成功"这一观念外，没有任何观念能够通过这道门。这道门，已经封锁了他们的前进之路。

"霍布森之门"在企业创新中的影响也极为显著。有的企业准备上一个新项目，经多方论证后，已经没有什么问题了，最后却因为决策者的保守观念而放弃。

2004 年底，IBM 公司宣布将把个人电脑部门出售给联想的时候，很多人就觉得不可思议。IBM 出售个人电脑部门的原因很复杂，但从全球计算机行业的发展来看，个人电脑业务已经过了高速增长的阶段，难以再像以前那样创造高额的利润。所以 IBM 计划把未来的发展战略进一步向纵深发展，涉足技术服务、咨询业务、软件业务、大型计算机网络和互联网等领域，这些领域远远比个人电脑业务更有利可图。尽管大家都知道 IBM 出售个人电脑业务是出于发展战略调整的需要，但在很多人眼中，IBM 就是曾经的电脑代名词，觉得卖掉起家时的支柱在情感上难以接受。

既然是一桩合情合理的生意，为什么不能做？可见，我们在心中所谓的对一个企业定位就是一扇"霍布森之门"，纵有再多的创新想法，在遇到这些前提或限定的时候，也只能让位于情感上的保守。

要培养自己的创新思维，就必须找出我们心中的那扇"霍布森之门"，并鼓起勇气拆掉它。这样，你才敢于放手去做你想做的事情，去开拓更加广阔的天地，进行更加丰富的选择。

突破"路径依赖"

我们都知道现代铁路两条铁轨之间的距离是固定的，无论哪个国家、哪个地区，这一数值都是 4 英尺又 8.5 英寸（1.435 米）。也许你会对这个标准感到费解，为什么不是整数呢？这就要从铁路的创建说起了。

早期的铁路是由建电车的人设计的，而 4 英尺又 8.5 英寸正是电车所用的轮距标准。那电车的轮距标准又是从何而来的呢？这是因为最先造电车的人以前是造马车的，所以电车的标准是沿用马车的轮距标准。马车又为什么要用这个轮距标准呢？这是因为英国马路辙迹的宽度是 4 英尺又 8.5 英寸，所以如果马车用其他轮距，它的轮子很快会在英国的老路上撞坏。原来，整个欧洲，包括英国的长途老路都是由罗马人为其军队所铺设的，而 4 英尺又 8.5 英寸正是罗马战车的宽度。罗马人以 4 英尺又 8.5 英寸为战车的轮距宽度的原因很简单，这是牵引一辆战车的两匹马屁股的宽度。

马屁股的宽度决定了现代铁轨的宽度，也许你会觉得有几分可笑，但事实就是如此。这一系列的演进过程，也十分形象地反映了路径依赖的形成和发展过程。

"路径依赖"这个名词，是美国斯坦福大学教授保罗·戴维在《技术选择、创新和经济增长》一书中首次提出的。最初出现在制度变迁中，由于存在自我强化的机制，这种机制使得制度变迁一旦走上某一路径，它的既定方向在以后的发展中将得到强化。

路径依赖也反映了我们思路的演变轨迹，思维会受既定的标准限制，而难以有所突破。这种现象在生活中也是普遍存在的。

春秋时期的一天，齐桓公在管仲的陪同下，来到马棚视察。他一见养马人就关心地询问："马棚里的大小诸事，你觉得哪一件事最难？"养马人一时难以回答。这时，在一旁的管仲代他回答道："从前我也当过马夫，依我之见，编排用于拦马的栅栏这件事最难。"齐桓公奇怪地问："为什么呢？"管仲说："因为在编栅栏时所用的木料往往曲直混杂。你若想让所选的木料用起来顺手，使编排的栅栏整齐美观、结实耐用，开始的选料就显得极其重要。如果你在下第一根桩时用了弯曲的木料，随后你就得顺势将弯曲的木料用到底，笔直的木料就难以启用。反之，如果一开始就选用笔直的木料，继之必然是直木接直木，曲木也就用不上了。"

　　管仲虽然不知道"路径依赖"这个理论，却已经在运用这个理念来说明问题了。他表面上讲的是编栅栏建马棚的事，但其用意是在讲述治理国家和用人的道理。如果从一开始就作出了错误的选择，那么后来就只能是将错就错，很难纠正过来。由此可见"路径依赖"的可怕。

　　我们在生活中、工作中常常会遇到"路径依赖"的现象，使思维陷入对传统观念的依赖中。这种依赖是创新路上的一块绊脚石，要想有所创新，就要努力突破"路径依赖"，开辟一条新的路径，像下面故事中的B公司销售人员一样。

　　A公司和B公司都是生产鞋的，为了寻找更多的市场，两个公司都往世界各地派了很多销售人员。这些销售人员不辞辛苦，千方百计地搜集人们对鞋的各种需求信息，并不断地把这些信息反馈给公司。

　　有一天，A公司听说在赤道附近有一个岛，岛上住着许多居民。A公司想在那里开拓市场，于是派销售人员到岛上了解情况。很快，B公司也听说了这件事情，他们唯恐A公司独占市场，也赶紧把销售人员派到了岛上。

　　两位销售人员几乎同时登上海岛，他们发现海岛相当封闭，岛上的人与大陆没有来往，他们祖祖辈辈靠打鱼为生。他们还发现岛上的人衣着简朴，几乎全是赤脚，只有那些在礁石上采拾海蛎子的人为了防止礁石硌脚，才在脚上绑上海草。

两位销售人员一到海岛，立即引起了当地人的注意。他们注视着陌生的客人，议论纷纷。最让岛上人感到惊奇的就是客人脚上穿的鞋子，岛上人不知道鞋子为何物，便把它叫作脚套。他们从心里感到纳闷儿：把一个"脚套"套在脚上，不难受吗？

A公司的销售人员看到这种状况，心里凉了半截，他想，这里的人没有穿鞋的习惯，怎么可能建立鞋的市场？向不穿鞋的人销售鞋，不等于向盲人销售画册、向失聪者销售收音机吗？他二话没说，立即乘船离开海岛，返回了公司。他在写给公司的报告上说："那里没有人穿鞋，根本不可能建立起鞋的市场。"

与A公司销售人员的情况相反，B公司的销售人员看到这种状况时心花怒放，他觉得这里是极好的市场，因为没有人穿鞋，所以鞋的销售潜力一定很大。他留在岛上，与岛上人交上了朋友。

B公司的销售人员在岛上住了很多天，他挨家挨户做宣传，告诉岛上人穿鞋的好处，并亲自示范，努力改变岛上人赤脚的习惯。同时，他还把带去的样品送给了部分居民。这些居民穿上鞋后感到松软舒适，走在路上他们再也不用担心扎脚了。这些首次穿上了鞋的人也向同伴们宣传穿鞋的好处。

这位有心的销售人员还了解到，岛上居民由于长年不穿鞋的缘故，与普通人的脚形有一些区别，他还了解了他们生产和生活的特点，然后向公司写了一份详细的报告。公司根据这些报告，制作了一大批适合岛上人穿的鞋，这些鞋很快便销售一空。不久，公司又制作了第二批、第三批……B公司终于在岛上建立了皮鞋市场，狠狠地赚了一笔。

按照传统路径，海岛上的居民不穿鞋子，鞋子又怎会在这里有市场呢？然而，B公司的销售人员却突破了对这一路径的依赖，用创新的方法使居民认识到穿鞋的好处，就这样，轻而易举地打开了一个新的市场。

"路径依赖"理论不仅为我们显现了禁锢思想的原因，同时也提出了解除这种禁锢的方法，那就是从源头上突破对某一种观点或规范的依赖，尝试用一种全新的方法，走一条全新的道路。尝试为创新思维开辟一片发展的空间，在这片自由的天空下，将创造力发挥到极致，取得生活与事业的双丰收。

超越一切常规

谁也不能揪着自己的头发离开地面，唯有一种突破常规的超越力量，唯有基于解放思想束缚后所产生的巨大能量释放，才能有柳暗花明的惊喜和峰回路转的开阔。

培养创新思维，首先就要做好思想上的准备——敢于超越常规，超越传统，不被任何条条框框所束缚，不被任何经验习惯所制约。只有这样，才能有更宽广的思绪与触觉。

1813年，曾以成功进行人工合成尿素实验而享誉世界的德国著名化学家维勒，收到老师贝里齐乌斯教授寄给他的一封信。

信是这样写的：

从前，一个名叫钒娜蒂丝的既美丽又温柔的女神住在遥远的北方。她究竟在那里住了多久，没有人知道。

突然有一天，钒娜蒂丝听到了敲门声。这位一向喜欢幽静的女神，一时懒得起身开门，心想，等他再敲门时再开吧。谁知等了好长时间仍听不见动静，女神感到非常奇怪，往窗外一看：原来是维勒。女神望着维勒渐渐远去的背影，叹气道：这人也真是的，从窗户往里看看不就知道有人在，不就可以进来了吗？就让他白跑一趟吧。

过了几天，女神又听到敲门声，依旧没有开门。

门外的人继续敲。

这位名叫肖夫斯唐姆的客人非常有耐心，直到那位漂亮可爱的女神打开门为止。

女神和他一见倾心，婚后生了个儿子叫"钒"。

维勒读罢老师的信，唯一能做的就是一脸苦笑地摇了摇头。

原来，在1830年，维勒研究墨西哥出产的一种褐色矿石时，发现一些五彩斑斓的金属化合物，它的一些特征和以前发现的化学元素"铬"非常相似。对于铬，维勒见得多了，当时觉得没有什么与众不同的，就没有深入研究下去。

一年后，瑞典化学家肖夫斯唐姆在本国的矿石中，也发现了类似"铬"的金属化合物。他并不是像维勒那样把它扔在一边，而是经过无数次实验，证实了这是前人从没发现的新元素——钒。

维勒因一时疏忽而把一个大好时机拱手让给了别人。

种种习惯与常规随着时间的沉淀，会演变成一种定式、枷锁，阻碍人们的突破和超越。生活中常规的层层禁锢所产生的连锁效应不止于此，我们要做的工作就是打破一切规则，只有敢于超越，才能有所创造。

现在市场上的罐装饮料，很重要的一种是茶饮料。罐装茶饮料始于罐装乌龙茶，它的开发者是日本的本庄正则。

千百年来，人们习惯于用开水在茶壶中泡茶，用茶杯等茶具饮茶，或是品尝，或是社交，或是寓情于茶。而易拉罐茶饮料则提供凉茶水，作用是解渴、促进消化、满足人体的种种需求。将凉茶水装罐出售是违反常识的，它抛开了茶文化的重要内涵，取其"解渴、促进消化"的功能。将乌龙茶开发成罐装饮料的成功创意，产生了经营上"出奇制胜"的效果。在公司经营上，这种看似违反常规的行为，实则是一种不错的经营之道。

本庄正则从 20 世纪 60 年代中期开始涉足茶叶流通业，他购买了一个古老的茶叶商号——伊藤园，并把它作为自己公司的名称。

伊藤园发展成茶叶流通业第一大公司，本庄正则投资建设了茶叶加工厂，把公司的业务从销售扩大到加工。1977 年，伊藤园开始试销中国乌龙茶，并在短时间内获得畅销。但到了 20 世纪 80 年代，乌龙茶的销售达到了巅峰并开始出现降温倾向。

在这种情况下，本庄正则必须思变，否则事业将遭受沉重的打击。乌龙茶不好销了，茶叶的新商机在哪里呢？

早在 20 世纪 70 年代初茶叶风靡日本时，本庄正则就萌生了开发罐装茶的创意，但当时的技术人员遭遇到了"不喝隔夜茶"这一拦路虎，因为茶水长时期放置会发生氧化、变质现象，不再适宜饮用。因此，罐装乌龙茶的创意暂时不可能实现。

要使罐装乌龙茶具有商机，必须攻克茶水氧化的难关，从创造的角度上讲，这也是主攻方向。

于是，本庄正则重金聘请科研人员研究防止茶水氧化的课题。时隔一年，防止氧化的难题解决了，本庄正则当机立断开发罐装乌龙茶。

在讨论这项计划时，12 名公司董事中有 10 名表示反对，因为把凉茶水装罐出售是违反常识的。然而，长期销售茶叶的经验告诉本庄正则，每到盛夏季节，茶叶销量就会剧减，而各种清凉饮料的销量则猛增。他坚信，如果在夏季推出易拉罐乌龙茶清凉饮料，一定会大有市场。在本庄正则的坚持下，伊藤园开发的易拉罐乌龙茶清凉饮料于 1988 年夏季首次上市，大受消费者欢迎。乌龙茶销售又再现高潮，而且经久不衰，直到今天。

试想，如果不是本庄正则有超越常规的创新思维，敢于不按常理出牌，也就不会有乌龙茶销售的再一次热潮，更不会有茶饮料丰富样式的出现。

这也说明了，进行创新性活动切不可把创造的方向确定在某一样式上，而应不拘一格，超越常规，这样才能出奇制胜，开创佳绩。

培养创新思维就要敢为天下先

谈到创新思维，人们会格外关注这个"新"字。既是创新，就应该有一些新想法、新举动，哪怕这是前人所不曾有的意念与行为。善于运用创新思维的人要有"吃第一只螃蟹"的勇气，有"敢为天下先"的魄力。

尤伯罗斯就是这样一位"敢为天下先"的创新思维运用者。

1984 年以前的奥运会主办国，几乎是"指定"的。对举办国而言，往往是喜忧参半。能举办奥运会，自然是国家民族的荣誉，也可以乘机宣传本国形象，但是以新场馆建设为主的巨大硬件软件的投入，又将使政府负担巨大的财政赤字。1976 年加拿大主办蒙特利尔奥运会，亏损 10 亿美元，预计这一巨额债务到 2003 年才能还清；1980 年，苏联莫斯科奥运会总支出达 90 亿美元，具体债务更是一个天文数字。奥运会几乎成了为"国家民族利益"而举办，赔老本已成奥运会定律。

直到 1984 年的洛杉矶奥运会，美国商界奇才尤伯罗斯接手主办奥运，他运用其超人的创新思维，改写了奥运经济的历史，不仅首度创下了奥运史上第一笔巨额盈利纪录，更重要的是建立了一套"奥运经济学"模式，为以后的主办城市如何运作提供了样板。从那以后，争办奥运者如过江之鲫。因为名利双收是铁定的。

寻求创新，首先是从政府开始的。鉴于其他国家举办奥运会的亏损情况，洛杉矶市政府在得到主办权后即作出一项史无前例的决议：第 23 届奥运会不动用任何公用基金。因此而开创了民办奥运会的先河。

尤伯罗斯接手奥运之后，发现组委会竟连一家皮包公司都不如，没有秘书、没有电话、没有办公室，甚至连一个账号都没有。一切都得从零开始，尤伯罗斯决定破釜沉舟。他以 1060 万美元的价格将自己旅游公司的股份卖掉，开始招募雇佣人员，然后以一种前无古人的创新思维定了乾坤：把奥运会商业化，进行市场运作。

于是，一场轰轰烈烈的"革命"就此展开。洛杉矶市长不无夸耀地评价说："尤伯罗斯正在领导着第二次世界大战以来最大的运动。"

第一步，开源节流。

尤伯罗斯认为，自 1932 年洛杉矶奥运会以来，规模大、虚浮、奢华和浪费已成为时尚。他决定想尽一切办法节省不必要的开支。首先，他本人以身作则不领薪水，在这种精神的感召下，有数万名工作人员甘当义工；其次，沿用洛杉矶既有的体育场；再次，把当地3 所大学的宿舍作为奥运村。仅后两项措施就节约了数十亿美元。

点点滴滴都体现其创新思维的功力与胆识。

第二步，声势浩大的"圣火传递"活动。

奥运圣火在希腊点燃后，在美国举行横贯美国本土15万千米的圣火接力。用捐款的办法，谁出钱谁就可以举着火炬跑上一程。全程圣火传递权以每千米3000美元出售，15万千米共售得4500万美元。尤伯罗斯实际上是在拍卖百年奥运的历史、荣誉等巨大的无形资产。

第三步，狠抓赞助、转播和门票三大主营收入。

尤伯罗斯出人意料地提出，赞助金额不得低于500万美元，而且不许在场地内包括其空中做商业广告。这些苛刻的条件反而刺激了赞助商的热情。一家公司急于加入赞助，甚至还没弄清所赞助的室内赛车比赛程序如何，就匆匆签字。尤伯罗斯最终从150家赞助商中选定30家。此举共筹到117亿美元。

最大的收益来自独家电视转播权转让。尤伯罗斯采取美国三大电视网竞投的方式，结果，美国广播公司以225亿美元夺得电视转播权。尤伯罗斯又首次打破奥运会广播电台免费转播比赛的惯例，以7000万美元把广播转播权卖给美国、欧洲及澳大利亚的广播公司。

门票收入，通过强大的广告宣传和新闻炒作，也取得了历史上的最高水平。

第四步，出售以本届奥运会吉祥物山姆鹰为主的标志及相关纪念品。

结果，在短短的十几天内，第23届奥运会总支出511亿美元，赢利25亿美元，是原计划的10倍。尤伯罗斯本人也得到475万美元的红利。在闭幕式上，国际奥委会主席萨马兰奇向尤伯罗斯颁发了一枚特别的金牌，报界称此为"本届奥运会最大的一枚金牌"。

尤伯罗斯的举措体现了几方面的突破：一是改变了奥运会由举办国政府买单的惯例，将奥运会转为商业化运作；二是与商业界、广播电台等打造了双赢的局面；三是开发了奥运会附属商品，如纪念品等。而这些，在历届奥运会的举办历史上都是不曾有的。

尤伯罗斯以创新的思维实现了对旧模式的突破。而创新又无一例外地是建立在打破旧观念、旧传统、旧思维、旧模式的基础之上的。只有跳出传统的思维束缚圈，敢于想别人没有想过、做别人没有做过的事情，才能开拓自己的思路，创新自己的方法，找到解决问题的最佳途径。尤伯罗斯做到了这一点，他无疑是一个成功者。

新的事物永远是有活力的，创新思维就是要为自己的发展寻求并注入活力，培养创新思维就要敢为天下先，要敢于走别人没走过的路，要敢于在竞争中拼抢先机。唐朝杨巨源有诗："诗家清景在新春，绿柳才黄半未匀。若待上林花似锦，出门俱是看花人。"由诗可以看出，如果做不到巧妙运用创新思维，做不到不断创新，总是跟在别人屁股后面跑，那么，你就只能去做那"看花人"，去欣赏别人栽种出的"上林花"了。

第二章

发散思维——一个问题
有多种答案

正确答案并不是只有一个

曾有这样一则故事，一位老师要为一个学生答的一道物理题打零分，而他的学生则声称他应得满分，双方争执不下，便请校长来做仲裁人。

试题是："试证明怎样利用一个气压计测定一栋楼的高度。"

学生的答案是："把气压计拿到高楼顶部，用一根长绳子系住气压计，然后把气压计从楼顶向楼下坠，直到坠到街面为止，然后把气压计拉上楼顶，测量绳子放下的长度，这长度即为楼的高度。"

这是一个有趣的答案，但是这学生应该获得称赞吗？校长知道，一方面这位学生应该得到高度评价，因为他的答案完全正确。另一方面，如果高度评价这个学生，就可以为他的物理课程的考试打高分；而高分就证明这个学生知道一些物理知识，但他的回答又不能证明这一点……

校长让这个学生用 6 分钟回答同一个问题，但必须在回答中表现出他懂一些物理知识……在最后一分钟里，他赶忙写出他的答案，它们是：把气压计拿到楼顶，让它斜靠在屋顶边缘，让气压计从屋顶落下，用秒表记下它落下的时间，然后用落下时间内经过的距离等于重力加速度乘以下落时间平方的一半算出建筑高度。

看了这个答案之后，校长问那位老师是否让步。老师让步了，于是校长给了这个学生几乎是最高的评价。正当校长准备离开办公室时，他记得那位学生说他还有另一个答案，于是校长问他是什么样的答案。学生回答说："啊，利用气压计测出一个建筑物的高度有许多办法，例如，你可以在有太阳的日子记下楼顶上气压计的高度及影子的长度，再测出建筑物影子的长度，就可以利用简单的比例关系，算出建筑物的高度。"

"很好，"校长说，"还有什么答案？"

"有啊，"那个学生说，"还有一个你会喜欢的最基本的测量方法。你拿那气压计，从一楼登梯而上，当你登梯时，用符号标出气压计上的水银高度，这样你可利用气压计的单位得到这栋楼的高度。这个办法最直接。"

"当然，如果你还想得到更精确的答案，可以用一根线的一段系住气压计，把它像一个摆那样摆动，然后测出街面 g 值和楼顶的。从两个 g 值之差，在原则上就可以算出楼顶高度。"最后他又说，"如果不限制我用物理方法回答这个问题，还有许多方法。例如，你拿上气压计走到楼底层，敲管理员的门。当管理员应声时，你对他说下面一句话，'管理员先生，我有一个很漂亮的气压计。如果你告诉我这栋楼的高度，我就把我的这个气压计送给您……' "

读完这个故事，我们被这个学生的智慧折服了。再静下来想一想，又会感叹："为什么人们总觉得只有一个正确答案呢？"

几乎从启蒙那天开始，社会、家庭和学校便开始向我们灌输这样的思想：每个问题只有一个答案；不要标新立异；这是规矩；那是白日做梦；等等。

当然，就做人的行为准则而言，遵循一定的道德规范是对的，正所谓没有规矩，不成方圆。然而，对于思维方法的培养，制定唯一的准则这一做法是万万要不得的。

如果对思维进行约束，则只能看到事物或现象的一个或少数几个方面；在思考问题时，我们也往往认为找到一个答案就万事大吉了，不愿意或根本想不到去寻找第二种，乃至更多的解决方案，因而难以产生大的突破。

从曲别针的用途想到的

一个曲别针（回形针）究竟有多少种用途？你能说出几种？十种、几十种，还是几百种？

也许你会说一个曲别针不可能有如此多的用途，那么，这只能说明你的思维不够开阔、不够发散。下面这个关于曲别针的故事告诉你的不只是曲别针的用途，更是一种思维方法。

在一次有许多中外学者参加的如何开发创造力的研讨会上，日本一位创造力研究专家应邀出席了这次研讨活动。

面对这些创造性思维能力很强的学者同仁，风度翩翩的村上幸雄捧来一把曲别针，说道："请诸位朋友动一动脑筋，打破框框，看谁能说出这些曲别针的更多用途，看谁创造性思维开发得好、多而奇特！"

片刻，一些代表踊跃回答：

"曲别针可以别相片，可以用来夹稿件、讲义。"

"纽扣掉了，可以用曲别针临时钩起……"

七嘴八舌，说了十多种，其中较奇特的是把曲别针磨成鱼钩，引来一阵笑声。

村上对大家在不长时间内讲出10多种曲别针的用途，很是称道。

人们问："您能讲多少种？"

村上一笑，伸出 3 个指头。

"30 种？"村上摇头。

"300 种？"村上点头。

人们惊异，不由得佩服这人聪慧敏捷的思维。也有人怀疑。

村上紧了紧领带，扫视了一眼台下那些透着不信任的眼睛，用幻灯片映出了曲别针的用途……这时，中国的一位以"思维魔王"著称的怪才许国泰向台上递了一张纸条。

"对于曲别针的用途，我能说出 3000 种，甚至 3 万种！"

邻座对他侧目："吹牛不罚款，真狂！"

第二天上午 11 点，他"揭榜应战"，走上了讲台，他拿着一支粉笔，在黑板上写了一行字：村上幸雄曲别针用途求解。原先不以为然的听众一下子被吸引过来了。

"昨天，大家和村上讲的用途可用 4 个字概括，这就是钩、挂、别、联。要使思维突破这种格局，最好的办法是借助简单的形式思维工具——信息标与信息反应场。"

他把曲别针的总体信息分解成重量、体积、长度、截面、弹性、直线、银白色等 10 多个要素。再把这些要素，用根标线连接起来，形成一根信息标。然后，再把与曲别针有关的人类实践活动要素相分析，连成信息标，最后形成信息反应场。这时，现代思维之光，射入了这枚平常的曲别针，它马上变成了孙悟空手中神奇变幻的金箍棒。他从容地将信息反应场的坐标，不停地组切交合。

通过两轴推出一系列曲别针在数学中的用途，例如，曲别针分别做成 1、2、3、4、5、6、7、8、9、0，再做成 +－×÷ 的符号，用来进行四则运算，运算出数量，就有 1000 万、1 亿……在音乐上可创作曲谱；曲别针可做成英、俄、希腊等外文字母，用来进行拼读；曲别针可以与硫酸反应生成氢气；可以用曲别针做指南针；可以把曲别针串起来导电；曲别针是铁元素构成，铁与铜化合是青铜，铁与不同比例的几十种金属元素分别化合，生成的化合物则是成千上万种……实际上，曲别针的用途，几乎近于无穷！他在台上讲着，台下一片寂静。与会的人们被"思维魔王"深深地吸引着。

　　许国泰运用的方法就是发散思维法。

　　发散思维的概念，是美国心理学家吉尔福特在 1950 年以《创造力》为题的演讲中首先提出的，半个多世纪以来，引起了普遍重视，促进了创造性思维的研究工作。发散思维又称求异思维、扩散思维、辐射思维等，它是一种从不同的方向、不同的途径和不同的角度去设想的展开型思考方法，是从同一来源材料、从一个思维出发点探求多种不同答案的思维过程，它能使人产生大量的创造性设想，摆脱习惯性思维的束缚，使人的思维趋于灵活多样。

　　发散思维要求人的思维向四方扩散，无拘无束，海阔天空，甚至异想天开。通过思维的发散，要求打破原有的思维格局，提供新的结构、新的点子、新的思路、新的发现、新的创造，提供一切新的东西，特别是对于创造者，可为其提供一种全新的思考方式。

　　许多发明创造者都是借助于发散思维获得成功的。可以说，多数的科学家、思想家和艺术家的一生都十分注意运用发散思维进行思考。许多优秀的中学生，在学习活动中也很重视发散思维的学习运用，因此获得了较佳的学习效果。

　　具有发散思维的人，在观察一个事物时，往往通过联想与想象，将思路扩展开来，而不仅仅局限于事物本身，也就常常能够发现别人发现不了的事物与规律。

在与人交流中碰撞出智慧

智慧与智慧交换，能得到更多、更有效的智慧，与他人交换想法，你会从中获得意想不到的启发，这也是有效利用发散思维的一种表现。

一位发明家曾经讲过这样一个故事：

有一家工厂的冲床因为操作不慎经常发生事故，以致多名操作工手指致残。为了解决这一问题，技术人员设计了许多方案，就是要让冲床在操作工的手接近冲头时自动停车。他们先后采用红外线超声波、电磁波构成的许多复杂的检测控制系统，都因为成本高或性能不可靠等原因而放弃了。

正当技术人员一筹莫展时，这位发明家想到了交流，便带着自己的想法和工人们一块儿讨论，大家七嘴八舌，你一个点子，我一个想法，围绕避免事故这一中心，大家的建议就像放射性的线一样，射向四面八方，每一条线就是一种不同的方法。讨论了半天，最终确定了一个方案：让工人坐在椅子上操作，在椅子两边扶手上各装一个开关，只有它们同时接通时，冲床才能启动。

操作工两手都在按开关，怎么会发生事故呢？

这样一来，交换一下想法，在发散性的建议中得出最佳的方案，原本看似复杂的问题也得到了有效的解决。

杨振宁说过，当代科学研究，不仅要充分挖掘个人智慧，而且还要积极倡导一种团队智慧，各学科、各门类的人才坐在一起，实行智慧的大融合、大交流、大碰撞，才能实现团队智慧成果的最优化。他的这番话可谓一针见血。美国的硅谷聚集了很多高科技企业、科技精英，大家"扎堆"的目的就是近距离地搭建一个交流平台，在信息大融合中，实现信息共享、智慧共享。

许多人都知道库仑定律。据说库仑早年是巴黎的一位中学教师，对电荷之间的相互作用力很感兴趣，想找出它们的规律，但苦于无法测量这种微小的力。法国大革命时期，库仑为求安宁去乡下暂住，对农家的纺车又产生了兴趣，看着用棉花纺的细细的纱线，觉得妙不可言。他随手抽断一根刚纺成的纱线，拿到眼前细看，注意到纱的接头总是向相反的方向卷曲，拧得越紧，反卷的圈数就越多。库仑便和纺纱的农妇交谈起来。

一位科学家和一位农妇的交谈随即引发了一个划时代的发现。

与农妇的交谈使库仑的思维更加发散，针对纱线卷曲的问题，库仑进行了多方面的设想。最后，他终于意识到，根据纱线卷曲的程度可以度量扭力的大小，可以用同样的原理来测量电荷之间的作用力。不久，库仑回到巴黎，做出了一个利用细丝扭转角度测量力矩的极为灵敏的秤，精确测量了电荷的相互作用力与距离和电量的关系，发现了成为电学重要基础的库仑定律。

科学家与普通人之间的差别，比人们想象得要小得多，两者的交流，只有行业和性质的差别。事实证明，不同行业的交流具有极大的互补性，促使思维可以向更多的方向发散，得到更多的创见，以利于问题的解决。

每个人都需要与他人进行交流，一个人自锁书城，两豆塞耳，必然孤陋寡闻，难以超越。你有一个水果，我有一个水果，交换后仍旧是一人一个。但是，人的想法却不是如此，你有一个想法，我有一个想法，交换后每人至少有两个想法，由此还会衍生出许许多多的想法。这也是启发发散思维的好方法。

现在我们常说的"头脑风暴"就是大家在一起，就一个问题各抒己见，思想碰撞的一种方法。

当一群人围绕一个特定的领域产生新观点的时候，这种情境就叫作"头脑风暴"。由于会议使用了没有拘束的规则，人们就能够更自由地思考，进入思想的新区域，从而围绕一个中心点发散性地产生很多的新观点和解决方法。当参加者有了新观点和想法时，他们就大声说出来，然后在他人提出的观点之上建立新观点。所有的观点被记录下来但不进行评估，只有头脑风暴会议结束的时候，才对这些观点和想法进行评估。

那么你就清楚了，头脑风暴会帮助你提出新的观点。你不但可以提出新观点，而且你将只需付出很少的努力。头脑风暴是个"尝试—检测"的过程。头脑风暴中应用什么技巧取决于你欲达到的目的。你可以应用它们来解决工作中的问题，也可以应用它们来发展你的个人生活。

如果你遵循头脑风暴的规则，那么你的个人风格无论是什么样，头脑风暴也会奏效。很自然，某些技巧和环境对一些人更适合，但是头脑风暴足够柔和，能够适合每个人。

心有多大，舞台就有多大

有这样一则寓言：一条鱼从小在一个小鱼缸中长大，它的心情并不好，因为它觉得鱼缸太小了，游了一会儿就到头了。随着小鱼慢慢长大，鱼缸已经显得太小了，主人便为它换了一个稍大些的鱼缸。

鱼刚刚高兴了几天，又不满意了，因为没游多会儿还是碰到了鱼缸壁。最后，主人将它放回了大海，但鱼仍然高兴不起来。因为它再也游不到"鱼缸"的边缘了，它感到很没有成就感。

我们说，心有多大，舞台就有多大。小鱼的心已经被鱼缸限制了，在大舞台上也就无法顺畅舒展了。同理，我们的思维被局限时，也很难发挥出全部的能量。

而如果我们的思维能够向四面八方辐射性地发散，我们分析问题、解决问题的能力也会有一个大的提升，供我们展示才华的舞台也就会变大。

发散思维的要旨就是要学会朝四面八方想。就像旋转喷头一样，朝各个方向进行立体式的发散思考。

这首先要确定一个出发点，即先要有一个辐射源。怎样从一个辐射源出发向四面八方扩散，下面提供几种方法：

（1）结构发散：是以某种事物的结构为发散点，朝四面八方想，以此设想出利用该结构的各种可能性。

（2）功能发散：是以某种事物的功能为发散点，朝四面八方想，以此设想出获得该功能的各种可能性。

（3）形态发散：是以事物的形态（如颜色、形状、声音、味道、明暗等）为发散点，朝四面八方想，以此设想出利用某种形态的各种可能性。

（4）组合发散：是从某一事物出发，朝四面八方想，以此尽可能多地设想与另一事物（或一些事情）联结成具有新价值（或附加价值）的新事物的各种可能性。

（5）方法发散：是以人们解决问题的结果作为发散点，朝四面八方想，推测造成此结果的各种原因；或以某个事物发展的起因为发散点，朝四面八方想，以此推测可能发生的各种结果。

善于运用发散思维的人，常常具有别人难以比拟的"非常规"想法，能取得非同一般的解决问题的效果。艾柯卡就是一个典型的例子。

美国福特汽车公司是美国最早、最大的汽车公司之一。1956年，该公司推出了一款新车。这款汽车式样、功能都很好，价钱也不贵，但是很奇怪，竟然销路平平，和当初设想的完全相反。

公司的经理们急得像热锅上的蚂蚁，但绞尽脑汁也找不到让产品畅销的办法。这时，在福特汽车销售量居全国末位的费城地区，一位毕业不久的大学生，对这款新车产生了浓厚的兴趣，他就是艾柯卡。

艾柯卡当时是福特汽车公司的一位见习工程师，本来与汽车的销售毫无关系。但是，公司老总因为这款新车滞销而着急的神情，却深深地印在他的脑海里。

他开始琢磨：我能不能想办法让这款汽车畅销起来？终于有一天，他灵光一闪，径直来到经理办公室，向经理提出了一个创意在报上登广告，内容为："花56美元买一辆56型福特。"

这个创意的具体做法是：谁想买一辆1956年生产的福特汽车，只需先付20％的货款，余下部分可按每月付56美元的办法逐步付清。

他的建议得到了采纳。结果，这一办法十分灵验，"花56美元买一辆56型福特"的广告人人皆知。

"花56美元买一辆56型福特"的做法，不但打消了很多人对车价的顾虑，还让人产生了"每个月才花56美元，实在是太合算了"的印象。

奇迹就在这样一句简单的广告词中产生了：短短3个月，该款汽车在费城地区的销售量，就从原来的末位一跃而为全国的冠军。

这位年轻工程师的才能很快受到赏识，总部将他调到华盛顿，并委任他为地区经理。

后来，艾柯卡根据公司的发展趋势，推出了一系列富有创意的举措，最终坐上了福特公司总裁的宝座。

善于运用发散思维的人不止艾柯卡，英国小说家毛姆在穷得走投无路的情况下，运用自己的发散思维，想出了一个奇怪的点子，结果扭转了颓势。

在成名之前，毛姆的小说无人问津，即使请书商用尽全力推销，销售的情况也不好。眼看生活就要遇到困难了，他情急之下突发奇想地用剩下的一点钱，在大报上登了一个醒目的征婚启事：

"本人是个年轻有为的百万富翁，喜好音乐和运动。现征求和毛姆小说中女主角完全一样的女性共结连理。"

广告一登，书店里的毛姆小说一扫而空，一时之间"洛阳纸贵"，印刷厂必须赶工才能应付销售热潮。原来看到这个征婚启事的未婚妇女，不论是不是真有意和富翁结婚，都好奇地想了解女主角是什么模样的。而许多年轻男子也想了解一下，到底是什么样的女子能让一个富翁这么着迷。

从此，毛姆的小说销售一帆风顺。

发散思维具有灵活性，具有发散思维的人思路比较开阔，善于随机应变，能够根据具体问题寻找一个巧妙地解决问题的办法，收到意想不到的效果。

　　培养发散思维，拓展思维的深度与广度，你的思维触角延伸多远，你的人生舞台就展开多大。

从无关之中寻找相关的联系

　　天底下许多事物，如果你仔细观察它们，就会发现一些共通的道理，这就是事物之间的相关性。我们在解决问题时可以有意识地进行发散思维，把由外部世界观察到的刺激与正在考虑中的问题建立起联系，使其相合。也就是将多种多样不相关的要素合在一起，以期获得对问题的不同创见。下面我们就来看一个事例。

　　福特汽车是美国最重要的汽车品牌之一，在全球的销售量也名列前茅。在创立之时，创办人亨利·福特一直思考，要如何大量生产，降低单位成本，并提高在市场上的竞争力。

　　有一天晚上，亨利·福特对孩子说完三头小猪如何对抗野狼的故事后，突然产生一个想法，他可以去猪肉加工厂看看，或许会有一些新的发现。

　　他参观了几家猪肉加工厂后，发现里面的作业采用天花板滑车运送肉品的分工方式，每个工人都有固定的工作，自己的部分做完后，将肉品推到下一个关卡继续处理，这样，肉品加工生产效率非常高。

　　亨利·福特立刻想到，肉品的作业方式也可以运用在汽车制造上。他之后和研发小组设计出一套作业流程，采用输送带的方式运送汽车零件，每个操作人员只要负责装配其中的某一部分，不用像过去那样负责每部车的全部流程。

亨利·福特所采用的分工作业，的确达到了他原先的要求，不仅使福特汽车成功地提高了全球的市场占有率，同时也变成不同车厂的作业标准。

他山之石，可以攻玉。我们常常可以从一些不相关的事物上获得灵感，这就是一种异中求同的归纳能力。当我们能在看似毫无关联的对象中，找出更多的相通之处，也就代表着我们能发掘更多的创意题材。因为这些相通之处，往往是其他人没有发现的，这也正是我们成功的机会。

猪肉和汽车，看似不具有相关性，但是猪肉加工厂的作业流程，却给了汽车工厂一个很好的工作模板。所以，我们也可以将这种异中求同的技巧运用到生活中。在我们的工作中，除了多观察同行业的做法，其他行业也值得观察和学习。

一位歌手，可以从一位老师身上看到他在讲台上如何表现，这对自己的舞台表演一定会有所帮助。一位清洁人员和一位大企业的董事长，有什么相通的地方？或许我们可以发现，他们都很节省，或者他们的体力都很好。

索尼公司的卯木肇也是一位善于从无关之中寻找相关联系的精英。

20世纪70年代中期，索尼彩电在日本已经很有名气了，但是在美国却不被顾客所接受，因而索尼在美国市场的销售相当惨淡，但索尼公司没有放弃美国市场。后来，卯木肇担任了索尼国际部部长。

上任不久，他被派往芝加哥。当卯木肇风尘仆仆地来到芝加哥时，令他吃惊不已的是，索尼彩电竟然在当地的寄卖商店里蒙满了灰尘，无人问津。

如何才能改变这种既成的印象，改变销售的现状呢？卯木肇陷入了沉思……

一天，他驾车去郊外散心，在归来的路上，他注意到一个牧童正赶着一头大公牛进牛栏，而公牛的脖子上系着一个铃铛，在夕阳的余晖下叮当叮当地响着，一大群牛跟在这头公牛的屁股后面，温驯地鱼贯而入……此情此景令卯木肇一下子茅塞顿开，他一路上吹着口哨，心情格外开朗。想想一群庞然大物居然被一个小孩儿管得服服帖帖，为什么？还不是因为牧童牵着一头带头牛。

索尼要是能在芝加哥找到这样一头"带头牛"商店来率先销售，岂不是很快就能打开局面？卯木肇为自己找到了打开美国市场的钥匙而兴奋不已。

马歇尔公司是芝加哥市最大的一家电器零售商，卯木肇最先想到了它。为了尽快见到马歇尔公司的总经理，卯木肇第二天很早就去求见，但他递进去的名片却被退了回来，原因是经理不在。

第三天，他特意选了一个估计经理比较闲的时间去求见，但回答却是"外出了"。他第三次登门，经理终于被他的诚心所感动，接见了他，却拒绝卖索尼的产品。经理认为索尼的产品降价拍卖，形象太差。卯木肇非常恭敬地听着经理的意见，并一再表示要立即着手改变商品形象。

回去后，卯木肇立即从寄卖店取回货品，取消削价销售，在当地报纸上重新刊登大面积的广告，重塑索尼形象。

经过卯木肇的不懈努力，他的诚意终于感动了马歇尔公司，索尼彩电终于挤进了芝加哥的"带头牛"商店。随后，进入家电的销售旺季，短短一个月内，竟卖出700多台。索尼和马歇尔获得双赢。

有了马歇尔这头"带头牛"开路，芝加哥的100多家商店都对索尼彩电群起而销之，不出3年，索尼彩电在芝加哥的市场占有率达到了30%。

不善于运用发散思维和没有敏感度的人也许很难在"小孩子放牛"与"寻找开拓市场的方法"之间找到什么相关联的因素，就像常人难以想象"猪肉加工"与"汽车制造"有什么相通之处一样。但是，亨利·福特与卯木肇在发散思维的运用方面为我们做了一个榜样。

由此，我们也可以看出，从无关之中找相关需要我们思维足够灵活，有较强的敏感性，在获取某种外界刺激后能够很快地将该事物与自己所遇到的问题进行联系，这样，不但能有效地解决问题，而且还能取得卓越的成绩。

由特殊的"点"开辟新的方法

擅长发散思维的人往往会撇开众人常用的思路，尝试从多种角度考虑，从他人意想不到的"点"去开辟问题的新解法。所以，在进行发散性的思维训练时，其首要因素便是找到事物的这个"点"进行扩散。

下面这个故事就是一个巧用特殊"点"的例子。

华若德克是美国实业界的大人物。在他未成名之前，有一次，他带领属下参加在休斯敦举行的美国商品展销会。令他十分懊丧的是，他被分配到一个极为偏僻的角落，而这个角落是绝少有人光顾的。

为他布置设计摊位的装饰工程师劝他干脆放弃这个摊位，因为在这种恶劣的地理条件下，想要展览成功几乎是不可能的。

华若德克沉思良久，觉得自己若放弃这一机会实在是太可惜了。可不可以通过某种方式将这个不好的地理位置变成整个展销会的焦点呢？

他想到了自己创业的艰辛，想到了展销大会组委会对自己的排斥和冷眼，想到了摊位的偏僻，他的心里突然涌现出非洲的景象，觉得自己就像非洲人一样受着不应有的歧视。他走到了自己的摊位前，心中充满感慨，灵机一动：既然你们都把我看成非洲难民，那我就扮演一回非洲难民给你们看！于是一个计划应运而生。

华若德克让设计师为他营造了一个宫殿式的氛围，围绕着摊位布满了具有浓郁非洲风情的装饰物，把摊位前的那一条荒凉的大路变成了黄澄澄的沙漠。他安排雇来的人穿上非洲人的服装，并且特地雇用动物园的双峰骆驼来运输货物，此外他还派人定做了大量的气球，准备在展销会上用。

展销会开幕那天，华若德克挥了挥手，顿时展览厅里升起无数的彩色气球，气球升空不久自行爆炸，落下无数的胶片，上面写着："当你拾起这小小的胶片时，亲爱的女士和先生，你的好运就开始了，我们衷心祝贺你。请到华若德克的摊位，接受来自遥远非洲的礼物。"

这无数的碎片撒落在热闹的人群中，于是一传十，十传百，消息越传越广，人们纷纷集聚到这个本来无人问津的摊位前。强烈的人气给华若德克带来了非常可观的生意和潜在商机，而那些黄金地段的摊位反而遭到了人们的冷落。

华若德克为自己找到了一个特殊的"点"，那就是将自己的特殊位置加以利用，赋予新的定位与含义，起到吸引顾客的目的。

发散思维是有独创性的，它表现在思维发生时的某些独到见解与方法，也就是说，对刺激作出非同寻常的反应，具有标新立异的成分。

比如设计鞋子，常规的设计思路是从鞋子的款式、用料着手，进行各种变化，但万变不离其宗。运用发散思维，则可以从鞋子的功能这一特殊的"点"入手。那么，鞋有哪些功能呢？

鞋可以"吃"。当然不是用嘴吃，而是用脚吃。即可以在鞋内加入药物，有利于身体健康。按此思路下去，可开发出多种鞋子。

鞋还可以"说话"。设计一种走路的时候会响起音乐的鞋子一定会受到小孩子的欢迎。

鞋可以"扫地"。设计一种带静电的鞋子，在家里走路的时候，可以把尘土吸到鞋底上，使房间在不经意间变干净。

鞋还可以"指示方向"。在鞋子中安装指南针，调到所选择的方向，当方向发生偏离时，便会发出警报，这对野外考察探险的人来说，是很有用处的。

这就是通过鞋子的功能这个"点"挖掘出来的潜在创意。生活中，我们需要细心地观察，找出这个特殊的"点"，由此展开，便可以收到意想不到的效果。

美国推销奇才吉诺·鲍洛奇的一段经历也向我们证明了这一理念。

一次，一家贮藏水果的冷冻厂起火，等到人们把大火扑灭后，发现有18箱香蕉被火烤得有点发黄，皮上满是小黑点。水果店老板便把香蕉交到鲍洛奇的手中，让他降价出售。那时，鲍洛奇的水果摊设在杜鲁茨城最繁华的街道上。

一开始，无论鲍洛奇怎样解释，都没人理会这些"丑陋的家伙"。无奈之下，鲍洛奇认真仔细地检查那些变色香蕉，发现它们不但一点没有变质，而且由于烟熏火烤，吃起来反而别有风味。

第二天，鲍洛奇一大早便开始叫卖："最新进口的阿根廷香蕉，南美风味，全城独此一家，大家快来买呀！"当摊前围拢的一大堆人都举棋不定时，鲍洛奇注意到一位年轻的小姐有点心动了。他立刻殷勤地将一只剥了皮的香蕉送到她手上，说："小姐，请你尝尝，我敢保证，你从来没有尝过这样美味的香蕉。"年轻的小姐一尝，香蕉的风味果然独特，价钱也不贵，而且鲍洛奇还一边卖一边不停地说："只有这几箱了。"于是，人们纷纷购买，18箱香蕉很快销售一空。

从上述案例中我们可以看出，发散思维有着巨大的潜在能量，它通过搜索所有的可能性，激发出一个全新的创意。这个创意重在突破常规，它不怕奇思妙想，也不怕荒诞不经。

沿着可能存在的点尽量向外延伸，或许，一些通过常规思路根本办不成的事，其前景便很有可能柳暗花明、豁然开朗。所以，在你平时的生活中，多多发挥思维的能动性，让它带着你在思维的广阔天地任意驰骋，或许你会看到平日见不到的美妙风景。

第三章

加减思维——解决问题的
奥妙就在"加减"中

1+1＞2 的奥秘

加减思维分为加法思维与减法思维，分别代表了两个方向的思维方式。

加法思维，是将本来不在一起的事物组合在一起，产生创造性的思维方法，通过加法思维，常常会产生 1+1＞2 的神奇效果。

我们来看下面的例子：

日本的普拉斯公司，是一家专营文具用品的小企业，一直生意冷清。1984 年，公司里一位叫玉村浩美的新职员发现，顾客来店里购买文具，总是一次要买三四种；而在中小学生的书包内，也总是散乱地放着钢笔、铅笔、小刀、橡皮等用品。玉村浩美于是想到，既然如此，为什么不把各种文具组合起来一起出售呢？她把这项创意告诉公司老板。于是，普拉斯公司精心设计了一只盒子，把五六种常用的文具摆进去。结果这种"组合式文具"大受欢迎，不但中小学生喜欢，连机关和企业的办公室人员，以及工程技术人员也纷纷前来购买。尽管这套组合文具的价格比原先单件文具的价格总和高出一倍以上，但依然十分畅销，在一年内就卖了 300 多万盒，获得了意想不到的利润。

以上案例是较典型的加法思维，它的表现形式有扩展和叠加，并产生了奇妙的效果，就像画龙点睛故事当中那个点睛的神奇一笔，虽然就加那么一小点，其价值一下就倍增了。这种 1+1 的结果远远大于 2，我们或许可以用这种方式来表达它的功用："100+1=1001"，这个"1"就是我们需要添加的那一点东西。

还有一种加法思维是在原有的主体事物中增添新的含义。主体的基本特性不变，但由于新含义的赋予，使其性能更丰富了。

腊月里的北京，着实寒冷。某电影院门口，一对老夫妇守着几筐苹果叫卖着。或许因为怕冷，大家多是匆匆而过，生意十分冷清。不久，一位教授模样的中年人看见这一情形，上前和老夫妇商量了几句，然后走到附近商店买来一些红彩带，并与老夫妇一起，将一大一小每两个苹果扎在一起，高声叫卖道："情侣苹果，两元一对！"年轻的情侣们甚觉新鲜，买者猛增，不一会儿，苹果就卖完了。

日本某公司为了促销它的巧克力，想出了一个绝招儿。其在当年的情人节推出了"情话巧克力"——在心形的巧克力上写上"你的存在，使我的人生更加有意义""我爱你"之类的情话，结果大受情侣们的欢迎，那年的销售额翻了两番。

在这里，主体不管是苹果或巧克力，由于加上"情侣"或"情话"这一附加意义，当然效果就大不一样了。

将两种或两种以上不同领域的技术思想进行组合，以及将不同的物质产品进行组合的方法也称为加法思维。和主体附加不同，它不是丰满或增强主体的特性，而是直接产生一个新的事物。

1903年，莱特兄弟发明了第一架飞机之后，各国纷纷研制各种型号的飞机。飞机也被广泛应用于军事领域，有人提出，是否可以将飞机和军舰结合起来，使它发挥更大的威力呢？

于是，海军专家设计了两种方案：一是给飞机装上浮桶，使飞机能在海面上起飞和降落；二是将大型军舰改装，设置飞行甲板，使飞机在甲板上起飞和降落。

1910 年，法国实行第一种方案成功，随后，美国一架挂有两个气囊的飞机从改装的轻型巡洋舰上起飞成功，"航空母舰"诞生了。

飞机和军舰本来是两种完全不同的东西，组合在一起的"航空母舰"既不是飞机，也不是普通舰艇，但兼有它们各自的特性，同时，它的战斗力比飞机与普通舰艇的战斗力要大得多。

由此我们也可以看出，加法思维并非对事物的简单合并，而是具有创造性的组合。在加法思维中，事物表现出了更深层的含义和价值，巧妙地运用加法思维，你将会得到意想不到的收获。

因为减少而丰富

在减法思维下，如果要研究的对象是一块"难啃的骨头"，那么不要紧，将其一部分一部分地进行研究，分开而"食"就行了。

派克原来是一个销售自来水笔的小店铺的店主。他每天凝视着那些待售的笔发呆，真想制造出质量更好的笔，但是他无从下手。

终于有一天，他豁然开朗，把这一问题分成若干部分进行思考：从笔的成分构成、原料组成、造型、功能等多个方面分开分析，并对现有笔的长短处进行综合分析。如从笔的构成方面分析，就可将之分为笔杆、笔尖、笔帽等部分，这几个部分又可以进一步细化。如笔帽从造型方面分析，就有旋拧式、插入式、流线型等。

最后，他对笔进行改进，其发明的流线型、插入式的笔帽结构获得了专利。

这就是世界著名的派克自来水笔的由来。

派克笔的成功给了我们很大的启示：和我们许多人一样，派克在开始进行研究时，也是一筹莫展，不知从何处入手。但是，他运用减法思维，将笔的各种要素进行分解研究，这样就很清晰地找到了着力点，终于取得了非凡的成就。

计算机是当今时代高科技的象征。西方世界首先开发出计算机、微电脑，创造了惊人的社会效益与经济效益。作为发展中国家的我国，在这方面落后了人家一大截，只能奋起直追。但也有思维独到的人反其道而行之，不做加法，而做减法，力图在简化中寻找出路。他们的劳动有了重要的突破，取得了令人欣喜的成果——将计算机中的光驱与解码部分分离出来，就成了千家万户都喜欢的VCD；将计算机中的文字录入编辑和游戏功能取出来，就成了学习机。VCD与学习机的问世，造就了一个消费热点，也造就了一大产业。比尔·盖茨因此盛赞中国企业家独具慧眼，开发出一个利润丰厚的VCD与学习机市场，首次领导了世界高新产品的潮流。

减法思维在节约成本方面也有着较为成功的应用。

或许有人要说，节约是永恒的话题，算不上创造性思维。其实不然。有些事物本是明摆着的，可人们就是视而不见，熟视无睹，听之任之，未能进入视野；而思维敏感的人，注意到了它，并认真思考了，就找到了解决问题的办法。

美国一名铁路工程师办事很认真，凡事喜欢动脑筋。有一次，他在铁轨上行走，发现每一颗螺丝钉都有一截露在外面。为什么必须有多余的这一节呢？不留这一节行不行？他问过许多人，都说不出个所以然。经过试验，他发现，这一节完全没有存在的必要。于是，他决定改造这种螺丝钉。同事们都笑话他小题大做，说历来都这样做，谁也没说个不字，何必标新立异，操闲心。这位工程师不为所动，坚持做自己的。结果每个螺丝钉节约 50 克钢铁，每公里铁轨有螺丝钉 3000 个，节约钢铁 150 公斤；他所在的公司拥有铁路 1.8 万公里，总共有 5400 万个螺丝钉，总计节约了 2700 吨钢铁。事实令同事们信服了。

减法思维涉及人、财、物、用时，等生活工作的各个方面，是一篇永远做不完的大文章，需要我们认真去观察、仔细去思考。掌握了减法思维的要义，你会发现生活中许多问题都迎刃而解了。

分解组合，变化无穷

加减思维法的一个特点就是对事物进行分解或组合，以构成无穷的变化状态。在运用中可以先加后减，亦可先减后加，以达到创新的目的。

美国的《读者文摘》是全世界最畅销的杂志之一，它的诞生来自它的创始人德惠特·华莱士的一个"加减联用"的创意。

28 岁的时候，华莱士应征入伍，在一次战役中负伤，进入医院疗养。在养伤期间，他阅读了大量杂志，并把自己认为有用的文章抄下来。一天，他突然想：这些文章对我有用，对别人也一定有用，为什么不把它编成一册出版呢？

出院后，他把手头的 31 篇文章编成样本，到处寻找出版商，希望能够出版，但均遭到了拒绝。

华莱士没有灰心，两年后，他自费出版发行了第一期《读者文摘》。事实证明，他把最佳文章组合精编成一册袖珍型的非小说刊物是一个伟大的创意。今天，《读者文摘》发行已达到几千万册，并翻译成 10 多种文字发行。这种办刊方法也为他人所效仿，在我国，目前此类报纸杂志已有数十种。

在这里，"分"是将每一篇文章的精粹从文章中分离出来，或将每一篇文章从每本书里分离出来；"合"是每篇精选过的文章都要在《读者文摘》中以集合的方式刊登出来。这样就产生了一大批精彩文章所组成的"集合效应"。

为你的视角做加法

怎样培养加法思维呢？

这需要培养我们为自己的视角做加法的能力。

可在一件东西上添加些什么吗？把它加大一些，加高一些，加厚一些，行不行？把这件东西和其他东西加在一起，会有什么结果？

饼干＋钙片＝补钙食品；

日历＋唐诗＝唐诗日历；

剪刀＋开瓶装置＝多用剪刀；

白酒＋曹雪芹＝曹雪芹家酒。

这就是"加一加"视角。

加法体现的是一种组合方式。"加一加"视角就是将双眼射向各种事物，努力思考哪几种可以组合在一起，从而产生新的功能。环顾办公室的用品、住宅里的用具，纯粹单要素的物件很少，大部分是复合物。社会的进步，永远离不开"加一加"视角。

我们生活中的许多物品都是"加一加"视角的产物，如在护肤霜里加珍珠粉便成了珍珠霜；奶瓶上加温度计便可随时测量牛奶的温度，避免婴儿喝的奶过热或过冷；汽车上安装 GPRS 定位系统，便可随时锁定汽车方位，为破获汽车盗窃等案件提供了便利。

在中国香港市场上，中国内地、泰国、澳大利亚的大米声誉不错。中国内地大米香，泰国大米嫩，澳大利亚大米软，三者各有特色，各具优势。但奇怪的是，三者都销路平平，不见红火。或许是特色太突出而难以吊人胃口吧。米商很发愁，思考如何改变这种状况。

一天，米商突发奇想，将三种米混合起来如何？自家试着煮着吃，味道好极了。他如法炮制，自己"加工"出"三合米"，谁知得到了广泛的认同，行情大好。

三米合一，十分简单，却耐人寻味。它的神奇之处在于共生共存、取长补短——三优相加长更长，三短相接短变长；三者杂处，长处互见，短处互补。

由此推衍开去，我们可以想到鸡尾酒，想到酱醋辣的三味合一的调味品，想到农业上的复合肥，想到医药上的复方药……航天飞机实际是火箭、飞机和宇宙飞船的组合。机械与电脑相结合的工业品和生活用品已屡见不鲜，如程控机床、电脑洗衣机、电子秤、电子照相机等。

"加一加"视角可以使事物进行重新组合，产生更有价值的物品。掌握这种方法，需要我们增加思维敏感度，多观察、多思考，便可以随时随地产生加法的创意。

减掉繁杂，留下精华

减法视角要求我们在观察事物时，经常问一问：把它减小一些，降低一些，减轻一些，行不行？可以省略取消什么吗？可以降低成本吗？可以减少次数吗？可以减少些时间吗？

无线电话、无线电报以及无人售货、无人驾驶飞机等都属"减一减"的成果。用"减一减"的办法，将眼镜架去掉，再减小镜片，就发明制造出了隐形眼镜。随着科技的发展，许多产品向着轻、薄、短、小的方向发展。

生活中的许多物品都是"减一减"视角的产物，如：

肉类—油脂＝脱脂食品；

水—杂物＝纯净水；

铅笔—木材＝笔芯。

"加一加"视角将简单事物复杂化，单一功能复合化，那是一种美，使人享受丰富多彩的现代生活；"减一减"视角则将复杂事物简单化，多样功能专一化，也是一种美，给人轻快灵便、简洁明了的愉悦。

企业的发展也是如此。

企业在成长过程中，首先面临的是由小变大的问题。没有一定规模，没有一定实力，就不可能是一个有影响的企业，所以，大多数企业开始都是用"加法"的方式把企业做起来。但企业由大变强，就需要调整企业的产业和组织结构，可以说，企业由大变强，再通过"强"变得更大，则是靠"减法"。

万科集团起家时靠的是"加法"，最红火的时期大约是在1992年前后。1993年后，逐渐成熟起来的万科开始收缩战线，做起了"减法"：第一，1993年，在涉足的多个领域中，万科提出以房地产为主业，从而改变了过去的摊子平铺、主业不突出的局面；第二，在房地产的经营品种上，1994 年，万科提出以城市中档民居为主业，从而改变了过去的公寓、别墅、商场、写字楼什么都干的做法；第三，在房地产的投资地域上，1995 年底，万科提出回师深圳，由全国的 13 个城市转为重点经营京、津、沪特别是深圳四个城市；第四，在股权投资上，从 1994 年起，万科对在全国 30 多家企业持有的股份，开始分期转让。

万科从 1984 年成立，到 1993 年的 10 年间，从一个单一的摄像器材贸易公司，发展到经营进出口、零售、房地产、投资、影视、广告、饮料等 13 大类，参股 30 多家企业，战线一度广布 38 个城市的大企业商。对于大多数企业来说，加法是容易的，因为在中国经济的大发展中，机会是非常多的，换句话说，诱惑是非常多的。但在 1992 年底，万科却走上了"减法"之路。正是这种"先加后减"，使万科成为中国房地产业的龙头老大。

佛教中有个词汇叫"舍得"，正印证了减法思维的要义：有舍才有得。小舍会有小得，大舍会有大得，不舍则不得，这是经过了生活验证的，是普遍适用的。

增长学识，登上成功的顶峰

生活的过程就像是在攀登一座高峰，在这期间，知识成为一块块垫脚石，我们只有运用加法思维，不断增加自己的学识，才能在这个日新月异的世界立足，才能有望攀上成功的顶峰。

英国唯物主义哲学家弗兰西斯·培根在其《新工具》一书中提出了"知识就是力量"的著名论断，他写道："任何人有了科学知识，才可能驾驭自然、改造自然，没有知识是不可能有所作为的。"

随着社会的发展，知识的作用愈加重要，特别是知识经济已经来临的今天，可以说，知识不仅是力量，而且是最核心的力量，是终极力量。

对此，李嘉诚曾深有体会地说，在知识经济的时代里，如果你有资金，但是缺乏知识，没有新的信息，无论何种行业，你越拼搏，失败的可能性越大；若你有知识，没有资金，小小的付出都能够有回报，并且很可能获得成功。

所以说，人没有钱财不算贫穷，没有学问才是真正的贫穷。加法思维在这里的正确运用就是想方设法增加学识，而不是一味地增加钱财。只有增加了学识，才能更顺利地登上成功的顶峰。

有这样一则小故事：

一次，德国戴姆勒·克莱斯勒公司里一台大型电机发生故障，几位工程师找不出毛病到底在哪儿，只得请来权威克莱姆·道尔顿。

这位权威人士在现场看了一会儿，然后用粉笔在机器的一个部位画了个圆圈，表示问题就出在这里。一试，果然如此。在付报酬时，克莱姆·道尔顿开出的账单是1万美元。人们都认为要价太高了，因为他只画了一个圆圈呀。但是克莱姆·道尔顿在付款单上写道："画一个圆圈1美元，知道在哪里画圆圈值9999美元。"

多么巧妙的回答。画一个圆圈是每个人都会的，然而并不是谁都知道该画在什么地方。这正显示了知识的价值和力量。

有了知识的积累，有了一定的学识，命运便会为你开启一扇幸运之门，使你一步步走向成功。

当年，华罗庚虽然辍学，但凭借对数学的热爱，他一直没有放弃学习，积累了许多数学知识，为他以后的发展和成功打下了坚实的基础。

一次，华罗庚在一本名叫《学艺》的杂志上读到一篇《代数的五次方程式之解法》的文章，惊讶得差点叫出声来："这篇文章写错了！"

于是，这个只有初中文化程度的19岁青年，居然写出了批评大学教授的文章：《苏家驹之代数的五次方程式解法不能成立之理由》，投寄给上海《科学》杂志。

华罗庚的论文发表后，引起了清华大学数学系主任熊庆来教授的注意。这位数学前辈以他敏锐的洞察力和准确的判断力认为，华罗庚将是中国数学领域的一颗希望之星！

当得知华罗庚竟是小镇上一名失学青年时，熊庆来教授大为震惊！熊庆来教授爱才心切，想方设法把华罗庚调到了清华大学当助理员。进入这所蜚声海内外的高等学府，华罗庚如鱼得水。他一边工作，一边学习、旁听，熊庆来教授还亲自指导他学习数学。

命运再一次对这位努力不懈者展现了应有的青睐。到清华大学的4年中，华罗庚接连发表了十几篇论文，自学了英文、德文、法文，最后被清华大学破格提升为讲师、教授。

华罗庚的事迹说明了，要增加学识，最直接、最有效的途径就是学习。学习，是对加法思维的创造性运用。如果将我们一生的成就比作一幢大厦，学习的过程就是逐渐添砖加瓦的过程。学习已经越来越具有主动创造、超前领导、生产财富和社会整合的功能。

在这个信息和知识的时代，用加法思维进行"终身学习"是每个现代人生存和发展的基础。

放弃何尝不是明智的选择

放弃是智者面对生活的明智选择，是减法思维在生活中的应用，只有懂得何时放弃的人，才会事事如鱼得水。

选择与放弃，这几乎是每个人每一天都会在自己的生活中遇到的问题，如果你能够看破其中的奥秘，做到明智选择，轻松放弃，就能让自己的生活变得简单。

放弃，意味着重新获得。明智的放弃胜过盲目的坚持。生活中我们应当学会适时地放弃。放弃一些无谓的执着，你就会收获一种简单的生活。

日本著名的禅师南隐说过，不能学会适当放弃的人，将永远背着沉重的负担。生活中有舍才有得，如果我们想抓住所有的东西不放，结果就可能什么也得不到。

艾德 11 岁那年，一有机会便去湖心岛钓鱼。在钓鳟鱼开禁前的一天傍晚，他和妈妈早早又来钓鱼。安好诱饵后，他将鱼线一次次甩向湖心，在落日余晖下泛起一圈圈的涟漪。

忽然钓竿的另一头沉重起来。他知道一定有大家伙上钩，急忙收起鱼线。终于，艾德小心翼翼地把一条竭力挣扎的鱼拉出水面。好大的鱼啊！它是一条鳟鱼。

月光下，鱼鳃一吐一纳地翕动着。妈妈打亮小电筒看看表，已是晚上 10 点——但距允许钓鳟鱼的时间还差两个小时。

"你得把它放回去，儿子。"母亲说。

"妈妈！"艾德哭了。

"还会有别的鱼的。"母亲安慰他。

"再没有这么大的鱼了。"艾德伤感不已。

他环视四周，已看不到渔艇或钓鱼的人，但他从母亲坚决的脸上知道无可更改。暗夜中，那鳟鱼摆动着笨大的身躯慢慢游向湖水深处，渐渐消失了。

这是很多年前的事了，后来艾德成为纽约市著名的建筑师。他确实没再钓到那么大的鱼，但他却为此终生感谢母亲。因为他通过自己的诚实、勤奋、守法，猎取到了生活中的大鱼——事业上成绩斐然。

放弃，意味着重新获得。要想让自己的生活过得简单一些，你就有必要放弃一些功利、应酬，以及工作上的一些成就。只有放弃一些生活中不必要的牵绊，才能够让你的生活真正简单起来。

中国有句老话：有所不为才能有所为。去除一些负担，停止做那些你已觉得无味的事情。只有这样，你才能更好地把握自己的生活。

杰克见到房东正在挖屋前的草地，有点不相信自己的眼睛："这些草你要挖掉吗？它们是那么漂亮，而你又花了那么多心血呀！"

"是的，问题就在这里。"他说，"每年春天我要为它施肥、透气，夏天又要浇水、剪割，秋天要再播种。这草地一年要花去我几百个小时，谁会用得着呢？"

现在，房东在原先的草地种上了一棵棵柿子树，秋天里挂满了一只只红彤彤的小灯笼，可爱极了。这柿子树不需要花什么精力来管理，使他可以空出时间干些他真正乐意干的事情。

选择总在放弃之后。明智之人在作出一项选择之前知道自己需要什么，并果断地将不需要的放弃。例如，当你决定要健康的时候，你就要放弃睡懒觉，放弃熬夜……当你要享受更轻松的生活的时候，你就要放弃一些工作上的琐事和无休止的加班，等等。

总之，真正的智者，懂得何时该放弃，他们懂得放弃了，才有机会获得成功。这样的放弃其实是为了得到，是在放弃中开始新一轮的进取，绝不是低层次的三心二意。

拿得起，也要放得下；反过来，放得下，才能拿得起。荒漠中的行者知道什么情况下必须扔掉过重的行囊，以减轻负担、保存体力，努力走出困境而求生。该扔的就得扔，连生存都不能保证的坚持是没有意义的。

放弃也是一种选择，有放弃才能有所得。人不仅要知道进取，也要学会认输、知道放弃，进取和放弃同样重要。

生命如舟，生命之舟载不动太多的物欲和虚荣，要想使之在抵达彼岸前不在中途搁浅或沉没，就必须减轻载重，只取需要的东西，把那些不需要的果断地放下。

我们应该明白这样的道理：人的一生，不可能什么东西都得到，总有需要放弃的东西。不懂得放弃，就会变得极端贪婪，结果什么东西都得不到。

学会辩证地看待这个世界：放弃今天的舒适，努力"充电"学习，是为了明天更好地生活。若是一味留恋今天的悠闲生活，有可能明天你将整天地哭泣。学会放弃，可以使你轻装前进，攀登人生更高的山峰。

学会运用人生加减法

月有阴晴圆缺，人有悲欢离合。有人将人生比作一场戏，在舞台上时刻上演着分分合合、加加减减的剧目。实际上，人生又是一种自我经营的过程，要经营就要讲运算。我们要在生活中学会运用人生加减法，掌握人生的主动权。

人生需要用加法。人生在世，总是要追求一些东西，追求什么是人的自由，所谓人各有志，只要不违法，手段正当，不损害别人的利益，符合道德伦理，追求任何东西都是合理的。

比如，有的人勤奋工作，奋力拼搏为的是升职；有的人风里来雨里去，吃尽苦头，为的是增加手中的财富；有的人"头悬梁，锥刺股"发奋读书是为了增长知识；有的人刻苦研究艺术，为的是增加自己的文化品位；有的人全身心投入社会实践中，为的是增加才能；有的人待人诚恳，为的是多交挚友；有的人坚持锻炼身体，为的是强健体魄、增加精力……人生的加法，使人生更加丰富多彩。加法人生的原则是公平竞争，不论在物质财富上还是在精神财富上胜出者，都应给予鼓励。加法人生是一种积极的人生。

人生需要用减法。哲人说，人生如车，其载重量有限，超负荷运行促使人生走向其反面。

人的生命有限，而欲望无限。我们要学会淡然地看待得失，用减法减去人生过重的负担，否则，负担太重，人生不堪重负，结果往往事与愿违。

有一次，先知带着他的学生来到了一个山洞里。学生们正纳闷儿，他却打开了一座神秘的仓库。这个仓库里装满了放射着奇光异彩的宝贝。

仔细一看，每件宝贝上都刻着清晰可辨的字，分别是：骄傲、忌妒、痛苦、烦恼、谦虚、正直、快乐……这些宝贝是那么漂亮，那么迷人。这时先知说话了："孩子们，这些宝贝都是我积攒多年的，你们如果喜欢的话，就拿去吧！"

学生们见一件爱一件，抓起来就往口袋里装。可是，在回家的路上他们才发现，装满宝贝的口袋是那么沉重，没走多远，他们便感到气喘吁吁，两腿发软，脚步再也无法挪动。先知又开口了：孩子，还是丢掉一些宝贝吧，后面的路还很长呢！"骄傲"丢掉了，"痛苦"丢掉了，"烦恼"也丢掉了……口袋的重量虽然减轻了不少，但学生们还是感到很沉重，双腿依然像灌了铅似的。

"孩子们，把你们的口袋再翻一翻，看看还有什么可以扔掉一些。"先知再次劝学生们。

学生们终于把最沉重的"名"和"利"也翻出来扔掉了，口袋里只剩下了"谦逊""正直"和"快乐"……一下子，他们有一种说不出的轻松和快乐。先知也长舒了一口气说："啊，你们终于学会了放弃！"

人生应有所为，有所不为。著名科普作家高士其原名叫高仕鎻，后改成了高士其，有些朋友不解其意，他解释说：去掉"人"旁不做官，去掉"金"旁不要钱。高士其以惊人的毅力创作了50年，创作了500万字的科普作品。

华盛顿是美国的开国之父，他在第二届总统任期届满时，全国

"劝进"之声四起，但他以无比坚定的意志坚持卸任，完成了人生的一次具有重要意义的减法，至今美国人民仍自豪于华盛顿为美国建立的制度。

　　人生加减法，体现了太多的加减思维与加减智慧，对我们生活的方方面面有着至关重要的作用，是需要我们用心去体会、去学习的。

第四章

**逆向思维——答案可能
就在事物的另一面**

做一条反向游泳的鱼

当你面对一个史无前例的难题，沿着某一固定方向思考而不得其解时，灵活地调整一下思维的方向，从不同角度展开思考，甚至把事情整个反过来想一下，那么就有可能反中求胜，摘得成功的果实。

宋神宗熙宁年间，越州（今浙江绍兴）闹蝗灾。成片的蝗虫像乌云一样，遮天蔽日。所到之处，禾苗全无，树木无叶，一片肃杀景象。当然，这年的庄稼颗粒无收。

当时，新到任的越州知州赵抃，就面临着整治蝗灾的艰巨任务。越州不乏大户之家，他们有积年存粮。老百姓在青黄不接时，大都过着半饥半饱的日子，而一旦遭灾，便缺大半年的口粮。灾荒之年，粮食比金银还贵重，哪家不想存粮活命？一时间，越州米价飞涨。

面对此种情景，僚属们都沉不住气了，纷纷来找赵抃，求他拿出办法来。借此机会，赵抃召集僚属们来商议救灾对策。

大家议论纷纷，但有一条是肯定的，就是依照惯例，由官府出告示，压制米价，以救百姓之命。僚属们七嘴八舌，说附近某州某县已经出告示压米价了，倘若还不行动，米价天天上涨，老百姓将不堪其苦，甚至会起来造反的。

赵抃听了大家的讨论后，沉吟良久，才不紧不慢地说："今次救灾，我想反其道而行之，不出告示压米价，而出告示宣布米价可自由上涨。""啊？"众僚属一听，都目瞪口呆，以为知州大人在开玩笑，而后看知州大人蛮认真的样子，又怀疑这位大人是否吃错了药，在胡言乱语。赵汴见大家不理解，笑了笑，胸有成竹地说："就这么办。起草文书吧！"

官令如山倒，大人说怎么办就怎么办。不过，大家心里都直犯嘀咕：这次救灾肯定会失败，越州将饿殍遍野，越州百姓要遭殃了！这时，附近州县都纷纷贴出告示，严禁私涨米价。若有违犯者，一经查出，严惩不贷。揭发检举私增米价者，官府予以奖励。而越州则贴出不限米价的告示，于是，四面八方的米商闻讯纷纷而至。头几天，米价确实涨了不少，但买米者看到米上市的太多，都观望不买。然而过了几天，米价开始下跌，并且一天比一天跌得快。米商们想不卖再运回去，但一则运费太贵，增加成本；二则别处又限米价，于是只好忍痛降价出售。这样一来，越州的米价虽然比别的州县略高点，但百姓有钱可买到米；而别的州县米价虽然压下来了，但百姓排半天队，却很难买到米。所以，这次大灾，越州饿死的人最少，受到朝廷的嘉奖。

僚属们都佩服赵汴，纷纷来请教其中原因。赵汴说："市场之常性，物多则贱，物少则贵。我们这样一反常态，告示米商们可随意涨价，米商们都蜂拥而来。吃米的还是那么多人，米价怎能涨上去呢？"原来奥妙在于此。

很多时候，对问题只从一个角度去想，很可能进入死胡同，因为事实也许存在完全相反的可能。有时，问题实在很棘手，从正面无法解决，假如探寻逆向可能，反倒会有出乎意料的结果。

有一个故事，主人公也是运用了逆向思维而取得了不错的收益。

　　巴黎的一条大街上，同时住着三个不错的裁缝。可是，因为离得太近，所以生意上的竞争非常激烈。为了能够压倒别人，吸引更多的顾客，裁缝们纷纷在门口的招牌上做文章。一天，一个裁缝在门前的招牌上写上了"巴黎城里最好的裁缝"，结果吸引了许多顾客光临。看到这种情况以后，另一个裁缝也不甘示弱。第二天，他在门口挂出了"全法国最好的裁缝"的招牌，结果同样招揽了不少顾客。

　　第三个裁缝非常苦恼，前两个裁缝挂出的招牌吸引了大部分的顾客，如果不能想出一个更好的办法，很可能就要成为"生意最差的裁缝"了。但是，什么词可以超过"全巴黎"和"全法国"呢？如果挂出"全世界最好的裁缝"的招牌，无疑会让别人感觉到虚假，也会遭到同行的讥讽。到底应该怎么办？正当他愁眉不展的时候，儿子放学回来了。当他知道父亲发愁的原因以后，笑着说："这还不简单！"随后挥笔在招牌上写了几个字，挂了出去。

　　第三天，另两个裁缝站在街道上等着看他们的另一个同行的笑话，但事情却出乎了他们的意料。因为，他们发现，很多顾客都被第三个裁缝"抢"走了。这是什么原因？原来，妙就妙在他的那块招牌上写着"本街道最好的裁缝"几个大字。

　　在竞争日趋激烈的今天，人们更需要借助于非常规的思维来取胜。在上面的故事中，面对前面两个裁缝提出的全城和全国的"大"，第三个裁缝的儿子却利用街道的"小"来做文章，并最终取得了胜利。因为在全城或者全国，他不一定是最好的，但在街道这个特定区域里，他就是最好的，而这才是具有绝对竞争力的。

　　思维逆转本身就是一种灵感的源泉。遇到问题，我们不妨多想一下，能否朝反方向考虑一下解决的办法。反其道而行是人生的一种大智慧, 当别人都在努力向前时, 你不妨倒回去, 做一条反向游泳的鱼, 去寻找属于你的道路。

试着"倒过来想"

很多时候, 你只从一个角度去想事情, 很可能让自己进入死胡同, 无法寻求到解决问题的有效方法。甚至有些时候, 问题非常棘手, 从正面或侧面根本没法解决。这个时候, 如果你试着倒过来想, 没准儿就会有出乎意料的惊喜!

有这样一个故事:

古时候, 一位老农得罪了当地的一个富商, 被其陷害关入了大牢。当地有这样一项法律: 当一个人被判死刑, 还可以有一次抓阄的机会, 只有生死两签, 要么判处死刑, 要么救下一命, 改为流放。

陷害老农的富商, 怕这个老农运气好, 抓个生签, 便决定买通制阄人, 要两签均为"死"。老农的女儿探知这一消息, 大为震惊, 认为父亲必死无疑。但老农一听此事, 反倒喜形于色: "我有救了。"执行之日, 老农果然轻易得以活命, 让家人和陷害者大惊失色。

他用的是什么方法呢? 原来, 抓阄时, 老农随便抓一个往口里一丢, 说: "我认命了, 看余下的是什么吧?" 结果打开一看, 确实是"死"。制阄人自然不敢说自己造了假, 于是断定其所抓之阄是"生"。老农死里逃生。

这就是"倒过来想"的魅力！在遇到问题时，多从对立面想一想，既能把坏事变好事，又能发现许多创造的良机。

20世纪60年代中期，全世界都在研究制造晶体管的原料——锗，大家认为最大的问题是如何将锗提炼得更纯。

索尼公司的江崎研究所，也全力投入了一种新型的电子管研究。为了研究出高灵敏度的电子管，人们一直在提高锗的纯度上下功夫。当时，锗的纯度已达到了99.9999999%，要想再提高一步，真是比登天还难。

后来，刚出校门的黑田由子小姐，被分配到江崎研究所工作，担任提高锗纯度的助理研究员。这位小姐比较粗心，在实验中老是出错，免不了受到江崎博士的批评。后来，黑田小姐发牢骚说："看来，我难以胜任这提纯的工作，如果让我往里掺杂质，我一定会干得很好。"

不料，黑田的话突然触动了江崎的思绪，如果反过来会如何呢？于是，他真的让黑田一点一点地向纯锗里掺杂质，看会有什么结果。

于是，黑田每天都朝相反的方向做实验，当黑田把杂质增加到1000倍的时候（锗的纯度降到了原来的一半），测定仪器上出现了一个大弧度的局限，几乎使她认为是仪器出了故障。黑田马上向江崎报告了这一结果。江崎又重复多次这样的试验，终于发现了一种最理想的晶体。接着，他们又发明出自动电子技术领域的新型元件，使用这种电子晶体技术，电子计算机的体积缩小到原来的1/4，运行速度提高了十多倍。此项发明一举轰动世界，江崎博士和黑田分别获得了诺贝尔物理学奖和民间诺贝尔奖。

倒过来想就是如此神奇，看似难以解决的问题，从它的反面来考虑，立刻迎刃而解了。这种方法不只适用于科学研究，在企业经营中也能催生出一些好的策略。

北京某制药企业刚刚生产一种特效药，价格比较高，企业又没有很多预算做广告和促销，所以销量一直不是很好。有一天，企业在运货过程中无意将一箱药品丢失，面临几万元的损失。面对这样一个突发事件，企业的领导层没有简单地惩罚当事人了事，而是将问题倒过来想，试图从问题的反方向来解决，并迅速形成了一个意在营销的决策：马上在各个媒体上发表声明，告诉公众自己丢失了一箱某种品牌的特效药，非常名贵，疗效显著，但是需要在医生指导下服用，因此企业本着对消费者负责的态度，希望拾到者能将药品送回或妥善处理而不要擅自服用。企业最终并没有找到丢失的药品，但是声明过后，通过媒体、读者茶余饭后的口口相传，消费者对该药品、品牌和企业的认识度与信赖感明显提高。很快，药品的知名度和销量迅速上升，这个创意为企业创造的效益已经远远高于丢失药品导致的损失了。

"倒过来想"的方法可以拓展我们的思维广度，为问题的解决提供一个新的视角。我们已经习惯了"正着想问题"的思维模式，偶尔尝试一下"倒过来想"，也许你会收到"柳暗花明又一村"的效果。

反转型逆向思维法

反转型逆向思维法是指从已知事物的相反方向进行思考，寻找发明构思的途径。

　　"事物的相反方向"是指从事物的功能、结构、因果关系等三个方面作反向思维。

　　火箭首先是以"往上发射"的方式出现的，后来，苏联工程师米海依却运用此方法，终于设计、研究成功了"往下发射"的钻井火箭、穿冰层火箭、穿岩石火箭等，统称为钻地火箭。

　　科技界把钻地火箭的发明视为引起了一场"穿地手段"的革命。

　　原来的破冰船起作用的方式都是由上向下压，后来有人运用反转型逆向思维法，研制出了潜水破冰船。这种破冰船将"由上向下压"改为"从下往上顶"，既减少了动力消耗，又提高了破冰效率。

　　隧道挖掘的传统的方法是：先挖洞，挖了一段距离后，便开始打木桩，用以支撑洞壁，然后再继续往前挖；挖了一段距离后，再用木桩支撑洞壁，这样一段一段连接起来，便成了隧道。

　　这样的挖法，要是碰上坚硬的岩石算是走运，一旦碰上土质疏松的地段，麻烦就大了。有时还会因为塌方而把已经挖好的隧道堵死，甚至会有人员伤亡。

　　美国有一位工程师解决了这一难题。他对原有的挖掘方法采取了"倒过来想"的思考方式，对挖掘隧道的过程采取颠倒的做法：先按照隧道的形状和大小，挖出一系列的小隧道，然后往这些小隧道内灌注混凝土，使它们围拢成一个大管子，形成隧道的洞壁。

　　洞壁确定以后，接下来再用打竖井的方法挖洞。实践证明，这种先筑洞壁、后挖洞的新方法，不仅可以避免洞壁倒塌，而且可以从隧道的两头同时挖掘，既省工又省时，效果非常显著，世界上许多国家都采用了这一方法。

反转型逆向思维法针对事物的内部结构和功能从相反的方向进行思考，对于事物结构与功能的再造有着突出的作用。

从上述案例可知，反转型逆向思维法在发明应用实践中，有的是方向颠倒，有的则是结构倒装，或者功能逆用。运用这种思维方法时，首要的是找准"正"与"反"两个对立统一的思维点，然后再寻找突破点。像大与小、高与低、热与冷、长与短、白与黑、歪与正、好与坏、是与非、古与今、粗与细、多与少等，都可以构成逆向思维。大胆想象，反中求胜，均可收获创意的珍珠。

转换型逆向思维法

转换型逆向思维法是指在研究一个问题时，由于解决问题的手段受阻，而换成另一种手段，或转换思考角度，以使问题顺利解决的思维方法。

有这样一则故事：

一位大富豪走进一家银行。

"请问先生，您有什么事情需要我们效劳吗？"贷款部营业员一边小心地询问，一边打量着来人的穿着：名贵的西服、高档的皮鞋、昂贵的手表，还有镶宝石的领带夹……"我想借点钱。""完全可以，您想借多少呢？""1 美元。""只借 1 美元？"贷款部的营业员惊愕地张大了嘴巴。"我只需要 1 美元。可以吗？"贷款部营业员的大脑立刻高速运转起来，这人穿戴如此阔气，为什么只借 1 美元？他是在试探我们的工作质量和服务效率吧？他装出高兴的样子说："当然，只要有担保，无论借多少，我们都可以照办。"

"好吧。"富豪从豪华的皮包里取出一大堆股票、债券等放在柜台上,"这些作担保可以吗?"

营业员清点了一下:"先生,总共 50 万美元,作担保足够了,不过先生,您真的只借 1 美元吗?"

"是的,我只需要 1 美元。有问题吗?"

"好吧,请办理手续,年息为 6%,只要您付 6% 的利息,且在一年后归还贷款,我们就把这些作担保的股票和证券还给您……"

富豪办完手续正要走,一直在一边旁观的银行经理怎么也弄不明白,一个拥有 50 万美元的人,怎么会跑到银行来借 1 美元呢?

他追了上去:"先生,对不起,能问您一个问题吗?"

"当然可以。"

"我是这家银行的经理,我实在弄不懂,您拥有 50 万美元的家当,为什么只借 1 美元呢?"

"好吧!我不妨把实情告诉你。我来这里办一件事,随身携带这些票券很不方便,问过几家金库,它们的保险箱租金都很昂贵。所以我就到贵行将这些东西以担保的形式寄存了,由你们替我保管,况且利息很低,存一年才不过 6 美分……"

经理如梦初醒,他也十分钦佩这位富豪,他的做法实在太高明了。

这位富豪巧妙地运用了转换型逆向思维法,为了规避昂贵的租金,他从反方向思考,将随身财物作为贷款抵押,每年只需付极少的利息,就轻松地解决了问题。

这是一种非同寻常的智慧,需要我们的思路保持灵活,不受传统观念或习惯所拘束。据说,鞋子的产生也源于转换型逆向思维法的运用。

很久以前,还没有发明鞋子,所以人们都赤着脚,即使冰天雪地也不例外。有一个国家的国王喜欢打猎,他经常出去打猎,但是他进出都骑马,从来不徒步行走。

有一回他在打猎时偶尔走了一段路,可是真倒霉,他的脚让一根刺扎了。他痛得"哇哇"直叫,把身边的侍从大骂了一顿。第二天,他向一个大臣下令:一星期之内,必须把城里大街小巷统统铺上毛皮。如果不能如期完工,就要把大臣绞死。一听到国王的命令,那个大臣十分惊讶。可是国王的命令怎么能不执行呢?他只得全力照办。大臣向自己的下属官吏下达命令,官吏们又向下面的工匠下达命令。很快,往街上铺毛皮的工作就开始了,声势十分浩大。

铺着铺着就出现了问题,所有的毛皮很快就用完了。于是,不得不每天宰杀牲口。杀了成千上万的牲口,可是铺好的街还不到百分之一。

离限期只有两天了,急得大臣头发都白了。大臣有一个女儿,非常聪明。她对父亲说:"这件事由我来办。"

大臣苦笑了几声,没有说话。可是姑娘坚持要帮父亲解决难题。她向父亲讨了两块皮,按照脚的模样做了两只皮口袋。

第二天,姑娘让父亲带她去见国王。来到王宫,姑娘先向国王请安,然后说:"大王,您下达的任务,我们都完成了。您把这两只皮口袋穿在脚上,到哪儿去都行。别说小刺,就是钉子也扎不到您的脚!"

国王把两只皮口袋穿在脚上,然后在地上走了走。他为姑娘的聪明而感到惊奇,穿上这两只皮口袋走路舒服极了。

国王下令把铺在街上的毛皮全部揭起来。很快，揭起来的毛皮堆成了一座山，人们用它们做了成千上万双鞋子，而且想出了许多不同的样式。

许多人遇到问题便为其所困，找不到解决的办法，实际上，如果能换个角度看问题，有时一个看似很困难的问题也可以用巧妙的方法轻松解决。这就需要我们在生活中培养这种多角度看问题的能力。

缺点逆用思维法

缺点逆用思维法是一种利用事物的缺点，将缺点变为可利用的东西，化被动为主动，化不利为有利的思维方法。

美国的"饭桶演唱队"就是运用缺点逆用思维法，"炒作"自己的缺点，从而一举成名的。

"饭桶演唱队"的前身是"三人迪斯科演唱队"，由三名肥胖得出奇的小伙子组成，演唱的题材大多是关于食品、吃喝和胖子等笑料，很受市民欢迎。有一次在欧洲演出，有家旅店的经理见他们个个又肥又胖，穿上又宽又大的演出服，简直与三只大桶毫无二致，于是嘲笑他们，建议他们创作一首"饭桶歌"唱唱，说这会相得益彰。经理本是奚落嘲弄，三个胖小伙也着实又恼又怒，但恼怒之后便兴高采烈了。对，肥胖就肥胖，干脆将"三人迪斯科演唱队"改为"三人饭桶演唱队"，而且即兴创作了《饭桶歌》。第一天演唱便赢得了观众如雷的掌声。三人录制的《三个大饭桶》唱片，一上市便是 10 万张，几天即被抢购一空。

从这个故事可以看出来，缺点固然有其不足的一面，但发现缺点、认定缺点、剖析缺点并积极地寻求克服或者利用它的方法往往能创造一个契机，找到一个出发点。俗话说得好，有一弊必有一利，利弊关系的这种统一属性，正是新事物不断产生的理论和实践基础。

法国有一个人，在航海时发现，海员十分珍惜随船携带的淡水，自然知道了浩渺无垠的辽阔大海尽管气象万千，但大海的水却可望而不可喝。应当说，这是海水的缺点，几乎所有的人都了解这一点。商人却认真地注意起这个大海的缺点来，它咸，它苦，与清甜的山泉相比，简直不能相提并论，难道它当真只能被人们所厌恶？想着想着，他突发奇想，如果将苦咸的海水当作辽阔而深沉的大海奉献给从未见过大海的人们，又会怎样呢？于是他用精巧的器皿盛满海水，作为"大海"出售，而且在说明书中宣称：烹调美味佳肴时，滴几滴海水进去，美食将更添特殊风味。反响是异乎寻常的强烈，家庭主妇们将"大海"买去，尽情观赏之后，让它一点一滴地走上餐桌，她们为此乐不可支。

这种在缺点上做文章、由缺点激发创意的方法越来越广泛地被应用，也取得了较好的结果。在运用此方法时，我们应注意对缺点保持一种积极而审慎的态度，还可以尝试使事物的缺点更加明显，也许会收到意想不到的效果。

曾有个纺纱厂因设备老化，织出的纱线粗细不均，眼看就要产生一批残品，遭受到重大的损失，老板很是头痛。

这时，一位职员提出，不如"将错就错"，将纱线制成衣服，因为纱线有粗有细，衣服的纹路也不同寻常，也许会受到消费者的欢迎。

老板觉得有道理，便听从了职员的建议。果然，这样制成的衣服具有古朴的风格，相当有个性，很受大众的欢迎，推出不久便销售一空。就这样，本会赔本的"残品"却卖出了好价钱，纺纱厂因此而获得了更多的利润。

其实，任何事物都没有绝对的好与坏，从一个角度看是缺点，换一个角度看也许就变成了优点，对这一"缺点"加以合理利用，就可以收到化不利为有利的效果。

反面求证：反推因果创造

某些事物是互为因果的，从这一方面，可以探究到另一与其对立的方面。

有一个商人，想要雇用一名得力的助手，他想到了一个测试方法，由前来应聘的两位应聘者之中，选择一位最聪明的人作为助手。

他让 A 和 B 同时进入一间没有窗户，而且除了地上的一个盒子外，空无一物的房间内。商人指着盒子对这两个人说："这里有五顶帽子，有两顶是红色的，三顶是黑色的，现在我把电灯关上，我们每人从盒子里摸出一顶帽子戴在头上，戴好帽子打开灯后，你们要迅速地说出自己所戴帽子的颜色。"

灯关了后，两人都看到商人的头上是一顶红帽子，又对望了一会儿，都迟疑地不敢说出自己头上的帽子是什么颜色。

忽然，B 叫了一声："我戴的是黑帽子！"

为什么呢？

商人的头上是顶红帽子，那么就还剩下一顶红帽子和三顶黑帽子。B见A迟疑着无法立刻说出答案，所以就认定了自己头上是顶黑帽子。因为如果B头上是顶红帽子，那么A就会马上说他头上戴的是黑帽子，怎么会迟疑呢？

B假定自己头上戴的是红帽子，但是发现对方在迟疑，于是得到了答案。

这个推理就是由结果向前推的逆向思维，这种方法在发明创造方面也发挥着重要的作用。

1877年8月的一天，美国大发明家爱迪生为了调试电话的送话器，在用一根短针检验传话膜的振动情况时，意外地发现了一个奇特的现象：手里的针一接触到传话膜，随着电话里传来声音的强弱变化，传话膜产生了一种有规律的颤动。这个奇特的现象引起了他的思考，他想：如果倒过来，使针发生同样的颤动，不就可以将声音复原出来，不就可以把人的声音储存起来吗？

循着这样的思路，爱迪生着手试验。经过四天四夜的苦战，他完成了留声机的设计。爱迪生将设计好的图纸交给机械师克鲁西后不久，一台结构简单的留声机便制造出来了。爱迪生还拿它去当众做过演示，他一边用手摇动铁柄，一边对着话筒唱道："玛丽有一只小羊，它的绒毛白如霜……"然后，爱迪生停下来，让一个人用耳朵对着受话器，他又把针头放回原来的位置，再摇动手柄，这时，刚才的歌声在这个人的耳边响了起来。

留声机的发明，使人们惊叹不已。报刊纷纷发表文章，称赞这是继贝尔发明电话之后的又一伟大创造，是19世纪的又一个奇迹。

爱迪生的成功，就在于他有了这样一种互为因果的思路：声音的强弱变化使传话膜产生了一种有规律的颤动，如果倒过来，使针发生同样的颤动，就可以将声音复原出来，因而也就可以把声音储存起来！

这实际上是一种互为因果的反面求证法。当我们遇到同样情况的时候，就可以尝试从反面来推其因果，说不定也会有类似的创造成果产生。

人生的倒后推理

每个人在儿时都会种下美好的梦想的种子，然而有的梦想能够生根、发芽、开花、结果，而有的梦想却真的成了儿时的一个梦，一个永远也实现不了的梦。

为什么会有这样的区别呢？我们抛却成功的其他因素，会发现，有没有一个合理的计划是决定成败的一个关键因素。

也许有人会说：梦想是遥远的，我又怎能知道自己具体要做什么来能达到目标呢？那么，不妨常常使用逆向思维，将你的理想进行倒向推理。

曾经创下空前的震撼与模仿热潮的歌手李恕权，是唯一获得格莱美音乐大奖提名的华裔流行歌手，同时也是"Billboard 杂志排行榜"上的第一位亚洲歌手。他在《挑战你的信仰》一书中，详细讲述了自己成功历程中的一个关键情节。

1976 年的冬天，19 岁的李恕权在休斯敦太空总署的实验室里工作，同时也在休斯敦大学主修电脑。纵然学校、睡眠与工作几乎占据了他大部分时间，但只要稍微有多余的时间，他总是会进行音乐创作。

一位名叫凡内芮的朋友在他事业起步时给了他很大的鼓励。凡内芮在得州的诗词比赛中得过很多奖。她的作品总是让他爱不释手，他们合写了许多很好的作品。

一个星期六的早上，凡内芮又热情地邀请李恕权到她家的牧场烤肉。凡内芮知道李恕权对音乐的执着。然而，面对遥远的音乐界及整个美国陌生的唱片市场，他们一点门路都没有。他们两个人坐在牧场的草地上，不知道下一步该如何走。突然间，她冒出了一句话：

"想想你5年后在做什么。"

她转过身来说："嘿！告诉我，你心目中'最希望'5年后的你在做什么，你那个时候的生活是一个什么样子？"他还来不及回答，她又抢着说："别急，你先仔细想想，完全想好，确定后再说出来。"李恕权沉思了几分钟，告诉她说："第一，5年后，我希望能有一张唱片在市场上，而这张唱片很受欢迎，可以得到许多人的肯定。第二，我住在一个有很多音乐的地方，能天天与一些世界一流的乐师一起工作。"凡内芮说："你确定了吗？"他十分坚定地回答，而且是拉了一个很长的"Yes——"！

凡内芮接着说："好，既然你确定了，我们就从这个目标倒算回来。如果第五年，你有一张唱片在市场上发行，那么你的第四年一定是要跟一家唱片公司签上合约。那么你的第三年一定是要有一个完整的作品，可以拿给很多的唱片公司听，对不对？那么你的第二年，一定要有很棒的作品开始录音了。那么你的第一年，就一定要把你所有要准备录音的作品全部编曲，排练好。那么你的第六个月，就是要把那些没有完成的作品修饰好，然后让你自己可以逐一筛选。那么你的第一个月就是要有几首曲子完工。那么你的第一个礼拜就是要先列出一整个清单，列出哪些曲子需要完工。"

最后，凡内芮笑着说："好了，我们现在已经知道你下个星期一要做什么了。"

她补充说："哦，对了。你还说你5年后，要生活在一个有很多音乐的地方，然后与许多一流的乐师一起工作，对吗？如果你的第五年已经在与这些人一起工作，那么你的第四年照道理应该有你自己的一个工作室或录音室。那么你的第三年，可能是先跟这个圈子里的人在一起工作。那么你的第二年，应该不是住在得州，而是已经住在纽约或是洛杉矶了。"

1977年，李恕权辞掉了太空总署的工作，离开了休斯敦，搬到洛杉矶。说来也奇怪，虽然不是恰好5年，但大约可说是第六年的1982年，他的唱片在中国台湾及亚洲其他地区开始畅销起来，他一天24小时几乎全都忙着与一些顶尖的音乐高手一起工作。他的第一张唱片专辑《回》首次在台湾由宝丽金和滚石联合发行，并且连续两年蝉联排行榜第一名。

这就是一个5年期限的倒后推理过程。实际上还可以延长或缩短时间跨度，但思路是一样的。

当你为手头的工作焦头烂额的时候，一定要停下来，静静地问一下自己：5年后你最希望得到什么？哪些工作能够帮助你达到目标？你现在所做的工作有助于你达到这个目标吗？如果不能，你为什么要做？如果能，你又应该怎样安排？想想为达到这个目标你在第四年、第三年、第二年应做到何种程度？那么，你今年要取得什么成绩？最近半年应该怎样安排？一直推算到这个月、这个星期你应该做什么。当你的目标足够明确，按照倒后推理设置出的计划行事，相信你离你的梦想已不再遥远。

第五章

联想思维——风马牛有
时也相及

举一反三的联想思维

相传，古时有一位皇帝曾以"深山藏古寺"为题，招集天下画匠作画。最后选了3幅画。第一幅画在万木丛中显露出古寺一角，第二幅画在景色秀丽的半山腰伸出了一根幡，第三幅画只见一个老和尚从山下溪边挑水，沿着山路缓缓而上，而远处只见一片山林，根本无从寻觅寺庙踪迹。

皇帝找大臣合议后最终选了第三幅画。为什么要选第三幅画呢？因为"深山藏古寺"的画题虽然看似简单，但包含一个"深"和一个"藏"字，这就需要画家去思考，看如何将这两个意思体现出来。第一幅画太露，"万木丛中显露出古寺一角"，体现不出"深""藏"的意思；第二幅似乎好一些，但一根幡仍然点明此处是一座庙宇，只不过给树丛包围，一下子看不到其全貌而已，仍然达不到"深""藏"的要求；第三幅画，以老和尚挑水，体现老和尚来自"古寺"，而老和尚所要归去之处，即寺庙"只在此山中，云深不知处"，足以见此"古寺"藏在深山中。看到此画的人莫不惊叹作者巧妙的构思和奇特的想象，而这幅画也当之无愧地独占鳌头。

这个故事能在思想上能给我们什么启发呢？最大的启发是第三幅画的作者在构思这幅画时运用了丰富的联想，使人从"和尚"自然联想到"寺庙"，从"老和尚"再进一步联想到这座寺庙年代已经很久远了，是座"古寺"，从老和尚挑水沿着山路缓缓而上，而远处只见一片山林不见寺庙，联想到这座"古寺"被深深地藏在山中。

正因为该画的作者运用了意味无穷的联想思维，才使见到此画的人为其巧妙的构思和画的意境所折服。

那么，什么是联想思维呢？

联想思维是指人们在头脑中将一种事物的形象与另一种事物的形象联系起来，探索它们之间共同的或类似的规律，从而解决问题的思维方法。它的主要表现形式有连锁联想法、相似联想法、相关联想法、对比联想法、即时联想法等。

联想的妙处就在于使我们可以从一而知三。运用联想思维，由"速度"这个概念，我们的头脑中会闪现出呼啸而过的飞机、奔驰的列车、自由落体的重物等。

联想是心理活动的基本形式之一。联想与一般的自由想象不同，它是由表象概念之间的联系而达到想象的。因此，联想的过程有逻辑的必然性。

相传，古时有人经营着一家旅馆，由于经营不善濒临倒闭。正好碰上一位智者经过这里，就向旅馆老板献策：将旅馆重新装饰。到了夏日，将墙面涂成绿色；到了冬日，再将墙面饰成粉红色。旅馆老板按智者所说的做了之后，果然很是吸引顾客，生意渐渐兴隆起来。其中的奥秘在哪儿呢？

原来，智者运用的是人们的联想思维，让一种感觉引起另一种感觉。这种心理现象实际上是感觉相互作用的结果。

上述事例就是通过改变颜色，使不同颜色产生不同的心理效果，从而起到吸引顾客的作用。一般认为绿色、青色和蓝色等颜色能使人联想到蓝天和大海，使人产生清凉的感觉，这些颜色称为冷色。而红色、橙色和黄色等颜色能使人联想到阳光和火焰而产生温暖的感觉，这些颜色称为暖色。

联想是创意产生的基础，在创意设计中起催化剂和导火线的作用，联想越广阔、越丰富，就越富有创造能力。许多的发明创造就是在联想思维的作用下产生的。

春秋时期有一位能工巧匠鲁班，有一次他上山伐木时，手被路旁的一株野草划破，鲜血直流。

为什么野草能划破皮肉呢？他仔细观察了那株野草之后，发现其叶片的两边长有许多小细齿。他想，如果用铁条做成带小齿的工具，是否也可将树划破呢？

依着这个思路往下走，锯子被发明出来了。

鲁班由草叶上的小细齿联想到砍伐工具，为建筑工程提供了便利。无独有偶，小提琴的产生也源于一个人的联想思维。

1000 多年前，埃及有位音乐家名叫莫可里，一个盛夏的早晨，他在尼罗河边悠闲地散步。偶然间，他的脚踢到一个东西，发出一声悦耳的声响。他拾起来一看，原来是一个乌龟壳。莫可里拿着乌龟壳兴冲冲地回到家里，再三端详，反复思索，不断试验，终于根据龟壳内的空气振动而发声的原理，制出了世界上第一把小提琴。莫可里从乌龟壳发出的声音联想到了乐器。正是由于联想思维的运用，从而造就了当今世界上无数人为之陶醉与享受的西洋名乐乐器。

如果不运用联想思维，是很难从草叶、乌龟壳产生灵感创造出锯子和小提琴的。但是，联想思维能力不是天生的，它需要以知识和生活经验、工作经验为基础。基础打好了，就能"厚积而薄发"，联想也随之"思如泉涌"。

展开锁链般的连锁联想

有人说："如果大风吹起来，木桶店就会赚钱。"

这两者是怎么联系起来的呢?

原来它经历了下面的思维过程：当大风吹起来的时候，沙石就会满天飞舞，这会导致盲人的增加，从而琵琶师父也会增多，越来越多的人会以猫的毛代替琵琶弦，因而猫会减少，结果老鼠的数量就会大大增加。由于老鼠会咬破木桶，所以做木桶的店就会赚钱了。

上面的每段联想都十分合理，而获得的结论却大大出乎人们的意料。

由风想到沙石，又联想到"致盲"，再联想到"琵琶师父"，之后联想到"猫毛"，再联想到"老鼠猖獗"，联想到"老鼠咬破木桶"，最后联想到"木桶店赚钱"。这样一环紧扣一环，如一条连接着许多环节的锁链般的联想，我们称之为连锁联想。

连锁联想法在生活中有许多应用实例，"天厨味精"的命名过程就体现了这种方法的智慧。

吴蕴初，江苏嘉定人，是我国著名的"味精大王"。当年，在为其出产的味精命名时，他颇费了一番脑筋。

在此之前，中国没有自己的"味精"，占领中国市场的是日本的"味之素"。吴蕴初不想用这个名，那又取个什么名字好呢?

人们把最香的东西叫香精，把最甜的东西叫糖精，那把味道最鲜的东西就叫味精吧。他接着又想，生产的味精该叫什么牌子呢? 他由味精是植物蛋白质制成的，是素的东西，联想到吃素的人；由吃素的人，他联想到他们一般都信佛；住在天上，为佛制作珍奇美味的厨师自然是最好的，于是他决定将他的味精取名为"天厨味精"。

天厨牌味精问世后，通过声势浩大的广告宣传，以及后来正好适应国人抵制日货的反日情绪，"完全国货"的天厨味精，不久便打开了国内市场。

天厨味精由此声名鹊起。

发明创造也是一个链条，运用"连锁联想"取得的发明成果也是一串一串的。从中我们也可以看到联想的方法和诀窍。

1493 年，哥伦布在美洲的海地岛发现当地儿童都喜欢把天然生橡胶像捏泥丸一样捏成一团，捏成弹力球。哥伦布将这种树木引入了欧洲。但是，这种生橡胶的性能不太好，受热易变形、发黏，受冷又易发脆。因此，它的功能受到了限制。后来美国的一个发明家在橡胶里加入了硫黄，这使橡胶的熔点、牢固度大大增强，后来又有人在橡胶中加入了炭黑，使之更加耐磨，橡胶的用途也日益增加。

苏格兰有一家用橡胶生产橡皮擦的工厂。一天，一名叫马辛托斯的工人端起一大盆橡胶汁往模型里倒，一不小心，脚被绊了一下，橡胶汁淌了出来，浇到了马辛托斯的衣服上，下班后，马辛托斯穿着这件被橡胶汁涂了一大块的衣服回家，正巧路上遇到了大雨。回家换衣服时，马辛托斯惊奇地发现，被橡胶汁浇过的地方，竟没有渗入半点雨水。善于联想的马辛托斯立即想到，如果把衣服全部浇上橡胶汁，那不就变成了一件防雨衣吗？雨衣也就应运而生了。

由于天然橡胶产量有限，人们又通过对橡胶成分的研究，生产出了各种各样的合成橡胶，这种橡胶为高分子合成，它具有耐腐耐磨、耐高温、耐氧化等特点，通过人们不断努力，橡胶终于从孩子手中的弹力球发展成一种具有广泛用途的高分子材料。目前，全球橡胶制品在5万种以上，一个国家的橡胶消耗量和生产水平，成了衡量国民经济发展特别是化工技术水平的重要指标之一。

由弹力球到雨衣，再到车轮胎、鞋等，人们的联想一环套一环，犹如步步登高，把人们引入更高的创造境界，这就是连锁联想法的奇妙之处。

千变万化的客观事物，正是由于组成了环环紧扣的彼此制约牵制的锁链，才使世界保持了相对的平衡与和谐。这也是我们进行连锁联想的一个前提依据。恰当地应用这种方法，相信会有越来越多的创造性事物产生。

根据事物相似性进行联想

相似联想思维法是指根据事物之间的形式、结构、性质、作用等某一方面或几方面的相似之处进行联想。将两种不同事物间某些相似的特征进行比较。格顿伯格看到榨汁机时，想到了印刷机；叉式升降机的发明者，是从炸面饼圈机得到启发的。他们都运用了类比的方法。运用这个方法的具体做法是：看看它像什么或它让你想起了什么，还可以提出更具体的问题，如"它听上去像什么？""它的味道像什么？""它给人的感觉怎样？""它的功能像什么？"

正如俄罗斯生理学家马格里奇所言："独创性常常在于发现两个或两个以上研究对象或设想之间的联系或相似之处，而原来的这些对象或设想彼此没有关系。"

　　这种方法在科研创造领域有着较为广泛的应用。

　　航天飞机、宇宙飞船、人造卫星等太空飞行器要进入太空持续飞行，就必须摆脱地心引力，这就要求运载它的火箭必须提供强大无比的能量。同时，太空飞行器自身重量越轻，就越能减轻运载火箭的负担，也就能使太空飞行器飞得更高、更远。

　　因此，为了减轻太空飞行器的重量，科学家们绞尽脑汁，与太空飞行器"斤斤计较"。可是减轻太空飞行器的重量，还要考虑到不能降低其容量和强度，要达到上述目的相当困难。科学家们尝试了许多办法都无济于事。最后还是蜜蜂的蜂窝结构让科学家们解决了这个难题。

　　大家知道，蜂窝是由一些一个挨一个，排列得整整齐齐的六角形小蜂房组成的。18 世纪初，法国学者马拉尔琪测量到蜂窝的几个角都是有一定规律的：钝角等于 109° 28′，锐角为 70° 32′。后来经过法国物理学家列奥缪拉、瑞士数学家克尼格、苏格兰数学家马克洛林先后多次的精确计算，得出一个结论：要消耗最少的材料，而制成最大的菱形容器，它的角度应该是 109° 28′ 和 70° 32′，也就是说，蜜蜂蜂窝结构是容积最大且最节省材料的。

　　但从正面观察蜂窝，它是由一些正六边形组成的，既然如此，那每一个角都应是 120°，怎么会有 109° 28′ 和 70° 32′ 呢？这是因为蜂窝不是六棱柱，而是底部由 3 个菱形拼成尖顶构成的"尖顶六棱柱"。我国数学家华罗庚准确指出，在蜜蜂身长、腰围确定的情况下，尖顶六棱柱的蜂房用料最省。

　　上述蜂房结构不正是太空飞行器结构所要求的吗？于是，在太空飞行器中采用了蜂房结构，先用金属制造成蜂窝，然后，再用两块金属结构，这种结构的太空飞行器容量大、强度高，且大大减轻了自重，也不易传导声音和热量。因此，今天我们见到的航天飞机、宇宙飞船、人造卫星都采用了这种蜂房结构。勤劳的蜜蜂们也许不会想到，它们的杰出构思被人类借鉴应用，使人类飞上了太空。

以上蜂房结构的应用是一个典型的相似联想的例子。运用相似联想法的一个关键点就是寻找事物之间的共同点、相似点。世界上没有两片完全相同的树叶，同样，世界上也没有两片完全不同的树叶。任何两种事物或者观念之间，都有或多或少的相似点。一旦在思维中抓住了相似点，便能够把千差万别的事物联系起来思考，从而产生新创意。

一位公司职员对刀特别感兴趣，他一直想发明一种价格低廉而又能永保锋利的刀具。他的设想非常好，但要想把它变成现实却并不容易。每次用刀时他都在认真琢磨这件事。

有一次，他看到有人用玻璃片刮木板上的油漆，当玻璃片刮钝以后就敲断一节，然后又用新的玻璃片接着刮。这使他联想到刀刃：如果刀刃钝了不去磨它，而把钝的部分折断丢掉，接着用新刀刃，刀具就能永保锋利。于是他设计在薄薄的长刀片上留下刻痕，刀刃用钝了就照刻痕折下一段丢掉，这样便又有了新的锋利的刀刃。这位职员从用玻璃片刮木板联想到刀刃，从而发明了前所未有的可连续使用的刀具，后来他创立了一家专门生产这种新式刀具的工厂，从而走上了成功之路。

把爆破与治疗肾结石联想到一起，也可谓是一个伟大的创举。目前的定向爆破技术，能将一幢高层建筑炸成粉末，同时又不影响旁边的其他建筑物。医学家们由此联想到了医治病人的肾结石。这种在医学上被称为微爆破技术的治疗手段，为众多肾结石病人解除了病痛。

找到事物的相似点，往往就能够把不同的事物组合起来。相似联想法的运用，通常使整个事物具有了新的性质和功能，也会给我们带来耳目一新的感觉。

跨越时空的相关联想法

所谓相关联想法，就是指在思考问题时，尽量根据事物之间在时间或空间等方面的联系进行联想。由于世上万物都不是孤立存在的，在空间上或时间上总是有着一定的联系，因此灵活运用相关联想法，常常也能打开思路、作出创新。

苏东坡到杭州任地方官的时候，西湖早已名不副实了。长年累月的泥沙越淤越多，碧波荡漾的西湖成了"大泥坑"。

苏东坡对此黯然神伤。随后多次巡视西湖，反复思考如何加以疏通，使往日风光秀美的西湖重现迷人的风采。

几次巡视后，他发现最棘手的是从湖里清除的大量淤泥无处存放。有一天他忽然想到，西湖有 30 里长，要环湖走一圈，恐怕一天也走不完。如果把湖里挖上来的淤泥堆成一条贯通南北的长堤，既清除了淤泥，又方便了游人，不是很好的办法吗？这时他又联想到，挖掉了淤泥后，可以招募附近的农民来此种麦，种麦所获的收益，反过来作为整治西湖的资金，这样疏通西湖有了钱，挖出来的淤泥也有了去处，西湖附近的农民也增加了收益。西湖不仅有了一条贯穿南北的通道，便利了来往的游客，而且还为西湖增添了一道风景。

苏东坡修西湖运用相关联想法巧妙地解决了问题，他联想到将淤泥做成长堤，又联想到淤泥堆成的地面可以用来做农田，既解决了河道疏通的问题，又增加了农民的收益，真可谓一举两得。

我们生活中常见的许多创意或创造物，都是相关联想的产物。在澳大利亚曾发生过这样一件事情：在收获季节里，有人发现一片甘蔗田的甘蔗产量竟提高了 50%。这是怎么一回事？回想起来，在甘蔗栽种前一个月，曾有一些水泥洒落在这块田里。于是，科学家们运用相关联想，发现水泥中的硅酸钙能使酸性土壤得到改良，并由此发明了改良酸性土壤的"水泥肥料"。

再如，"人造血"的发明也是科学家们运用相关联想的结果：当时，有一只老鼠掉进了氟化碳溶液中，但它却没有被淹死。于是，科学家们马上联想到这与氟化碳能溶解和释放氧气、二氧化碳有关，并利用氟化碳制成了"人造血"。

1982 年 2 月底至 3 月初，墨西哥爱尔·基琼火山喷发，亿万吨火山灰直冲云霄。就在大家为火山喷发的壮观景象惊叹时，精明的美国政府已开始调整国内政策，并借机大赚了一笔。

原来爱尔·基琼火山爆发后，美国政府联想到悬浮在空中的火山灰会将一部分从遥远的宇宙射向地球的太阳能反射回去，从而形成大面积低温多雨的天气，造成世界范围的粮食减产。于是，预见到世界各地的粮食生产将会不景气的美国政府便主动调整了国内粮食政策。第二年，世界各国粮食产量果然大幅度下降，而美国政府由于及时采取了相关措施，成了唯一的粮食出口国。

这些都是相关联想的结果。各种事物之间都有着或多或少的关联，只要我们能够转换观察的视角，就会有新的认识、新的看法，给事物以新的意义，而这种新的意义往往蕴含着解决问题的捷径。

即时联想法

爱因斯坦在读中学的时候，一天，看到骤雨过后的天空射下的亮丽光柱，突然想到了这么一个问题：人要是乘坐着以光速飞行的宇宙飞船去旅行将会看到何种景象？爱因斯坦由此展开了自由的联想，踏上了相对论的发现之旅。

科学需要即时联想，艺术也需要即时联想。

一位漫画家在市场上买到了两斤注水猪肉，为商人不讲诚信而愤怒，抓住这件事展开了即时联想，挥笔画出"抗旱"的漫画。漫画把注水肉与抗旱巧妙地联系在一起，农民抗旱浇水用的竟是一头注水肥猪，水流从注水肥猪大口中喷涌而出，让人忍俊不禁。

一位诗人看到篱笆墙上的红花绿叶，展开自由的联想，当场赋诗一首："春／体面的小偷／每每被篱笆抓住／被迫交出红花绿叶／以及绿油油的鸟音。"诗人的即时联想，见常人之未见，想常人所未想，让人惊叹不已。

做一名万人敬仰的科学家、一名才华横溢的艺术家、一名造福社会的发明家……是许多人的梦想，要实现梦想就要洒下汗水，其中抓住一切可能的机会培养其联想的能力是必不可少的，在生活中注意培养即时联想习惯则是成功的一条捷径。

生活中的每一天也许是普通的，倘若抓住生活的一个片段、一个瞬间，展开即时联想，生活就会无限精彩。夏天消暑吃西瓜是人人都有的经历，由吃西瓜展开即时联想，获得的创意和收获说不定完全会让你吃一惊呢！

买西瓜的时候，摊主往往要把瓜切开一个小口，让人看看是否熟透了，由此联想开去，想到地球仪为什么不能切开，让人了解地球的内部情况呢？于是联想到能透视地球内部的地球仪。设想这种地球仪由几大板块组成，需要了解地球内部时，可随时打开，平时与一般地球仪没有什么区别。

想到西瓜的良种培养，科学家既然能培养出无子西瓜，可以提出开发培养多子西瓜的设想，供瓜子厂使用；可以培养酒味西瓜、苹果味西瓜，等等。

由此我们可以看出，即时联想不受题材、内容、时间的限制，完全可以随时随地天马行空。任何人都不缺想象力，缺的是对想象力的呼唤和培养。即时联想法就是培养想象力的一条捷径。

对比联想：根据事物的对立性进行联想

对比联想法是指由某一事物的感知和回忆引起跟它具有相反特点的事物，从而得出创造或创见的思维方法。

例如，黑与白、大与小、水与火、黑暗与光明、温暖与寒冷。每对既有共性，又具有个性。

由于客观事物之间普遍存在着相对或相反的关系，因此运用对比联想往往也能引发新的设想。比如，由实数想到虚数，由欧氏几何想到非欧氏几何，由粒子想到反粒子，由物质想到反物质，由精确数学想到模糊数学，等等，都是对比联想的结果。

鲍罗奇是一位专营中国食品的美国企业家，他的公司注册商标图案原先是一位中国胖墩，在第二次世界大战期间销路很好。但随着时间的推移，采用"胖墩"商标的食品销路越来越差了。

"既然'胖'不行，那么'瘦'怎么样？"鲍罗奇想到。

于是他将商标图案改成了"中国瘦条"，结果这一微不足道的改动，起到了立竿见影的效果。

原来在"二战"期间，肥胖象征着财富与安乐，因此"胖墩"的销路当然不会错。可随着人们生活水平的提高，减肥运动悄然兴起，这时，"中国瘦条"反而能适应减肥这一新潮流。因此，鲍罗奇运用对比联想做出的这一改动使自己公司的食品销量大增。

同样，当物理学家开尔文了解到巴斯德已经证明了细菌可以在高温下被杀死，食品经过煮沸可以保存后，他大胆地运用对比联想：既然细菌在高温下会死亡，那么在低温下是否也会停止活动？在这种思维的启发下，经过精心研究，终于发明了"冷藏"工艺，为人类的健康保健做出了重要的贡献。

在使用对比联想法的过程中，我们需要将视角放在与目前该事物的特征相对的特点上，并加以巧妙地利用。

铜的氢脆现象使铜器件产生缝隙，令人讨厌。铜发生氢脆的机理是：铜在500℃左右处于还原性气体中时，铜中的氧化物被氢脆无疑是一个缺点，人们想方设法去克服它。可是有人却偏偏把它看成是优点加以利用，这就是制造铜粉技术的发明。用机械粉碎法制铜粉相当困难，在粉碎铜屑时，铜屑总是变成箔状。把铜置于氢气流中，加热到500~600℃，时间为1~2小时，使铜屑充分氢脆，再经球磨机粉碎，合格的铜粉就制成了。这里就运用了对比联想法。

18世纪，拉瓦煅烧金刚石的实验，证明了金刚石的成分是碳。

1799 年，摩尔沃成功地把金刚石转化为石墨。金刚石既然能够转变为石墨，用对比联想来考虑，那么反过来石墨能不能转变成金刚石呢？后来终于用石墨制成了金刚石。

对比联想法在学习中得到广泛的应用，它帮助我们从一个方面联想起另一个方面。两个相反的对象，只要想到一个，便自然而然地会想出相对的那个来。

许多学生有这样的经验和体会：在学习数、理、化知识时，可以把那些各自彼此对立的定理、公式和规律归纳到一起，以便用对比联想法帮助记忆。例如，在记忆圆锥曲线时，对于椭圆、双曲线和抛物线的定义、方程、图形、焦点、顶点、对称轴、离心率等性质，可以用对比联想法记忆。再如，正数和负数、微分和积分、乘方和开方等概念都是对立的，运用对比联想法会收到良好的效果。

第六章

**换位思维——站在对方位置，
才能更清楚问题的关键**

先站到对方的角度看问题

换位思维的一个显著特征就是站在对方的角度看问题。这样，我们将得到一个崭新的视角，这有利于问题的有效解决。

著名的牧师约翰·古德诺在他的著作《如何把人变成黄金》中举了这样一个例子：

多年来，作为消遣，我常常在距家不远的公园散步、骑马，我很喜欢橡树，所以每当我看见小橡树和灌木被不小心引起的火烧死，就非常痛心，这些火不是由粗心的吸烟者引起，它们大多是那些到公园里体验土著人生活的游人所引起，他们在树下烹饪而烧着了树。火势有时候很猛，需要消防队才能扑灭。

在公园边上有一个布告牌警告说：凡引起火灾的人会被罚款甚至拘禁。

但是这个布告竖在一个人们很难看到的地方，尤其儿童更是很难看到它。虽然有一位骑马的警察负责保护公园，但他很不尽职，火仍然常常蔓延。

有一次，我跑到一个警察那里，告诉他有一处着火了，而且蔓延很快，我要求他通知消防队，他却冷淡地回答说，那不是他的事，因为不在他的管辖区域内。我急了，所以从那以后，当我骑马出去的时候，我担任自己委任的"单人委员会"的委员，保护公共场所。每当看见树下着火，我非常着急。最初，我警告那些小孩子，引火可能被拘禁，我用权威的口气，命令他们把火扑灭。如果他们拒绝，我就恫吓他们，要将他们送到警察局——我在发泄我的反感。

结果呢？儿童们当面顺从了，满怀反感地顺从了。在我消失在山后边时，他们重新点火，让火烧得更旺——希望把全部树木烧光。

这样的事情发生多了，我慢慢教会自己多掌握一点人际关系的知识，用一点手段，一点从对方立场看事情的方法。

于是我不再下命令，我骑马到火堆前，开始这样说：

"孩子们，很高兴吧？你们在做什么晚餐？……当我是一个小孩子时，我也喜欢生火玩儿，我现在也还喜欢。但你们知道在这个公园里，火是很危险的，我知道你们没有恶意，但别的孩子们就不同了，他们看见你们生火，他们也会生一大堆火，回家的时候也不扑灭，让火在干叶中蔓延，伤害了树木。如果我们再不小心，不仅这儿没有树了。而且，你们可能被拘入狱，所以，希望你们懂得这个道理，今后注意点。其实我很喜欢看你们玩耍，但是那很危险……"

这种说法产生了很大效果。儿童们乐意合作，没有怨恨，没有反感。他们没有被强制服从命令，他们觉得好，古德诺也觉得好。因为他考虑了孩子们的观点——他们要的是生火玩儿，而他达到了自己的目的——不发生火灾，不毁坏树木。

站在对方的角度看问题，往往可以使我们更清晰地了解对方的处境，也可以使对方更真切地感受到我们的关怀，促进事情的顺利发展。

被誉为世界上最伟大的推销员的乔·吉拉德是一个善于站在对方角度考虑问题的人，这一特点也是成就他的推销神话的秘密之一。

曾经有一次一位中年妇女走进乔·吉拉德的展销室，说她想在这儿看看车打发一会儿时间。闲谈中，她告诉乔·吉拉德她想买一辆白色的福特车，就像她表姐开的那辆一样，但对面福特车行的推销员让她过一小时后再去，所以她就先来这儿看看。她还说这是她送给自己的生日礼物："今天是我55岁生日。"

"生日快乐！夫人。"乔·吉拉德一边说，一边请她进来随便看看，接着出去交代了一下，然后回来对她说："夫人，您喜欢白色车，既然您现在有时间，我给您介绍一下我们的双门式轿车——也是白色的。"

他们正谈着，女秘书走了进来，递给乔·吉拉德一束玫瑰花。乔·吉拉德把花送给那位夫人："祝您生日快乐，尊敬的夫人。"

显然她很受感动，眼眶都湿了。"已经很久没有人给我送礼物了。"她说，"刚才那位福特推销员一定是看我开了部旧车，以为我买不起新车，我刚要看车他却说要去收一笔款，于是我就上这儿来等他。其实我只是想要一辆白色车而已，只不过表姐的车是福特，所以我也想买福特。现在想想，不买福特也可以。"

最后她在乔·吉拉德这儿买走了一辆雪佛莱，并开了一张全额支票，其实从头到尾乔·吉拉德的言语中都没有劝她放弃福特而买雪佛莱的词句。只是因为吉拉德对她的关心使她感觉受到了重视，契合了这位妇女当时的心理，于是她放弃了原来的打算，转而选择了乔·吉拉德的产品。

上面两则故事告诉了我们这样一个道理：无论是面对什么样的人，解决什么样的问题，都要努力做到站在对方的角度看问题，这样，说出的话、提出的解决方案才能迎合对方的心理，使事情进展得更加顺利。

己所不欲，勿施于人

"己所不欲，勿施于人"是换位思维的一个核心理念，当我们能切身地领悟到这种境界时，有许多不理解的事都会豁然开朗。

当你做错了一件事，或是遇到挫折时，你是期望你的朋友说一些安慰、鼓励的话，还是希望他们泼冷水呢？也许你会说："这不是废话吗，谁会希望别人泼冷水呢？"可是，当你对别人泼冷水时，可曾注意到别人也有同样的想法？事实上，很多人都没有注意到这一点。

美国《读者文摘》上发表过一篇名为《第六枚戒指》的故事，很形象地说明换位思考给我们心灵带来的震动。

美国经济大萧条时期，有一位姑娘好不容易找到了一份在高级珠宝店当售货员的工作。在圣诞节的前一天，店里来了一个30岁左右的男性顾客，他衣着破旧，满脸哀愁，用一种不可企及的目光，盯着那些高级首饰。

这时，姑娘去接电话，一不小心把一个碟子碰翻，6枚精美绝伦的戒指落到地上。她慌忙去捡，却只捡到了5枚，第六枚戒指怎么也找不着了。这时，她看到那个30岁左右的男子正向门口走去，顿时意识到戒指被他拿去了。当男子的手将要触及门把手时，她柔声叫道："对不起，先生！"那男子转过身来，两人相视无言，足有几十秒。"什么事？"男人问，脸上的肌肉在抽搐，他再次问："什么事？""先生，这是我头一份工作，现在找个工作很难，想必你也深有体会，是不是？"姑娘神色黯然地说。

男子久久地审视着她，终于一丝微笑浮现在他的脸上。他说："是的，确实如此。但是我能肯定，你在这里会干得不错。我可以为你祝福吗？"他向前一步，把手伸给姑娘。"谢谢你的祝福。"姑娘也伸出手，两只手紧紧地握在一起，姑娘用十分柔和的声音说："我也祝你好运！"

男子转过身，走向门口，姑娘目送他的背影消失在门外，转身走到柜台，把手中的第六枚戒指放回原处。

"己所不欲，勿施于人"的道理更说明这样一个事实，那就是善待别人，也就是善待自己。可以说，任何一种真诚而博大的爱都会在现实中得到应有的回报。在我们运用换位思维的时候，当我们真诚地考虑到对方的感受和需求而多一分理解和委婉时，意想不到的回报便会悄然而至。

多年以前，在荷兰一个小渔村里，一个勇敢的少年以自己的实际行动使全村人懂得了为他人着想也就是为自己着想的道理。

由于全村的人都以打渔为生，为了应对突发海难，人们自发组建了一支紧急救援队。

一个漆黑的夜晚，海面上乌云翻滚，狂风怒吼，巨浪掀翻了一艘渔船，船员的生命危在旦夕。他们发出了 SOS 的求救信号。村里的紧急救援队收到求救信号后，火速召集志愿队员，乘着划艇，冲入了汹涌的海浪中。

全村人都聚集在海边，翘首眺望着云谲波诡的海面，人们都举着一盏提灯，为救援队照亮返回的路。

　　一个小时之后，救援队的划艇终于冲破浓雾，乘风破浪，向岸边驶来。村民们喜出望外，欢呼着跑上前去迎接。

　　但救援队的队长却告知：由于救援艇容量有限，无法搭载所有遇险人员，无奈只得留下其中的一个人，否则救援艇就会翻覆，那样所有的人都活不了。

　　刚才还欢欣鼓舞的人们顿时安静了下来，才落下的心又悬到了嗓子眼儿，人们又陷入了慌乱与不安中。这时，救援队队长开始组织另一批队员前去搭救那个最后留下来的人。16岁的汉斯自告奋勇地报了名。

　　但他的母亲忙抓住了他的胳膊，用颤抖的声音说："汉斯，你不要去。10年前，你父亲就是在海难中丧生的，而一个星期前，你的哥哥保罗出了海，可是到现在连一点消息也没有。孩子，你现在是我唯一的依靠了，求求你千万不要去。"

　　看着母亲那日见憔悴的面容和近乎乞求的眼神，汉斯心头一酸，泪水在眼中直打转，但他强忍住没让它流下来。

　　"妈妈，我必须去！"他坚定地答道，"妈妈，你想想，如果我们每个人都说：'我不能去，让别人去吧！'那情况将会怎样呢？假如我是那个不幸的人，妈妈，你是不是也希望有人来搭救我呢？妈妈，你让我去吧，这是我的责任。"汉斯张开双臂，紧紧地拥吻了一下他的母亲，然后义无反顾地登上了救援队的划艇，冲入无边无际的黑暗之中。

　　10分钟过去了，20分钟过去了……一个小时过去了。这一个小时，对忧心忡忡的汉斯的母亲来说，真是太漫长了。终于，救援艇再次冲破迷雾，出现在人们的视野中。岸上的人群再一次沸腾了。

　　靠近岸边时，汉斯高兴地大声喊道："我们找到他了，队长。请你告诉我妈妈，他就是我的哥哥——保罗。"

这就是人生的报偿。

"己所不欲，勿施于人"，就是要换位思考，就是将自己想要的东西给予别人，自己需要帮助，就给别人帮助；自己需要关心，就给别人以爱心，当我们真心付出时，回报也就随之而来了。

用换位思维使自己摆脱窘境

拿破仑入侵俄国期间，有一次，他的部队在一个十分荒凉的小镇上作战。

当时，拿破仑意外地与他的军队脱离，一群俄国哥萨克士兵盯上他，在弯曲的街道上追逐他。慌忙逃命之中，拿破仑潜入僻巷一个毛皮商的家。当拿破仑气喘吁吁地逃入店内时，他连连哀求那毛皮商："救救我，救救我！快把我藏起来！"

毛皮商就把拿破仑藏到了角落的一堆毛皮底下，刚收拾好，哥萨克人就冲到了门口，他们大喊："他在哪里？我们看见他跑进来了！"

哥萨克士兵不顾毛皮商的抗议，把店里给翻得乱七八糟，想找到拿破仑。他们将剑刺入毛皮内，还是没有发现目标。最后，他们只好放弃搜查，悻悻离开。

过了一会儿，当拿破仑的贴身侍卫赶来时，毫发无损的拿破仑这才从那堆毛皮下钻出来，这时，毛皮商诚惶诚恐地问拿破仑："阁下，请原谅我冒昧地对您这个伟人问一个问题：刚才您躲在毛皮下时，知道可能面临最后一刻，您能否告诉我，那是什么样的感觉？"

谁都可以想象得到，方才的一幕有多么惊心动魄，但是，拿破仑作为一国首领，他无法在自己的士兵面前表现出胆怯，也就无法将自己的感受用语言告诉毛皮商。于是，拿破仑站稳身子，愤怒地回答："你，胆敢对拿破仑皇帝问这样的问题？卫兵，将这个不知好歹的家伙给我推出去，蒙住眼睛，毙了他！我，本人，将亲自下达枪决令！"

卫兵捉住那可怜的毛皮商，将他拖到外面面壁而立。

被蒙上双眼的毛皮商看不见任何东西，但是他可以听到卫兵的动静，当卫兵们排成一列，举枪准备射击时，毛皮商甚至可以听见自己的衣服在冷风中簌簌作响。他感觉到寒风正轻轻拉着他的衣襟、冷却他的脸颊，他的双腿不由自主地颤抖着，接着，他听见拿破仑清清喉咙，慢慢地喊着："预备——瞄准——"那一刻，毛皮商知道这一切无关痛痒的感伤都将永远离他而去，而眼泪流到脸颊时，一股难以形容的感觉自他身上泉涌而出。

经过一段漫长的死寂，毛皮商人忽然听到有脚步声靠近他，他的眼罩被解了下来——突如其来的阳光使得他视觉半盲，他还是感觉到拿破仑的目光深深地又故意地刺进他的眼睛，似乎想洞察他灵魂里的每一个角落，后来，他听见拿破仑轻柔地说："现在，你知道了吧？"

运用换位思维，要求我们在交际僵局出现时，把角色"互换"一下，这样，就很可能轻松打破僵局，为自己争取主动。让对方坐在自己的位置上，对事物之间的位置关系进行互换，就能让对方理解自己的感受。

为对方着想

换位思维的行为主旨之一就是为对方着想。在生活中，若遇到只为自己着想的人，我们常常会说这个人自私，鄙视其为人，自然就会很少与其来往。相反，若遇到的是一个能为他人着想的人，我们常常会敬佩其为人，也很乐意与他来往。思己及人，为了创建一个良好的人际交往环境，我们应该尽可能地为对方着想。

倘若期望与人缔结长久的友谊，彼此都应该为对方着想。钓不同的鱼，投放不同的饵。卡耐基说："每年夏天，我都去梅恩钓鱼。以我自己来说，我喜欢吃杨梅和奶油，可是我看出由于若干特殊的理由，鱼更爱吃小虫。所以当我去钓鱼的时候，我不想我所要的，而想鱼儿所需要的。我不以杨梅或奶油作为钓饵，而是在鱼钩上挂上一条小虫或是一只蚱蜢，放入水里，向鱼儿说：你喜欢吃吗？"

如果你希望拥有完美交际，你为什么不采用卡耐基的方法去"钓"一个个的人呢？

依特·乔琪，美国独立战争时期的一个高级将领，战后依旧宝刀不老，雄居高位，于是有人问他："很多战时的领袖现在都退休了，你为什么还身居要职呢？"

他是这样回答的："如果希望继续留任，那么就应该学会钓鱼。钓鱼给了我很大的启示，从鱼儿的愿望出发，放对了鱼饵，鱼儿才会上钩，这是再简单不过的道理。不同的鱼要使用不同的钓饵，如果你一厢情愿，长期使用一种鱼饵去钓不同的鱼，你一定会劳而无功的。"

这的确是经验之谈，是智慧的总结。总是想着自己，不顾别人的死活，不管对方的感受，心中只有"我"，是不可能拥有完美的人际关系的。

为什么有些人总是"我"字当头呢？这是孩子的想法，不成熟的表现。你只要认真地观察一下孩子，你就会发现孩子那种"我"字当头的本性。当然，一个人如果完全不注意自己的需要，那是不可能的，也是不实际的。因此，注意你自己的需要，这是可以理解的，可是如果你信奉"人不为己，天诛地灭"，变成了一个十足的利己主义者，那么，你就会对他人漠不关心，难道还希望他人对你关怀备至吗？

卡耐基说，世界上唯一能够影响对方的方法，就是时刻关心对方的需要，并且还要想方设法满足对方的这种需要。在与对方谈论他的需要时，你最好真诚地告诉对方如何才能达到目的。

有一次，爱默逊和他的儿子，要把一头小牛赶进牛棚里去，可是父子俩都犯了一个常识性的错误，他们只想到自己所需要的，没有想到那头小牛所需要的。爱默逊在后面推，儿子在前面拉。可是那头小牛也跟他们父子一样，也只想自己所想要的，所以挺起四腿，拒绝离开草地。

这种情形被旁边的一个爱尔兰女佣看到了。这个女佣不会写书，也不会做文章，可是，她懂得牲口的感受和习性，她想到这头小牛所需要的。只见这个女佣人把自己的拇指放进小牛的嘴里，让小牛吮吸拇指，女佣使用很温和的方法把这头倔犟的小牛引进了牛棚里。

亨利·福特说："如果你想拥有一个永远成功的秘诀，那么这个秘诀就是站在对方的立场上考虑问题——这个立场是对方感觉到的。"

这是一种能力，而这种能力就是你获得成功的技巧。

不把自己的意志强加于人

有一位牧师和一个屠夫的交情很不错。他们有空就一起聊天、钓鱼。屠夫是个酒鬼，但牧师在他面前从不谈饮酒方面的事。亲友们多次规劝屠夫戒酒，有的说："再这样下去，会喝烂你的心肺！"还有的说："嗜酒如命，定会自毙！"然而无论怎样劝说都没有用。于是便请牧师帮忙，可是牧师不肯，他只是和屠夫继续往来。

有一天，屠夫到牧师那里去，流着泪说："我儿子刚才对我说，他有两样东西不喜欢——一是落水狗，二是酒鬼，因为都有一身的臭味。你肯帮助酒鬼吗？"

牧师等待这一天已经很久了，于是他和一位医生共同协助屠夫将酒戒了。"15年来他滴酒不沾。"牧师说，"有一次我问他：'你为什么不要别人帮助而来求助于我？'他说：'因为只有你从来没有逼过我。'"

在人与人的相处中，总会出现各种各样的差异，此时，应该多用换位思维来思考，分析对方的态度和处境，而不应将自己的意志强加于人，那样，只会造成对方的抵触和误解。

《如何使人们变得高贵》一书中说："把你对自己事情的高度兴趣，跟你对其他事情的漠不关心做个比较。那么，你就会明白，世界上其他人也正是抱着这种态度。"这就是：要想与人相处，成功与否全在于你有无偏见，能不能以同情的心理理解别人的观点。

偏见往往会使一方伤害另一方，如果另一方耿耿于怀，那关系就无法融洽。反之，受损害的一方具有很大的度量，能从大局出发，这样会使原先持偏见者在感情上受到震动，导致他转变偏见，正确待人。

一个年轻人的妻子近来变得忧郁、沮丧，常为一些小事对他吵吵嚷嚷，甚至打骂孩子。他无可奈何之下只好躲在办公室，不想回家。

有位经验丰富的长者见他这样就问他最近是否与妻子争吵过，年轻人回答说："为装饰房间争吵过。我爱好艺术，比妻子更懂得色彩，我们特别为卧室的颜色大吵了一架，我想漆的颜色，她就是不同意，我也不肯让步。"

长者又问："如果她说你的办公室布置得不好，把它重新布置一遍，你又如何想呢？"

"我绝不能容忍这样的事。"青年回答说。

长者却解释说："办公室是你的权力范围，而家庭以及家里的东西则是你妻子的权力范围，若按照你的想法去布置'她的'厨房，那她就会和你刚才一样感觉受到侵犯似的。在布置住房上，双方意见一致最好，不能用苛刻的标准去要求她，要商量，妻子就应有否决权。"

年轻人恍然大悟，回家对妻子说："一位长者开导了我，我错了，我不该把我的意志强加于你。现在我想通了，你喜欢怎样布置房间就怎样布置吧，这是你的权利，随你的便吧。"妻子听后非常感动，两人言归于好。

夫妻生活也和其他人际关系一样，对那些不尽如人意的地方，只有采取换位思维，给对方理解和尊重才能有助于矛盾的解决。世界本来就很复杂，什么样的人都有，什么样的思想都有。如果你事事要求别人按你的想法去做，那只能失去朋友，自己堵住自己的路。

第七章

辩证思维——真理就住
在谬误的隔壁

简说辩证思维

有一天，苏格拉底看到一个年轻人正在向众人宣讲"美德"。苏格拉底就向年轻人请教："请问，什么是美德？"

年轻人不屑地看着苏格拉底说："不偷盗、不欺骗等品德就是美德啊！"

苏格拉底又问："不偷盗就是美德吗？"

年轻人肯定地回答："那当然了，偷盗肯定是一种恶德。"

苏格拉底不紧不慢地说："我在军队当兵，有一次，接受指挥官的命令深夜潜入敌人的营地，把他们的兵力部署图偷了出来。请问，我这种行为是美德还是恶德？"

年轻人犹豫了一下，辩解道："偷盗敌人的东西当然是美德，我说的不偷盗是指不偷盗朋友的东西。偷盗朋友的东西就是恶德！"

苏格拉底又问："又有一次，我一个好朋友遭到了天灾人祸的双重打击，对生活失去了希望。他买了一把尖刀藏在枕头底下，准备在夜里用它结束自己的生命。我知道后，便在傍晚时分溜进他的卧室，把他的尖刀偷了出来，使他免于一死。请问，我这种行为是美德还是恶德啊？"

年轻人仔细想了想，觉得这也不是恶德。这时候，年轻人很惭愧，他恭恭敬敬地向苏格拉底请教什么是美德。

苏格拉底对年轻人的反驳运用的就是辩证思维。辩证思维是指以变化发展的视角认识事物的思维方式，通常被认为是与逻辑思维相对立的一种思维方式。在逻辑思维中，事物一般是"非此即彼""非真即假"，而在辩证思维中，事物可以在同一时间里"亦此亦彼""亦真亦假"而无碍于思维活动的正常进行。

谈到辩证思维，我们不能不提到矛盾。正因为矛盾的普遍存在，才需要我们以变化、发展、联系的眼光看问题。就像苏格拉底能从年轻人给出的美德的定义中找到诸多矛盾，就是因为年轻人忽视了辩证思维，或者他并不懂应该辩证地看待事物。

我们的生活无处不存在矛盾，也就无处不需要辩证思维的运用。

从下面的故事中你也许可以体会出矛盾的普遍性，以及辩证思维的奇妙之处。

从前有一个老和尚，在房中无事闲坐着，身后站着一个小和尚。门外甲、乙两个和尚在争论一个问题，双方争执不下。一会儿甲和尚气冲冲地跑进房来，对老和尚说："师傅，我说的这个道理，是应该如此这般的，可是乙却说我说得不对，您看我说得对还是他说得对？"老和尚对甲和尚说："你说得对！"甲和尚很高兴地出去了。过了几分钟，乙和尚气愤愤地跑进房来，他质问老和尚说："师傅，刚才甲和我辩论，他的见解根本就是错的，我是根据佛经上说的，我的意思是如此这般，您说是我说得对呢，还是他说得对？"老和尚说："你说得对！"乙和尚也欢天喜地地出去了。乙走后，站在老和尚身后的小和尚，悄悄地在老和尚耳边说："师傅，他俩争论一个问题，要么就是甲对，要么就是乙对，甲如对，乙就不对；乙如对，甲就肯定错啦！您怎么可以都说他们对呢？"老和尚掉过头来，对小和尚望了一望，说："你也对！"

故事中的主人公并非是非不分，而是两位小和尚从不同角度对问题的理解都是正确的。这也说明了我们生活中许多事物并不只存在一个正确答案，若尝试用辩证思维去思考，往往会看到问题的不同维度，也就会得到许多不同的见解，而不致产生偏颇。

对立统一的法则

在生活中，我们找不到两片完全相同的树叶，同样，也不存在绝对的对与错。所有的判断都是以一个参照物为标准的，参照物变化了，结论也就变化了。这使得事物本身存在着矛盾，而这个对立统一的法则，是唯物辩证法最根本的法则。

著名的寓言作家伊索，年轻时曾经当过奴隶。有一天，他的主人要他准备最好的酒菜，来款待一些哲学家。当菜都端上来时，主人发现满桌都是各种动物的舌头，简直就是一桌舌头宴。客人们议论纷纷，气急败坏的主人将伊索叫了进来问道："我不是叫你准备一桌最好的菜吗？"

只见伊索谦恭有礼地回答："在座的贵客都是知识渊博的哲学家，需要靠舌头来讲述他们高深的学问。对于他们来说，我实在想不出还有什么比舌头更好的东西了。"

哲学家们听了他的陈述都开怀大笑。第二天，主人又要伊索准备一桌最不好的菜，招待别的客人。宴会开始后，没想到端上来的还是一桌舌头，主人不禁火冒三丈，气冲冲地跑进厨房质问伊索："你昨天不是说舌头是最好的菜，怎么这会儿又变成了最不好的菜了？"

伊索镇静地回答："祸从口出，舌头会为我们带来不幸，所以它也是最不好的东西。"

一句话让主人哑口无言。

在不同的时间、不同的地点，对不同的对象，最好的可以变成最坏的，最坏的亦可变成最好的。这就是辩证的统一。

还有一个故事，可以让我们领会到应如何运用对立统一法则。

海湾战争之后，一种被称为 M1A2 型坦克开始装备美军。这种坦克的防护装甲是当时世界上最坚固的，它可抵抗时速超过 4500 千米、单位破坏力超过 13500 千克的打击力量。那么，这种品质优异的防护装甲是如何研制成功的呢？

乔治·巴顿中校是美国陆军最优秀的坦克防护装甲专家之一。他接受研制 M1A2 型坦克装甲的任务后，立即拽来了一位"冤家"作为搭档——著名破坏力专家迈克·舒马茨工程师。两人各带一个研究小组开始工作。所不同的是，巴顿所带的研制小组，负责研制防护装甲；舒马茨带的则是破坏小组，专门负责摧毁巴顿研制出来的防护装甲。

刚开始，舒马茨总是能轻而易举地把巴顿研制的坦克炸个稀巴烂。但随着时间的推移，巴顿一次次地更换材料，修改设计方案，终于有一天，舒马茨使尽浑身解数也未能破坏这种新式装甲。于是，世界上最坚固的坦克在这种近乎疯狂的"破坏"与"反破坏"试验后诞生了。巴顿与舒马茨也因此而同时荣膺了紫心勋章。

利用"破坏"与"反破坏"的矛盾关系制造坦克装甲的过程，也就是利用辩证思维中对立统一法则，巧妙处理事物的矛盾的过程。这也是在告诉我们，当事物的一个方面对我们不利时，可以考虑将它的两方面特性统一起来，使其互相补充、互相促进。

在偶然中发现必然

太阳的东升西落，地球运行的轨道，潮起潮落，月亮的阴晴圆缺，春夏秋冬的更替，一切都有自身的规律。

任何事情的发生，都有其必然的原因。有因才有果。换句话说，当你看到任何现象的时候，你不要觉得不可理解或者奇怪，因为任何事情的发生都有其原因。

格德纳是加拿大一家公司的普通职员。一天，他不小心碰翻了一个瓶子，瓶子里装的液体打湿了桌上一份正待复印的重要文件。

格德纳很着急，心想这下可闯祸了，文件上的字可能看不清了。

他赶紧抓起文件来仔细察看，令他感到奇怪的是，文件上被液体打湿的部分，其字迹依然清晰可见。

当他拿去复印时，又一个意外情况出现了，复印出来的文件，被液体污染后很清晰的那部分，竟变成了一团黑斑，这又使他转喜为忧。

为了消除文件上的黑斑，他绞尽脑汁，但一筹莫展。

突然，格德纳的头脑中冒出一个针对"液体"与"黑斑"倒过来想的念头。自从复印机发明以来，人们不是为文件被盗印而大伤脑筋吗？为什么不以这种"液体"为基础，化不利为有利，研制一种能防止盗印的特殊液体呢？

格德纳利用这种逆向思维，经过长时间艰苦努力，最终把这种产品研制成功。但他最后推向市场的不是液体，而是一种深红的防影印纸，并且销路很好。

格德纳没有放过一次复印中的偶然事件，由字迹被液体浸染后变清晰，复印出的却是黑斑这一现象，联想到文件保密工作中的防止盗印，由此开发了防影印纸。不得不说他抓住了一个创新的良机。

衣物漂白剂的发明与此有异曲同工之妙，也是源于一次偶然的发现。

吉麦太太洗好衣服后，把拧干的洗涤物放到一边，疲倦地站起来伸伸腰。这时，吉麦先生下意识地挥了一下画笔，蓦地，蓝色颜料竟沾在了洗好的白衬衣上。

他太太一面嘀咕一面重洗。但雪白的衬衣因沾染蓝色颜料，任她怎么洗，仍然带有一点淡蓝色。她无可奈何地只好把它晒干。结果，这件沾染蓝颜料的白衬衣，竟更鲜丽、更洁白了。

"呃！这就奇怪啦！沾染颜料竟比以前更洁白了！"

"是呀！的确比以前更白了，奇怪！"他太太也感到惊异。

翌日，他故意像昨天一样，在洗好的衣服上沾染了蓝颜料，结果晒干的衬衣还是跟上次一样，显得异常明亮、雪白。第三天，他又试验了一次，结果仍然一样。

吉麦把那种颜料称为"可使洗涤物洁白的药"，并附上"将这种药少量溶解在洗衣盆里洗涤"的使用法，开始出售。普通新产品是不容易推销的，但也许是他具有广告的才能吧，吉麦的漂白剂竟出乎意料的畅销。凡是使用过的人，看着雪白得几乎发亮的洗涤物，无不啧啧称奇，赞许吉麦的"漂白剂"。

一经获得好评后，这种可使洗涤物洁白的"药"——蓝颜料和水的混合液，就更受家庭主妇的欢迎。

吉麦发明这种漂白剂出于偶然，由此可见，抓住偶然发现的东西，也是一种发明或创造的方法。

事物是有规律的，偶然中蕴含着必然，对生活中的偶然现象不能轻易放过，仔细观察、善于思考，也许你会从中获得一些意外的发现。

苦难是柄双刃剑

用辩证的思维来看，苦难是一柄双刃剑，它能让强者更强，练就出色而几近完美的人格，但是同时它也能够将弱者一剑刺伤，从此倒下。

曾有这样一个"倒霉蛋"，他是个农民，做过木匠，干过泥瓦工，收过破烂，卖过煤球，在感情上受到过致命的欺骗，还打过一场 3 年之久的麻烦官司。他曾经独自闯荡在一个又一个城市里，做着各种各样的活计，居无定所，四处漂泊，生活上也没有任何保障。看起来仍然像一个农民，但是他与乡里的农民有些不同，他虽然也日出而作，但是不日落而息——他热爱文学，写下了许多清澈纯净的诗歌。每每读到他的诗歌，都让人们为之感动，同时为之惊叹。

"你这么复杂的经历怎么会写出这么纯净的作品呢？"他的一个朋友这么问他，"有时候我读你的作品总有一种感觉，觉得只有初恋的人才能写得出。"

"那你认为我该写出什么样的作品呢？《罪与罚》吗？"他笑道。

"起码应当比这些作品沉重和黯淡些。"

他笑了，说："我是在农村长大的，农村家家都储粪种庄稼。小时候，每当碰到别人往地里送粪时，我都会掩鼻而过。那时我觉得很奇怪，这么臭这么脏的东西，怎么就能使庄稼长得更壮实呢？后来，经历了这么多事，我却发现自己并没有学坏，也没有堕落，甚至连麻木也没有，就完全明白了粪和庄稼的关系。

"粪便是脏臭的，如果你把它一直储在粪池里，它就会一直这么脏臭下去。但是一旦它遇到土地，它就和深厚的土地结合，就成了一种有益的肥料。对于一个人，苦难也是这样。如果把苦难只视为苦难，那它真的就只是苦难。但是如果你让它与你精神世界里最广阔的那片土地结合，它就会成为一种宝贵的营养，让你在苦难中如凤凰涅槃，体会到特别的甘甜和美好。"

土地转化了粪便的性质，人的心灵则可以转化苦难的流向。在这转化中，每一次沧桑都成了他唇间的美酒，每一道沟坎都成了他诗句的源泉。他文字里那些明亮的妩媚原来是那么深情、隽永，因为其间的一笔一画都是他历经苦难的履痕。

苦难是把双刃剑，它会割伤你，但也会帮助你。

帕格尼尼，意大利著名小提琴家。他是一位在苦难的琴弦下把生命之歌演奏到极致的人。

4岁时经历了一场麻疹和强直性昏厥症，7岁患上严重肺炎，只得大量放血治疗。46岁因牙床长满脓疮，拔掉了大部分牙齿，其后又染上了可怕的眼疾。50岁后，关节炎、喉结核、肠道炎等疾病折磨着他的身体与心灵，后来声带也坏了。他仅活到57岁，就口吐鲜血而亡。

身体的创伤不仅仅是他苦难的全部。他从13岁起，就在世界各地过着流浪的生活。他曾一度将自己禁闭，每天疯狂地练琴，几乎忘记了饥饿和死亡。

　　像这样的一个人，这样一个悲惨的生命，却在琴弦上奏出了最美妙的音符。3岁学琴，12岁举办首场个人音乐会。他令无数人陶醉，令无数人疯狂！

　　乐评家称他是"操琴弓的魔术师"。歌德评价他："在琴弦上展现了火一样的灵魂。"李斯特大喊："天哪，在这四根琴弦中包含着多少苦难、痛苦与受到残害的生灵啊！"苦难净化心灵，悲剧使人崇高。也许上帝成就天才的方式，就是让他在苦难这所大学中进修。

　　弥尔顿、贝多芬、帕格尼尼，世界文艺史上的三大怪杰，最后一个失明，一个失聪，一个丧失语言能力！这就是最好的例证。

　　苦难，在这些不屈的人面前，会化为一种礼物，一种人格上的成熟与伟岸，一种意志上的顽强和坚韧，一种对人生和生活的深刻认识。然而，对更多人来说，苦难是噩梦，是灾难，甚至是毁灭性的打击。

　　其实对于每一个人，苦难都可以成为礼物或是灾难。你无须祈求上帝保佑，菩萨显灵。选择权就在你自己手里。一个人的尊严，就是不轻易被苦难压倒，不轻易因苦难放弃希望，不轻易让苦难磨灭自己蓬勃向上的心灵。

　　用你的坚韧和不屈，把灾难般的苦难变成人生的礼券。

塞翁失马，焉知非福

　　靠近边塞的地方，住着一位老翁。有一次，老翁家的一匹马，无缘无故挣脱缰绳，跑到胡人居住的地方去了。邻居都来安慰他，他平静地说："这件事难道不是福吗？"几个月后，那匹丢失的马突然又跑回家来了，还领着一匹胡人的骏马一起回来。邻居们得知，都前来向他家表示祝贺。老翁无动于衷，坦然道："这样的事，难道不是祸吗？"老翁的儿子生性好武，喜欢骑术。有一天，他儿子骑着胡人的骏马到野外练习骑射，烈马脱缰，他儿子摔断了腿。邻居们听说后，纷纷前来慰问。老翁淡然道："这件事难道不是福吗？"又过了一年，胡人侵犯边境，大举入塞。四乡八邻的精壮男子都被征召入伍，拿起武器去参战，死伤不可胜计。靠近边塞的居民，十室九空，在战争中丧生。唯独老翁的儿子因断了腿，没有去打仗。因而父子得以保全性命，安度余生。

老翁能够如此淡然地看待得与失，在于他一直在辩证地看问题，将辩证思维恰如其分地运用到了生活当中。

其实，真实的生活无处不存在着辩证法，它不会有绝对的好，也不会有绝对的坏。在此处的好到了彼处也许就变成了坏，同理，此处的坏到了彼处也许可以演化为好。就如我们的优势，在特定的环境中可以发挥得淋漓尽致，而脱离了这片土壤，也许会成为前进的绊脚石。

一个强盗正在追赶一个商人，商人逃进了山洞里。山洞极深也极黑，强盗追了上去，抓住了商人，抢了他的钱，还有他随身带的火把。山洞如同一座地下迷宫，强盗庆幸自己有一个火把。他借着火把的光在洞中行走，他能看清脚下的石头，能看清周围的石壁。因此他不会碰壁，也不会被石头绊倒。但是，他走来走去就是走不出山洞。最终，他筋疲力尽后死去。

商人失去了一切，他在黑暗中摸索行走，十分艰辛。他不时碰壁，不时被石头绊倒。但是，正因为他置身于一片黑暗中，他的眼睛能敏锐地发现洞口透进的微光，他迎着这一缕微光爬行，最终爬出了山洞。

世间本没有绝对的强与弱，这与环境的优劣、际遇的好坏等都是息息相关的，就像强盗因光亮而死去，商人因黑暗而得以存活，正是辩证的诠释。

我们总喜欢追求完美，认为完美才能得到快乐和幸福，稍有缺憾，便想方设法去弥补，殊不知残缺也是一种美。

从前，有一个国王，他有七个女儿，这七位美丽的公主是国王的骄傲。她们都拥有一头乌黑亮丽的头发，所以国王送给她们每人十个漂亮的发卡。

有一天早上，大公主醒来，一如往常地用发卡梳理她的秀发，却发现少了一个发卡。于是她偷偷地到了二公主的房里，拿走了一个发卡；二公主发现少了一个发卡，便到三公主房里拿走一个发卡；三公主发现少了一个发卡，也偷偷地拿走四公主的一个发卡；四公主如法炮制拿走了五公主的发卡；五公主一样拿走了六公主的发卡；六公主只好拿走七公主的发卡。

于是，七公主的发卡只剩下九个。

一天，邻国英俊的王子忽然来到皇宫，他对国王说："我的百灵鸟叼回了一个发卡，我想这一定是属于公主们的，这真是一种奇妙的缘分，不晓得是哪位公主掉了发卡？"

公主们听到这件事，都在心里说："是我掉的，是我掉的。"可是头上明明完整地别着十个发卡，所以心里都懊恼得很，却说不出。只有七公主走出来说："我掉了一个发卡。"话刚说完，一头漂亮的长发因为少了一个发卡，全部披散下来，王子不由得看呆了。

故事的结局，自然是王子与七公主从此一起过着幸福快乐的生活。

生活中我们总为失去的东西而懊恼，而悔恨，但是，用辩证思维来思量一番，就会发现，一时的失去也许会换得长久的拥有，一丝的缺憾也许会得到更美好的生活。世间万事万物无不如此。

化劣势为优势

当身处劣势时，人们不外乎有两种不同的表现。一种是一味抱怨，抱怨自己生不逢时，有才华却毫无用武之地；抱怨天公不作美，陷自己于困顿之中；另外一种是，按照辩证思维来思考，积极主动地寻找方法将它转化为优势。

下面这个故事中的男孩就是将辩证思维巧妙地运用到了自己的生活中，并将自己所处的劣势转化成了优势。

有一个男孩在报上看到招聘启事，正好是适合他的工作。第二天早上，当他准时前往招聘地点时，发现应聘队伍中已有 20 个男孩在排队。

男孩意识到自己已处于劣势了。如果在他前面有一个人能够打动老板，他就没有希望得到这份工作了。他认为自己应该动动脑筋，运用自身的智慧想办法解决困难。他不往消极面思考，而是认真用脑子去想，看看是否有办法解决。

他拿出一张纸，写了几句话，然后走出行列，并请后面的男孩为他保留位子。他走到负责招聘的女秘书面前,很有礼貌地说:"小姐,请你把这张纸交给老板,这件事很重要。谢谢你。"

若在平时,秘书会很自然地回绝这个请求。但是今天她没有这么做。因为她已经观察这些男孩有一阵子了,他们有的表现出心浮气躁,有的则冷漠高傲。而这个男孩一直神情愉悦,态度温和,礼貌有加,给她留下了深刻的印象。于是,她决定帮助他,便将纸条交给了老板。老板打开纸条,见上面写着这样几句话:"先生,我是排在第21号的男孩。在见到我之前请您不要作出决定,好吗?"

最后的结果可想而知,任何一位老板都会喜欢这种在遇到困难时开动脑筋,积极寻找解决办法的员工的。他已经有能力在短时间内抓住问题的核心,想办法转变自己的劣势,然后全力解决它,并尽力做好。这样的聪明员工,老板怎么会不用呢?

李嘉诚的成功经历中,有许多也都是在劣势中寻找方法,甚至逆潮流而上,最终将劣势转化为了优势。

1966年底,低迷了近两年的香港房地产业开始复苏。但就在此时,香港人经历了自第二次世界大战后的第一次大移民潮。

移民者自然以有钱人居多,他们纷纷贱价抛售物业。自然,新落成的楼宇无人问津,整个房地产市场卖者多买者少,有价无市。地产商、建筑商焦头烂额,一筹莫展。

李嘉诚在此次事件中也受到了重大影响。但他一直在关注、观察时势,经过深思熟虑,他毅然采取惊人之举:人弃我取,趁低吸纳。李嘉诚在整个大势中逆流而行。

从宏观上看,他坚信世间事乱极则治、否极泰来。

正是基于这样的分析，李嘉诚做出"人弃我取，趁低吸纳"的历史性战略决策，并且将此看作千载难逢的拓展良机。

于是，在整个楼市低迷的时候，李嘉诚不动声色地大量收购。李嘉诚将买下的旧房翻新出租，又利用地产低潮建筑费低廉的良机，在地盘上兴建物业。李嘉诚的行为需要卓越的胆识和气魄。不少朋友为他的"冒险"捏了一把汗，同业的地产商都在等着看他的笑话。

1970 年，香港百业复兴，地产市场转旺。这时，李嘉诚已经聚积了大量的收租物业。从最初的 12 万平方英尺，发展到 35 万平方英尺，每年的租金收入达 390 万港元。

李嘉诚成为这场地产危机的大赢家，并为他日后成为地产巨头奠定了基石。他在困境中逆流而上，勇于化劣势为优势的胆识与气魄着实令人钦佩。

工作中，机会往往和困境是连在一起的，它们之间是辩证统一的关系。因此，虽然每个人都希望求取势能，但只有那些勇于开拓思路、积极寻找方法，谋得有利于发展的资源的人，才能成就大业。

一套书读懂逻辑

有趣逻辑

弘丰 编著

应急管理出版社

·北 京·

图书在版编目（CIP）数据

一套书读懂逻辑．有趣逻辑／弘丰编著．－－北京：
应急管理出版社，2019（2021.4 重印）

ISBN 978 - 7 - 5020 - 7745 - 7

Ⅰ. ①一… Ⅱ. ①弘… Ⅲ. ①逻辑思维—通俗读物
Ⅳ. ①B804. 1 - 49

中国版本图书馆 CIP 数据核字（2019）第 252553 号

一套书读懂逻辑　　有趣逻辑

编　　著	弘　丰
责任编辑	高红勤
封面设计	末末美书

出版发行	应急管理出版社（北京市朝阳区芍药居 35 号　100029）
电　　话	010 - 84657898（总编室）　010 - 84657880（读者服务部）
网　　址	www. cciph. com. cn
印　　刷	晟德（天津）印刷有限公司
经　　销	全国新华书店

开　　本	787mm×1092mm¹/₃₂　印张　25　字数　520 千字
版　　次	2020 年 1 月第 1 版　2021 年 4 月第 2 次印刷
社内编号	20192552　　定价　125.00 元（全五册）

版权所有　违者必究

  "逻辑"（logic）这个词是个舶来语，来源于古希腊语，即"逻各斯"。逻各斯原指事物的规律、秩序或思想、言辞等。现代汉语中，不同的语境里，"逻辑"自有它的含义。比如，"中国革命的逻辑""生活的逻辑""历史的逻辑""合乎逻辑的发展"中的"逻辑"，表示事物发展的客观规律；"这篇文章逻辑性很强""说话、写文章要合乎逻辑""做出合乎逻辑的结论"中的"逻辑"表示人类思维的规律、规则；"大学生应该学点逻辑""传统逻辑""现代逻辑""辩证逻辑""数理逻辑"中的"逻辑"表示一门研究思维的逻辑形式、逻辑规律及简单的逻辑方法的科学——逻辑学；"人民的逻辑""强盗的逻辑""奴隶主阶级的逻辑"中的"逻辑"则指一定的立场、观点、方法、理论、原则。

  "逻辑"一词来源于西方，但并不意味着逻辑就是西方的独创，古代东方对逻辑也有研究和应用，古代中国先秦时期的"名学""辩学"和古印度的"因明学"都是逻辑学应用的典范。这说明逻辑思维是人类思维的一个共性。

  所谓的思维，简单地说，就是人们"动脑筋""想办法""找答案"的过程，并且，它一定同人们的认知过程相联系，必须是主要依靠人的大脑活动而进行的，否则，我们只能叫它感知（认识的第一阶段），而不是思维。换句话说就是，只有主要依靠人的大脑对事物外部联系和综合材料进行加工整理，由表及里，逐步把握事物的本质和规律，从而形成概念、建构判断和进行推理的活动才是思维活动。

概念、判断、推理是理性认识的基本形式，也是思维的基本形式。概念是反映事物本质属性或特有属性的思维形式，是思维结构的基本组成要素。判断（命题）是对思维对象有所判定（即肯定或否定）的思维形式，它是由概念组成的，同时，它又为推理提供了前提和结论。推理是由一个或几个判断推出一个新判断的思维形式，是思维形式的主体。

而概念、判断、推理和论证，恰恰是逻辑所要研究的基本内容。因此，我们说逻辑是关于思维的科学。

当然，逻辑并不研究思维过程的一切方面。思维的种类有很多，形象思维、直觉思维、创造思维、发散思维、灵感思维、哲学思维等，这些思维都与人们的大脑活动有密切关系，但都不是逻辑思维。只有人们在认识过程中借助概念、判断、推理等思维的逻辑形式，遵守一定的逻辑规则和规律，运用简单的逻辑方法，能动地反映客观现实的理性认识过程才叫逻辑思维，又称理论思维。这就是说，逻辑只从思维过程中抽象出思维形式（概念——判断——推理）来加以研究，准确地说，逻辑是关于思维形式的科学。

思维专属于人类，这是不争的事实。即使是最被人看好的类人猿、猴子、海豚等都没有思维的属性，因为思维是和语言相联结的，没有语言和文字的动物是没有思维的。逻辑、思维、语言三者是密不可分的，了解了这一点，更加有助于提升我们的逻辑思维能力。

目录

第一章

逻辑思维的伟大力量

逻辑起源于理智的自我反省

古代中国的名辩学、古希腊的分析学和古代印度的因明学并称为逻辑学的三大源流。不过，当时的逻辑学并不是一门独立的学科，而是包含于哲学之中。

中国的先秦时代是诸子百家争鸣、论辩之风盛行的时期，逻辑思想在当时被称为"名辩之学"。先秦的"名实之辩"几乎席卷了所有的学派。当时，出现了一批被称为"讼师""辩者""察士"的人，如邓析、惠施、公孙龙等。他们或替人打官司或收徒讲学，"操两可之说，设无穷之辞"，提出了许多有关巧辩、诡辩和悖论性的命题。其中，以墨翟为代表的墨家学派对逻辑学的贡献最大。在墨家学派的著作《墨经》中，对概念、判断、推理问题做了精辟的论述。不过，"名学""辩学"作为称谓先秦学术思想的用语，并非古已有之，而是后人提出的，到了近代才被学术界普遍接受。

逻辑学在古代印度称为"因明学"，因，指推理的根据、理由、原因；明，指知识、学问。"因明"就是关于推理的学说，起源于古印度的辩论术。相传，上古时代的《奥义书》就已提到了"因明"。释迦牟尼幼时，也曾在老师的指导下学习过"因明"。不过，因明真正形成自己独立完整的体系，则是2世纪前后的事。其主要学术代表有陈那的《因明正理门论》、商羯罗主的《因明入正理论》等。

古希腊是逻辑学的主要诞生地，经过公元前 6 世纪到公元前 5 世纪的发展后，在公元前 4 世纪由亚里士多德总结创立了古典形式逻辑。亚里士多德写了包括《范畴篇》《解释篇》《前分析篇》《后分析篇》《论辩篇》《辩谬篇》等在内的诸多论文，全面系统地研究了人类的思维及范畴和概念、判断、推理、证明等问题，这在西方逻辑学的历史上尚属首次。

在古代中国、印度和希腊，一些智慧之士已经意识到了适当运用日常生活中语言或思维中存在的机巧、环节、过程的重要性，并开始对其进行反省与思辨，从而留下了许多为人们津津乐道的有趣故事。

白马非马

公孙龙，战国时期赵国人，曾经做过平原君的门客，名家的代表人物。其主要著作《公孙龙子》，是著名的诡辩学代表著作。其中最重要的两篇是《白马论》和《坚白论》，提出了"白马非马"和"离坚白"等论点，是"离坚白"学派的主要代表。

在《白马论》中，公孙龙通过三点论证证明了"白马非马"的命题。

其一："马者，所以命形也；白者，所以命色也；命色者非命形也，故曰：白马非马。"公孙龙认为，"马"的内涵是一种哺乳类动物；"白"的内涵是一种颜色；而"白马"则是一种动物和一种颜色的结合体。"马""白""白马"三者内涵的不同证明了"白马非马"。

其二："求马，黄黑马皆可致。求白马，黄黑马不可致……故黄黑马一也，而可以应有马，而不可以应有白马，是白马之非马审矣。"

在这里，公孙龙主要从"马"和"白马"概念外延的不同论证了"白马非马"。即"马"的外延指一切马，与颜色无关；"白马"的外延仅指白色的马，其他颜色则不行。

其三："马固有色，故有白马。使马无色，有马如已耳。安取白马？故白者，非马也。白马者，马与白也，马与白非马也。故曰：白马非马也。"共相是哲学术语，简单地说就是指普遍和一般。"马"的共相是指一切马的本质属性，与颜色无关；"白马"的共相除了马的本质属性外，还包括了颜色。公孙龙意在通过说明"马"与"白马"在共相上的差别来论证"白马非马"。

公孙龙关于"白马非马"这个命题的探讨，符合同一性与差别性的关系以及辩证法中一般和个别相区别的观点，在一定程度上纠正了当时名实混乱的现象，有一定的合理性和开创性。

三支论式

印度的因明学一直和佛教联系在一起，事实上它的出现就是为了论证佛教教义。古印度最早的因明学专著《正理经》是正理派的创始人足目整理编撰的，《正理经》可说是因明之源。在《正理经》中，足目建立了因明学的纲要——十六句义（又称十六谛），即十六种认识及推理论证的方式。《正理经》几乎贯穿了整个印度的因明史，对印度因明学的发展意义重大。

陈那在印度逻辑史上是一位里程碑式的人物，他创立了新因明的逻辑系统，故被世人誉为"印度中古逻辑之父"。他在《因明正理门论》中提出了"三支论式"，认为每一个推理形式都是由"宗"（相当于三段论的结论）、"因"（相当于三段论的小前提）、"喻"（相当于三段论的大前提）三部分组成。比如：

宗：她在笑
因：她遇到了高兴的事
喻：遇到了高兴的事都会笑

逻辑思维的基本特征

人们通常说的思维是指逻辑思维或抽象思维。逻辑思维（logical thinking），是指人们在认识过程中借助概念、判断、推理等思维形式能动地反映客观现实的理性认识过程，又称理论思维。它是人脑对客观事物间接概括的反映，它凭借科学的抽象揭示事物的本质，具有自觉性、过程性、间接性和必然性的特点。逻辑思维是人的认识的高级阶段，即理性认识阶段。只有经过逻辑思维，人们才能达到对具体对象本质的把握，进而认识客观世界。

逻辑学是逻辑思维的理论基础，逻辑思维正是在逻辑学理论的指导下进行的。所以，逻辑思维的基本特征与逻辑学的性质，以及逻辑学的研究内容紧密相关。

就像声音是以空气作为媒介传播的一样，逻辑思维是通过概念、命题、推理等思维形式来传递信息和知识的。如果没有概念、命题、推理，逻辑思维就无法进行。这就像如果没有空气，声音就不能传播一样。可以说，正是概念、命题和推理成就了逻辑思维的意义。

1938 年，针对希特勒在德国的独裁统治，喜剧大师卓别林以此为题材写出了喜剧电影剧本《独裁者》，对希特勒进行了辛辣的讽刺。但是，就在电影将要开机拍摄之际，美国派拉蒙电影公司的人却声称："理查德·哈定·戴维斯曾写过一出名字叫作《独裁者》的闹剧，所以他们对这名字拥有版权。"卓别林派人跟他们多次交涉无果，最后只好亲自登门去和他们商谈。最后，派拉蒙公司声称，他们可以以 2.5 万美元的价格将"独裁者"这个名字转让给卓别林，否则就要诉诸法律。面对对方的狮子大开口，卓别林无法接受。正在无计可施之际，他灵机一动，便在片名前加了一个"大"字，变成了《大独裁者》。这一招让派拉蒙公司瞠目结舌，却又无话可说。

卓别林通过混淆概念的内涵和外延（即概念的属种问题）巧妙地解决了派拉蒙公司的赔偿要求。在属种关系中，外延大的、包含另一概念的那个概念，叫作属概念；外延小的，从属于另一概念的那个概念叫作种概念。比如，语言和汉语，语言就是属概念，汉语则是种概念。"独裁者"和"大独裁者"是两个相容关系的概念。前者外延大，是为属概念；后者外延小，是为种概念。在这个事例中，"独裁者"便是"大独裁者"的属概念。可见，只有对概念的内涵与外延有了明确的认识，才能进行正确的逻辑思维。同时，命题的真假和推理结构关系的不明晰也会影响逻辑思维，在此不再一一举例。

逻辑思维以真假、是非、对错为目标，它要求思维中的概念、命题和推理具有确定性。也就是说，在进行逻辑思维时，概念在内涵和外延上的含义应该有确定性；命题的真假及对研究对象的推理判断也应该有确定性。遵循思维过程中的确定性的逻辑思维才是正确的逻辑思维，反之则不合逻辑或是诡辩。

逻辑学的研究对象

提到逻辑学，就不能不提到亚里士多德。这位古希腊伟大的学者，也是世界历史上最伟大的学者之一，毕生都致力于学术研究，在修辞学、物理学、生物学、教育学、心理学、政治学、经济学、美学方面写下了大量著作。此外，他也是形式逻辑的事实性奠基者与开创者，由他建立的逻辑学基本框架至今还在沿用。亚里士多德认为，逻辑学是研究一切学科的工具。他也一直在努力把思维形式与客观存在联系起来，并按照客观存在来阐明逻辑学的范畴。他还发现并准确地阐述了逻辑学的基本规律，而这对后世的研究有着巨大的影响。在经过弗朗西斯·培根、穆勒、莱布尼兹、康德、黑格尔等哲学家的研究、发展后，西方已经建立起了比较成熟完善的逻辑学研究体系。

我国是逻辑学的发源地之一，对逻辑学的研究在先秦时代就已经开始。但是，这些研究都零散地出现于各派学者的著作中，并没有形成完整的体系，也没有得到更进一步的发展。所以，一般认为，逻辑学是西方人创立的。

简单地说，逻辑学就是研究思维的科学，包括思维的形式、内容、规律和方法等各个方面。有研究者曾这样定义逻辑学："逻辑学是研究纯粹理念的科学，所谓纯粹理念就是思维的最抽象的要素所形成的理念。"抽象就是从众多的事物中抽取出共同的、本质性的特征，而舍弃其非本质的特征。因此，有人认为逻辑学是最难学的，因为它研究的是纯抽象的东西，它需要一种特殊的抽象思维能力。但实际上逻辑学并没有想象的那么难，因为不管多么抽象，归根到底它研究的还是我们的思维，也就是说我们的思维形式、思维方法和思维规律。

简单地说，思维就是人脑对客观存在间接的、概括的反映。既然是人脑对客观存在的反映，那就涉及反映的形式和内容的问题。也就是说，思维活动包括思维内容和思维形式两个方面。思维内容是指反映到思维中的各种客观存在，而思维形式则是指思维内容的具体组织结构以及联系方式。古人说"皮之不存，毛将焉附"，如果说思维内容是"皮"，思维形式就是"毛"，二者一起组成了"皮毛"。所以说，内容和形式不可对立起来，没有内容，就无所谓形式；没有形式，内容也无可表达。之所以花这么多篇幅说思维内容和思维形式的关系，就是要说明逻辑学其实就是对从思维内容中抽离出来的思维形式进行研究的。思维形式主要是指概念、判断、推理，也有研究者认为假说和论证也是思维形式。比如：

（1）所有的商品都是劳动产品。

（2）所有的花草树木都是植物。

（3）所有的意识都是客观世界的反映。

这是三个简单的判断，即对"商品""花草树木""意识"这三个不同的对象进行判断，把它们分别归属为"劳动产品""植物"和"客观世界的反映"。它们虽然反映的思维内容各不相同，但是它们前后两部分的组织结构，也就是形式是相同的，即"所有……都是……"。如果用 P 表示前一部分内容，用 S 表示后一部分内容，就可以得到一个关于判断的逻辑结构公式：

所有 P 都是 S。

在逻辑学上，把上述这种最常见的判断形式称为逻辑形式，逻辑学所研究的就是有着这种逻辑形式的逻辑结构。

对于推理，我们也可以用相同的方法推导出一个公式。比如：

（1）所有的商品都是劳动产品，汽车是商品，所以，所有的汽车是劳动产品。

（2）所有的花草树木都是植物，梧桐是树，所以，所有的梧桐是植物。

上述两例都是简单的推理过程，（1）是"汽车""商品"和"劳动产品"的推理过程，（2）是"梧桐""树"和"植物"的推理过程。二者反映的是不同的推理内容，但都包括三个概念，都是由三个判断构成的推理结构。如果用 S、P、M 表示三个概念，就可以得出下面的逻辑结构公式：

所有 M 都是 P

所有 S 都是 M

所以，所有 S 都是 P

在逻辑学上，把这种常见的推理结构称为三段论推理的逻辑结构（或逻辑形式）。

在这里，涉及逻辑常项和逻辑变项两个概念。逻辑常项指思维形式中不变的部分，如"所有……都是……"这个结构；逻辑变项指思维形式中可变的部分，如"S"和"P"这两个概念。"S"和"P"可以是任意相应的概念，但"所有……都是……"这个结构却是固定的。

逻辑学研究的另两个对象是指思维方法和思维规律。其中，思维方法是指依靠人的大脑对事物外部联系和综合材料进行加工整理，由表及里，逐步把握事物的本质和规律，从而形成概念、建构判断和进行推理的方法。思维方法包括很多种，比如观察、实验、分析与综合、给概念下定义，等等。对各种各样的思维方法进行研究，是逻辑学的主要任务之一。

在人们运用各种思维方法对各种思维形式进行研究的过程中，也就是在人们对客观存在反映在人脑中的思维形式进行研究探讨的过程中，逐渐总结出了一些规律性的、行之有效的规则，即思维规律。思维规律是人们根据长期思维活动的经验总结出来的，是人类智慧的结晶，也是人们在思维活动中必须遵循的、具有普遍指导意义的规则。在逻辑学中，思维规律主要是指同一律、矛盾律、排中律和充足理由律。其中，同一律可以用公式"A 是 A"表示，它指在同一思维过程中，使用的概念和判断必须保持同一性或确定性；矛盾律可以用公式"A 不是非 A"表示，它指在同一思维过程中，对同一概念的两个相互矛盾的判断至少应该有一个是假的；排中律是指在同一思维过程中，对同一概念两个相矛盾的肯定与否定判断中必有一个是真的，即"A 或者非 A"；充足理由律是指在思维过程中，任何一个真实的判断都必须有充足的理由。凡是符合上述思维规律的，就是正确的、合乎逻辑的思想，反之则是错误的、不合逻辑的。

由此可见，思维形式、思维方法及思维规律构成了逻辑学的主要研究内容，是逻辑学的三大主要研究对象。

逻辑思维命题

随着人类社会的发展，人们在实践的基础上认识了客观事物发展过程中的逻辑规律，于是出现了很多逻辑思维命题。

在公元前 5 世纪，古希腊曾经出现过一个智者哲学流派，他们靠教授别人辩论术吃饭。这是一个诡辩学派，以精彩巧妙和似是而非的辩论而闻名。其对自然哲学持怀疑态度，认为世界上没有绝对不变的真理。其代表人物是高尔吉亚，他有三个著名的命题：

（1）无物存在；

（2）即使有物存在也不可知；

（3）即使可知也无法把它告诉别人。

这就是逻辑思维命题。

逻辑思维命题是逻辑学家通过对人类思维活动的大量研究而设计的。逻辑思维命题有两个较为显著的特征：第一个就是抽象概括性，就是抛开事物发展的自然线索和偶然事件，从事物成熟的、典型的发展阶段上对事物进行命题；第二个就是典型性，具体来说就是离开事物发展的完整过程和无关细节，以抽象的、理论上前后一贯的形式对决定事物发展方向的主要矛盾进行概括命题。

古希腊哲学家苏格拉底、柏拉图、亚里士多德等人就是这方面的代表，他们构建了至今已有两千多年历史的形式逻辑思维框架。

苏格拉底认为自己是没有智慧的，声称自己一无所知，然而德尔斐神庙的神谕却说苏格拉底是雅典最有智慧的人。

苏格拉底在雅典大街上向人们提出一些问题，例如，什么是虔诚？什么是民主？什么是美德？什么是勇气？什么是真理？等等。他称自己是精神上的助产士，问这些问题的目的就是帮助人们产生自己的思想。他在与学生进行交流时从来不给学生答案，他永远是一个发问者。后来，他这种提出问题、启发思考的方式被称为"助产术"。

苏格拉底问弟子："人人都说要做诚实的人，那么什么是诚实？"学生说："诚实就是不说假话，说一是一，说二是二。"苏格拉底继续问："雅典正在与其他城邦交战，假如你被俘虏了，国王问：'雅典的城门是怎么防守的，哪个城门防守严密？哪个城门防守空虚？我们可从哪面打进去？'你说南面防守严密，北面防守疏松，可以从北面打进去。对你而言，你是诚实的，但你却是一个叛徒。"学生说："那不行，诚实是有条件的，诚实不能对敌人，只能对朋友、对亲人，那才叫诚实。"苏格拉底又问："假如我们中有一个人的父亲已病入膏肓，我们去看他。这位父亲问我们：'这个病还好得了吗？'我们说：'你的脸色这么好，吃得好，睡得好，过两天就会好起来。'你这样说是在撒谎。如果你坦白地告诉他：'你这病活不了几天，我们今天就是来告别的。'你这是诚实吗？你这是残忍。"学生感叹道："我们对敌人不能诚实，对朋友也不能诚实。"接着，苏格拉底继续问下去，直到学生无法回答，于是就下课，让学生明天再问。

这种提问方式引发的思维方法可以帮助我们更清楚地认识事物的本质，对人类思维方式的训练具有重要意义。我们学习了很多知识，自以为知道很多，每个人说起自己的观点都侃侃而谈。实际上，深究起来，很多观点都经不起推敲，我们需要更深入地思考。

第二章

概念思维

概念

概念是人们认识自然现象的一个枢纽，也是人们认识过程的一个阶段。从逻辑学的角度讲，概念是一种思维形式，而且是逻辑学首先要研究的对象。如果说思维是一种生物，那么概念就是这种生物的细胞。概念是对客观存在辩证的反映，是主观性与客观性、共性与个性、抽象性与具体性的统一。同时，因为概念是可以相互转化的，所以概念也是确定性和灵活性的统一。

概念的含义

概念是人们在认识事物的过程中，对"这种事物是什么"的回答。通常，人们都认为概念是反映对象的本质属性的思维形式。而且，它所反映的是一切能被思考的事物。比如：

自然现象：日、月、山、河、雨、雪……

社会现象：商品、货币、生产力、国家、制度……

精神现象：心理、意识、思想、思维、感觉……

虚幻现象：鬼、神仙、上帝、佛……

上述事物虽然属于不同的现象和领域，但是都是能够被思考的事物，所以都可以反映为概念。

要想真正理解概念的含义，就要特别注意"本质属性"这四个字。事物的属性有本质属性和非本质属性之分。本质属性是指决定该事物之所以为该事物并区别于其他事物的属性，是对事物本质的反映。非本质属性就是指对该事物没有决定意义的事物。概念就是对事物的本质属性的反映，非本质属性的反映就不是概念。比如：

（1）雪：由冰晶聚合而形成的固态降水。

（2）雪：一种在冬天飘落的白色的、轻盈的、漂亮的像花一样的东西。

上述两个关于"雪"的描述中，（1）反映了"雪"的本质属性，即固态降水；（2）虽然从时间、颜色、重量、形状各方面都对其进行了描述，但都是关于它非本质属性的描述，并没有反映出决定"雪"之所以为"雪"的本质属性，所以不能称为概念。再比如：

柏拉图曾经把"人"定义为没有羽毛的两脚直立的动物。于是他的一个学生就找来了一只鸡，把鸡的羽毛全拔掉，然后拿给他："没有羽毛、两脚直立的动物，看，这就是柏拉图的'人'！"

显然，柏拉图对"人"的定义并没有反映出"人"的本质属性，只是指出了一些外在形式上的区别，所以闹出笑话。

概念的形成过程

概念的形成过程其实就是人的认识不断加深的过程。

人对事物的认识首先是感性认识，即人们在实践过程中，通过自己的感官（眼、耳、鼻、舌、身）直接接触客观外界而在头脑中形成的印象。感性认识是对各种事物的表面的认识，一般都是非本质属性的认识。如柏拉图对"人"的定义便是感性认识。在感性认识的基础上，通过分析、综合、抽象、概括等方法对感性材料进行加工，从而把握事物的本质，才会形成理性认识。理性认识就是对事物本质规律和内在联系的认识，具有抽象性、间接性、普遍性。理性认识是认识的高级阶段，概念一般也是在人的认识达到理性认识阶段的时候才得以形成的。在对"人"的定义上，便十分鲜明地显示了人们的认识逐渐深入的过程。

无名氏：人是会笑的动物。

柏拉图：没有羽毛的两脚直立的动物。

亚里士多德：人是城邦的动物。

荀子：人之所以为人者，非特以其二足而无毛也，以其有辩也。

马克思：人是一切社会关系的总和。

《现代汉语词典》：能制造工具并能熟练使用工具进行劳动的高等动物。

张荣寰：人的本质即人的根本是人格，人是具有人格（由身体生命、心灵本我构成）的时空及其生物圈的真主人。

从上面"人"的定义的演变过程，概念的形成过程便是人从感性认识逐渐上升至理性认识，从对事物的非本质属性到本质属性认识的过程。

概念的内涵和外延

有这么一则笑话：

老师：你最喜欢哪句格言？

杰克：给予胜于接受。

老师：很好。你从哪儿知道这句格言的？

杰克：我爸爸告诉我的，他一直都把这句话作为自己的座右铭。

老师：啊！你爸爸真是一个善良的人！他是做什么工作的？

杰克：他是一名拳击运动员。

我们都觉得这个笑话很好笑，但是或许并不太清楚它为什么好笑。也就是说，我们都是"知其然而不知其所以然"。从逻辑学的角度分析，这就涉及概念的内涵和外延的问题。杰克之所以闹出笑话，是因为他不明白"给予"这个概念的内涵，而概念明确是我们进行正确的思维活动的前提。

概念的内涵

我们讲过，概念就是人脑对客观世界的反映，或者客观世界反映在人脑中的印象。不过，这印象是客观事物的本质属性。概念的内涵，即概念的含义，就是概念所反映的对象的本质属性，或者说反映在概念中的对象的本质属性。事物的本质属性指的是事物的本质，它是一种客观存在，不以人的意志为转移。人只有透过现象才能看到事物的本质，而一旦对事物的本质的认识反映到概念中，就构成了概念的内涵。比如，上面的笑话中"给予"一词的内涵是"使别人得到好处"或者"把好处给予别人"，杰克的错误就在于没有真正明白"给予"的确切内涵。

需要指出的是，客观存在的本质属性与概念的内涵是两个概念，不能等同起来。也就是说，概念的内涵是被反映到主观思维中的概念的含义，而不再是客观存在的本质属性。简单地说，就是如果客观存在的本质属性是镜子外面的事物，那么概念的内涵就是镜子外面的事物反映到镜子里的那个影像。被镜子反映的事物和镜子里的那个影像是两个层次的事物，被反映的对象和反映在头脑中的概念也是两个不同的层次。

概念的外延

概念的外延是指具有概念所反映的本质属性的所有事物，也就是概念的适用范围。用一个不太恰当的比喻就是，如果说概念的内涵是一座房子，那么概念的外延就是房子里的所有物品。概念的内涵是从概念的"质"的方面来说的，它表明概念反映的"是什么"；概念的外延是从概念的"量"上来说的，它表明概念反映的是"有什么"，即概念都适用于哪些范围。我们通过下面的表格便可以很清楚地明白这一点：

概念	概念的内涵	概念的外延
商品	用来交换的劳动产品	一切用来交换的劳动产品，如手机、电脑、饮料、服装、书籍等
国家	经济上占统治地位的阶级进行阶级统治的工具	古今中外的一切国家，如中国、美国、英国、德国、新加坡、古希腊等
学校	有计划、有组织地进行素质教育的机构	所有种类的学校，如大学、高中、小学、幼儿园、职业培训学校等
语言	词汇和语法构成的系统，是人类交流思想的工具	世界上的一切语言，如汉语、英语、俄语等

通俗地讲，概念的外延就是这个概念所包括的子类或分子。因为概念的外延有时候涵盖的范围是非常广泛的，对这些范围内的事

物进行归类，就可以得到一个个"子类"，而"子类"中具体的对象就是"分子"。如"学生"这个概念的外延是指所有学生，包括研究生、大学生、中学生、小学生等各个"子类"，而各"子类"中具体的学生就是"分子"。如果一个概念反映的不包括任何实际存在的"子类"或"分子"，这个概念就是虚概念或空概念。如"上帝""鬼""花妖""永动机""绝对真空""人造太阳""圆的方"等概念反映的对象在现实世界是不存在的，所以这些都是空概念。

单独概念和普遍概念

为了更清晰、明确地研究、描述、使用概念，根据概念的内涵和外延的不同特征，逻辑学对概念进行了划分，把具有相同特征的概念划分为一类。这种分类不仅便于人们理解和学习，也能够更深入地分析概念的各种特征，进而用理论指导实践。

根据概念外延的数量可以把概念分为单独概念和普遍概念。在本节，我们就先来讨论一下单独概念和普遍概念。

单独概念

单独概念是反映某一个别对象的概念，它的外延是由独一无二的分子组成的类。

从语言学的角度出发，可以用两种表现形式来表示单独概念：

1. 用专有名词表示单独概念

专有名词是特定的人物、地方或机构的名称，即人名、地名、国家名、单位名、组织名等都是单独概念。比如：

表人物的单独概念：司马迁、曹雪芹、海明威、川端康成等；

表地点的单独概念：北京、郑州、首尔、好莱坞、香格里拉等；

表国家的单独概念：中国、美国、俄罗斯、西班牙等；

表组织的单独概念：联合国、非洲统一组织、上海合作组织等；

表节日的单独概念：中秋节、儿童节、感恩节、樱花节等；

表事件的单独概念："五四"运动、康乾盛世、"光荣革命"等。

2. 用摹状词表示单独概念

摹状词是指通过对某一对象某一方面特征的描述来指称该对象的表达形式。它满足在某一空间或时间"存在一个并且仅仅存在一个"的条件。比如《史记》的作者""世界上最长的河流""中华人民共和国成立的时间""杂交水稻之父""巴西第一位女总统"等，都可以用来表示单独概念。

普遍概念

普遍概念是反映两个或两个以上的对象的概念。它与单独概念最大的区别就在于它的外延至少要包括两个对象，少于两个或没有对象的概念都不是普遍概念。

从语言学的角度出发，动词、形容词、代词、名词中的普通名词等都可以表示普遍概念。比如：

动词：逃跑、唱歌、运动、烹饪、写作等；

形容词：积极、勇敢、富裕、寒冷、漂亮等；

代词：他、她、它、他们等；

普通名词：人、商品、花、马、学生等。

从外延的可数与不可数角度出发，普遍概念可以分为有限普遍概念和无限普遍概念。有限普遍概念是指其外延包括的对象在数量上是可数的，是有限量的，比如"国家""城市""高中"等；无限普遍概念是指其外延包括的数量是不可数的，是无限量的，比如"分子""学生""有理数""商品""颜色"等。

我们前面讨论了概念、类、子类和分子的关系，即概念可以分为各个"类"，"类"可以分为各个"子类"，"子类"则是由"分子"组成的。实际上，普遍概念就是对同一类分子共同特征的概括，因而属于这一"类"的所有子类或分子也一定具有这一"类"的属性。

实体概念与属性概念

依据反映对象性质的不同，即所反映的是具体事物还是各种各样抽象的事物的属性，概念可分为实体概念和属性概念。

实体概念

亚里士多德认为实体是独立存在的东西，是一切属性的承担者，因此实体是独立的，可以分离。实体表达的是"这个"而不是"如此"。他还认为实体最突出的标志就是实体是一切变化产生的基础，是变中不变的东西。这体现了他一定的唯物主义思想。

实体概念又叫具体概念，是反映各种具体事物的概念。实体概念的外延都是某一个或某一类具体的事物。从语言学的角度看，实体概念可以用名词或名词词组来表示。比如：

名词：城市、故宫、课本、教师、杨树、草地、长江等；

名词词组：好看的电影、趣味谜语、勇敢的战士、小桌子、红玫瑰等。

属性概念

属性概念又叫抽象概念，是反映事物某种抽象的属性的概念。这种抽象的属性既可以是事物本身的性质，也可以是事物间的各种关系。与实体概念反映的看得见、摸得着的具体事物相比，属性概念反映的属性则是看不见、摸不着的。比如：

事物本身的性质：公正、勇敢、坚强、善良、美丽、专心致志、得意忘形等；

事物之间的关系：友好、统治、敌对、等于、小于、包含、相容等。

正概念与负概念

正概念和负概念是根据其反映的对象是否具有某种属性来划分的。它们强调的不是这种属性"是什么"，而是"有没有"这种属性。

正概念

正概念即肯定概念，是反映对象具有某种属性的概念。在思维过程中，人们遇到的大多数概念都是正概念。比如，美好、优秀、温柔、漂亮、精致、坚毅等，都是正概念或肯定概念。

不过，正概念反映的是对象具有某种属性的概念，与这种属性是什么并无关系。也就是说，它没有褒贬色彩，不管这属性是好是坏、是对是错，只要它有这种属性，就是正概念。因此，凶恶、卑鄙、落后、残暴、懒惰、危险等同样是正概念。

负概念

负概念即否定概念，是反映对象不具有某种属性的概念。负概念是相对于正概念而言的，相对于正概念的"有"，负概念反映的是"没有"。比如，非正义战争、非本部门人员、不正当竞争、不合法、无轨电车、无性繁殖等都是负概念。

正概念和负概念的关系

正概念和负概念是相对而言的两个概念，但是它们有着一定的联系，也有着一定的区别。我们在研究或运用正概念和负概念的时候，对其联系和区别都要有准确的把握，以免因相互混淆引起思维的混乱。

第一，正概念和负概念区别的关键点在于其反映对象有无某种属性。正如我们前面所说，正负概念的关注焦点不在于反映了什么样的属性，而在于有没有那种属性。比如，如果一个概念反映的对象具有"健康"这种属性，那么它就是正概念；如果它反映的对象不具有"健康"这种属性，即不健康，那它就是负概念。至于这种属性是"健康"还是别的什么特征并不重要。

第二，对同一个对象，反映的角度不同，它可以表现出不同的概念形式。也就是说，如果反映的某个对象具有某种属性，它就形成正概念；如果反映这同一个对象不具有另一种属性，它就形成负概念。实际上，这只是改变了这种属性的描述角度，使之分别具有了正负概念所反映的属性。比如：

（1）施工工地的门口有块牌子，上面写着"施工队以外人员不得进入"。

（2）施工工地的门口有块牌子，上面写着"非施工人员不得进入"。

上面两句话中，（1）中的"施工队以外人员不得进入"与（2）中的"非施工人员不得进入"反映的是同一对象，但由于描述角度不同，所以前者是正概念，后者是负概念。再比如：

（1）你每天都是最后一个到的，真是落后！

（2）你每天都是最后一个到的，真是不先进！

上述两句话中，（1）中的"落后"与（2）中的"不先进"反映的也是同一对象，但前者是正概念，后者却是负概念。

第三，要明确正负概念尤其是负概念的内涵和外延，即论域。明确其论域，就是为了避免因概念的外延不确定而引起思维的混乱，也是为了避免有人利用论域不确定的漏洞钻空子。下面这个幽默故事中的 Peter 便是利用这一点狡辩的：

Peter 上学时忘了穿校服，被校长挡在了校门口。

校长："Peter，你为什么不穿校服？你不知道这是学校的规定吗？"

Peter 想了想，突然指着校门口的一块牌子说："校长先生，牌子上明明写着'非本校学生不得入内'。校服不是'本校学生'，所以我才没把它穿来。"

校长无奈，只得放 Peter 进了学校。

在这个故事中，"非本校学生"是"本校学生"的负概念，它的论域是"人"。但 Peter 却故意曲解了这个概念的论域，将其扩大为"本校学生"以外的所有事物，即所有"人"和所有"物"，自然也就包括"校服"了。因此，他才钻了空子。

集合概念和非集合概念

在讨论集合概念和非集合概念前，需要先弄清楚类和集合体的区别。

我们前面讲过类和分子的关系，类是由分子构成的，它们是一般和特殊的关系。同属一个类的分子一般都具有这个类的属性，或者说类的属性也反映在它的每个分子中。请看下面的三组语词：

花：梨花、桃花、蔷薇、荷花、菊花、梅花等；

人：韩信、刘备、谢灵运、王勃、李白、唐伯虎等；

牛：黄牛、水牛、奶牛等。

上述三组语词中，"花""人""牛"都是类，其后的语词分别是它们各自的分子，这些分子也都具有它们所属类的属性。比如，"梨花""梅花"都具有"花"的属性。

但是，对于集合体来说，它所具有的属性则并不一定为构成它的每个个体所具有。或者说，集合体的属性并不反映在它的每一个个体上。比如"草地"和"草"、"森林"和"树木"、"数"和"整数"、"马队"和"战马"等都是集合体和个体的关系。但是后者并不一定具有前者的属性。比如，"草地"具有绿化环境、净化空气、防止水土流失、保持生物多样性等作用，但"草"却没有；同样，"数"可以表示为"整数"，也可以表示为分数、小数等，但是"整数"却并不具有"数"的性质。

集合概念和非集合概念的含义

集合概念和非集合概念是根据所反映的对象是否为集合体来划分的。

集合概念就是反映集合体的概念。通俗点说，集合概念反映的是事物的整体，即由两个或两个以上的个体有机组合而成的整体。集合体和个体的关系就是整体和部分的关系。部分不一定具有整体的属性，个体不一定具有集合体的属性。如北约、丛书、船队、《苏东坡全集》等都是集合概念。再比如：

（1）火箭队是一支实力强大的篮球队。

（2）《鲁迅全集》包括杂文集、散文集、小说集、诗集、书信、日记等。

上面两句话中，"火箭队"是个集合概念，具有"实力强大的篮球队"的属性，但却不能说"火箭队"的每个队员都具有"实力强大的篮球队"的属性；同理，《鲁迅全集》所具有的全面性与丰富性也不是组成它的任何一个个体，即"杂文集""散文集""小说集""诗集""书信""日记"等所具有的。

非集合概念也叫类概念，它反映非集合体或者反映类的概念。可以说，非集合概念反映的是类与分子的关系。类与分子是具有属

种关系的概念,分子都具有类的属性。如老师、学生、成年人、手枪等都是非集合概念。再比如:

(1)核武器是大规模杀伤性武器。

(2)我们学校的歌唱队都是艺术系的学生。

上面两句话中,"核武器"是个非集合概念,具有"大规模杀伤性武器"的属性,而组成"核武器"的每个分子也同样具有"大规模杀伤性武器"的属性;同理,"我们学校的歌唱队"是个非集合概念,具有"艺术系的学生"的属性,其中歌唱队的每个队员也都具有"艺术系的学生"的属性。

概念间的关系

考察概念间的关系,有助于我们正确地认识和使用概念。但要对概念间的所有关系进行全面考察,无疑是个浩大的工程。所以,我们在这里讨论的主要是概念的外延之间的关系。不过,这种考察是要放在一定的范围或系统中来进行的。比如,你若要考察鲁迅和老舍在小说创作上的不同风格,就要把其放在"小说"这个范围或系统中比较。

概念的外延之间的关系总的来说有两种:相容关系和不相容关系。相容关系是指所考察的两个概念的外延至少有一部分是重合的,它主要包括同一关系、真包含关系、真包含于关系和交叉关系。不相容关系是指所考察的两个概念的外延是完全不重合的,它主要包括全异关系。在讨论这几种关系时,我们采用瑞士数学家欧拉创立的"欧拉图"来说明,以便更清晰、直观地区分。

下面，我们先对相容关系进行分析。

同一关系

1. 含义

同一关系是指两个概念的外延完全相同或完全重合，也叫全同关系。我们假设有 S 和 P 两个概念，若 S 的全部外延正好是 P 的全部外延，也就是说 S 和 P 的外延完全相同或重合，则 S 和 P 就是同一关系，也叫全同关系。比如：

（1）《出师表》的作者（S）与诸葛亮（P）。

（2）郑州（S）与河南省的省会（P）。

（3）对角相等、邻角互补的四边形（S）与四条边相等的四边形（P）。

上面三组概念中，S 代表的概念和 P 代表的概念的外延完全相同或重合。比如"《出师表》的作者"的外延就是"诸葛亮"，"诸葛亮"的外延也是"《出师表》的作者"；"郑州"的外延是"河南省的省会"，"河南省的省会"的外延也是"郑州"；"对角相等、邻角互补的四边形"的外延是"四条边相等的四边形"，"四条边相等的四边形"的外延也是"对角相等、邻角互补的四边形"。所以，这三组概念都是同一关系。我们可以用欧拉图来表示同一关系，如图 1 所示：

图1

2. 特点

同一关系有几个主要特点，只有理解了这几个特点，才能正确把握同一关系。

首先，同一关系是指两个概念的外延完全重合，但是内涵不同。事实上，具有同一关系的两个概念只是从不同的角度去描述同一事物的属性，但它们的内涵却不相同。比如"郑州"的内涵是城市，"河南省的省会"的内涵是河南省政治、经济、文化中心。如果内涵与外延都重合了，那就不是同一关系，而是同一概念的不同表达方式了。比如，马铃薯和土豆、麦克风和话筒，虽然用的是不同的语词，但其内涵和外延都相同，所以不是同一关系。请看下面这则幽默故事：

露丝拒绝了杰克的求婚，但是露丝的朋友凯特却嫁给了杰克。

露丝参加凯特的婚礼时，凯特幸灾乐祸道："嘿，露丝！你看，现在杰克和我结婚了，你后悔吗？"

露丝微笑道："这没什么奇怪的，遭受爱情打击的人往往都会做出蠢事。"

在这则故事中，"凯特和杰克的婚礼"与"蠢事"是外延完全相同的两个概念，但是其内涵显然不一样，所以这两个概念不是同一关系。

其次，一般情况下，具有同一关系的两个概念是可以互换使用的。尤其是在文学创作中，适时换用具有同一关系的两个概念既可以避免重复，又可使行文更活泼生动。

最后，表示同一关系时，通常可以用这些具有标志性的词语，比如"……即……""……就是……""……也就是说……"等。

真包含关系和真包含于关系

在讨论真包含关系和真包含于关系前，我们先看一下属种关系和种属关系。

1. 属种关系和种属关系

我们前面讲过，在同一系统中，外延较大的概念叫属概念，外延较小的概念叫种概念。比如我们原来讲过的"独裁者"就是属概念，"大独裁者"就是种概念。外延较大的属概念和外延较小的种概念之间的关系叫作属种关系，反之则称为种属关系。

2. 真包含关系和真包含于关系

真包含关系是指一个概念的部分外延与另一个概念的全部外延重合的关系。我们假设有 S 和 P 两个概念，如果 P 的全部外延是 S 的外延的一部分，也就是说 S 的外延包含 P 的全部外延，则 S 和 P 就是真包含关系。相反，真包含于关系则是一个概念的全部外延与另一个概念的部分外延重合的关系。我们同样假设有 S 和 P 两个概念，如果 S 的全部外延是 P 的外延的一部分，也就是说 P 的外延包含 S 的全部外延，则 S 和 P 就是真包含于关系。现在我们通过下面的表格来作比较：

真包含关系	真包含于关系
1. 花（S）和兰花（P）	A. 兰花（S）和花（P）
2. 小说（S）和《红楼梦》（P）	B.《红楼梦》（S）和小说（P）
3. 马（S）和白马（P）	C. 白马（S）和马（P）

第33页的表格中，"花"的外延包含"兰花"的外延，而"兰花"的外延只是"花"的外延的一部分，"花"包含"兰花"，所以"花"与"兰花"是真包含关系，即 S 和 P 是真包含关系；在右列表格中，"兰花"的外延只是"花"的外延的一部分，而"花"的外延则完全包含"兰花"的外延，"兰花"包含于"花"，所以"兰花"与"花"是真包含于关系，即 S 和 P 是真包含于关系。其他例子也可以用同样的方法分析。我们可以用欧拉图来分别表示这两种关系，如图2和图3所示：

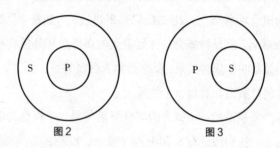

图2   图3

根据我们上面对属种关系和种属关系的分析，实际上真包含关系就是属种关系，真包含于关系就是种属关系，它们的表达虽然不同，但却有着相同的特点。从形式上看，具有真包含关系的两个概念反过来就是真包含于关系，反之亦然。不过，不管是哪种关系，它们必须处在同一个系统里才能成立。

交叉关系

交叉关系是指两个概念的部分外延重合，或者说一个概念的部分外延与另一个概念的部分外延相重合。我们还假设有 S 和 P 两个概念，如果 S 有一部分外延与 P 的外延重合，另一部分不重合，而且 P 也有一部分外延与 S 的外延重合，另一部分不重合，则 S 和 P 就是交叉关系。比如：

（1）年轻人（S）和学生（P）

（2）完好的东西（S）和我的东西（P）

（3）连长（S）和中校（P）

上面三组概念中，S 代表的概念外延与 P 代表的概念外延在某一部分是重合的，同时又有一部分不重合。比如，"年轻人"有一部分是学生，有一部分不是学生，"学生"有一部分是年轻人，有一部分不是年轻人，二者只有一部分外延重合，所以它们是交叉关系。我们可以用欧拉图来表示这种关系，如图 4 所示：

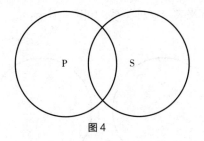

图 4

交叉关系与同一关系、真包含关系和真包含于关系的相同点在于其中至少有一部分概念是重合的，不同点在于前者的两个概念的外延都只有一部分相互重合，而后三者则是其中一个概念的全部外延与另一个概念的全部或部分外延完全重合。

下面，我们开始分析不相容关系中的全异关系。

全异关系

全异关系是指两个概念的外延完全没有重合即没有任何一部分外延重合的关系。在分析全异关系前，我们仍假设有 S 和 P 两个概念。看下面两组概念：

（1）正当竞争（S）和不正当竞争（P）

（2）善良的人（S）和邪恶的人（P）

上面两组概念中，S 代表的概念外延与 P 代表的概念外延没有任何重合的部分，比如"正当竞争"就不包含"不正当竞争"的任何部分，反之亦然，所以二者是全异关系，即 S 和 P 是全异关系。我们可以用欧拉图来表示这种关系，如图 5 所示：

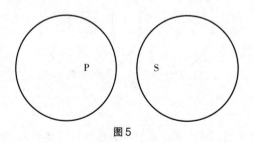

图 5

定义

日常生活中，经常出现有关"定义"的情况。字典、词典里有给每个字、词下的"定义"，我们的课本里有许多概念的"定义"，你在写文章时可能用到"下定义"的说明方法，各类考试中也会有关于各种"定义"的考题，等等。那么，究竟什么是"定义"呢？从逻辑学的角度讲，"定义"也和"限制""概括"一样，是一种明确概念的逻辑方法。

定义的含义

定义是一种揭示概念内涵的逻辑方法。它通过简洁、明确、精练的语言对概念所反映对象的本质属性来作解释或描述。通过对概念进行定义的方法，我们不仅可以明确概念的内涵，也可以使它与其他概念区别开来。比如：

（1）生产关系是人们在物质资料生产过程中所结成的社会关系。

（2）法律是国家制定或认可的，由国家强制力保证实施的，以规定当事人权利和义务为内容的具有普遍约束力的社会规范。

上面两句话"生产关系"和"法律"的定义，分别揭示了"生产关系"和"法律"这两个概念的内涵，即"社会关系"和"社会规范",并将之与其他概念区别开来。

我们再看一下关于"生产关系"和"法律"的定义的描述方法，可以发现它们都分为三个部分：

（1）生产关系（第一部分）是（第二部分）人们在物质资料生产过程中所结成的社会关系（第三部分）。

（2）法律（第一部分）是（第二部分）国家制定或认可的，由国家强制力保证实施的，以规定当事人权利和义务为内容的具有普遍约束力的社会规范（第三部分）。

第一部分我们称为"被定义项"，即被揭示内涵的概念，用 Ds 表示；第三部分我们称为"定义项"，即用来揭示被定义项内涵的概念，用 Dp 表示；第二部分我们称为"定义联项"，即联结被定义项和定义项的概念。在现代汉语中，定义联项通常用"……是……""……即……""……就是……"等表示。

一个定义一般都由被定义项、定义联项和定义项三部分组成。从语法的角度分析，被定义项相当于一个句子的主语，定义联项相当于谓语，定义项则相当于宾语。因此，我们可以用下面这个逻辑公式来表示定义，即：

Ds 是 Dp

定义的种类

总体来看，定义可以分为实质定义和语词定义。

1. 实质定义

实质定义就是揭示概念所反映的对象的本质属性的定义。比如：

（1）心理学是研究人和动物心理现象发生、发展和活动规律的一门科学。

（2）物质就是存在。

（3）马是一种哺乳类动物。

对概念进行定义的时候，一般采用属加种差法。但概念的内容是十分丰富的，在对其定义时可以从不同的方面进行，而不同的定义也是对概念所反映的对象的不同属性的描述。根据种差揭示的不同方式和内容，可对实质定义分为性质定义、发生定义、关系定义和功用定义。

以概念所反映的对象的性质为种差所作的定义叫性质定义。比如：

（1）逻辑学是研究逻辑的思维形式、思维规律和思维方法的科学。

（2）民事诉讼法是调整民事诉讼的法律规范。

在这里，"研究逻辑的思维形式、思维规律和思维方法"和"调整民事诉讼"就分别是"逻辑学"和"民事诉讼法"的性质。

以概念所反映的对象发生或形成过程为种差所作的定义叫发生定义。比如：

（1）三角形是由不在同一直线上的三条线段首尾顺次连接所组成的封闭图形。

（2）月食是当月球运行至地球的阴影部分时，因为在月球和地球之间的地区的太阳光被地球所遮蔽而形成的月球部分或全部缺失的天文现象。

以概念所反映的对象和其他事物之间的关系为种差所作的定义叫关系定义。比如：

（1）合数是除能被 1 和本数整除外，还能被其他的数整除的自然数。

（2）速度就是位移和发生此位移所用时间的比值。

以概念所反映的对象的功用为种差所作的定义叫功用定义。比如：

（1）书是人类交流感情、取得知识、传承经验的重要媒介。

（2）手机是人们用来互通讯息的一种通信工具。

2. 语词定义

语词定义是说明或规定语词的用法或意义的定义。与实质定义相比，语词定义只是描述或解释概念的语词意义，并不直接揭示概念的本质属性。不过，对概念的语词意义进行定义，也有助于人们通过对语词意义的了解而了解概念的本质属性或者说概念的内涵。根据对语词不同形式的解释或描述，语词定义可分为说明的语词定义和规定的语词定义。

说明的语词定义是指对语词已有的意义进行说明的定义。比如：

（1）蒹葭：蒹，没有长穗的芦苇；葭，初生的芦苇。蒹葭就是指芦荻、芦苇。

（2）惯性就是物体保持其运动状态不变的属性。

规定的语词定义是指对语词表示的某种意义作规定性解释的定义。比如：

（1）"三个代表"重要思想是指中国共产党要始终代表中国先进社会生产力的发展要求，始终代表中国先进文化的前进方向，始终代表中国最广大人民的根本利益。

（2）"六艺"是指礼、乐、射、御、书、数。

对于说明的语词定义和规定的语词定义之间的关系，我们需要注意以下几点：

第一，说明的语词定义是就某个语词的本来意义进行解释或说明，是以词解词；规定的语词定义是随着时代的发展或用词者的需要，给某个语词赋予规定性的意义。前者是固有的，后者是新生的。

第二，规定的语词定义主要是对新产生的语词加以明确规定，以让人们更清楚地了解这些语词，避免歧义。这种规定并不是随时随地可以任意进行的，而是要考虑实际需要和社会的认可度。一旦这种规定确定下来，就不能任意改变。

第三，在对语词进行说明性或规定性定义时，要注意对其意义进行准确把握，在用词上也要力求精确、简练，以免出现错误。

定义的规则和作用

通过对定义含义的分析，我们知道了什么是定义；通过对定义方法的分析，我们知道了如何对概念定义；通过对定义种类的分析，我们知道了都有哪些类型的定义。

定义的规则

孟子曰："不以规矩，不能成方圆。"也就是说，不管是日常生活中的行为举止，还是在从事某些活动、研究时，都要遵循一定的规则。在给概念进行定义时，也要遵循一定的规则。只有在这些规则的指导下进行定义，才能尽量避免错误，正确揭示概念的本质属性。

第一，定义时应当遵循相称原则，即定义项的外延与被定义项的外延要完全相等，具有同一关系。

被定义项是被揭示内涵的概念，定义项是用来揭示被定义项内涵的概念。二者的外延只有完全相等时，定义项才能准确地表示被定义项的内涵，才能让人们明白被定义项究竟具有什么属性。

定义过宽是指定义项的外延大于被定义项的外延。这时候，被定义项和定义项就由同一关系变成了真包含于关系。

看下面这道题：

《汉书·隽不疑传》中记载："每行县录囚徒还，其母则问不疑：有所平反，活几何人？"下列各项中哪项对"平反"的表述不正确？

A. 平反是还历史一个真实的面目，还当事人一个公正的评价。

B. 平反是对处理错误的案件进行纠正。

C. 张三曾因罪入狱，后经调查发现他并没有参与盗窃，于是便无罪释放了。所以说，张三被平反了。

D. 张三曾因罪被判刑五年，后经调查发现量刑过重，便减刑一年。所以说，张三被平反了。

一般来讲，在案件判决上，可能出现四种错判，即轻罪重判、重罪轻判、无罪而判和有罪未判。其中，对轻罪重判和无罪而判的案件的纠正可以叫平反，但是对重罪轻判和有罪未判的案件进行纠正则不能叫平反。因此，A、C、D 三项都正确。B 项中，定义项"处理错误的案件"显然包括重罪轻判和有罪未判，所以它的概念外延大于被定义项"平反"的外延，违反了定义相称的规则，犯了定义过宽的错误。

定义过窄是指定义项的外延小于被定义项的外延。这时候，被定义项与定义项就由同一关系变成了真包含于关系。

看下面这则故事：

> 有人问阿凡提："阿凡提，最近有什么新闻吗？"
>
> 阿凡提说道："什么算新闻呢？"
>
> 那人答道："新闻就是比较离奇的、出人意料的、有刺激性的消息。"
>
> 阿凡提笑道："有啊！昨晚我梦到有只老鼠在咬你的脚。"
>
> 那人答道："你这算什么新闻啊？一点儿也不离奇。"
>
> 阿凡提又笑道："你的意思是，当我梦到你的脚在咬一只老鼠时才算离奇了？"

这个故事中，这个人对"新闻"的定义就犯了定义过窄的错误。被定义项"新闻"的外延既包括"比较离奇的、出人意料的、有刺激性的消息"，也包括新近发生的其他事。因此，定义项"比较离奇的、出人意料的、有刺激性的消息"的外延小于被定义项的外延，成了被定义项外延的一部分，所以这个定义是不准确的。

第二，定义时应当遵循明确、清楚、精练的原则，不得使用含混不清、模棱两可的字句。

对被定义项进行定义就是使用最简洁、凝练的表达解释其含义，它的目的就在于明确、清楚地揭示被定义项的内涵。如果人们不能通过定义明白被定义项的内涵，或者得到的仍然是一个含混不清、模棱两可的内涵，那这个定义就是失败的定义，也就失去了它的意义。比如：

（1）生命是通过塑造出来的模式化而进行的新陈代谢。

（2）道德就是对人具有一定约束性质的行为规范。

上述两个定义中，虽然各自对"生命"和"道德"进行了定义，但（1）中"塑造出来的模式化"和（2）中"一定约束性质"都含混不清，让人不明所以。这种不符合明确、清楚的定义原则的现象就是"定义不清"或"定义模糊"。

第三，定义一般都使用肯定句式。

对被定义项进行定义是为了揭示它的内涵，也就是指出被定义项所反映的对象具有什么样的本质属性，说明这个概念"是什么"。所以定义一般使用肯定句式，即用正概念。而否定句式的定义一般只是说明被定义项"不是什么"或"没有什么"，也就是说只揭示被定义项所反映的对象不具有什么样的属性。比如，如果肯定句说"今天天气冷"，否定句则说"今天天气不热"。但"不热"的外延并不完全等于"冷"，它也可能是指天气比较凉爽。这就是否定句表达意义不确切的一面。再比如：

（1）曲线是动点运动时，方向连续变化所成的线。

（2）曲线就是不直的线。

（1）是用肯定句式对"曲线"进行定义的，（2）则是用否定句式对"曲线"进行定义的。（2）虽然指出了"曲线"的某些特征，比如"不直"，但却并没有指出"曲线"的本质属性。

不过，由于某些被定义项的特殊性，只有通过否定句才能准确揭示其内涵，这时候也可以使用否定句式。比如：

（1）无性繁殖是指不经生殖细胞结合的受精过程，由母体的一部分直接产生子代的繁殖方法。

（2）无党派人士是指没有参加任何党派、对社会有积极贡献和一定影响的人士。

诸如上述"无性繁殖""无党派人士"一类概念的定义，只有通过揭示其不具有某种属性才能明确、清楚地表达其含义，这时就可以使用否定句式。

第四，定义项不能直接或间接地包含被定义项。

"不能直接包含被定义项"就是说在对被定义项进行定义时，不能用被定义项本身去解释被定义项。比如，"成年人就是已经成年的人"这个定义中，定义项中直接包含了被定义项，用"已经成年的人"来解释"成年人"，最终也没说清楚到底怎样才是"成年"。这就好像《三重门》中的"林雨翔"向人介绍自己的名字怎么写时说："林是林雨翔的林，雨是林雨翔的雨，翔是林雨翔的翔。"说来说去还是没有说清楚这三个字怎么写。这种定义项直接包含被定义项的现象就是"同语重复"。

"不能间接包含被定义项"就是说在对被定义项进行定义时，定义项中不能有用被定义项来解释或说明的部分，即定义项不能与被定义项互相定义。比如，"不正当竞争就是正当竞争的反面，正当竞争就是不正当竞争的反面"这个定义中，定义项与被定义项互相定义，最终也没有说清楚到底什么是"正当竞争"和"不正当竞争"。这种定义项间接包含被定义项的现象就是"循环定义"。

第三章 ▷

判断思维

什么是判断

我们经常遇到"判断"这个词，但在不同的语境中，"判断"也有着不同的含义。比如：

雨村便徇情枉法，胡乱判断了此案。（判决）

金鱼玉带罗阑扣，皂盖朱幡列五侯，山河判断在俺笔尖头。（欣赏）

父爱也一样的，倘不加判断，一味从严，也可以冤死了好子弟。（分析）

上述三个例子分别使用了"判断"三个不同的意思。不过，我们即将探讨的"判断"却与这日常所见的"判断"有所不同。在逻辑学中，判断是一种常用的逻辑方法。

判断的含义

作为逻辑学中最基本的思维形式之一，判断是推理的基础，也是对已有概念的运用。概念是反映对象本质属性的思维形式，如果概念仅止于概念，就无法发挥它的作用。只有运用概念进行判断，才能实现概念的最终意义。判断就是对思维对象有所断定的思维形式。比如：

（1）天气很晴朗。

（2）鲁迅是伟大的无产阶级文学家、思想家、革命家，是中国文化革命的主将。

（3）他不是我们的朋友。

上述三个判断中，（1）就是运用了"天气""晴朗"这两个概念进行的判断；（2）和（3）也是运用已经形成的概念作出的判断。虽然（1）（2）是肯定句，（3）是否定句，但都是人们对思维对象做出的一种断定。

实际上，不管是在认识事物的过程中，还是在思维、研究某一对象的过程中，抑或在日常表达、交流过程中，人们都要用到判断。可以说，判断是人们进行正常的思维活动的基础和必要条件。南宋俞文豹《吹剑录》中载：

东坡在玉堂日，有幕士善歌，因问："我词何如柳七？"对曰："柳郎中词，只合十七八女郎，执红牙板，歌'杨柳岸，晓风残月'。学士词，须关西大汉，铜琵琶，铁绰板，唱'大江东去'。"东坡为之绝倒。

这则故事中，幕士做了两个判断：

（1）对柳永词风的判断：柳郎中词，只合十七八女郎，执红牙板，歌"杨柳岸，晓风残月"。

（2）对苏轼词风的判断：学士词，须关西大汉，铜琵琶，铁绰板，唱"大江东去"。

随着人们实践的深入，当把对事物的某种判断结果作为一种普遍认识固定下来后，它也可以成为人们认识事物或进行其他判断的标尺，并反过来指导人们的思维活动。

判断的特征

第一，判断就是对思维对象有所肯定或否定。

我们上面举的三个例子中，"天气很晴朗"和"鲁迅是伟大的无产阶级文学家、思想家、革命家，是中国文化革命的主将"这两个判断用的是肯定句，分别表示"天气"具有"晴朗"的属性、"鲁迅"具有"无产阶级文学家、思想家、革命家和中国文化革命的主将"的属性，是对其做的肯定式断定，我们称之为肯定判断。所谓肯定判断，就是断定思维对象具有某种属性的判断。比如：

（1）这是本很好看的书。

（2）水结成冰是一种物理反应。

上述两个判断中，（1）肯定了"书"具有"好看"的属性，（2）肯定了"水结成冰"具有"物理反应"的属性，所以都是肯定判断。

我们上面举的三个例子中，"他不是我们的朋友"这个判断用的是否定句，表示"他"不具有"我们的朋友"的属性，是对其做的否定式断定，我们称之为否定判断。所谓否定判断，就是断定思维对象不具有某种属性或者否定思维对象具有某种属性的判断。

第二，任何判断都有真有假。

马克思主义哲学告诉我们，认识作为人脑对客观存在的反映，正确反映客观存在的就是正确的认识；错误反映客观存在的就是错误的认识。判断是一种思维形式，也是对客观存在的反映，因此也有对错之别。正确反映客观存在、符合实际情况的判断就是真判断。比如：

（1）我国有四个直辖市，即北京、上海、天津和重庆。

（2）《红楼梦》是一部具有高度思想性和高度艺术性的伟大作品。

上述两个判断都是符合实际情况的判断，都属于真判断。

相反，错误反映客观存在、不符合实际情况的判断就是假判断。比如：

（1）六书是指象形、指事、会意、形声、转注、反切。

（2）开封被称为"六朝古都"。

上述两个判断中，（1）中的"反切"是汉字注音的方法，而不是造字法，不属于"六书"之列，所以该判断是假判断；（2）中的"开封"曾作为战国时期的魏，五代时期的后梁、后晋、后汉、后周以及北宋和金七个朝代的都城，被称为"七朝古都"，所以该判断也为假判断。

判断的第二个特征便是指任何判断都有真假之分，这是根据判断是否正确反映了客观存在、是否符合实际情况来分别的。但不管是真是假，都是对思维对象做出的一种断定，因而都是判断。

了解了判断的含义和特征，我们便可以对思维对象做出自己的判断。但要对其做出真判断，除了正确认识客观存在、了解实际情况外，还要坚持"实践是检验真理的唯一标准"的原则，通过实践指导自己的判断。这样才能做出正确的判断，并尽可能地避免错误的判断。

判断与语句

我们曾经分析过思维形式和思维内容的联系。判断与语句的关系与思维形式和思维内容的关系一样，也是既相互联系，又相互区别的。

判断与语句的联系

语句是一种语言形式，判断是一种思维形式。判断只有通过语句才能表达出来，语句是判断的表达形式，而判断则是语句的思想内容。没有语句，判断就没了凭借，也就无法实现判断的意义。比如：

这杯茶是热的。

他是一个善良的人。

上述判断只有通过语句这种语言形式才能表现出来，而语句也承载着判断所需要表达的思想内容，人们是通过语句这种形式而了解判断所表达的内容的。

判断与语句的区别

第一，判断与语句属于不同的学科领域。

判断是逻辑学研究的范畴，对判断的运用要符合一定的逻辑规则，对判断的研究要在一定的逻辑规律的框架之下进行；语句则属于语言学研究的范畴，对语句的运用和研究要遵循一定的语言规则和语言规律。

第二，判断与语句有着不同的形态特征。

判断是最基本的逻辑思维形式之一，属于精神形态的范畴；语句则是一种语言形式，属于物质形态的范畴。

第三，判断与语句并非是——对应的，同一语句可以表达不同的判断，同一个判断也可以用不同的语句来表达。

第四，判断都要通过语句来表达，但并非所有语句都表达判断。

首先，一般来讲，陈述句、反问句可以表达判断，疑问句、祈使句、感叹句则不表达判断。比如：

（1）逻辑学是一门很有意思的学科。

（2）难道你不是因为我才美丽？

（3）那是你的书吗？

（4）过来！

（5）上帝啊！

上述五个语句中，作为陈述句的语句（1）和作为反问句的语句（2）都表达了一种判断；但是，疑问句（3）、祈使句（4）和感叹句（5）因为并没有对任何对象作出断定，所以都没有表达判断。再看下面这则幽默：

> 她含羞低头，面如桃花。
>
> 我喜不自胜，柔柔地问："你真的喜欢我？"
>
> 她的脸越发红了，小声说道："你猜！"
>
> 我心中更喜，脱口而出："喜欢！"
>
> 她头更低，脸更红，声音更小："你再猜！"

这则故事中有陈述句、疑问句、祈使句。其中，陈述句有：

（1）她含羞低头，面如桃花。（2）我喜不自胜。（3）她的脸越发红了。（4）我心中更喜。（5）她头更低，脸更红，声音更小。

依据判断对思维对象有所肯定或否定的特征，可知这五个句子均表判断。

故事中还有两个祈使句：

（1）你猜！（2）你再猜！

祈使句(1)只是表达一种命令性的口气，但并没有对思维对象有所断定的意思，所以它不表达判断；祈使句(2)看上去虽然只比(1)多了一个"再"字，但其意义却不相同。在这个特定的语境中，"你再猜"的潜台词就是"你刚才猜错了"，这实际上就是在对"我"所猜的"喜欢"的一种否定，因此该句也表判断。需要指出的是，如果不是在这特定的语境中，而是单独出现"你再猜"三个字，则不表达判断。

故事中还有一个省略句，即：

"喜欢！"

从语言学的角度讲，如果只是单独的"喜欢"这个词，那它不是句子，只是一个词语，也就不能表判断。但是在这个特定的语境中，"喜欢"是一个省略句，它的全句应该是"我猜你喜欢我"。虽然是一种猜测，但也是对思维对象的一种肯定，因此该句也表判断。

其次，有些疑问句、祈使句、感叹句也表达判断。

我们前面说疑问句、祈使句和感叹句一般不表达判断，但这并不表示所有的疑问句、祈使句和感叹句都不表达判断。事实上，反问句就是疑问句的一种，但反问句却表判断。而祈使句表判断的例子我们在上面的故事中也谈到了。所以，有些疑问句(主要是指反问句)、祈使句和感叹句也可以表达判断。比如：

(1)禁止醉酒驾车！

(2)闲人免进！

(3)你真是太漂亮了！

(4)黄河啊，我的母亲！

上述几个语句中，前两句是祈使句，后两句是感叹句。语句

（1）"禁止醉酒驾车"已经表明了对醉酒后不准驾车的断定；语句（2）也是对闲人不许进入的一种断定，因此这两个语句都表判断；语句（3）虽然是表欣赏的感叹句，也是对其"漂亮"这个属性的一种肯定；语句（4）潜在的意思即"黄河就是母亲"，这也是一种断定。所以后两句感叹句也表判断。当然，至于判断的真假则需根据实际情况来判断，比如语句（1）就是真判断。

由此可见，有些语句是直接对事物表达判断的，比如大多数陈述句、反问句等，这就是直接判断；有些语句则并不直接对事物表判断，而是把这种判断隐藏在语句中，比如大多数祈使句、感叹句等，这就是间接判断。

第五，判断与语句结构不同。

以直言判断为例，比如，"有的祈使句是表达判断的"，这个直言判断由主项（祈使句）、谓项（表达判断的）、量项（有的）和联项（是）四部分组成；但作为语句，它则由主语（有的祈使句）、谓语（是表达判断的）等语法成分组成。

总之，在思维或表达过程中，只有清楚判断和语句的区别与联系，才能更好地理解、运用语句和判断。

结构歧义

歧义现象我们都不陌生。有时候歧义会让人们如坠云雾，不明所以；有时候人们则会因歧义闹出笑话；有时候歧义也可能造成比较严重的后果。造成歧义的原因很多，我们在这里主要讨论的是结构歧义。

什么是结构歧义

在讨论结构歧义前，我们先来看下面几个歧义句：

（1）我要炒鸡蛋。

（2）他看错了人。

（3）他一天就写了 6000 字。

句（1）中，若"炒"为形容词，"炒"修饰"鸡蛋"，表示我要"炒鸡蛋"这个菜；若"炒"为动词，"鸡蛋"就是"炒"的宾语，表示我要自己来"炒"鸡蛋。这是因为词类不同造成的歧义。

句（2）中，若"看"表示视线接触人或物的意思，这句话就是说他眼神不好，认错了人，把 A 当作 B 了；若"看"表示"判断"的意思，这句话就是说他眼光不好，把此种人当成了彼种人。这是因为一词多义造成的歧义。

句（3）中，若轻读"就"字，就是说他的速度很快，短短一天的时间就写了 6000 字；若重读"就"字，则说明他工作效率低，整整一天才写了 6000 字。这是口语中读音轻重不同造成的歧义。

上述三种歧义都是由词语引起的理解上的歧义，不同于我们说的"结构歧义"。结构歧义是指一个句法结构可以作两种或两种以上的分析，表达两种或两种以上的意义。从逻辑学上讲，结构歧义是指语句在表达判断时，由于语法结构的不确定或不明晰而引起的判断歧义。

结构歧义的类型

一般来讲，结构歧义可以分为三种。

1. 结构层次不同引起的歧义

如果一个句法结构内部包含了不同的结构层次，就可能产生结构歧义。对于这种结构歧义，我们可以采用层次分析法来分析。比如：

（1）关心企业的员工　　　　　（2）关心企业的员工

　　|—偏正关系—|　　　　　　|—动宾关系—|

　　|—动宾—|　　　　　　　　|—偏正—|

通过层次分析可知，这个短语可以有两种理解：（1）|关心企业的|员工|，即员工很关心自己所在的企业；（2）|关心|企业的员工|，即我们要关心企业里的员工。这就是结构层次的不同引起的歧义。再比如：

（1）这桃子不大好吃。

（2）这是两个解放军抢救国家财产的故事。

从逻辑学角度讲，句（1）按不同的层次划分可以得出两种判断，即"这桃子 | 不大好吃"和"这桃子不大 | 好吃"。这后一个判断便是逻辑学中的联言判断。句（2）也可以通过不同的划分得出两种判断：一是说这是两个故事，故事的内容讲的是解放军抢救国家财产的事；二是说这是一个故事，故事讲的是两个解放军抢救国家财产的事。

2. 结构关系不同引起的歧义

所谓结构关系就是通过语序和虚词反映出来的各种语法关系，

比如主谓关系、动宾关系、偏正关系等。有时候，同一结构层次可能包含着不同的结构关系，而结构关系的不同又引起了短语或句子的歧义。比如：

进口汽车　　　　学习文件

这两个短语层次并不麻烦，都可以这样划分：进口｜汽车；学习｜文件。但是每个短语都有着两种结构关系，因此容易引起歧义。"进口汽车"可以是动宾短语，指从国外进口汽车；也可以是偏正短语，指进口的汽车。"学习文件"可以是动宾短语，指去学习某个文件；也可以是偏正短语，指供人们学习的文件。

3. 语义关系不同引起的歧义

所谓语义关系是指隐藏在显性结构关系后面的各种语法关系，通常表现为施事（指动作的主体，也就是发出动作或发生变化的人或事物）和受事（受动作支配的人或事物）之间的关系。有时候，在结构层次和结构关系均不引起歧义的情况下，语义关系的不同，或者说施事和受事关系的不确定、不明晰也会引起歧义。比如：

（1）通知的人

（2）巴金的书

短语（1）中，"通知的人"可以是施事，比如我接到了小李的通知，那小李就是"通知的人"；也可以是受事，即被通知的人。短语（2）中，"巴金的书"可以指巴金拥有的书，也可以指巴金写的书。这就是语义关系不同引起的歧义。再比如：

（1）这位老人谁都可以接待。

（2）这个人连我都不认识。

句（1）中，"老人"为施事时，可理解为"老人"可以接待任何人；"老人"为受事时，则指任何人都可以接待"老人"。句（2）中，"这个人"为施事时，是指他不认识"我"；"这个人"为受事时，是指"我"不认识他。

有时候，单独看一个句子时，可能有结构歧义，但放在一定的语境中就不会引起歧义。所以，特定的语境一般可以消除结构歧义。若是在一定的语境中仍然会因结构层次、结构关系或语义关系引起歧义，就需要对其进行修改了。

直言判断

根据判断中是否包含模态词（即反映事物的必然性、可能性的"必然""可能"等词）可将判断分为模态判断和非模态判断。其中，模态判断是指断定事物可能性和必然性的判断，包括必然模态判断（或必然判断）和可能模态判断（或可能判断）。根据非模态判断中是否包含其他判断，可将其分为简单判断和复合判断。根据复合判断中包含的联结项的不同，可将其分为联言判断、选言判断、假言判断和负判断。根据断定的是对象的性质还是对象间的关系，可将简单判断分为直言判断和关系判断。直言判断和关系判断也可以进行更细致的划分，我们后面会做详细介绍，在此不再赘述。

直言判断就是直接断定思维对象具有或不具有某种性质的判断，所以也叫性质判断。直言判断是简单判断的一种，具有简单判断的性质，即判断中不包括其他判断。比如：

（1）所有的孩子都是天真的。

（2）凡是领导说的话都是对的。

（3）有的老师不是教授。

（4）任何事物都不是静止的。

上述四个判断中，（1）（2）都是断定对象具有某种性质的判断，（3）（4）都是断定对象不具有某种性质的判断。其中，（1）断定"孩子"具有"天真"的性质；（2）断定"领导说的话"具有"对"的性质；（3）断定"有的老师"不具有"教授"的性质；（4）断定"任何事物"不具有"静止"的性质。这四个判断中都是直接断定对象具有或不具有这些性质的，而且除此之外这些判断都不包含其他判断，所以它们都是直言判断。

直言判断是由逻辑变项（即主项和谓项）和逻辑常项（即联项和量项）组成的。

1. 主项

在前面所举的四个判断中，"孩子""领导说的话""老师""事物"都是主项。由此可知，主项就是判断中被断定的对象，或者说是反映思维对象的那个概念。逻辑学中，主项通常用"S"表示。比如：

（1）小王是个电视迷。

（2）这个网站不是英语网站。

上述两个直言判断中，"小王"和"这个网站"都是主项。

一般来讲，任何直言判断都是有主项的。不过有时候，尤其是在一定的语境中，根据上下文的提示，主项也可省略。比如：

"听说来了远客，是哪位啊？"

"黛玉。"

这组对话中，因为有上下文的提示，所以在回答时就省略了主项"远客"，完整的表达应该是"远客是黛玉"。

2. 谓项

在前面所举的四个判断中，"天真的""对的""教授"和"静止的"都是谓项。由此可知，谓项就是指判断中被断定的对象具有或不具有某种性质的概念，或者说是反映思维对象属性的那个概念。逻辑学中，谓项通常用"P"表示。仍以上面两个判断为例：

（1）小王是个电视迷。

（2）这个网站不是英语网站。

在这两个直言判断中，"电视迷"和"英语网站"都是反映被断定的对象属性的概念，所以都是谓项。

同主项一样，谓项有时候也可省略。比如：

"小兵张嘎是个小英雄，还有谁是小英雄？"

"雨来。"

这组对话中，在回答时省略了谓项"小英雄"，完整的表达应该是"雨来也是小英雄"。

3. 联项

在前面所举的四个判断中，"是"和"不是"都是联项。由此可知，联项就是联结主项和谓项的那个概念，或者说联项是表示被断定的对象和其性质间关系的那个概念。一般来讲，联项只包括"是"和"不是"两个。其中，"是"是肯定联项，它表示思维对象具有某种性质；"不是"是否定联项，它表示思维对象不具有某种性质。

在判断或表达时，有时也可以省略联项。在"主项"和"谓项"中所举的两组对话中，答语（即"黛玉"和"雨来"）实际上都省略了联项"是"。再比如：

（1）尼罗河，世界第一长河。

（2）林黛玉才貌双全，多愁善感。

上面这两个直言判断都省略了联项"是"，完整的表达应该是：

（1）尼罗河是世界第一长河。

（2）林黛玉是才貌双全、多愁善感的人。

4. 量项

在前面所举的四个判断中，"所有的""凡是""有的"和"任何"都是量项。由此可知，量项是表示主项（或被断定对象）的数量或范围的概念。量项一般置于主项之前，从语言学角度上讲，量项对主项起修饰限定的作用。在前面所举的四个判断中，"所有的""凡是""有的"和"任何"这四个量项都在主项前。不过，量项也可放在主项之后、联项之前，比如在前面四个判断中，（1）（2）（4）联项前都用了"都"字，这实际上就是量项。

关系判断

马克思主义哲学认为，世界上没有完全孤立存在的事物，一切事物都处在普遍联系中。在逻辑学中，关系判断就是研究事物之间关系的一种判断。

关系判断的含义

关系判断就是断定思维对象之间是否具有某种关系的判断。比如：

（1）梁山伯与祝英台是一对恋人。

（2）张明和李明是同学。

（3）所有的梁山好汉与宋江都是兄弟。

上述三个判断中，（1）断定"梁山伯"与"祝英台"具有"恋人"关系；（2）断定"张明"与"李明"具有"同学"的关系；（3）断定"所有的梁山好汉"与"宋江"具有"兄弟"的关系。所以，这三个判断都是关系判断。

断定思维对象之间具有某种关系时，是关系判断；同样，断定思维对象之间不具有某种关系时，也是关系判断。我们看《世说新语》中记载的一个故事：

管宁、华歆共园中锄菜，见地有片金，管挥锄与瓦石不异，华捉而掷去之。又尝同席读书，有乘轩冕过门者，宁读如故，歆废书出看。宁割席分坐，曰："子非吾友也。"

这就是著名的"割席断交"的故事。在这个故事中，有两个关系判断：

（1）华歆与管宁是朋友。

（2）华歆与管宁不是朋友。

判断（1）中断定"华歆"与"管宁"具有"朋友"关系，所以是关系判断；判断（2）中断定"华歆"与"管宁"不具有"朋友"关系，也是关系判断。

需要注意的是，只有对思维对象之间的关系进行断定才是关系判断，若没有断定则不是关系判断。比如：

那两个人是王磊和李欣。

这个判断中虽然也包括两个思维对象，即"王磊"和"李欣"，但并没有断定他们具有或不具有某种关系，因此不是关系判断。

联言判断

联言判断的含义

根据复合判断中包含的联结项的不同，可将其分为联言判断、选言判断、假言判断和负判断。所谓复合判断，就是由联结词联结的两个或两个以上的简单判断（包括直言判断和关系判断）有机组合而成的判断。这些组成复合判断的简单判断叫肢判断，联结词就是联项。所以，简单地说，复合判断就是由联结词和肢判断组成的判断。比如：

（1）虽然他取得了很大的成就，但他行为处世依然很低调。

（2）他有点儿不舒服，可能是感冒，也可能是太累了。

（3）假如给我三天光明，我将好好观察这个世界。

（4）并非所有人都害怕鬼。

以上四个判断都是复合判断，依次为联言判断、选言判断、假言判断和负判断。

联言判断是复合判断的一种。所以，联言判断具有复合判断的基本特征。也就是说，联言判断也包括两个或两个以上的简单判断，也有联结词。但是，联言判断是复合判断，复合判断却并非都是联言判断。因为联言判断也有着自己的一些特征。比如：

（1）她很年轻，并且也很漂亮。

（2）狄仁杰不但善于探案，而且能于治国。

（3）主演不是陈道明，而是陈宝国。

这三个联言判断中，（1）断定"她"既年轻，又漂亮；（2）断定"狄仁杰"既是神探，又有治国之能；（3）断定"主演"不是陈道明，而是陈宝国。也就是说，每个联言判断都是对其所反映的事物或对象存在情况的一种断定。

因此，我们可以得出，所谓联言判断就是断定几种对象或事物情况同时存在的复合判断。

联言判断的结构

联言判断是由联言肢和联言联结词组成的。

1. 联言肢

第一，联言肢就是组成联言判断的各简单判断，换言之，联言肢就是组成联言判断的各肢判断。以上面三个联言判断为例：判断（1）中包括"她很年轻"和"她很漂亮"两个联言肢；判断（2）中包括"狄仁杰善于探案"和"狄仁杰能于治国"两个联言肢；判断（3）中包括"主演不是陈道明"和"主演是陈宝国"两个联言肢。在逻辑学中，联言肢一般用小写字母"p""q""r"等来表示。

第二，组成联言判断的联言肢可以是直言判断，也可以是关系判断。联言判断是由简单判断组成的复合判断，而简单判断又包括直言判断和关系判断，所以联言肢既可以是单独的直言判断或关系判断，也可以同时包括直言判断和关系判断。比如：

《非诚勿扰Ⅱ》与《非诚勿扰》是姊妹篇，是一部好看的电影。

这个联言判断中，包括两个联言肢，一个是直言判断"《非诚勿扰Ⅱ》是一部好看的电影"，一个是关系判断"《非诚勿扰Ⅱ》与《非诚勿扰》是姊妹篇"。

第三，为了表达上的简洁，有些时候，联言判断可以适当省略各联言肢共有的语法成分。比如：

他是一个学识渊博、思维缜密的人。

这个联言判断包括两个联言肢，即"他是一个学识渊博的人"和"他是一个思维缜密的人"。为了避免重复，省略了主语成分"他"和谓语成分"是"以及数量词"一个"。

第四，联言肢是联言判断中的逻辑变项，可以随实际需要而改变。

2. 联言联结词

在联言判断中，联结词就是联结各联言肢的词项，它反映了各联言肢的关系，也叫联言联结词。联言判断中经常使用的联结词有"并且""不但……而且……""既……又……""虽然……但是……""不是……而是……""一方面……另一方面……""是……也是……""不仅……而且（也）……"等。其中，"并且"构成联言判断比较重要的联结词。

3. 联言判断的逻辑形式

联言判断的逻辑形式是：p 并且 q，即 $p \wedge q$。

其中，"∧"是"合取"之意，因此，联言肢 p 和 q 又被称为合取肢。比如，"她很年轻，并且也很漂亮"就可表示为"p 并且 q"；"狄仁杰不但善于探案，而且能于治国"可以表示为"不但 p 而且 q"。

充分条件假言判断

假言判断的含义

作为复合判断的一种，假言判断也具有复合判断的特征，即由两个或两个以上的肢判断和联结词组成。与断定几种事物情况同时存在的联言判断不同，假言判断是断定某一事物情况的存在是另一事物情况存在的条件的判断。也就是说，假言判断研究的是事物间的条件关系。比如：

（1）如果你病了，就会不舒服。

（2）只有具备了天时、地利和人和，我们才能取胜。

（3）当且仅当两条直线的同位角相等，则两直线平行。

上述三个判断中，判断（1）断定了"生病"是"不舒服"的条件，只有"生病"这个条件存在，"不舒服"才存在；判断（2）断定"具备天时、地利和人和"是"取胜"的条件，只有"天时、地利和人和"这个条件存在，"取胜"才存在；同理，判断（3）中"两条直线的同位角相等"也是"两条直线平行"存在的条件。因此，这三个判断都是假言判断。

根据反映条件关系的不同，假言判断可以分为充分条件假言判断、必要条件假言判断和充分必要条件（或充要条件）假言判断。

充分条件假言判断

1. 充分条件假言判断的含义

充分条件假言判断就是断定某一事物情况（前件）是另一事物情况（后件）存在的充分条件的判断。简单地说，充分条件假言判断就是断定前件与后件之间具有充分条件关系的假言判断。比如：

（1）如果你病了（p），就会不舒服（q）。

（2）一旦河堤决口（p），后果就不堪设想（q）。

判断（1）中，只要前件"你病了"，后件"不舒服"就一定存在，也就是说"你病了"是"不舒服"的充分条件；判断（2）中，只要前件"河堤决口"存在，后件"后果不堪设想"就一定存在，也就是说"河堤决口"是"后果不堪设想"的充分条件。即如果 p 存在，那么 q 一定存在。因此，这两个判断都是充分条件假言判断。

需要注意的是，在充分条件假言判断中，前件 p 存在，后件 q 一定存在；但前件 p 不存在，后件 q 则并非一定不存在。比如，"你病了"存在，则"不舒服"一定存在；但如果"你病了"不存在，也就是说如果你没病，你也可能因其他原因"不舒服"。

2. 充分条件假言判断的逻辑形式

我们用 p 表示前件，用 q 表示后件，充分条件假言判断的逻辑形式可以表示为：如果 p，那么 q，即 $p \rightarrow q$。其中，"→"是"蕴涵"的意思，读作 p 蕴涵 q。p 和 q 都是逻辑变项，"如果……那么……"为假言联结词，是逻辑常项。

在逻辑学中，表达充分条件假言判断的常用假言联结词（即逻辑常项）还有"如果……就……""倘若……就（便）……""一旦……就……""假如……就（便）……""若是……就……""只要……就……"等。

必要条件假言判断

必要条件假言判断的含义

必要条件假言判断就是断定某一事物情况（前件）是另一事物情况（后件）存在的必要条件的假言判断。简单地说，必要条件假言判断就是断定前件与后件具有必要条件关系的假言判断。比如：

（1）除非有足够的光照（p），否则花就不会开（q）。

（2）只有体检合格（p），才能参加高考（q）。

判断（1）中，断定"足够的光照"是"开花"的必要条件，判断（2）中断定"体检合格"是"参加高考"的必要条件，因此这两个判断都是必要条件假言判断。

在必要条件假言判断中，前件（p）存在，后件（q）则未必一定存在。比如，上面举的两个例子中，判断（1）中，只有 p（足够的光照），q（开花）未必一定实现；判断（2）中，只有 p（体检合格），q（参加高考）也未必一定实现。

同时，在必要条件假言判断中，前件（p）不存在，则后件（q）一定不存在。比如，上面举的两个例子中，判断（1）中，如果没有 p（足够的光照），则 q（开花）就不可能实现；判断（2）中，如果没有

p（体检合格），q（参加高考）也不能实现。

由此可知，若 p 存在，则 q 不一定存在；若 p 不存在，则 q 必不存在。

必要条件假言判断的逻辑形式

我们用 p 表示前件，用 q 表示后件，必要条件假言判断的逻辑形式可以表示为：只有 p，才 q，即 p ← q。其中，"←"是"逆蕴涵"的意思，读作 p 逆蕴涵 q。p 和 q 都是逻辑变项，"只有……才……"为假言联结词，是逻辑常项。

在逻辑学中，表达必要条件假言判断的常用假言联结词（即逻辑常项）还有"没有……就没有……""除非……（否则）不""必须……才……""不……就不能……""不……何以……"等。

充分必要条件假言判断

充分必要条件假言判断的含义

充分必要条件假言判断，或者充要条件假言判断就是断定某一事物情况（前件）是另一事物情况（后件）存在的充分必要条件的假言判断。换言之，在充分必要条件假言判断中，前件既是后件的充分条件，又是后件的必要条件。比如：

（1）当且仅当前件为真、后件为假时（p），充分条件假言判断才为假（q）。

（2）当且仅当前件为假、后件为真时（p），必要条件假言判断才为假（q）。

这是我们在讨论充分条件假言判断和必要条件假言判断真假值时得出的两个结论。

判断（1）断定了只要符合"前件为真、后件为假"这个条件，"充分条件假言判断"必为"假"；如果不符合"前件为真、后件为假"这个条件，"充分条件假言判断"则必不为"假"。判断（2）断定了只要符合"前件为假、后件为真"，"必要条件假言判断"必为"假"；如果不符合"前件为假、后件为真"，"必要条件假言判断"则必不为"假"。也就是说，在这两个判断中，p 既是 q 的充分条件，又是 q 的必要条件，因此这两个判断都是充分必要条件假言判断。

充分必要条件假言判断的逻辑形式

我们用 p 表示前件，用 q 表示后件，充分必要条件假言判断的逻辑形式可以表示为：当且仅当 p，才 q，即 p ↔ q。"↔"意为"等值于"，读作 p 等值于 q。其中，作为前、后件的 p、q 是逻辑变项，假言联结词"当且仅当"为逻辑常项。

需要说明的是，"当且仅当"来自数学语言，现代汉语中并没有与之完全对等的一个词。因此只能用诸如"只要……则……，并且只有……，才……""只有并且仅有……才……""如果……那么……，并且如果不……那么就不……"之类的词项来充当假言联结词。

第四章

演绎推理思维

什么是推理

《淮南子·说山训》中有言曰："尝一脔肉，知一镬之味；悬羽与炭，而知燥湿之气；以小明大。见一叶落，而知岁之将暮；睹瓶中之冰，而知天下之寒；以近论远。"这几句话其实就是一种简单的推理：由一块肉的味道推知一锅肉的味道；由悬挂的羽和炭而推知空气是干燥还是潮湿；由树叶飘落而推知这一年就快结束了；由瓶子里结的冰而推知天气已经寒冷了。与此类似的"以小明大，以近论远"的见解不但在古籍中常见，在日常生活中也时常出现，比如你听见狗吠可能就会推知有路人经过，等等。这其实都是在自觉不自觉地运用逻辑进行推理。推理于逻辑学而言，更是一种重要的思维方法。那么，究竟什么是推理呢？

推理的含义

在逻辑学中，推理就是由一个或几个已知判断推出新判断的一种思维形式。推理依据的是现有知识或已知判断，得出的是一个新的结论。事实上，推理的进行正是运用了事物之间多种多样的联系，因为新的事物不会凭空而出，它一定来源于现有事物；现有事物也不会静止不动，它必然会发展为新事物。而推理就是抓住这种联系积极地、主动地促成新事物、新观念、新判断的产生。比如：

（1）现在大学生找工作难，

　　所以，有些大学生没找到工作。

（2）张林喜欢所有的喜剧电影，

《加菲猫》是喜剧电影，

　　所以，张林喜欢《加菲猫》。

（3）北方方言以北京话为代表，

吴方言以苏州话为代表，

湘方言以长沙话为代表，

赣方言以南昌话为代表，

客家方言以广东梅县话为代表，

闽方言以福州话、厦门话等为代表，

粤方言以广州话为代表，

所以，各方言区人民都有自己的代表方言。

上面三个例子中，例（1）根据一个已知判断推出了一个新判断，例（2）根据两个已知判断推出了一个新判断，例（3）根据七个已知判断推出了一个新判断。它们都是由已知的判断推出未知的新判断，因而都是推理。

推理的种类

推理的种类

在进行推理时，推理前提的不同、推理前提与结论关系的不同或者推理角度等的不同，推理的种类也不同。也就是说，推理可以根据各种不同的标准进行分类。

1. 直接推理和间接推理

这是根据推理中的前提是一个还是多个而进行分类的。

1）直接推理

以一个判断为前提推出结论的推理就是直接推理。比如：

（1）诸葛亮是智慧的化身，

　　　所以，诸葛亮是有智慧的。

（2）商品是用来交换的劳动产品，

　　　所以，有些劳动产品是商品。

上面两个推理都是由一个判断出发推出结论的，所以都是直接推理。

2）间接推理

以两个或两个以上的判断为前提推出结论的推理就是间接推理。比如：

（1）物理学是研究物质结构、物质相互作用和运动规律的自然科学，

　　　力学是研究物体的机械运动和平衡规律的，

　　　所以，力学属于物理学范畴。

（2）论点是议论文的要素之一，

　　　论据是议论文的要素之一，

　　　论证也是议论文的要素之一，

　　　所以，议论文包括论点、论据和论证三个要素。

上面两个推理中，推理（1）是由两个判断推出的结论，推理（2）是由三个判断推出的结论，所以它们都是间接推理。

2. 简单判断推理和复合判断推理

这是根据推理中前提繁简的不同而进行分类的。

1）简单判断推理

以简单判断为前提推出结论的推理就是简单判断推理。根据简单判断种类的不同，简单判断推理又可以分为直言判断的直接推理、直言判断的变形直接推理、三段论推理和关系推理等，比如：

（1）花是被子植物的生殖器官，

菊花是花，

所以，菊花是被子植物的生殖器官。

（2）菱形是四边形的一种，

正方形是菱形的一种，

所以，正方形是四边形的一种。

上面两个推理的前提都是简单判断，所以都属于简单判断推理。其中，推理（1）是三段论推理，推理（2）是关系推理。

2）复合判断推理

以复合判断为前提推出结论的推理就是复合判断推理。根据复合判断种类的不同，复合判断推理又可以分为联言推理、假言推理、选言推理和二难推理等。比如：

（1）李蒙的数学考试不及格，或者是因为考试时状态不佳，或者是因为平时不用功，

李蒙的数学不及格不是因为考试时状态不佳，

所以，李蒙的数学不及格是因为平时不用功。

（2）如果这个剧本好，他就会参演，

这个剧本好，

所以，他会参演。

上面两个推理的前提都是复合判断,所以它们都是复合判断推理。其中,推理(1)是选言推理,推理(2)是假言推理。

3. 演绎推理、归纳推理和类比推理

这是根据推理中从前提到结论思维活动进程的不同而进行分类的。

1)演绎推理

从一般性、普遍性认识推出个别性、特殊性认识的推理就是演绎推理。比如上节中我们提到的例子:

张林喜欢所有的喜剧电影,

《加菲猫》是喜剧电影,

所以,张林喜欢《加菲猫》。

这个推理中,"张林喜欢所有的喜剧电影"是一般性前提,"《加菲猫》是喜剧电影"是个别性认识。根据这两个前提推出"张林喜欢《加菲猫》"这一个别性认识。

2)归纳推理

从个别性、特殊性认识推出一般性、普遍性认识的推理就是归纳推理。比如上节中我们提到的例子:

北方方言以北京话为代表,

吴方言以苏州话为代表,

湘方言以长沙话为代表,

赣方言以南昌话为代表,

客家方言以广东梅县话为代表,

闽方言以福州话、厦门话等为代表,

粤方言以广州话为代表,

所以,各方言区人民都有自己的代表方言。

上面这个推理从"北方方言以北京话为代表"等七个个别的、特殊的认识推出"各方言区人民都有自己的代表方言"这个一般性、普遍性认识，所以是归纳推理。

3）类比推理

从个别性、特殊性认识推出个别性、特殊性认识或从一般性、普遍性认识推出一般性、普遍性认识的推理就是类比推理。比如：

菱形有一组邻边相等，对角线互相垂直且平分，

正方形也有一组邻边相等，

所以，正方形的对角线也互相垂直且平分。

上面这个推理就是通过菱形与正方形的类比而推出结论的，所以是类比推理。

4. 必然性推理和或然性推理

这是根据推理中的前提是否蕴含结论而进行分类的。

1）必然性推理

推理的前提蕴含结论的推理就是必然性推理。因为前提和结论的蕴涵关系，所以必然能从前提中推出相应的结论。换言之，若前提为真，则结论也必为真。比如，间接推理中的例（1）、简单判断推理中的两个例子等都是必然性推理。

2）或然性推理

推理的前提不蕴含结论的推理就是或然性推理。因为前提不蕴含结论，那么就意味着结论并非必然是从前提中推出的。换言之，若前提为真，则结论真假不定。比如，归纳推理中关于"方言"的例子就是或然性推理。

5. 模态推理和非模态推理

这是根据推理中是否包含模态判断而进行分类的。推理中包含

模态判断的推理就是模态推理，推理中不包含模态判断的推理就是非模态推理。

有效推理的条件

要保证推理的有效性并进行正确推理，就必须满足两个条件。

1. 推理的形式正确

推理形式包括推理的外在形式和逻辑规律和规则两个方面。其外在形式就如我们在上面举出的各个推理实例，它们都符合推理的外在形式。逻辑规律和规则是指在进行推理过程中必须遵守的各种逻辑规律和规则。如果只符合推理的外在形式，却不符合一定的逻辑规律和规则，那么得出的结论就必定是错误的。

2. 推理的前提必须真实

推理的前提真实是指推理时所依据的各个判断必须真实、客观地反映客观存在，而不能任意凭主观臆造。比如：

所有的花都是红色的，

梨花是花，

所以，梨花是红色的。

这个推理形式的外在形式正确，推理时也遵守了逻辑规律和规则，但得出的结论却是错的。这是因为推理的大前提，即"所有的花都是红色的"本身就是一个假判断，由此所推出的结论自然是假的。

同时，这两个条件也可以作为我们判定推理是否有效的依据。只有满足这两个条件的推理才是有效的，否则就是无效的。此外，如果一个推理的结论的范围超出了所依据的前提的范围，那么，这个结论就没有蕴含在前提中，这个推理就是或然性推理。这就表示，即便所有前提都为真，这个结论也未必为真。

三段论

作为形式逻辑的奠基人，亚里士多德在逻辑学上的贡献是多方面的，其中最重要的就是他的三段论学说。经过历代学者的研究修缮，现在的三段论已经是逻辑学中最为重要和严密的推理形式之一。

三段论的定义

所谓三段论就是以包括一个共同概念的两个直言判断作为前提推出一个新的直言判断作为结论的演绎推理形式。具体地说，就是通过一个共同概念把两个直言判断联结起来，并以这两个直言判断为前提，推出一个新的直言判断。因为，三段论的前提和结论都是直言判断，所以三段论又被称为直言三段论推理或直言三段论。比如：

（1）作家都是知识分子，

　　　钱锺书是作家，

　　　────────────

　　　所以，钱锺书是知识分子。

（2）语言是人类交际的工具，

　　　汉语是语言，

────────────────

　　　所以，汉语是人类交际的工具。

推理（1）是以包含"作家"这个共同概念的两个直言判断（作家都是知识分子、钱锺书是作家）作为前提推出一个新的直言判断作为结论（钱锺书是知识分子）的三段论推理；推理（2）则是以包含"语言"这个共同概念的两个直言判断（语言是人类交际的工具、汉语是语言）作为前提推出一个新的直言判断作为结论（汉语是人类交际的工具）的三段论推理。

因为三段论是由两个判断推出一个判断的推理形式，所以三段论是间接推理；又因为三段论的前提和结论都是直言判断，所以三段论是直言判断的间接推理。

三段论的结构

三段论是由三个直言判断组成的，所以共有三个主项和三个谓项。因为事实上每个词项都出现了两次，所以一个三段论共包括三个不同的词项。以上面的推理（1）为例：

作家（M）都是知识分子（P），

钱锺书（S）是作家（M），
_____

所以，钱锺书（S）是知识分子（P）。

由此可见，这个三段论推理共包含三个不同的词项，即作家、知识分子和钱锺书。

我们把三段论中这三个不同的词项叫作大项、小项和中项。

大项就是结论中的谓项，用 P 表示，在上面两个推理中即是"知识分子"和"人类交际的工具"。大项 P 在第一个前提中是作为谓项出现的。

小项就是结论中的主项，用 S 表示，在上面两个推理中即是

"钱锺书"和"汉语"。小项 S 在第二个前提中是作为主项出现的。

中项就是在前提中出现两次而在结论中不出现的词项，用 M 表示，在上面的两个推理中即是"作家"和"语言"。中项是联结大项和小项的词项。

三段论是由两个作为前提的直言判断和一个作为结论的直言判断组成的。我们把其中包含大项（P）的前提叫大前提，在上面的两个推理中即是"作家都是知识分子"和"语言是人类交际的工具"；把其中包含小项（S）的前提叫小前提，在上面的两个推理中即是"钱锺书是作家"和"汉语是语言"。

这样我们就可以得出三段论的结构，即由包含三个不同的项（大项、中项和小项）的三个直言判断（大前提、小前提和结论）组成。

由上面两例三段论的结构我们可以得出它的推理公式：

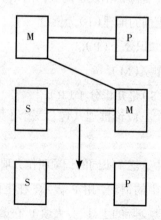

这种三段论推理公式是最基本的推理形式，它还有许多变化，后面我们会专门讲述。

三段论的特点

从三段论的含义及结构形式我们可以得出三段论具有以下几个特点：

第一，三段论都是由两个已知直言判断作为前提推出一个新的直言判断。

第二，作为前提的两个直言判断中必然包含一个共同概念，这个共同概念（即中项）是联结两个前提的中介。

第三，三段论的前提中蕴含着结论，因此前提必然能推出结论，这个推理也是必然性推理。

第四，由大前提和小前提推出结论的过程是由一般到个别、特殊的演绎推理过程。

三段论的公理

所谓公理，也就是经过人们长期实践检验、不需要证明同时也无法去证明的客观规律。比如"过两点有且只有一条直线""同位角相等，两直线平行"等都是数学公理。逻辑学中，三段论的公理即是：

对一类事物的全部有所肯定或否定，就是对该类事物的部分也有所肯定或否定。

第一，对一类事物的全部有所肯定，就是对该类事物的部分也有所肯定。

看下面这则故事：

明朝的戴大宾幼时即被人们誉为"神童"，特别善于赋诗作对。一次，一个显贵想看看戴大宾是否名副其实，便想出对考他。显贵首先出对道："月圆。"戴大宾随即对道："风扁。"显贵嘲笑道："月自然是圆的，风如何是扁的呢？"戴大宾道："风见缝就钻，不扁怎么行？"显贵又出对道："凤鸣。"戴大宾从容不迫道："牛舞。"显贵又讥笑道："牛如何能舞？这肯定不通。"戴大宾笑道："《尚书·虞书·益稷》上说：'击石拊石，百兽率舞'，牛亦属百兽之列，如何不能舞？"显贵俯首叹服。

这则故事中，包含两个三段论推理：

（1）能钻缝的都是扁的，　　（2）兽都是能舞的，

　　风是能钻缝的，　　　　　　牛是兽，

　　所以，风是扁的。　　　　　所以，牛是能舞的。

推理（1）肯定"能钻缝的都是扁的"，而"风是能钻缝的"的事物中的一部分，那么就必然可以肯定"风是扁的"了；推理（2）肯定"兽都是能舞的"，而"牛是兽"的一种，那么也就必然可以肯定"牛是能舞的"了。

这就是对三段论公理中"对一类事物的全部有所肯定，就是对该类事物的部分也有所肯定"的运用。上面两个三段论可以用下面这个逻辑形式来表示：

所有M都是P，

所有S都是M，

所以，所有S都是P。

第二，对一类事物的全部有所否定，就是对该类事物的部分也有所否定。比如：

（1）不能制造和使用工具的动物不是人，

　　虎是不能制造和使用工具的动物，

　　所以，虎不是人。

（2）草本花卉不是木本花卉，

　　紫罗兰是草本花卉，

　　所以，紫罗兰不是木本花卉。

推理（1）是对"不能制造和使用工具的动物是人"的否定，而"虎是不能制造和使用工具的动物"的一种，那么就必然可以否定"虎是人"并由此得出"虎不是人"的结论；推理（2）也可通过类似的分析得出"紫罗兰不是木本花卉"的结论。

这就是对三段论公理中"对一类事物的全部有所否定，就是对该类事物的部分也有所否定"的运用。上面两个三段论可以用下面这个逻辑形式来表示：

所有 M 都不是 P，

所有 S 都是 M，

所以，所有 S 都不是 P。

总之，三段论的公理是对客观事物中一般和个别关系的反映，是人们长期实践经验的总结，也是我们进行三段论推理的客观依据。

三段论的规则

任何推理都要遵循一定的规则，三段论推理也是如此。通过上节对三段论的含义、结构、特点和公理的分析，我们可以得出三段论推理必须遵守的各项规则。

规则一：有且只能有大项、中项和小项这三个不同的项

大项、中项和小项是一个三段论推理得以有效进行的必要条件，如果少于三个，显然无法构成三段论；如果多于三个，即在三段论中出现四个不同的项，也不能得出结论。在逻辑学中，这叫作"四词项"错误（或叫"四概念"错误）。常见的有两种情况：

1. 由完全不同的四个词项组成的三段论

如果一个三段论是由完全不同的四个词项组成的，那么就根本无法进行推理，这是最明显的"四词项"错误。比如：

北京是中国的首都，

上海是一个国际性大都市，

所以……

这个三段论中包含了四个不同的词项，即"北京""中国的首都""上海"和"一个国际性大都市"，但是却无法推出结论。因为，这四个词项组成了两个独立的判断，它们既然没有联系，也就不能推出结论了。

2. 前提中使用外延不同的词项作为中项

有些三段论，从形式看没什么错误，也是由三个不同的词项组成的，但因为中项在大前提和小前提中的外延不同，实质上是用三个词项表达了四个概念。这是一种不太明显的"四词项"错误，稍不留意就会忽略。比如：

一次辩论会上，正方为了说服反方，便语重心长地说："我们应

该辩证地看问题，辩证法是伟大的马克思主义哲学的灵魂啊。"反方立即抓住正方这个观点的漏洞，反驳道："是吗？黑格尔也是为西方公认的辩证法大师，根据正方的观点，是不是可以认为黑格尔的辩证法也是马克思主义哲学的灵魂呢？"正方哑口无言。

在这里，反方是运用三段论的推理来对正方的观点加以反驳的，即：

辩证法是马克思主义哲学的灵魂，

黑格尔的辩证法是辩证法，

所以，黑格尔的辩证法是马克思主义哲学的灵魂。

在这个三段论中，包含三个词项："辩证法""马克思主义哲学的灵魂"和"黑格尔的辩证法"。不过需要注意的是，大前提中的"辩证法"是指马克思提出来的唯物辩证法，而"黑格尔的辩证法"则是指黑格尔提出的辩证体系。这两个词项在外延上是完全不同的。因此，可以说这两个"辩证法"是两个不同的词项。反方虽然用这个三段论反驳得正方哑口无言，但是却犯了"四词项"错误，因而这是一个错误的三段论推理。

规则二：中项在前提中至少要周延一次

周延性问题就是指在直言判断中，对主项和谓项的外延范围或数量作断定的问题。作为联结大项和小项的中项，如果在大小前提中都不周延，即其外延的范围或数量不确定，那么大项与中项就只能在一部分外延上发生联系；而中项与小项也只是在一部分外延上发生联系。如果这发生联系的两部分是完全不同的，或者只有一部分相同，那么就无法推出必然的结论。比如：

外语系学生都是学外语的，

李明是学外语的，

所以，李明是外语系学生。

这个三段论中，"学外语的"是联结大项"外语系"和小项"李明"的中项，但是它在两个前提中的外延都没有明确断定，即都不周延，因此得出的结论也是错误的。

所以，只有中项至少周延一次，它才能通过其全部外延与大项或小项确定的某种关系来实现联结的意义。

规则三：在前提中不周延的项在结论中亦不得周延

这条规则是说，如果前提中的词项的外延不断定，那么在结论中的外延也应该是不断定的。因为结论中包含大项和小项两个词项，所以这也分两种情况：

1. 大项在前提中不周延在结论中周延

大项是结论的谓项，如果大项在前提中不周延，那么它的外延就没有被全部断定，而只是部分断定；如果它在结论中周延了，就意味着它在结论中的外延是全部断定的。这样一来，结论中的大项的外延显然比前提中大项的外延大，这就犯了"大项扩大"的错误，而结论也就不是必然推出的了。比如：

5 加 5 是等于 10 的，

2 加 8 不是 5 加 5，

所以，2 加 8 不等于 10。

在这个三段论中，大前提中的大项"等于 10"是不周延的；结论"2 加 8 不等于 10"是个否定判断,根据否定判断谓项周延的规律,那么结论中的"等于 10"就是周延的。这就是因为犯了"大项扩大"的错误而推出了错误的结论。

2. 小项在前提中不周延在结论中周延

小项是结论的主项,如果小项在前提中不周延而在结论中周延了,那么结论中小项的外延也就比小前提中的外延大,这就犯了"小项扩大"的错误,推出的结论也就不是必然的了。

妈妈为了劝女儿多吃水果,便说:"你要知道,多吃桃子是可以减肥的。"

女儿奇怪地问道:"为什么?"

妈妈道:"你见过肥胖的猴子吗?"

在上面一段对话中,妈妈运用了一个三段论推理:

猴子都是不肥胖的,

猴子都是吃桃子的,

所以,吃桃子的都是不肥胖的。

这个三段论中,小项"吃桃子的"在小前提中是谓项,在结论中则是主项。而小前提和结论都是全称肯定判断,根据全称肯定判断主项周延、谓项不周延的规律,小项"吃桃子的"在前提中是不周延的,在结论中则是周延的。这就犯了"小项扩大"的错误,因而得到的结论也是错误的。

规则四：大小前提不能都是否定判断

否定判断是断定某事物不具有某种属性，也就是说，否定判断的主项和谓项是不相容的。如果大小前提同时为否定直言判断，那么，大前提中的大项与中项则不相容，小前提中的中项与小项也不相容，这样就不能推导出小项与大项的关系，得不出必然结论。比如：

（1）豹子不是老虎，

　　　猫不是豹子，

　　　————————

　　　所以，猫……

（2）锐角三角形不是钝角三角形，

　　　锐角三角形也不是直角三角形，

　　　————————

　　　那么，直角三角形……

三段论（1）中，大小前提都是否定判断，那么结论既可以是"猫不是老虎"，也可以是"猫是老虎"，或者"猫是（不是）其他……"。因此无法推出必然结论，这个三段论也就不能成立；三段论（2）亦然。

规则五：若前提中有一个否定的，结论也必为否定；若结论为否定，则必有一个前提为否定

两个前提中，若大前提是否定的，小前提是肯定的。那么，大前提中，大项和中项就是不相容关系，小前提中小项和中项则是相容关系，那么小项则必然与大项不相容，所以结论也必为否定。同

样，若小前提是否定的，大前提是肯定的，那么，大前提中大项与中项则相容，小前提中小项与中项不相容，那么，小项必然与大项不相容，则结论也必为否定。比如：

（1）历史系学生不是数学系学生，

　　张强是历史系学生，
　　─────────────
　　所以，张强不是数学系学生。

（2）能被 2 整除的数都是偶数，

　　17 是不能被 2 整除的，
　　─────────────
　　所以，17 不是偶数。

　　三段论（1）中，大前提是否定的，大项"数学系学生"和"历史系学生"不相容；小前提是肯定的，小项"张强"真包含于中项"历史系学生"，所以小项"张强"与大项"数学系学生"也不相容，因而必然得出的结论必为否定的。三段论（2）中，大前提是肯定的，小前提是否定的。所以，中项"能被 2 整除的数"真包含于大项"偶数"，同时与小项"17"不相容，那么，小项"17"必然与大项"偶数"不相容，所得结论也就必是否定的。

　　此外，若结论是否定的，则必然推出小项与大项不相容。那么，在保证推理有效的前提下，也就必然可以推出小项与中项不相容或中项与大项不相容，也就是说大小前提中必有一个是否定的。

规则六：大小前提不能都是特称判断

　　第一，若大小前提都是特称否定判断（即 O + O），那么就违背了规则四，即"大小前提不能同时为否定判断"，三段论也就不能成立；

第二，若大小前提都是特称肯定判断（即 I+I），那么根据"特称判断的主项不周延，肯定判断的谓项不周延"可得出前提中的大、小、中项都不周延，这违背了规则二，即"中项在前提中至少要周延一次"，三段论也就不能成立。

第三，若大小前提是一个特称肯定判断和一个特称否定判断，即 I+O 或 O+I。那么：

I 判断主、谓项均不周延，O 判断主项周延，则前提中只有一个周延项；

根据规则二，即"中项在前提中至少要周延一次"，则这个周延项应为中项；

根据规则五，即"若前提中有一个否定的，结论也必为否定"，则结论必为否定；

根据"否定判断的谓项周延"的规律，结论中的谓项即三段论中的大项必然周延；

"周延项应为中项"与"大项必然周延"显然是矛盾的，因此不管是 I+ O 还是 O+I，三段论都不能成立。

规则七：若前提中有一个是特称的，结论必然也是特称的

第一，若两个前提中一个是全称肯定判断，一个是特称肯定判断，即 A+I。那么：

根据"A 判断的主项周延谓项不周延，I 判断的主、谓项均不周延"可得出只有 A 判断的主项周延；

根据规则二，即"中项在前提中至少要周延一次"，则这个周延

项应为中项，那么大、小项就均不周延；

根据规则三，即"在前提中不周延的项在结论中亦不得周延"，那么，结论的主项（即小项）则不周延，因此结论必为特称判断。

第二，若两个前提中一个是全称否定判断，一个是特称否定判断，即 E+O，根据规则四，即"大小前提不能都是否定判断"，可知这时三段论不能成立。

第三，若两个前提中一个是全称肯定判断，另一个是特称否定判断，即 A+O。那么：

根据"A 判断主项周延谓项不周延，O 判断主项不周延谓项周延"，可知前提中只有两个周延项；

根据规则二，即"中项在前提中至少要周延一次"，可知两个周延项中至少有一个为中项；

根据规则五，即"若前提中有一个否定的，结论也必为否定"，则结论必为否定；

根据"否定判断谓项周延"，可知结论的谓项即大项周延，大项、中项是两个周延项，则小项必不周延；

根据规则三，即"在前提中不周延的项在结论中亦不得周延"，那么，结论的主项（即小项）则不周延，因此结论必为特称判断。

第四，若两个前提中一个是全称否定判断，另一个是特称肯定判断，即 E+I。那么：

根据"E 判断主、谓项均周延，I 判断主、谓项均不周延"可知前提中只有两个周延项；

这就与"A+O"中的情况相似了，对此进行同样的分析可知，这两个周延项也必为中项和大项，而小项不周延。那么，结论中的主项（即小项）也必不周延，因此结论必为特称判断。

由以上几种情况可知，若前提中有一个是特称判断，则结论也必为特称判断。

三段论的规则实际上就是三段论的公理的具体化，只有遵循三段论的公理和规则，才能避免错误，进行正确、有效的推理。

猜测与演绎推理

本章我们主要讨论了演绎推理的逻辑思维形式，比如三段论、假言推理、选言推理等。亚里士多德认为，演绎推理是"结论可以从前提的已知事实'必然的'得出的推理"。演绎推理的共同特征是，从一般到个别的，并且其结论所断定的范围不超出前提断定的范围。所以，演绎推理又可以定义为结论在普遍性上不大于前提的推理，或"结论在确定性上，同前提一样"的推理。三段论一般由大、小前提和结论三部分构成，其中大前提是指一般性的认识或规律，小前提则是指个别性认识或对象，由大、小前提推出结论的过程就是由一般到个别的过程。可以说，三段论推理是最为常用的演绎推理形式，因此也有人把演绎推理称为三段论推理。

猜测是猜度、推测的意思，是凭某些线索或想象进行推断。在逻辑学中，猜测就是人们以现有知识为基础，通过对问题的分析、归纳，或将其与有类似关系的特例进行比较、分析，通过判断、推理对问题结果作出的估测。

　　猜测在推理中的作用是不言而喻的，甚至可以说推理就是伴随着猜测而生的，而演绎推理与猜测的关系尤其密切。虽然人们在猜测时不一定会采用规范的演绎推理形式，但其中却无不体现着演绎推理的精髓。

　　有一篇文章对马王堆一号汉墓中发现的女尸的死因进行了推测。其中有一段话是这样写的：

　　女尸年龄约五十岁，皮下脂肪丰满，并无高度衰老现象，不可能是自然死亡。经仔细检查，也未见任何暴力造成的致死创伤，故推测当是病死。但女尸营养状况良好，皮肤未见久卧病床后常见的痔疮，也未见慢性消耗疾病的证据，而且消化道内还见到甜瓜子。这些情况表明，墓主当系因某种急性病或慢性病急性发作，在进食甜瓜后不久死亡。

　　事实上，这段话就是运用演绎推理对其死因进行推测的：

　　（1）如果是自然死亡，那么她的皮下脂肪就会衰竭且有高度衰老现象，
　　　　　她的皮下脂肪没有衰竭且无高度衰老现象，
　　　　　所以，她不是自然死亡。

　　（2）如果是暴力致死，她身上就会有暴力造成的创伤，
　　　　　她身上没有暴力造成的创伤，
　　　　　所以，她不是暴力致死。

　　（3）她或者是自然死亡，或者是暴力致死，或者是病死，
　　　　　她不是自然死亡，也不是暴力致死，
　　　　　所以，她是病死。

上面三个推理中，前两个都是充分条件假言推理，第三个是选言推理。通过这三个推理，得出了墓主是病死的结论。虽然三个推理的前提都是建立在猜测基础上的，但却都是符合客观事实的，所以都为真。那么，因此推出的结论也就是真的。

（4）如果是慢性疾病致死，她的营养状况就会不好且有慢性消耗病的证据（比如痔疮），

她的营养状况没有不好且没有慢性消耗病的证据，

所以，她不是慢性疾病致死。

（5）凡病死的人，要么是慢性疾病致死，要么是急性疾病（含慢性病急性发作）致死，

不是慢性疾病致死，

所以，是急性疾病（含慢性病急性发作）致死。

在通过充分条件假言推理（4）和选言推理（5）的分析后，得出了墓主是因急性疾病或慢性病急性发作而死的结论。因为前提真实，所以其结论是可信的。

事实上，最为广泛的运用猜测进行推理的还是在刑事侦查中。刑事侦查是指研究犯罪和抓捕罪犯的各种方法的总和。刑事侦查员要力求查明罪犯使用的方法、犯罪的动机和罪犯本人的身份。众所周知的福尔摩斯无疑就是根据案发现场的各种细微线索进行推测，从而找出犯罪嫌疑人的高手。他曾说："一个逻辑学家不需要亲眼见到或听说过大西洋或尼亚加拉瀑布，他能从一滴水推测出它的存在。"

电视剧《荣誉》中有这么一个情节：

临近春节的一个晚上，公安局接到报案，一个村子的一台重达

三百多斤的发电机被盗，林敬东迅速带人赶往现场。对现场仔细勘查后，林敬东确认了盗窃发电机的嫌疑人的特征。经过排除后，确定了赵永力和赵永强兄弟俩的嫌疑最大。但是，经验证，雪地上留下的脚印并非赵永强的而是赵永力的。但林敬东坚持认为案犯一定是他们兄弟俩，他解释说："第一，下雪天偷东西，一定不是惯偷，是初犯。惯偷知道下雪留脚印，不出门，初犯才不知道深浅；第二，过年偷东西，家里一定不富裕，一准儿是真缺钱花，家里还可能有病人；第三，那电机三百多斤重，他一个穷小子，穷得饭都吃不饱，没人帮忙，咋弄走？"

在这里，林敬东进行猜测时也运用了演绎推理：

（1）凡惯犯都不会在雪天行窃，

　　　他们在雪天行窃，

　　　所以，他们不会是惯犯。

（2）如果家里富裕，不缺钱花，就不会在过年时偷东西，

　　　他们在过年时偷东西，

　　　所以，他们家里不富裕。

（3）如果没有帮手，他就不能偷走三百多斤重的电机，

　　　他偷走了三百多斤重的电机，

　　　所以，他有帮手。

这三个推理中，第一个推理是直言三段论推理，后两个推理则是充分条件假言推理。需要注意的是，虽然这三个推理从形式上看无懈可击，但其大前提都有着一定的问题。因为在这三个大前提断定的事物情况中，都有出现例外的可能。也就是说，其前提不必然为真，因此其结论也就不必然为真。比如，推理（3）中，如果存在

仅凭一人之力就扛动电机的人，那么该推理就是错误的。事实上，电视剧中的确是赵永力一个人偷走电机的，并且他还当众证明了一个人就能扛动电机的事实。

这就涉及猜测的准确性问题。其实，猜测本身就存在着意外的可能。因为，猜测虽然是在经验的基础上并依据了一定的事实进行的，但是毕竟都是理论上的可能性。不管可能性有多大，都不等于事实。仅凭猜测断定事实就是把偶然性当作了必然性，把可能情况当作了必然事实。

风靡全球的美国电视剧 *Lie to me*（中文译名《别对我说谎》或《千谎百计》）中，主人公 Lightman 博士就是根据人脸上出现的细微表情和身体其他部位的细微动作来确定其真实情绪或态度的。比如，嘴角单侧上扬表示轻视；笑时只有嘴和脸颊变化，而没有眼睛的闭合动作就表示是假笑；不经意地耸肩、搓手或者扬起下嘴唇则表示说谎，等等。这种根据人的细微表情或细微反应判断人的真实情绪或态度的方法都是通过猜测进行的演绎推理来实现的。比如：

如果一个人没有不经意地耸肩、搓手或者扬起下嘴唇，就表示他没有说谎，

他说谎了，
_____
所以，他有不经意地耸肩、搓手或者扬起下嘴唇。

不可否认，这种观察或者判断是建立在一定的实际经验和科学研究的基础上的。但是，同样不可否认，仅凭这些细微表情就完全断定一个人的真实情绪或态度也是缺乏可靠性的。或许，将其作为一种参考或者辅助性手段才是恰当的选择。

那么，如何提高依据猜测进行推理而得出的结论的可靠性

呢？答案是实事求是。只有坚持实事求是的原则，根据客观实际来进行猜测、判断、推理，才能尽可能地得到可靠的结论。正如林敬东告诫自己的："别以为自己什么都成，尊重事实，才能无案不破。"

第五章 ▷

归纳逻辑思维

推理

《韩诗外传》中记载有这么一个故事：

魏文侯问狐卷子曰："父贤足恃乎？"对曰："不足。""子贤足恃乎？"对曰："不足。""兄贤足恃乎？"对曰："不足。""弟贤足恃乎？"对曰："不足。""臣贤足恃乎？"对曰："不足。"文侯勃然作色而怒曰："寡人问此五者于子，一一以为不足者，何也？"对曰："父贤不过尧，而丹朱（尧之子）放（流放）；子贤不过舜，而瞽瞍（舜之父）拘（拘禁）；兄贤不过舜，而象（舜之弟）傲（傲慢）；弟贤不过周公，而管叔（周公之兄）诛；臣贤不过汤武，而桀纣伐（被讨伐）。望人者不至，恃人者不久。君欲治，从身始，人何可恃乎？"

在这则故事中，魏文侯向狐卷子连续发问父、子、兄、弟和臣子是否足以依靠，狐卷子均答曰"不足"，并通过一系列不可否认的事实证明了自己的观点，最后得出"君欲治，从身始，人何可恃乎"的结论。这就是归纳推理的运用。

归纳推理的含义

归纳推理就是以个别性认识为前提推出一般性认识为结论的推

理。个别就是单个的、特殊的事物，一般则是与个别相对的、普遍性的事物。个别与一般相互联结，一般存在于个别之中。个别和一般是相互依存、不可分割的。从一般的、特殊的认识推出一般的、普遍的认识，是人们认识事物的重要途径，也是归纳推理的基础。比如，"云彩往南水连连，云彩往北一阵黑；云彩往东一阵风，云彩往西披蓑衣"就是人们根据云彩运动方向的不同而归纳出来的天气情况；"能被 2 整除的数是偶数，不能被 2 整除的数是奇数"是根据数与 2 是否整除的关系归纳出的偶数和奇数的性质。再比如：

汉语是中国人最重要的交际工具，

英语是英、美等国人最重要的交际工具，

德语是德国人最重要的交际工具，

俄语是俄罗斯人最重要的交际工具，

……

（汉语、英语、德语、俄语等是语言的部分对象，）

所以，语言是人类最重要的交际工具。

上面这个推理就是根据人们对各种具体语言的个别性认识推导出对语言这个整体的一般性认识的归纳推理。

我们在开头讲述的那个故事中的归纳推理也可以这样表示：

父贤不过尧，而丹朱放，所以父贤不足恃，

子贤不过舜，而瞽瞍拘，所以子贤不足恃，

兄贤不过舜，而象傲，所以兄贤不足恃，

弟贤不过周公，而管叔诛，所以弟贤不足恃，

臣贤不过汤武，而桀纣伐，所以臣贤不足恃，

（父子、兄弟、臣子等是人的部分对象，）

所以，任何人都不足恃，治理国家还是要靠自己。

这也是由对"父、子、兄、弟和臣子不足恃"的个别认识而归纳出"任何人都不足恃"的一般认识的归纳推理。

归纳推理的种类

根据归纳推理考察对象范围的不同，归纳推理可以分为完全归纳推理和不完全归纳推理。简单地说，完全归纳推理就是对某类事物的全部对象具有或不具有某种属性做考察的推理。比如：

《红楼梦》是长篇章回体小说，

《三国演义》是长篇章回体小说，

《水浒传》是长篇章回体小说，

《西游记》是长篇章回体小说，

(《红楼梦》《三国演义》《水浒传》和《西游记》是中国四大古典文学名著，)

所以，中国四大古典文学名著是长篇章回体小说。

不完全归纳推理是只对某类事物的部分对象具有或不具有某种属性做考察的推理。我们在前面举的关于"语言"和"任何人都不足恃"的推理都是不完全归纳推理。

此外，根据前提是否揭示考察对象与其属性间的因果联系，不完全归纳推理又可以分为简单枚举归纳推理和科学归纳推理。其中，简单枚举归纳推理只是根据经验观察而归纳出结论的推理，科学归纳推理则是在经验的基础上借助科学分析推出结论的推理。

归纳推理的特点

根据上面对归纳推理的分析，可以总结出归纳推理的几个特点：

第一，从个别性或特殊性认识推出一般性或普遍性认识；

第二，除完全归纳推理外，前提不蕴含结论，结论断定的范围超出前提断定的范围；

第三，除完全归纳推理外，归纳推理是或然推理，其结论不是必然的；

第四，除完全归纳推理外，即使归纳推理的前提都真，结论也未必真实。请看下面一则故事：

有一次，苏东坡去拜访王安石，恰巧王安石不在。苏东坡闲等之际，看到王安石桌上的一张纸上写着两句诗："西风昨夜过园林，吹落黄花满地金。"墨迹尚未干，显然是刚写的；只有两句，可见是未完之作。苏东坡看到这两句诗，不禁暗笑：菊花最能耐寒，从来只有枯萎的菊花，哪有随风飘落满地的菊花呢？于是提笔续写道："秋花不比春花落，说与诗人仔细吟。"然后转身离去。后来苏东坡被贬黄州，重阳赏菊之日，看到满园菊花纷纷飘落，一地灿烂，枝上竟无半朵，这才知道王安石那两句诗并没有错，只是自己见识不足而已。

在这则故事中，苏东坡根据他历来所见过的菊花都是枯萎而没有飘落的前提，归纳出"所有的菊花都是枯萎而不是飘落"这一错误结论，所以他才嘲笑王安石的诗错了。可见，前提的真实并不一定能推出真实的结论。

完全归纳推理

完全归纳推理的含义

完全归纳推理是根据某类事物的每一个对象都具有或不具有某种属性，推出该类事物全都具有或不具有该属性的推理。

有"数学王子"之称的德国著名数学家高斯读小学时，就表现出了超人的才智。一次，在一节数学课上，老师给大家出了道题："从 1+2+3…+98+99+100 等于多少？"老师心想，学生们要算出这 100 个数之和，大概得花不少时间呢。谁知他刚想到这里，高斯就举手报出了结果：5050。老师惊讶不已，问他为什么这么快就算出来了。高斯答道："1+100=101，2+99=101，3+98=101……这样到 50+51=101 一共可以得出 50 个 101，用 50 乘以 101 就得出答案了。"听完高斯的解释，老师、同学都赞叹不已。

在这里，高斯就运用了完全归纳推理，即：

$1+100=101$，

$2+99=101$，

$3+98=101$，

…

50+51=101,

（1 到 100 是所给题目的全部对象，）

所以，100 个数中所有各个相应的首尾两数之和都等于 101。

在这个归纳推理中，高斯就是通过断定这 100 个数中"1+100、2+99 到 50+51"这每个对象都具有"等于 101"的属性，归纳推出"100 个数中所有各个相应的首尾两数之和都等于 101"这个一般性结论的。正是根据这个结论，高斯很快就算出了结果，显示了他无与伦比的数学天赋。再比如：

期中考试中，小明的平均成绩不到 80 分，

期中考试中，小光的平均成绩不到 80 分，

期中考试中，小红的平均成绩不到 80 分，

期中考试中，小灵的平均成绩不到 80 分，

（小明、小光、小红和小灵是二班一组的全部成员，）

所以，期中考试中，二班一组的平均成绩不到 80 分。

这个归纳推理是通过断定二班一组的每个成员（小明、小光、小红和小灵）的平均成绩都不具有"80 分"这一属性，推出"二班一组的平均成绩"不具有"80 分"这个一般性结论的。

完全归纳推理的形式和规则

通过以上两例的分析，我们可以得出完全归纳推理的形式：

S_1 是（或不是）P，

S_2 是（或不是）P，

S_3 是（或不是）P，

……

Sn 是（或不是）P，

S_1、S_2…Sn 是 S 类的全部对象，

所以，所有 S 都是（或不是）P。

要保证完全归纳推理的有效性，需要遵循以下几条规则：

第一，推理前提必须是对某类事物任何个体对象的断定，不能有任何遗漏。

"完全"就是指全部。如果在考察某类事物对象时，遗漏了某个或某一部分对象，那么这个推理就不再是完全归纳推理，所得结论也就不一定为真。请看下面一则幽默故事：

约翰："我买任何产品都要先试用一下。"

推销员："是的，先生。有些产品的确可以而且也应该试用一下，但有些大概不能吧。"

约翰："为什么不能？现在连婚姻都可以试，还有什么产品不能试呢？"

推销员："您说得没错，先生。不过，我还是觉得……"

约翰："不让试用的话，我坚决不购买你们的产品。"

推销员："如果您执意如此，那好吧。"

约翰："这就对了。顾客就是上帝，你们应该尽量满足顾客的要求。对了，你们公司生产的是什么产品？"

推销员："骨灰盒，先生。"

在这个故事中，约翰由自己买任何产品都必须要试用一下归纳推导出"所有产品都可以试用"的结论。但是，在前提中却遗漏了"骨灰盒"这一不能试用的产品，因而得出了错误的结论。这则故事

也就是运用了这一点达到幽默效果的。

第二，推理前提的每个判断必须全都是真实的。

如果前提中有任何一个判断不真，那么结论就会是错误的。比如，在前面提到的高斯的故事中，如果从 1~100 中，有两个相应的数首尾相加不等于 101，那么高斯的结论就会是错误的，计算结果也会是错误的。

第三，所考察的事物对象数量应该是有限的且有可能对其一一考察。

只有对该类事物中的所有对象进行考察，才可能确认结论的真实性。如果所考察的对象数量上是无穷的，或者根本无法一一考察，那么它就不适用完全归纳推理。比如，如果对某十只乌鸦进行考察，得知它们都是黑色的，从而推出"这十只乌鸦都是黑色的"则是正确的推理；如果由此得出"天下所有的乌鸦都是黑色的"就不是完全归纳推理，因为"天下所有的乌鸦"的数量既不确定，也无法进行一一考察。

第四，推理前提中所有判断的谓项必须是同一概念，联项必须完全相同。

谓项就是指完全归纳推理形式中的"P"，构成前提的所有判断的谓项必须是一样的。比如，在"二班一组的平均成绩不到 80 分"这个完全归纳推理中，如果其中一个前提的平均成绩高于 80 分了，那么这个结论就是错误的。联项则是表示事物对象"具有或不具有"某种属性的概念。对于前提中所考察的事物对象，要么是都具有某种属性，要么是都不具有某种属性，有任何一个例外，都推不出必然结论。

不完全归纳推理

不完全归纳推理的含义和形式

从一个袋子里摸出来的第一个是红玻璃球，第二个是红玻璃球，甚至第三个、第四个、第五个都是红玻璃球的时候，我们立刻会出现一种猜想："是不是这个袋里的东西全部都是红玻璃球？"但是，当我们有一次摸出一个白玻璃球的时候，这个猜想失败了。这时，我们会出现另一种猜想："是不是袋里的东西全都是玻璃球？"但是，当有一次摸出来的是一个木球的时候，这个猜想又失败了。那时，我们又会出现第三个猜想："是不是袋里的东西都是球？"这个猜想对不对，还必须继续加以检验，要把袋里的东西全部摸出来，才能见分晓。

这是我国著名数学家华罗庚《数学归纳法》一书中的一段话，它形象地阐述了不完全归纳推理的特点。其中，出现的三种猜想都是对不完全归纳推理的运用，且以第一种猜想为例：

摸出的第一个东西是红玻璃球，

摸出的第二个东西是红玻璃球，

摸出的第三个东西是红玻璃球，

摸出的第四个东西是红玻璃球，

摸出的第五个东西是红玻璃球，

（摸出的这五个东西是袋子里的部分东西，）

所以，这个袋子里的东西都是红玻璃球。

当然，对第二种、第三种猜想也可以进行类似的分析。这就是不完全归纳推理。

所谓不完全归纳推理是根据某类事物的部分对象都具有或不具有某种属性，推出该类事物全都具有或不具有该属性的推理。比如上面的推理中，根据从袋子里摸出的五个东西都具有"红玻璃球"的属性的前提推出了"这个袋子里的东西"都具有"红玻璃球"的属性的结论。

不完全归纳推理的前提只对某类事物的部分对象作了断定，而结论则是对全部对象所作的断定。因此，不完全归纳推理的结论断定的范围超出了前提断定的范围，是或然性推理。其形式可以表示为：

S_1 是（或不是）P，

S_2 是（或不是）P，

S_3 是（或不是）P，

……

Sn 是（或不是）P，

（S_1、S_2……Sn 是 S 类的部分对象，）

所以，所有 S 都是（或不是）P。

不完全归纳推理的种类

我们前面讲过，根据前提是否揭示考察对象与其属性间的因果联系，不完全归纳推理可以分为简单枚举归纳推理和科学归纳推理。这是不完全归纳推理的两种基本类型。

1. 简单枚举归纳推理

1）简单枚举归纳推理的含义和形式

简单枚举归纳推理是在经验的基础上，根据某类事物的部分对象都具有或不具有某种属性，在没有遇到反例的前提下推出该类事物全都具有或不具有该属性的推理，也叫简单枚举法。我们上面提到的"红玻璃球"的推理就是简单枚举归纳推理。再比如：

液化不会改变物质的性质，

汽化不会改变物质的性质，

凝固不会改变物质的性质，

结晶不会改变物质的性质，

液化、汽化、凝固和结晶是物理反应的部分对象，

并且没有遇到反例，

所以，物理反应不会改变物质的性质。

简单枚举归纳推理的形式可以表示为：

S_1 是（或不是）P，

S_2 是（或不是）P，

S_3 是（或不是）P，

……

Sn 是（或不是）P，

（S_1、S_2……Sn 是 S 类的部分对象，并且没有遇到反例，）

所以，所有 S 都是（或不是）P。

2）正确运用简单枚举归纳推理

作为不完全归纳推理的一种，简单枚举归纳推理的结论断定的范围也超出了其前提断定的范围，而且简单枚举归纳推理是

建立在经验的基础上的。因此，简单枚举归纳推理很容易出现错误。比如，"守株待兔"这一故事中的"宋人"根据"兔走触株，折颈而死"这仅有一次的情况就得出"兔子都会触株而死"这一结论，从而"释其耒而守株，冀复得兔"。这就犯了"轻率概括"的错误。

那么，如何提高简单枚举归纳推理的有效性，得出尽量可靠的结论呢？

第一，通过寻找反例来验证结论的可靠性。有时候，没有遇到反例不等于不存在反例，比如小王在"便宜货质量不好"的判断上，虽然自己没有遇到反例，但显而易见反例是肯定存在的。简单枚举归纳推理成立的前提就在于没有遇到反例，如果一旦出现了反例，那么该推理也必然是错误的。所以，在推理过程中可以通过寻找反例来验证其结论的可靠性。

第二，通过增多考察对象的数量、拓宽考察对象的范围来提高结论的可靠性。显然，一个简单枚举归纳推理的前提所涵盖的对象的数量越多、范围越广，得到的结论的可靠性就越高。因为，每增多一个前提，就多了一个证明结论可靠的证据。证据越多，可靠性越强。所以，增多考察对象的数量、拓宽考察对象的范围是提高结论可靠性的重要手段。

2. 科学归纳推理

1）科学归纳推理的含义和形式

科学归纳推理是根据某类事物的部分对象与某属性之间的必然联系，在科学分析的基础上推出该类事物全都具有或不具有该属性的推理，也叫科学归纳法。所谓的"必然联系"，一般是指所考察的对象与某种属性间的因果关系。比如：

钠与氧在燃烧条件下反应会生成新物质，

锂与氧在燃烧条件下反应会生成新物质，

钾与氧在燃烧条件下反应会生成新物质，

氢与氧在燃烧条件下反应会生成新物质，

钠、锂、钾、氢与氧的反应是化学反应的一部分；

因为在燃烧中，分子破裂成原子，原子重新排列组合，从而生成新物质，

所以，化学反应会生成新物质。

这个推理中，首先知道了"钠、锂、钾、氢与氧的反应"具有"生成新物质"的属性；而后通过科学分析（即在燃烧中，分子破裂成原子，原子重新排列组合，从而生成新物质）知道了"钠、锂、钾、氢与氧的反应"与"生成新物质"之间的因果关系，从而推出了"化学反应会生成新物质"的结论。这就是科学归纳推理的运用。

科学归纳推理的形式可以表示为：

S_1 是（或不是）P，

S_2 是（或不是）P，

S_3 是（或不是）P，

……

Sn 是（或不是）P，

（S_1、S_2……Sn 是 S 类的部分对象，并且 S 与 P 具有必然联系，）

所以，所有 S 都是（或不是）P。

2）正确运用科学归纳推理

与简单枚举归纳推理相比，科学归纳推理无疑是更为可靠、应用也更为广泛的推理形式。这是因为，科学归纳推理已经不仅仅是

根据经验得出的结论，而是对由经验得出的结论再进行科学分析而得出的对事物更深一层的认识。因此，不管是在日常生活中还是科学研究中，科学归纳推理都有着重要作用。

类比推理

类比推理的含义

《庄子·杂篇》中有一则"庄子借粮"的故事：

庄子家境贫寒，于是向监河侯借粮。监河侯说："行啊，等我收取封邑的税金，就借给你三百金，好吗？"庄子听了愤愤地说："我昨天来的时候，看到有条鲫鱼在车轮辗过的小坑洼里挣扎。我问它怎么啦，它说求我给它一升水救命。我对它说：'行啊，我将到南方去游说吴王越王，引西江之水来救你，好吗？'鲫鱼听了愤愤地说：'你现在给我一升水我就能活下来了，如果等你引来西江水，我早在干鱼店了！'"

在这则故事中，庄子用鲫鱼的处境和自己的处境做类比：鲫鱼急需水救命，庄子急需粮食救命；等引来西江水鲫鱼早就渴死了，等监河侯收取税金自己早就饿死了。通过这种类比，庄子表达了自己对监河侯为富不仁的愤怒。这就是类比推理。

类比推理就是根据两个或两类事物在某些属性上相同或相

似，推出它们在另外的属性上也相同或相似的推理。当然，这些属性指的是事物的本质属性，而不是表面属性。其推理形式可以表示为：

A 事物具有属性 a、b、c、d，

B 事物具有属性 a、b、c，

所以，B 事物也具有属性 d。

在这里，A、B 表示两个（或两类）做类比的事物；a、b、c 表示 A、B 事物共有的相同或相似的属性，叫作"相同属性"；d 是 A 事物具有从而推出 B 事物也具有的属性，叫作"类推属性"。比如，上面的故事就可用类比推理的形式表示：

鲫鱼急需水，却要等到西江水来才能得水，那时鲫鱼早已死去，

庄子急需粮，却要等到收取税金后才能得粮，

所以，那时庄子也早已死去。

德国哲学家莱布尼茨说："自然界的一切都是相似的。"这就是说，在客观世界中，客观事物之间存在着同一性和相似性，而这正是类比推理的客观基础。两个完全没有联系和相似之处的事物是无法进行类比推理的，只有两个或两类事物具有某些相同或相似的属性，才能将它们放在一起进行类比。

类比推理的种类

根据推理方法的不同，类比推理可以分为正类比推理、反类比推理、合类比推理及模拟类比推理。

1. 正类比推理

正类比推理是根据两个或两类事物具有某些相同或相似的属

性，再根据其中某个或某类事物的其他属性，从而推出另一个或一类事物也具有其他属性的推理。正类比推理也叫同性类比推理，其逻辑形式可以表示为：

A 事物具有属性 a、b、c、d，

B 事物具有属性 a、b、c，

所以，B 事物也具有属性 d。

2. 反类比推理

反类比推理是根据两个或两类事物不具有某些属性，再根据其中某个或某类事物也不具有其他属性，从而推出另一个或一类事物也不具有其他属性的推理。反类比推理也叫异性类比推理，其逻辑形式可以表示为：

A 事物不具有属性 a、b、c、d，

B 事物不具有属性 a、b、c，

所以，B 事物也不具有属性 d。

3. 合类比推理

合类比推理是根据两个或两类事物具有某些相同或相似的属性，推出它们都具有另一属性；再根据它们不具有某些相同或相似的属性，推出它们都不具有另一属性。合类比推理是正类比推理和反类比推理的综合运用，虽然它的推理前提和结论较之于它们复杂，但也比它们全面。其推理形式可以表示为：

A 事物有属性 a、b、c、d，无属性 e、f、g、h，

B 事物有属性 a、b、c，无属性 e、f、g，

所以，B 事物有属性 d，无属性 h。

4. 模拟类比推理

模拟类比推理是通过模型实验根据某个或某类事物的属性和关

系推出另一个或一类事物也具有该属性和关系的推理。

仿生学可以说就是运用模拟类比推理为基础发展起来的一门学科。比如模仿青蛙眼睛的独特结构制造出"电子蛙眼"；模仿萤火虫发光的特性制造出人工冷光；模仿能放电的"电鱼"制造出伏特电池等；而模仿各种昆虫的特性制造出的科技产品就更是举不胜举了。此外，人工智能其实也是以模拟类比推理为理论基础的。比如机器人就是模仿人体结构和功能制造出来的。它们的共同特点是根据自然原型设计制造出模型，使模型具有和自然原型相同或相似的属性、功能和结构等。换言之，它是由原型推出模型的模拟类比推理。其推理形式可以表示为：

原型 A 中，属性 a、b、c 与 d 具有 R 关系，

模型 B 经设计具有属性 a、b、c，
_____

所以，模型 B 中，属性 a、b、c 与 d 也具有 R 关系。

概率归纳推理

概率的定义

据统计，全国 100 个人中就有 3 个彩民。对北京、上海和广州三个城市居民调查的结果显示，有 50% 的居民买过彩票，其中 5% 的居民是"职业"彩民。而要计算彩票的中奖率，就要用到数学中的概率。作为数学中的一个分支学科，概率的历史并不久远。那么，什么是概率呢？

1. 概率的古典定义

每次上抛一枚硬币，出现正面或反面朝上的概率都是二分之一；每次掷一枚骰子，出现 1~6 任一个点的概率都是六分之一。它们的概率就是硬币或骰子可能出现的情况与全部可能情况的比率。可见，概率就是表征随机事件发生可能性大小的量。

如果我们做一个试验，并且这个试验满足这两个条件：① 只有有限个基本结果；②每个基本结果出现的可能性是一样的。那么这样的试验就是概率的古典试验。如果我们用 P 表示概率，用 A 表示试验中的事件，用 m 表示事件 A 包含的试验基本结果数，用 n 表示该试验中所有可能出现的基本结果的总数目，那么 $P(A)=m/n$。这就是概率的古典定义。

但是，在实际情况中，与一个事件有关的全部情况并不是"同等可能的"，比如某一产品合格不合格并不一定是同等可能的，而概率的古典定义恰恰是假定了全部可能情况都是同等可能的。鉴于这种局限性，就出现了概率的统计定义或频率定义。

2. 概率的统计定义

在一定条件下，重复做 n 次试验，nA 为 n 次试验中事件 A 发生的次数，如果随着 n 逐渐增大，频率 nA/n 逐渐稳定在某一数值 p 附近，则数值 p 称为事件 A 在该条件下发生的概率，记作 $P(A)=p$。这个定义称为概率的统计定义。也就是说，任一事件 A 出现的概率等于它在试验中出现的次数与试验总次数的比率。比如，抛一枚硬币出现正面的概率是二分之一，那么抛两枚硬币出现正面的概率就是两个二分之一的乘积，即四分之一。

概率归纳推理的含义与特征

概率归纳推理就是由某一事件中个别对象出现的概率推出该类事件中全部对象出现的概率的推理。其逻辑形式可以表示为：

S_1 是 P,

S_2 是 P,

S_3 不是 P,

……

Sn 是 P,

S_1、S_2、S_3……Sn 是 S 类的部分对象,

并且 n 个事件中有 m 个是 P,
_____

所以，所有的 S 都有 m/n 的可能性是 P。

其中，P 指概率，S 指研究的事件，n 指研究的事件中的全部对象，m 则指部分对象。比如，在检验某产品的合格率时就可采用这种概率归纳推理。

概率归纳推理有以下几个特征：

第一，它从某一事件中个别对象的概率推出该事件中全部对象的概率，因此概率归纳推理也是由个别到一般、由特殊到普遍的推理；

第二，概率归纳推理是或然性推理，其结论断定的范围超出了前提断定的范围；

第三，即使推理前提都真，也不能推出必然真的结论；

第四，即使出现反例，概率归纳推理也不影响人们对考察对象的大致了解。这也是它与简单枚举归纳推理的不同之处。

统计归纳推理

统计学

通常来说,"统计"有三个含义:统计工作、统计资料和统计学。统计工作是指搜集、整理和分析客观事物总体数量方面资料的工作;统计资料是指统计工作所取得的各项数字资料及有关文字资料;统计学则是指研究如何收集、整理和分析统计资料的理论与方法。我们在这里说的主要是统计学。

不管是日常生活还是科学研究,统计都是一种重要的方法。而要运用统计方法,就不得不先了解几个基本概念,即总体、个体、样本。总体就是指研究对象的全体;个体就是总体中的每个对象。为了推断总体分布和各种特征,可以按一定规则从总体中抽取一定的个体进行观察试验以获得总体的有关信息,其中被抽取的部分个体就叫样本,而抽取样本的过程就叫抽样。

比如,要对高二(1)班的 50 名学生的数学成绩进行考查,这 50 名学生就是总体,其中每个学生就是总体中的个体。如果抽取 10 名学生进行考查,这 10 名学生就是样本,抽取这 10 名学生的过程就叫抽样。如果用抽取的这 10 名学生的成绩之和除以人数,就能得到他们的数学平均成绩。这个平均成绩就是这 10 名学生数学成绩的算术平均数。

所谓算术平均数就是用所考查的一组数据的和除以这些数据的个数而得到的数。比如,如果上述 10 名学生的数学成绩分别是 85、

78、90、81、83、89、77、85、72、80，用它们的成绩之和除以 10，所得的 82 就是算术平均数。

统计归纳推理的含义和形式

一般来说，统计归纳推理包括估计、假设检验和贝叶斯推理三种形式。其中，估计是由样本的有关信息推出具有某种性质的个体在总体中所占的比率；假设检验是运用有关样本的信息对统计假说（具有某种性质的个体在总体中所占的比率）进行否定或不否定；贝叶斯推理则不仅要根据当前样本所观察到的信息，而且还要考虑推理者过去所积累的有关背景知识。

我们这里讨论的统计归纳推理就是由样本具有某种属性推出总体也具有该属性的推理。作为归纳推理的主要形式之一，统计归纳推理是以一些数据或资料为前提，以概率演算为基础，由样本所含单位具有某属性的相对频率推出总体所含单位具有该属性的概率。比如，我们就可以由所得出的 10 名学生 82 分的数学平均成绩来推出高二（1）班学生的数学总平均成绩也是 82 分。统计归纳推理的推理形式可以表示为：

S_1 是 P，

S_2 是 P，

S_3 不是 P，

……

Sn 是 P，

S_1、S_2、S_3……Sn 是 S 类的部分对象，

并且其中有 m 个是 P，

所以，所有的 S 中有 m/n 个是 P。

第六章 ▷

逻辑基本规律

同一律

同一律的基本内容

清代袁枚的《随园诗话补遗》里有这么一则记载：

唐时汪伦者，泾川豪士也，闻李白将至，修书迎之，诡云："先生好游乎？此地有十里桃花。先生好饮乎？此地有万家酒店。"李欣然至。乃告云："桃花者，潭水名也，并无桃花。万家者，店主人姓万也，并无万家酒店。"李大笑，款留数日，赠名马八匹，官锦十端，而亲送之。李感其意，作《桃花潭》绝句一首。

这则轶事中的汪伦即是李白《赠汪伦》中"桃花潭水深千尺，不及汪伦送我情"中的汪伦。汪伦故意把深十里的桃花潭说成"十里桃花"，把姓万的主人开的酒店说成是"万家酒店"，终于迎来了李白。他这样做，到底是求贤若渴还是沽名钓誉且不论，其巧妙运用同一律的做法则不能不让人赞叹，怪不得李白听后也"大笑"不已并赠诗于他呢。

作为逻辑基本规律之一的同一律是指在同一思维过程中，每一思想都与其自身保持同一性。这里的"同一"，既包括同一思维过程中的同一时间，又包括其中的同一关系和同一对象。也就是说，在推理或论证某一思想的时候，在同一思维过程中，涉及该思想的时间、关系以及对象都必须始终保持同一。前面的推理或论证中该思想出现时是什么时间、什么关系、哪个对象，后面推理或论证时也要是这一时间、这一关系和这一对象。这三个要素中有任何一个不同一，都会违反同一律，犯混淆概念、论题或转移概念、论题的错误。比如下面这句话：

唐代以后，古体诗尤其是长篇古体诗转韵的例子有很多，比如张若虚的《春江花月夜》和白居易的《琵琶行》《长恨歌》等。

这句话中，在论证"古体诗转韵"这一思想时，前面提到的时间是"唐代以后"，后面举的例子的时间却是"唐代"（张若虚、白居易俱为唐代人），在时间上没有保持同一性，因而是错误的。

一般来讲，时间、关系和对象都可以通过概念或判断表现出来。所以，在同一思维过程中，保持时间、关系和对象的同一性就是保持概念和判断的同一性。这也是同一律的基本要求。

保持概念的同一性就是要求在同一思维过程中，每一个概念都要与其自身保持同一性，即每一个概念的内涵和外延要具有确定性。这主要是因为，概念的内涵和外延都是极为丰富的，如果在同一思维过程中，前面用的是某概念的这一内涵或外延，而后面用的则是该概念的另一内涵或外延，那么这个概念的内涵和外延就是不确定的。这就违反了同一律，必然造成思维的混乱。比如，古希腊著名诡辩家欧布利德斯曾这样说："你没有失掉的东西，就是你有的东西；你没有失掉头上的角，所以你就是头上有角的人。"他的这一推理可以用三段论形式来表示：

凡是你没有失掉的东西就是你有的东西，

你头上的角是你没有失掉的东西，

所以，你头上的角是你有的东西。

在这个推理中，大前提中的"你没有失掉的东西"是指原来具有而现在仍没有失掉的东西；小前提中的"你没有失掉的东西"则是指你从来没有的东西，二者显然不是同一概念。从推理形式来说，这一推理犯了"四词项"错误；从思维过程来说，这一思维过程违反了同一律，犯了偷换概念的错误。这就是欧布利德斯的诡辩。

保持判断的同一性就是要求在同一思维过程中，每一个判断都要与其自身保持同一性，即每一个判断的内容都要具有确定性。也就是说，不管是在你表达自己的观点时，还是在你与别人进行讨论或辩论某一个问题时，或者是对某一错误观点进行反驳时，都要保持判断的确定性，即一个判断原来断定的是什么，后来断定的也要是什么，判断的真假值必须前后一致。否则就会违反同一律，造成思维的混乱。

需要注意的是，同一律不是哲学上讲的"表示对事物根本认识的"世界观和"认识、改造客观世界的"方法论。也就是说，它本身并非是对一切事物都绝对与自身同一且永不改变的断定。它只是规范人们思维活动的一条规律，只对人们在同一思维过程中保持概念或判断的前后同一性做要求。而且，它并不否定概念或判断随着事物的发展产生的变化，只是要求人们在同一思维过程中不能任意改变概念和判断的确定性。

同一律的作用

同一律是逻辑的基本规律之一，也是对客观事物的反映。而遵循同一律，无疑是正确反映客观事物的前提。只有正确地反映客观事物，才能够作出正确的判断、推理和论证，从而进行正确、有效的思维活动。同时，同一律也是保证同一推理或论证过程中任一概念、判断与其自身同一的法则，而这又是保证思维的确定性的必要条件。此外，遵循同一律可以让人们正确地表达自己的意见，反驳错误的观点，揭露诡辩者的真面目，让人们充分、有效地交流思想。

矛盾律

矛盾律的基本内容

一天，一个年轻人来到爱迪生的实验室，爱迪生很礼貌地接待了他。年轻人说："爱迪生先生，我很崇拜您，我很希望能到您的实验室工作。"爱迪生问道："那么，您对发明有什么看法呢？"年轻人激动地说："我要发明一种万能溶液，它可以毫不费力地溶解任何东西。"爱迪生惊奇地看着他说："您真了不起！不过，既然那种溶液可以毫不费力地溶解一切，那么您打算用什么东西来装它呢？"年轻人顿时语塞。

这则故事中，年轻人和《韩非子》中卖矛和盾的那个楚人犯了同样的错误，都违反了矛盾律。既然"万能溶液"可以溶解一切，自然也能溶解实验设备及盛装它的器皿。如此一来，这种溶液不但无法发明，更无法保存。这显然是自相矛盾的。

矛盾律就是指在同一思维过程中，互相否定的两个思想不能同时为真。这里的互相否定既指互相矛盾，也指互相反对。也就是说，在同一思维过程中，人们的任何推理、论证过程都必须保持前后一贯性，两个互相矛盾或互相反对的思想不能同时为真，必须有一个为假。这也是矛盾律对思维活动的基本要求。当然，同一思维过程也是指同一时间、同一关系和同一对象。

违反矛盾律的逻辑错误

作为逻辑的基本规律之一，矛盾律对人们进行正确的思维活动有着重要的规范作用。在同一思维过程中，如果互相矛盾或互相反对的思想同时为真，或者说在同一时间和同一关系的前提下，对同一对象做互相矛盾或互相反对的判断，就会违反矛盾律，犯"自相矛盾"的错误。这种"自相矛盾"的错误，不仅指概念间的自相矛盾（比如"圆形的方桌""冰冷的热水"等），也包括判断间的自相矛盾（比如"这幅画上有两只蝴蝶"和"这幅画上有一只蝴蝶"等）。

看下面这则故事：

据说，关羽死后成了天上的神。一次，他正在天庭散步，突然看到一个挑着一担帽子的人走过来。关羽喝道："你是干什么的？"这人答道："小的是卖高帽子的。"关羽怒斥道："你们这种人最可恨，许多人就是因为喜欢戴高帽子才犯了致命的错误。"这人恭敬地答道："关老爷您说得没错，世上有几个人能像您一样刚正不阿，对这种高帽子深恶痛绝呢?"关羽心中大喜,便放他走了。走远后,这人回头看了下担子,发现上面的高帽子少了一顶。

这则故事中,关羽本来对喜欢戴高帽子的人是深恶痛绝的,可自己被人戴了高帽子后,却又大喜过望。对同一件事却有着完全相反的表现,可谓自相矛盾了。

事实上,与同一律一样,矛盾律也是对思维的确定性的一种要求。如果说同一律是从肯定的角度(即"A 是 A")对同一思维过程中的思想的确定性进行规范,那么矛盾律(即"A 不是非 A")就是从否定的角度对其进行规范。因此可以说,矛盾律实际上是同一律的一种引申。

逻辑矛盾与辩证矛盾

逻辑矛盾是指在同一思维过程中,因违反矛盾律而犯的逻辑错误。所以,逻辑矛盾也叫自相矛盾。它主要是说同一认识主体在同一时间、同一关系里对同一对象作出互相矛盾或互相反对的判断。而辩证矛盾则是指客观事物内部存在的既对立又统一的矛盾,列宁称其为"实际生活中的矛盾",而不是"字面上的、臆造出来的矛盾"。这是逻辑矛盾与辩证矛盾含义上的区别。比如:

(1)他在这次 10000 米越野赛中获得冠军,但不是第一名。

(2)他在这次 10000 米越野赛中虽然是最后一名,但他仍然是成功的,因为他坚持到了最后。

第一句话中,既然说"冠军",又说"不是第一名",显然是犯了

"自相矛盾"的逻辑错误;而第二句话同时肯定"最后一名"和"成功"为真,是因为他战胜了自己,坚持到了最后,其不放弃的精神是值得赞赏的。前者是针对"名次"这一个对象而言,后者是针对"名次"与"精神"两个对象而言。所以,前者属于逻辑矛盾,后者属于对立统一的辩证矛盾。

具体地说,逻辑矛盾和辩证矛盾之间的不同表现在以下几个方面:

1. 两种矛盾的性质不同

逻辑矛盾是违反矛盾律而犯的逻辑错误,其本质是思维过程中出现的无序、混乱现象。比如,《韩非子》中的楚人一方面夸口"吾盾之坚,物莫能陷也",一方面又声称"吾矛之利,于物无不陷也"。同时肯定"不可陷之盾"与"无不陷之矛"为真,违反了矛盾律,造成了逻辑矛盾。再比如下面这则故事:

　　大卫上了火车后,好不容易找到一个座位,走过去时却发现上面有个手提包。大卫便问对面的一个妇女:"请问这是你的包吗?"妇女说道:"不是我的,那个人下车买东西去了。"大卫说声"谢谢",便站在了一旁。一会儿火车启动了,但那个座位仍然空着。大卫赶忙拿起那个包从车窗扔出去:"他没有上车,把包忘在这儿了,我给他扔下去!"看到大卫把包扔出窗外,妇女惊叫道:"啊!那是我的包!"

这则故事中,妇女先肯定"手提包不是我的",后又肯定"手提包是我的",犯了自相矛盾的错误,并因此丢失了自己的包,实在可笑。

辩证矛盾则是普遍存在于自然界、社会中的既对立又统一的矛盾，是现实的矛盾。思维的辩证矛盾就是思维对客观事物内部存在的辩证矛盾的反映。马克思主义认为任何事物都是作为矛盾统一体而存在的，矛盾是事物发展的源泉和动力。比如，电学中的正电与负电、化学中的化合与分解、生物学中的遗传与变异以及统治阶级与被统治阶级、战争与和平、正义与邪恶等，都是辩证矛盾。

2. 两种矛盾中矛盾双方的关系不同

在逻辑矛盾中，矛盾双方是完全的互相否定、互相排斥的关系，其中必有一方为假，没有对立统一的关系，也不能相互转化。比如：

小刚不想上学，于是便学着爸爸的声音给老师打电话："老师，小刚生病了，大概这两天不能去上学了。"王老师说道："是吗？那么，现在是谁在跟我说话呢？""我爸爸，老师。"小刚不假思索地说道。

这则故事中，小刚既承认自己在说话，又承认是"爸爸"在说话，犯了自相矛盾的逻辑错误。而且，"小刚"要么是他自己，要么是他"爸爸"，二者只能有一个为真，不能相互转化。

在辩证矛盾中，矛盾的双方是互相对立统一的关系，而且在一定条件下可以互相转化。比如臧克家《有的人》中有两句诗：

有的人活着，他已经死了；有的人死了，他还活着。

"活着"与"死了"本是相互矛盾的两个概念，不可能同时为真。但在这里，"有的人活着，他已经死了"中的"活着"是指骑在人民头上的人，其躯体虽然活着，但生命已毫无意义，虽生犹死；"有的人死了，他还活着"则是指鲁迅，虽然生命已经消亡，但其精神永存，虽死犹生。在这里，"活着"与"死了"是对立统一的两个概念，是辩证的。

而且，辩证矛盾的双方在一定条件下是可以转化的。比如，当新兴的资产阶级推翻封建地主阶级的政权后，他们原来的统治与被统治的关系就发生了转变。

总之，逻辑矛盾是人们认识事物的障碍，而辩证矛盾则是人们认识事物的动力。人们在思维活动中应该尽量避免出现逻辑矛盾，一旦发现了也要想方设法地消除；对于客观存在的辩证矛盾则必须有正确认识，要明白它的存在并不以人的意志为转移，人只能认识它、利用它，而无法回避它、消除它。

悖论

悖论的含义

"悖论"一词来自希腊语，意思是"多想一想"。英文里则用"paradox"表示，即"似是而非""自相矛盾"的意思，这实际上也是悖论的主要特征。我们在"逻辑起源于理智的自我反省"中就提到过，所谓悖论，就是在逻辑上可以推导出互相矛盾的结论，但表面上又能自圆其说的命题或理论体系。其特点在于推理的前提明显合理，推理的过程合乎逻辑，推理的结果却自相矛盾。悖论也称为"逆论"或"反论"。

如果我们用 A 表示一个真判断为前提，在对其进行有效的逻辑推理后，得出了一个与之相矛盾的假判断为结论，即非 A；相反，以"非 A"这一假判断为前提，对其进行有效的逻辑推理后，也会得出一个与之相矛盾的真判断为结论，即 A。那么，这个 A 和非 A 就是悖论。简言之，如果承认某个判断成立，就可推出其否定判断成立；如果承认其否定判断成立，又会推出原判断成立。也就是说，悖论就是自相矛盾的判断或命题。

悖论产生的原因

悖论的产生一方面是逻辑方面的原因。实际上，悖论就是一种特定的逻辑矛盾。这主要是因为构成悖论的判断或语句中包含着一个能够循环定义的概念，即被定义的某个对象包含在用来对它定义的对象中。简单地说就是，我们本来是对 A 来定义 B 的，但 B 却包含在 A 中，这样就产生了悖论。悖论产生的另一原因是人们的认识论和方法论出现了问题。悖论也是对客观存在的一种反映，只不过是人们认识客观世界的过程中所运用的方法与客观规律产生了矛盾。

具体地讲，悖论的产生有以下几种情况。

第一，由自我指称引发的悖论。所谓自我指称，是说某一总体中的个别直接或间接地又指称这个总体本身。这个总体可以是语句、集合，也可以是某个类。而自我指称之所以能引发悖论，就是因为"自指"是不可能的。德国哲学家谢林就曾说过："自我不能在直观的同时又直观它进行着直观的自身。"比如，当你在"思考"的时候，你不可能同时又去"思考"这"思考"本身；当你在"远眺"的时候，你不可能又同时去"远眺"这"远眺"本身。后来，罗素将这一悖论用一种较为通俗的方式表达了出来，即：

某城市的一个理发师挂出一块招牌："我只给城里所有那些不给自己刮脸的人刮脸。"

那么，理发师会不会给自己刮脸呢？如果他给自己刮脸，他就等于替"给自己刮脸的人"刮脸了，这就违背了自己的承诺；如果他不给自己刮脸，那他属于"不给自己刮脸的人"，因此它应该给自己刮脸。这就是"理发师悖论"，也叫"罗素悖论"，它与"集合论"悖论是等同的。

第二，由引进"无限"引发的悖论，即通过在有限中引进无限而引发了悖论。比如，公元前 4 世纪，古希腊数学家芝诺提出了一个"阿基里斯悖论"，即：

阿基里斯追不上起步稍领先于他的乌龟。

这是因为，阿基里斯要想追上乌龟，就必须先到达乌龟的出发点，而这时乌龟已爬行了一段距离，阿基里斯只有先赶上这段距离才能追上乌龟；但当他跑完这段距离时，乌龟又向前爬行了……如此一来，身为奥林匹克冠军的阿基里斯只可能无限地接近乌龟，但却永远都追不上它。这就是由引进"无限"引发的悖论。

第三，由连锁引发的悖论，即通过一步一步进行的论证，最终由真推出假，得出的结论与常识相违背。"秃头"悖论就是其中之一：

如果一个人掉一根头发，不会成为秃头；掉两根头发也不会，掉三根、四根、五根也不会；那么，这样一直类推下去，即使头发掉光了也不会成为秃头。

这就引发了悖论。对于这一悖论，也有人这样描述：

只有一根头发的可以称为秃头，有两根的也可以，有三根、四根、五根也可以；那么，这样一直类推下去，头发再多也会是秃头了。

第四，由片面推理引发的悖论，即根据一个原因推出多个结果，不管选择哪个结果都可以用其他结果来反驳。这种悖论更多地表现为诡辩。

此外，引发悖论的原因还有很多，比如由一个荒谬的假设引发的悖论：

如果 2+2=5，等式两边同时减去 2 得出 2=3，再同时减去 1 得出 1=2，两边互换得出 2=1；那么，罗素与教皇是两个人就等于罗素与教皇是 1 个人，所以"罗素就是教皇"。

由于 2+2=5 这个假设本就是错误的，因此即使推理过程再无懈可击，其结论也是荒谬的。

排中律

排中律的基本内容

从前有个国王，最为倚重甲、乙两个大臣。但这两个大臣却因政见不合，经常互相攻击。后来，甲大臣诬告乙大臣谋反。国王半信半疑，便打算用抓阄的办法来处理这件事。他吩咐甲大臣准备两个"阄"给乙大臣，抓着"生"就放了他，抓着"死"就处死他。甲大臣偷偷地在"阄"上做了手脚，给乙大臣写了两个"死"

阄。乙大臣猜到了甲大臣的用心，心生一计，抽到一个"阄"后马上把它吞进了肚里。国王无奈，只得拿出剩下的那个"阄"，打开一看原来是"死"。于是国王说："既然这个是'死'阄，你吞下那个必然是'生'阄了，这大概是上天的旨意吧。"乙大臣最终被无罪释放。

在这则故事中，国王就是利用排中律来判断乙大臣吞下的是"生"阄的。

排中律是指在同一思维过程中，互相否定的两个思想不能同假，其中必有一个为真。在这里，"互相否定的两个思想"是指互相矛盾或具有下反对关系的两个思想。这就是说，在同一思维过程中，不能对具有矛盾关系或下反对关系的两个思想同时否定，也不能不置可否或含糊其词，必须肯定其中一个为真，以使思维过程有序、思维内容明确。这也是排中律对思维活动的基本要求。当然，这里的"同一思维过程"也是指同一时间、同一关系和同一对象。

如果用 A 表示任一概念或判断，用非 A 表示任一概念或判断的否定，那么排中律的逻辑形式就可以表示为：A 或者非 A。用符号表示即是：$A \lor \lnot A$。这一形式就是说，在同一时间、同一关系的前提下，对指称同一对象的两个具有矛盾关系或下反对关系的思想不能同时否定，即"A"或"非 A"必有一真。这不仅是对概念的要求，也是对判断的要求。

比如：

（1）有些垃圾是可以回收的；有些垃圾是不可以回收的。

（2）加菲猫说的话很有意思；并非加菲猫说的话很有意思。

（1）中的两个判断具有下反对关系，其中必有一个为真，不能同假；（2）中两句则是具有矛盾关系的正、负判断，也不能同假，其中必有一真。

下面我们来讲一下违反排中律的逻辑错误。

排中律是逻辑的基本规律之一，违反了排中律，就会犯"两不可"或"不置可否"的逻辑错误。

（1）所谓"两不可"，是在同一思维过程中，对具有矛盾关系或下反对关系的两个思想同时否定，即断定它们都为假而犯的逻辑错误。比如：

被告伤人既非故意也非过失，所以批评教育一下即可。

伤人要么是故意伤人，要么过失伤人，二者是互相矛盾的，其中必有一个为真。但这个判断却同时否定了这两种情况，犯了"两不可"的错误。再比如：

几个人在讨论世界上到底有没有上帝，甲说有，乙说没有。丙听了说道："我不同意甲，因为达尔文的进化论表明，人是由猿进化而来的，而不是上帝创造的，因此不存在上帝；我也不同意乙，因为世界上有那么多基督徒，既然他们都相信上帝，那上帝就应该是存在的。"

在这里，丙既否定了"世界上不存在上帝"，又否定了"世界上存在上帝"，而这两个判断在同一思维过程中是互相矛盾的，因而违反了排中律，犯了"两不可"的错误。

（2）所谓"不置可否"，是在同一思维过程中，对具有矛盾关系或下反对关系的两个思想既不肯定，也不否定，而是含糊其词，不作明确表态。这可以分为两种情况，一是为了某个目的而回避表态，故意含糊其词。比如，鲁迅在他的杂文《立论》中讲了一个故事：

　　一户人家生了个男孩，满月时很多人去祝贺。你如果说这孩子将来肯定能升官发财，那么主人就会很高兴，但你也是在说谎；你如果说这孩子将来肯定会死，虽然没说谎，却可能会被主人揍一顿。你若既不想说谎，又不想挨打，可能就只能这么说："啊呀！这孩子呵！您瞧！那么……阿唷！哈哈！"

在这里，这种含糊不清的态度实际上就是犯了"不置可否"的错误。

还有一种情况是对两个互相否定的思想，用不置可否、含糊不清的语句去表达，不知道真正说的是什么意思，让人觉得模棱两可。比如："你认识他吗？""应该见过。"这个回答既可以理解为"认识"，也可以理解为"不认识"，表达含混不清，所以犯了"不置可否"的错误。

需要指出的是，有时候因为对思维对象缺乏足够的认识，因而一时不能对其作出明确的判断，这不能视为违反排中律。在科学研究中尤其如此。比如，银河系内是否有适合人类生存的星球？对于这一问题还不能作出非常明确的回答，因为人们对银河系还没有完全了解。所以，对这一问题不置可否并不违反排中律。另外，如果是出于实际情况的考虑，不宜作出明确表态或判断的时候，对某些事给予模糊的断定也不违反排中律。比如：

法国革命家康斯坦丁·沃尔涅想要到美国各地游历，于是便去找美国第一任总统乔治·华盛顿，希望他能为自己提供一张适用于全美国的介绍信。华盛顿觉得开这样一封介绍信似乎很不妥，但却又不好直接拒绝他。思来想去，终于想出一个办法。他找来一张纸，写了这么一句话："康斯坦丁·沃尔涅不需要乔治·华盛顿的介绍信。"然后把它给了康斯坦丁·沃尔涅。

"康斯坦丁·沃尔涅不需要乔治·华盛顿的介绍信。"这句话可以理解为"康斯坦丁·沃尔涅即使不需要华盛顿的介绍信也可以周游美国"，也可以理解为"康斯坦丁·沃尔涅不需要华盛顿开介绍信，因而这张纸条不作数"。华盛顿其实是故意用一种含糊的态度来让自己摆脱两难境地，虽然在形式上也是"不置可否"，但毕竟是出于外交的实际情况考虑，因此不算违反排中律。

排中律的"排中"是排除第三种情况，只在两种情况间做判断。如果实际上存在第三种情况，同时否定其中两种也不违反排中律。

充足理由律

一个刻薄的老板在给员工开会时说："每年有52周，52乘以2等于104天；清明节、劳动节、端午节、中秋节、元旦各3天假期，共15天；春节、国庆节各7天假期，共14天；一年有365天，一天有24小时，每天你们花8小时睡觉，365乘以8除以24约等于121天；

每天你们要花 3 个小时吃饭，365 乘以 3 除以 24 约等于 45 天；每天上下班的路上再花 2 个小时，365 乘以 2 除以 24 约等于 30 天。这样，你们这一年要花 104 天过周末，29 天过假期，121 天睡觉，45 天吃饭，30 天时间坐公交，这一共是 329 天；这样你们只有 36 天的时间上班。如果再除去病假、事假等 6 天，只剩下 30 天。同志们，一年 365 天你们只上班 30 天，还要迟到、早退、怠工，你们对得起我给你们的薪水吗？"

　　这个老板的计算过程看上去合情合理，但得出的结论却与实际情况截然相悖。之所以出现这种情况，是因为他违反了逻辑基本规律中的充足理由律，用虚假的前提推出了一个错误的结论。

　　充足理由律是指在同一思维过程中，任何一个思想被断定为真，必须具有真实的充足理由，且理由与结论要具有必然的逻辑关系。

　　如果我们用 A 表示一个被断定为真的思想，用 B 表示用来证明 A 为真的理由，充足理由律的逻辑形式就可以表示为：

　　A 真，因为 B 真且 B 能推出 A。

　　其中，结论 A 叫作推断或论题，B 叫作理由或论据，可以是一个，也可以是多个。这个逻辑形式可以描述为：在同一思维或论证过程中，一个思想 A 之所以能被断定为真，是因为存在着一个或多个真实的理由 B，并且从 B 真必然可以推出 A 真。

　　通过以上分析，我们可以得出充足理由律的三个基本逻辑要求：

　　第一，有充足的理由。没有理由或理由不充分时，都无法进行思维或论证。

第二，理由必须真实。即使有了充足的理由，如果这些理由不真实或不完全真实，就不能推出真实的结论。

第三，理由和推断之间有必然的逻辑联系。在有充足的理由且理由为真后，还要保证这些理由与推断存在必然的逻辑关系，也就是由这些理由能必然地得出真实的推断。

其实，所谓"充足的理由"就是指这些理由是所得推断的充分条件。如果把思维或论证过程看作一个假言判断，那么这些理由就是假言判断的前件，推断就是假言判断的后件。只有作为前件的理由是充足理由时，才能必然推出后件。换言之，如果以论据和论题作为前、后件的这一充分条件假言判断能够成立，那么论据就是论题的充足理由。

一套书读懂逻辑

最强大脑

弘丰　编著

应急管理出版社
·北　京·

图书在版编目（CIP）数据

一套书读懂逻辑．最强大脑／弘丰编著．－－北京：应急管理出版社，2019（2021.4 重印）

ISBN 978 – 7 – 5020 – 7745 – 7

Ⅰ.①一… Ⅱ.①弘… Ⅲ.①逻辑思维—通俗读物 Ⅳ.①B804.1 – 49

中国版本图书馆 CIP 数据核字（2019）第 252552 号

一套书读懂逻辑　最强大脑

编　　著	弘丰
责任编辑	高红勤
封面设计	末末美书

出版发行	应急管理出版社（北京市朝阳区芍药居 35 号　100029）
电　　话	010 – 84657898（总编室）　010 – 84657880（读者服务部）
网　　址	www.cciph.com.cn
印　　刷	晟德（天津）印刷有限公司
经　　销	全国新华书店

开　　本	787mm×1092mm$^1/_{32}$　印张　25　字数　520 千字
版　　次	2020 年 1 月第 1 版　2021 年 4 月第 2 次印刷
社内编号	20192552　　　　　定价　125.00 元（全五册）

　　本书精选世界上最经典、最好玩、最挑战大脑的侦探推理游戏，让你和全世界最聪明的人一起推理，掌握推理方法，突破思维瓶颈，引发思维风暴，创造卓越人生。

　　如果将人类的全部能力比喻成一座冰山，我们已经开掘的，仅仅是冰山一角。假如能探测到水面下的冰山，那么无疑会使我们得到全面的提升。当今时代，竞争加剧，生活节奏不断加快，在这样的环境中，无论是渴望成为社会精英的莘莘学子，还是渴望在工作中寻求突破的上班族，具有一套完整的思维体系都至关重要。探究思维大厦，了解其中的构造并且有目的、有计划地游走其间是十分必要的。可是，每当我们接近它，往往会为之惊讶，因为它常常不按常规出牌，而是富有启发性和创造性。然而，只要全身心地投入观察与思考之中，你就能发现它的真面目，这种探索的过程就是你受益的过程，破茧成蝶的过程。

　　在启发思维的过程中，侦探推理举足轻重，因为它不但有助于大脑思维的系统锻炼，有助于人们吸收智慧的精华，它还能够培养人们探索的兴趣。而侦探推理游戏是一种具有高度刺激性和挑战性的思维游戏，比推理小说更真实，比数独更有趣。多做侦探推理游戏，可以活跃思维，挑战智慧，最大限度地激发推理潜能，提高智商，让你无论是在学习生活中，还是参加 500 强企业面试、公务员、MBA 等各类考试，都能轻松应对。

本书中的每一个游戏都惊险曲折，神秘玄妙，扣人心弦，融知识性、趣味性于一体。更重要的是，本书的亮点不仅仅是离奇的案情、耸人听闻的故事，而是在侦破案情的过程中展露出的推理、分析能力。阅读本书会让你大过侦探瘾，在这里你就是侦探，面对扑朔迷离的案件，根据故事中提供的蛛丝马迹，运用单向思维、逆向思维、发散思维、创造性思维，通过正确的逻辑推理，再加上对一些知识、常识的了解，你就可以成为令人敬仰的神探"福尔摩斯"。

这是一本让侦探迷和推理爱好者疯狂的游戏书。不论你是推理游戏玩家、逻辑高手，还是侦探小说迷，这本游戏书将会让你绞尽脑汁，大呼过瘾！

目 录

第二章
锁定关键的蛛丝马迹 // 25

第三章
深入分析犯罪心理 // 47

第五章

综合分析，练就最强大脑 // 97

第一章 ▷

常识探案，揭开真相

1. 破译情报

某军司令部截获一份秘密情报。经过初步破译得知，下月初，敌军的 3 个师团将兵分东西两路再次发动进攻。从东路进攻的部队人数为"ETWQ"，从西路进攻的部队人数为"FEFQ"，东西两路总兵力为"AWQQQ"，但到底是多少却无从得知。后来，百思不得其解的密码竟然被一位数学老师破译了。

你知道数学老师是怎么破译的吗？

侦探小助理

讲述人	时间	地点	事件	侦查手段	证据及线索	关键点
某军	某天	司令部	截获一份情报，急待破译	物证、推理	东路部队人数为"ETWQ"，西路部队人数为"FEFQ"，两路总数为"AWQQQ"	人数

2. 判断页码数

警方查获了一家非法地下印刷厂，但非法印刷的书已经被犯罪嫌疑人抢先运走了。现场只留下了匆忙间没有带走的排印书上页码用的全部铅字，共计 2775 个。

警长根据这些铅字数码，马上算出了这本非法印制书的总页码。

你知道他是怎样算的吗？

3. 调查局难题

　　某调查局最近截取到一份恐怖分子发的密函（如右图所示），随即对其进行解密，从古罗马文化联想到古巴比伦文化，再到古埃及的符号，用各种各样的方法和假设都没能解开密函。一天，一位新来的助手随手拿起这份密函，不到一分钟，新助手就告诉大家：这是一份类似恶作剧的挑衅书，目的是转移调查局的视线。

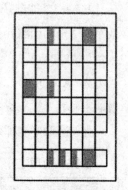

　　你知道这位新来的助手发现了什么吗？

4. 奇怪的钟表并不怪

　　帆帆的爸爸喜欢收藏一些稀奇古怪的东西。有一次，帆帆进入爸爸的书房，看到桌上的电子时钟显示 12 时 11 分。20 分钟后，他到爸爸的书房去，却看到时钟显示为 11 时 51 分。帆帆觉得很奇怪，40 分钟后他又去看了一次钟，发现它这一次显示的是 12 时 51 分。这段时间没有人去碰这个时钟，爸爸又是用这个钟在看时间，这究竟是怎么回事呢？

侦探小助理

讲述人	时间	地点	事件	侦查手段	证据及线索	关键点
帆帆	某天	爸爸的书房	帆帆的爸爸有一个钟表很奇怪	分析、推理	钟表每次的时间	时间

5. 周末选择

城市的东边有一个游泳中心，城市的西边有一个网球中心。杨明语既爱好游泳，又爱好网球。每逢周末，他站在地铁站总面临着选择：去游泳呢，还是去打网球呢？最后他决定，如果朝东开的列车先到，他就去游泳；如果朝西开的列车先到，他就去打网球。

杨明语在周末到达地铁站的时间完全是任意的、随机的，没有任何规律，而无论是朝东开的列车，还是朝西开的列车，都是每10分钟一班，即运行的时间间隔都是10分钟。因此，杨明语认为，每次他去游泳还是去打网球，概率应该是一样的，正像扔一枚硬币，国徽面朝上和币值面朝上的概率一样。

一年下来，令杨明语百思不得其解的是：用上述方式选择的结果，他去游泳的次数占了90%以上，而去打网球的次数还不到10%！

你能对上述结果做一个合理的解释吗？

6. 神秘的情报

一次，警察局从一个打入贩毒集团内部的警员那里得到一份极重要的情报，情报上只有几个数字："710 57735 34 5509 51 036145。"据说上面写下了关键人物及要害事件。但警察局上上下下都看不懂这些莫名其妙的记号，又不可能向打入对方内部的警员询问。正当一筹莫展之际，大侦探波罗前来警察局看望他的一个朋友，大家急忙向他请教。波罗稍加思索，便知道了这一重要情报的内容。

你能破译出来吗？

7. 常客人数

某天，警察局例行检查，言语十分不客气，于是商店服务员在回答"光顾商店的常客人数"时，这样回答："我这里的常客啊，有一半是事业有成的中年男性，另外 1/4 是年轻上班族，1/7 是在校的学生，1/12 是警察，剩下的 4 个则是住在附近的老太太。"

试问，服务员所谓的常客究竟有多少人呢？

侦探小助理

讲述人	时间	地点	事件	侦查手段	证据及线索	关键点
警察	某天	商店	商店服务员报出的人数需要计算	分析、数学推理	一半是中年男性，另外 1/4 是上班族，1/7 是学生，1/12 是警察，剩下的 4 个是老太太	数学计算

8. 拿破仑的结论

一次战斗结束后，有人报告拿破仑说，军需官坎普收了奥地利人的钱，给几个重要据点的士兵提供的军需用品数量都不对。

"竟然有这样通敌叛国的人！"拿破仑震怒了，他马上命令护卫把坎普带来，他要亲自审问。

"尊敬的统帅，我是被冤枉的！"坎普一把鼻涕一把泪地说："我跟随您5年多了，怎么可能做吃里爬外的事情？我负责分发步枪手和霰弹手的子弹。步枪手用的子弹是1发和10发两种包装的；霰弹手用的子弹是100发和1000发两种包装的。我们有200个火力点，每个火力点都需要配发整整10 000发子弹。我给每个火力点都配备了60袋不同包装的子弹，这些子弹的总数刚好是10000发！有些别有用心的人诬陷我，尊敬的统帅，您要辨明真情啊！"

拿破仑听完坎普的叙述，转头对随从说道："如果他真给每个据点都配备了60袋不同包装的子弹，那么他即使没有徇私舞弊，至少也不是个合格的军需官。"

你知道拿破仑是怎样得出这个结论的吗？

侦探小助理

讲述人	时间	地点	事件	侦查手段	证据及线索	关键点
军需官坎普	一次战斗后	拿破仑的审讯室	坎普涉嫌徇私舞弊，军需品配备不对	分析、数学推理	每种枪支所配子弹比例不同	子弹

9. 选择概率

小王在街上遇到一个小赌局。那个摆赌局的人面前放着 3 个小茶碗。他对小王说："我要把一个玻璃球放在其中一个小碗中，然后你猜测它可能在哪个茶碗中。如果你猜对了，我就给你 10 元钱，如果你猜错了，就要给我 5 元钱。"小王同意了，他玩了一会儿，输了一些钱后，这时他计算了一下，发现自己猜对的概率只有 1/3，所以他不想玩了。

这时那个摆赌局的人说："这样吧，我们现在开始用新的方式赌，在你选择一个茶碗后，我会翻开另外一个空碗，这样，有玻璃球的碗肯定在剩下的两个碗中，你猜对的概率就大了一些。"小王认为这样他赢的概率就大多了，于是继续赌下去，可怜的小王很快就输光了。

你知道这是怎么回事吗？

10. 囚犯抓绿豆

5 个囚犯分别按 1~5 号在装有 100 颗绿豆的麻袋里抓绿豆，规定每人至少抓一颗，而抓得最多和最少的人将被处死，而且，他们之间不能交流，但在抓的时候，可以摸出剩下的豆子数。

组织者讲解游戏规则：

5 个囚犯的情况是这样的：

（1）他们都是很聪明的人；

（2）他们的原则是先保命，再去多杀人；

（3）100 颗不必都分完；

（4）若有重复的情况，则也算最大或最小，一并处死。

最后，谁能活下来？为什么？

11. 郊外露营跳舞的女孩有几个

有一次，米莉和很多人一起到郊外露营。晚上举行了盛大的篝火晚会，许多人手拉着手，围着篝火跳起了舞。米莉也在这个圆圈中跳舞。圆圈里，每个跳舞的人的两边都是两个性别相同的人。有一个细心的人，发现这个圆圈里有 12 个男孩。

请问，正在跳舞的女孩有几个？

12. 一起枪击事件

一天夜里，某小区发生了一起枪击事件，小区里的人都被吵醒了，只有 4 个人在醒来的第一时间看了表，他们分别是甲、乙、丙、丁。著名的查尔斯侦探正好住在这个小区的附近，他得知此案发生后，急忙赶到了现场。在勘查了现场之后，他找到了这 4 个看了表的人，并询问了他们，这 4 个人对于疑犯何时作案的时间，分别做了如下回答：

甲："我听到枪声是 12 时 8 分。"

乙："不会吧，应该是 11 时 40 分。"

丙："我记得是 12 时 15 分。"

丁："我的表是 11 时 53 分。"

作案的时间如此不一吗? 其实, 这是因为他们的手表都不准。一个人的手表慢 25 分钟, 另一个人的手表快 10 分钟, 还有一个快 3 分钟, 最后一个慢 12 分钟。

请问: 如何通过这 4 个不准确的时间来确定准确的作案时间?

侦探小助理

讲述人	时间	地点	事件	侦查手段	证据及线索	关键点
查尔斯侦探	一天夜里	某小区	发生一起枪击事件	分析、数学推理	4 个人说的案发时间有早有晚, 4 块表的时间也有快有慢	时间

13. 车牌号是空的

一辆汽车肇事后逃跑了, 警长柳多维克立即赶到了出事地点。

一位见证人说:"当时我通过后视镜发现自己车的后面有一辆车突然拐向小路, 飞驰而去, 就顺手记下了那辆车的车牌号。"柳多维克说:"那可能就是肇事的车, 我马上叫警察搜捕这辆 18UA01 号车。"

几小时后, 警察局告知柳多维克, 见证人提供的车号 18UA01 是个空号。现在已把近似车号的车都找来了, 有 18UA81 号、18UA10 号、10AU81 号和 18AU01 号共 4 辆车。

柳多维克环顾了所有的车号, 然后从 4 辆车中找出了那辆肇事车。请问是哪一辆?

侦探小助理

讲述人	时间	地点	事件	侦查手段	证据及线索	关键点
一位见证人	某天	路上	一辆汽车肇事后逃逸	分析、推理	见证人通过后视镜看到后面肇事车车牌号为18UA01	后视镜

14. 集中抓捕行动

在一次集中的抓捕行动中，一名刑警紧追一名歹徒，就在刑警将要把罪犯抓捕归案的时候，歹徒跑到了一个正圆形的大湖旁边，跳上岸边唯一的一艘小船拼命地向对岸划去。

刑警不甘心就这样让歹徒逃走，他骑上一辆自行车沿着湖边向对岸追去。现在知道刑警骑车的速度是歹徒划船速度的 2.5 倍。

请想想：在湖里面的歹徒还有逃脱的可能性吗？

15. 盗墓者的自首

一天，一个被警察追踪多年的盗墓者突然前来自首。他声称他偷来的 100 块壁画被他的 25 个手下偷走了。他说，这些人中最少的偷走了 1 块，最多的偷走了 9 块。他记不清这 25 人各自偷了多少块壁画，但可以肯定的是，他们都偷走了单数块壁画，没有人偷走双数块。他为警方提供了 25 个人的名字，条件是不要责罚他。警察答应了。

但是，当天下午，警长就下令将自首的盗墓者抓了起来。你知道这是为什么吗？

16. 狡猾的盗窃犯

警长抓住了一个特别狡猾的盗窃犯，把他交给了监狱长。监狱长将盗窃犯关在了监狱中最安全的牢房中，从未有人从这个牢房逃脱过。牢房是一条笔直长廊最里端的全封闭部分，外面有5道铁门，它们以不同的频率自动重复开启和关闭：第一道门每隔1分45秒自动开启和关闭一次；第二道门每隔1分10秒；第三道门每隔2分55秒；第四道门每隔2分20秒；第五道门每隔35秒自动开启和关闭一次。在某个时刻，5道铁门会同时打开，也只有在这时警卫会出现在第五道铁门外，他将通过长廊查看盗窃犯是否在牢房内。如果盗窃犯离开牢房在长廊里待的时间超过2分30秒，警报器就会报警，警卫会闻讯赶来。

狡猾的盗窃犯能从牢房中逃脱吗？

侦探小助理

讲述人	时间	地点	事件	侦查手段	证据及线索	关键点
监狱长	某天	路上	监狱中最安全的牢房中	现场查看、推理	每扇门分别隔多长时间开门一次	门

17. 打开保险柜

一个小偷想要到某亿万富翁的家中去偷些钱，于是向师傅请教了打开保险柜的方法。师傅告诉他说："在开保险柜之前，首先要转动密码锁里圈的数字盘，只有当里圈的数字与外圈的数字相加，每组数字之和都相等的时候，保险柜的门才会打开。"

在一个漆黑的夜晚，小偷溜进了富翁的家，很快就在地下室找到秘密保险柜。但是，小偷不擅长心算，在转动保险柜密码锁里圈的数字盘时，越算越糊涂，算了半天也没打开保险柜。

保险柜密码锁里圈数字盘上的数字依次是 3、7、12、8、10、9、6、5，外圈数字盘上的数字依次是 5、3、4、7、8、10、6、1。

现在，请你观察一下这些数字，当外圈的 5 和内圈的几对在一起时，里外的每组数之和才能都相同呢？

18. 肇事车号

一天早晨，在快速车道上发生一起车祸。一名小学生被一辆超速行驶的汽车撞得在空中翻了半圈，司机肇事后马上加速逃走了。

当交通警察来后，扶起那名小学生，却发现他没有受伤，而且他非常清楚地告诉警察肇事车辆的车号是：8619。

警方立即对这辆车展开调查，要逮捕肇事者，却发现这个号码的汽车确实有不在场的证明，肇事车不是这一辆。

你知道肇事后逃走的汽车车号究竟是多少吗？

侦探小助理

讲述人	时间	地点	事件	侦查手段	证据及线索	关键点
小学生	一天早晨	快速车道上	一个小学生被一辆超速行驶的汽车撞翻，司机肇事后逃逸	现场查看、推理	①小学生说肇事车辆的车号为8619；②小学生当时在空中翻了半圈	8619

19. 智推车牌号

在一个十字路口，一辆小汽车闯红灯，撞倒了一位过路行人，然后逃跑了。路过的好心人立刻把被撞行人送进了医院。

交警闻讯赶来，向路人了解肇事汽车的情况。一人说，汽车牌号的最后两位数字相同。另一个人说，牌号的前面两位数字也相同。第三个人说，那号码是 4 位数，是一个完全平方数。

尽管没有人可以把牌号确切的数字说出来，但聪明的交警很快就根据这些情况，知道了逃跑汽车的牌号。

你知道是多少吗？

20. 报警的数字

这天傍晚，比利夫人刚进家门，电话就响了。听筒内传来一个陌生男人的声音："你丈夫比利现在在我们手里。如果你希望他活下去，就快准备 40 万美元；你要是去报警，可别怪我们对比利不客气！"比利夫人听罢，险些瘫坐在地上。她思来想去一整夜，觉得还是应该去报警。

波特警长接到电话后，立即驾车来到比利的别墅。首先，他去询问管家。管家说："昨天晚上来了个戴墨镜的客人，他的帽檐压得很低，我没看清他的脸。看样子他和先生很熟，他一进来先生就把他领进了书房。过了 1 小时，我见书房里毫无动静，就推门进去，谁知屋里空无一人，窗子是开着的，我就给夫人打了电话。"

波特走进书房查看，没有发现什么线索。他又看了看窗外，只见泥地上有两行脚印，从窗台下一直延伸到别墅的后门外。看来，绑匪是逼迫比利从后门走出去的，波特转回身又仔细看了看书房，发现书桌的台历上写着一串数字：7891011。波特警长想了想，问比利夫人："你丈夫有个叫加森（JASON）的朋友吗？"她点了点头，波特说："我断定加森就是绑匪。"果然，波特从加森家的地窖里救出了比利，加森因此锒铛入狱。

你知道波特为什么根据那串数字，就断定加森是绑匪吗？

侦探小助理

讲述人	时间	地点	事件	侦查手段	证据及线索	关键点
比利夫人	一天傍晚	比利夫人的家	比利先生被绑架	分析、推理	书桌的台历上写着7891011	数字

21. 匿藏赃物的小箱子

夜晚，一个身手矫健的黑影趁门卫换岗的机会，溜进了一家民俗博物馆，盗走了大批的珍宝。

侦探阿密斯接受这个任务后，马不停蹄，迅速地把本市所有的珠宝店和古董店都调查了一遍，但一无所获。

无奈，阿密斯找到了大名鼎鼎的探长斯密特向他请教。

"请问，假如你偷了东西，你会藏到珠宝店或者银行的保险箱里吗？"斯密特探长反问起来。

"哦，我当然不会。"阿密斯答道。

斯密特探长说："我说你不必费心了，不要到那些珠光宝气的地方去找，应到那些不起眼的地方走走。"

他们说着话来到了城边的贫民区。阿密斯一脸的疑惑："这里能找到破案的线索吗？"他表现在脸上，但嘴里没有说。这时，有一个瘦弱的青年从身后鬼鬼祟祟地闪了出来。他低声问："先生，要古董吗？价格很便宜。"

"有一点兴趣。"斯密特探长漫不经心地说，"带我去看一看。"

只见那个青年犹豫一下，斯密特马上补充了一句："我是一个古董收藏家，要是我喜欢的话，我会全部买下来的。"

那人听说是个大客户，就不再犹豫，带着他们走过了一个狭小的胡同，来到一个不大的制箱厂。在这里还有一个青年，在他面前堆满了从 1~100 编上数字的小箱子。

等在这里的青年和带路人交谈了几句，就取出了笔算了起来，他写道："××× ＋ 396 ＝ 824"。显然，第一个数字应该是 428，他打开 428 号箱子，取出了一只中世纪的精美金表。忽然，他看见了阿密斯腰间鼓着的像短枪，吓得立刻把金表砸向阿密斯，转身就跑。阿密斯一躲，再去追也没有追上，就马上返回了。

斯密特探长立刻对带路人进行了审讯。

"我什么也不知道。"带路人看着威严的警察，"我是帮工的，拉一个客户给我 100 美元。"

"还有呢？"斯密特探长追问。

"我只知道东西放在 10 个箱子里，他说过这些箱子都有联系而且都是 400 多号的……"

"联系？"斯密特探长琢磨起来。接着，他发现一个有趣的现象：把 428 这个数字的不同数位换一换位置，就是 824，这就是说，其他的数字也有同样地规律！斯密特探长用了不到 1 分钟就找到了答案。

斯密特探长是怎样找到答案的呢？

22. 奇异的钟声

夜半时分，突然，一个黑影窜到了山村的一个小卖店门前。黑影掏出尖刀，轻轻拨开了门闩。

更夫李大伯蒙眬中听见外面有动静，忙摸黑儿爬起来。就在这时，他脑袋上重重地挨了两棍子，"扑通"一声摔倒在地上。

歹徒把这个小卖店洗劫一空，扬长而去。就在歹徒逃离现场的时候，李大伯苏醒过来。他想爬起来，但身体已被歹徒绑在了木椅上；他想喊人，但嘴里被塞上了毛巾。他后悔自己警惕性不高，打更的时候睡觉。可是已经晚了，他连气带疼又昏过去了。

清晨，有人路过这里，看见店门大开，小卖店被盗，急忙报告了乡派出所。

派出所所长老洪和民警小许迅速赶到了案发现场。李大伯的伤不算太重，这时神志已经清醒了许多。老洪对小许说："我去勘查一下现场，你先向李大伯询问一下案发的情况。"

老洪来到营业室，仔细地查看着。可是一无所获，犯罪分子太狡猾了，一个指纹也没有留下，脚印也不知用什么东西清扫掉了。

小许正在屋子里与李大伯谈话。

"案发在什么时候？"

"不知道。"

"您什么时候惊醒的呢？"

"不知道。"

"犯罪分子长什么样呢？"

"不知道。"

小许见李大伯一问三不知，有些不耐烦地问道："那您都知道些什么呢！"

李大伯满脸通红，不好意思地低下头。

"当当当……"墙上响起了钟声。

听到钟声，李大伯忽然想起了什么，惊呼道："有了，我知道那小子什么时候逃跑的了。"他眯缝眼睛回忆说："那小子走的时候，可能是怕我报案，把我往椅子上绑。他那么一折腾，把我弄醒了。我虽然什么也没看清，但我听到了钟响。"

"响了几声？"

"4声。"

"太好了！这说明犯罪分子是四点钟逃离现场的。"

小许高兴地刚要出去喊老洪，却又被李大伯叫住了。

"不对，不是四点钟，而是4声钟响。"

"4声钟响，不就是四点钟吗？"

"那不是连续的，都是隔了一段时间才听了一声。"

"间隔的时间一样长吗？"

"是的。"

"那是几点呢？"小许忽然想出了个主意，他把墙上的挂钟摘下来，做起了模拟实验。可除了四点钟以外，再也找不出间隔时间相同的4下钟声。他又问李大伯："您记错了吧！你看这钟只能打出间隔的3下钟声，那是12时30分一声，1点钟一声，1时30分一声，再也不能比这多一声了。"

"是啊，这是怎么回事呢？"李大伯也感到莫名其妙，但他还是坚持相信自己没有听错。

这时，老洪进来了。听他们把4声钟响的事一说，老洪马上明白了，立即对小许说："我知道犯罪分子是什么时间逃离现场的了。现在我们应该马上查清，所有嫌疑人半夜十二点钟在干什么？"

果然，按此时间排队查人，很快就抓住了犯罪分子。

根据老洪的推断，犯罪分子逃离现场的时间，是在半夜十二点。那么4声钟响又是怎么回事呢？

侦探小助理

讲述人	时间	地点	事件	侦查手段	证据及线索	关键点
路人	夜半时分	山村小卖店	小卖店被歹徒洗劫一空，更夫李大伯被绑	证词、推理	4声钟响	钟声

23. 遗书上的签名

杰克是一个职业杀手，这一次，他受雇谋杀一位百万富翁。雇主要求杰克在杀死富翁后，把现场伪装成自杀的模样。他还给杰克准备好了一张纸，上面有富翁的亲笔签名，好让杰克在杀死富翁之后，伪造出一份遗书。

一天深夜，杰克潜入富翁的家，开枪打死了他。然后，杰克把手枪塞在富翁的右手，把那张纸塞进了屋里的打字机，伪造了一份遗书，然后满意地离开了。在整个过程中，他一直戴着橡胶手套，因此不担心有指纹留下。

第二天，清洁女工发现了富翁的尸体，立刻报了案。警方在现场勘查后，判定这是一宗谋杀案。警方认为，虽然遗书上确实有富翁的亲笔签名,但上面的文字却并非他本人所写。

请问:警方是怎么知道这一点的呢?

24. 玻璃上的冰

乔治先生是位考古学家,独自住在郊外的别墅里。他每年都有好几个月在外工作,不在家的时候,就委托邻居波尔帮他照看房子。

这天早晨,乔治远道归来,波尔急忙跑来告诉他,前一天夜里他家被盗了。家里已被翻得乱七八糟,经过清点,发现丢失了几件昂贵的古玩和一大笔钱。乔治便请来沃克警长。

沃克警长向波尔了解失窃情况。

波尔说:"昨天夜里我听见乔治家里有响动,便起来看看出了什么事。我走到别墅窗边,玻璃上结了一层厚厚的冰,什么也看不清。我便朝玻璃上哈了几口热气,这才看清屋里有个男人在翻箱倒柜。我冲进去与他搏斗,但盗贼很狡猾,还是让他给溜走了……"

"够了!"沃克突然厉声打断了他的话,"你的把戏该收场了!波尔先生,你就是小偷!"

这是怎么回事呢?

侦探小助理

讲述人	时间	地点	事件	侦查手段	证据及线索	关键点
波尔	一天早晨	乔治先生郊外的别墅	波尔替乔治看房,房子被盗	现场查看、分析	①波尔称窗户玻璃上结了一层厚厚的冰;②他朝玻璃上哈了几口气,看清了屋里的情况	玻璃

25. 雪夜目击

杰克探长刚回到家里，电话铃就响了，他拿起话筒，传来了一位警察的声音："喂，是探长吧，请您速来警察局。"

半个小时之后，探长来到了警察局，径直走进警长办公室。

警长神色忧郁地说："夜里十一点，小门街发生了一起事故，也许是谋杀案。一个人从楼顶上栽了下来，有位目击者一口咬定死者是自己摔下来的，他周围没有一个人。"

探长点点头，说："我们先去看看现场，见见那位证人。"

一会儿，他们来到现场，目击者被找来了，探长请他再叙述一遍他见到的情景。

目击者说："因为天下着大雪，我便在附近的一家餐馆里足足坐了两个半小时，当我离开时，正好是夜里十一点，大街上没有一个行人。我直接跑进自己的车里，就在这时，我看到楼顶上站着一个人，他犹豫片刻，就跳了下来。"

探长紧紧盯住目击者，冷冷地说："你不是同伙，就是凶手给了你一大笔钱让你说谎！"

目击者一听，顿时脸变得煞白。

探长是怎样识破目击者的谎言的？

26. 瑞香花朵

格林太太花了很多年种植一种名贵的灌木植物——瑞香。这种植物能开出十分美丽的花朵,而且由于非常耐旱,特别适合在当地种植。自然,这些瑞香也是格林太太最心爱的宝贝。

这天,格林太太准备外出度假一个月。让她头疼的是,她需要有人照料她的花园。最后她决定请同事卡罗尔小姐帮帮忙。格林太太告诉卡罗尔小姐要特别当心这些名贵的瑞香。

当格林太太度假回来时,她正好看见卡罗尔小姐在花园里,旁边站着许多警察,而那些名贵的瑞香却不见了。卡罗尔告诉警察,一定是有人偷走了它们,因为头一天晚上她还看到过这些瑞香。格林太太听到卡罗尔在对警察说,这一个月里,她一直在照料这些植物,每天都给它们浇水,所以它们显得比原先更美丽了。

格林太太冲进花园,打断了卡罗尔小姐的话。她对警察说:"卡罗尔小姐在撒谎!你们要仔细审问审问她。"

格林太太为什么这么肯定?

27. 沙漠归来

在酒吧,侦探霍恩遇见一个满头金发、面孔黝黑的青年在大谈生意经:"昨天我才从沙漠地带回来,洗尽一身尘垢,刮去长了好几个月的络腮胡子,修剪好蓬乱的头发,美美地睡了一夜。最值得庆幸的是,我的化验分析报告证实,那片沙漠地带有个储量丰富的金矿。假如有谁愿意对这有利可图的项目投资的话,请到 210 号房间,这儿不便细谈。"

霍恩端详着他那古铜色的下巴,讪笑着说:"你若想骗傻瓜的钱,最好把故事编得好一点!"

试问,霍恩为什么会这样讲?

28. 一个冷天里的冷玩笑

　　波洛从他的"甲壳虫"汽车上下来，走过弗朗西斯·威廉姆斯小姐那辆结满了冰的小汽车，走上了那条干净整洁但却满是积雪的车道。白天下了一整天的暴风雪，一个小时前雪才终于停了下来。波洛很小心地沿着结冰的台阶走向房门。这是一幢很小的房子，没有车库，院子也很小。

　　听到门铃，弗朗西斯打开了门，让他进去。"外面冷极了。"他说。

　　"是啊！也许你会以为，对于偷东西的贼来说，这天气实在是太冷了。"她回答道。

　　"告诉我，弗朗西斯，你究竟是怎么失窃的？"波洛问。

　　"噢，我5分钟之前刚刚回家。一进门，我就发现家里的保险柜被打开了。"她一边说，一边指给他看墙上那个被打开的保险柜，"我立刻冲到电话机旁边，打电话给你。你来得这么快，我非常高兴。"

　　"啊，在这么寒冷的晚上，我们肯定能够找到一些线索。"波洛笑着说道。

　　"波洛先生，我刚刚有很多首饰失窃了。我可不认为现在是开玩笑的好时间。"弗朗西斯说。

　　"对于你的话，我百分之百地表示赞同。所以，你能不能告诉我，为什么要在这么冷的天把我叫来开这么一个玩笑呢，威廉姆斯小姐？"大侦探反问道。

波洛为什么不相信威廉姆斯小姐说的话呢？

侦探小助理

讲述人	时间	地点	事件	侦查手段	证据及线索	关键点
弗朗西斯·威廉姆斯小姐	刚下过暴风雪的一天	弗朗西斯·威廉姆斯小姐的家里	保险柜打开被窃	现场查看、推理	①车道干净整洁却满是积雪；②弗朗西斯·威廉姆斯小姐的车结满了冰；③她说自己5分钟前刚进家门	积雪

第二章 ▷

锁定关键的蛛丝马迹

29. 指纹

一天夜间十点左右，小岛正要入睡，忽然听见门铃响了起来。他打开门一看，一个瘦高个儿男人正冷冷地盯着他。小岛见来人正是他一再躲避的债权人中村，不禁倒吸了一口冷气。

中村一把推开小岛，气呼呼地走进房间，抬眼朝室内环视一周，冷笑一声说："嘿，好漂亮的公寓呀！这是用我的钱购置的？"接着大声威胁说，"别再躲躲藏藏了，快把钱还给我，不然我只有到法院去控告你！"

"请相信我，钱我明天如数还你，好久不见了，来一杯吧！"小岛一边连连道歉，一边从冰箱里取出一瓶啤酒。他趁中村坐下之际，抢起酒瓶朝中村的脑袋砸去，中村连哼也没哼一声，就应声倒在了地上。

小岛砸死了中村，慌忙把尸体背到停车场，用汽车把尸体运到郊区，扔在了公园里。他返回家后，立即来个彻底大扫除，用手巾擦掉了留在桌子和椅子上的指纹，连门上的把手也擦得干干净净，直到觉得房间里再也不会留下中村的痕迹了，才长长地吐了一口气。

第二天一早，小岛刚起床，就听到一阵"咚咚咚"的敲门声，他打开门一看，竟是山田警长和段五郎侦探。

山田警长脸色严峻地问道："今天早晨，我们在公园里发现了中村的尸体，在他口袋里的火柴盒后面写着你的地址。昨晚中村来过你家吗？"

小岛忙说："昨晚谁也没来过，我已经一年多没有见到他了。"

这时，站在一边的段五郎淡淡一笑，说："不要说谎了，被害者来过这里的证据，现在还完好地保留着……"

没等段五郎说完，小岛声嘶力竭地叫道："在哪儿？请拿出证据来！"

"安静点，瞧，在那儿！"小岛顺着段五郎指的地方一看，顿时吓得面如土色。那里确实留下了中村的指纹。

你知道中村的指纹留在什么地方吗？

侦探小助理

讲述人	时间	地点	事件	侦查手段	证据及线索	关键点
小岛	夜间十点左右	小岛的家	小岛将中村杀死，清理了现场	现场查看、情景再现	小岛将屋内清理完毕	指纹

30. 枪击案

刚刚发生了一起枪击案，枪响后，酒吧里只有哈瑞一个顾客。他刚刚喝了一口咖啡，就看到三个人从银行里跑出来，穿过马路，跳上了一辆等在路边的汽车。

不一会儿，一个修女和一个司机进了酒吧。

"二位受惊了吧？"善良的哈瑞也没有仔细打量这两个人，就说，"来，我请客，每人喝一杯咖啡。"

两个人谢了他。修女要了一杯咖啡，司机要了一杯啤酒。三个人谈起了刚才的枪声和飞过的子弹，偶尔喝一口杯子里的饮料。这时，街上又响起了警笛声。抢劫银行的人被抓住了，被送回银行验证。哈瑞走到前边的大玻璃窗前去看热闹。当他回到柜台边时，那个修女和司机再次感谢他，然后就走了。

哈瑞回到座位上，看着旁边空空的座位和杯子，咖啡杯的杯口处还隐约有些红色，他突然明白了什么，叫起来："噢！这两个家伙是刚才抢银行的人的帮手！"说完赶紧报了警。

请问，是什么东西引起了哈瑞的怀疑呢？

侦探小助理

讲述人	时间	地点	事件	侦查手段	证据及线索	关键点
哈瑞	某天	酒吧	刚刚发生了一起枪击案	询问、推理	①修女喝了咖啡；②咖啡杯的杯口处隐约有些红色	咖啡杯

31. 为何指控她

大律师奥尔森先生在自己的办公室里被人谋杀了。警察赶到现场，发现奥尔森的尸体躺在椅子上，他是被人从椅子后面用一根毒刺刺中心脏而死的。现场一片狼藉，但似乎没有少什么东西。在奥尔森先生的办公桌上有几张纸，上面沾了几滴咖啡。奥尔森先生并不喝咖啡，办公室里也没有任何装咖啡的东西。地板上扔着一双手套。奥尔森先生手上戴的手表也摔坏了，上面显示的时间是3时50分。

奥尔森先生的秘书玛丽哭得十分伤心。她告诉警察，今天下午奥尔森先生总共有3个约会，分别是和科尔顿先生（2时30分）、路易斯小姐（3时）及约瑟夫先生（3时30分）。玛丽说，只有约瑟夫先生要了一杯咖啡，是装在一个纸杯里的。

警察在玛丽的废纸篓里找到了这个装咖啡的纸杯。玛丽说，约瑟夫端着咖啡杯进了奥尔森先生的办公室，出来的时候把杯子留在了她的桌子上，她顺手把它扔进了废纸篓。

警察对毒刺和纸杯进行了检查，发现毒刺上面没有任何指纹，而纸杯上则留有约瑟夫的指纹。

警察传讯了玛丽，指控她谋杀了奥尔森。这是为什么呢？

32. 可疑旅客

某夜，马尼拉—北京航线的某班机，降落在北京首都机场。海关人员开始检查旅客们的行李。

检查员小刘发现从飞机上下来的 3 个商人打扮的人神色可疑：他们带有一个背包、一个纸箱子和一个帆布箱。小刘查看了他们的护照，他们来京的目的是旅游。当天早上从泰国首都曼谷出发，经过菲律宾首都马尼拉，再经我国广州，然后飞抵北京。

小刘拿着护照看了一会儿，便认为他们肯定有问题，最后果然在行李的夹层里发现了毒品海洛因。

是什么引起了小刘的怀疑呢？

侦探小助理

讲述人	时间	地点	事件	侦查手段	证据及线索	关键点
小刘	某夜	马尼拉—北京某班机	海关人员发现 3 个可疑人员	物证、推理	①马尼拉、北京和曼谷三地的位置；②行李	护照

33.一张照片引发的秘密

房地产公司董事长的女儿被歹徒绑架，绑匪声称需用 100 万元来交换，不许报警，否则立即撕票。

董事长急得团团转，一时不知该怎么办才好。恰好他的老友，一位摄影师来看望他。听完董事长的诉苦，他不紧不慢地说道："别慌，等歹徒再来电话的时候，你就说为了证明被他们劫持的确实是你的女儿，请他们先送一张您女儿近日的照片。情况属实，就一切听从他们的安排。"

董事长照他朋友说的去做，收到照片后，立即交给老友。仅凭这张照片，警方一举破案。那么，这张照片与破案有什么联系呢？

34.使用伪钞的家伙

凌晨 1 时 45 分，比尔旅馆夜班服务员克罗伯在核对抽屉里的现金时，发现了一张面额为 100 马克的钞票是伪钞。半小时后，探长霍尔赶到了这家旅馆。

"你是否记得是谁把这张 100 马克给你的？哪怕一点印象也好。"探长问。

"我没留心。"克罗伯说，"我值班时，只有 3 个旅客付过钱，他们都没有离开旅馆。"

探长眼睛一亮，说道："你说的是真的？"

"决不会错！我今晚收到 731 马克现金，其中 14 马克是卖晚报、明信片等物品收进的，其余的现金都收自 3 位旅客。考纳先生给了我一张 100 马克和 24 马克的零票；鲍克斯先生给我两张 100

马克加 19 马克的零票；施特劳斯先生给我 3 张 100 马克以及 74 马克的零票。"

探长的手指在桌面上轻轻弹着："你能肯定他们都是付给你 100 马克票面的钞票？"

克罗伯肯定地答道："请放心，凡涉及钱，我的记忆力特别好。"

"那好吧，我想我已找到了我要找的人。"探长霍尔说。

请你根据情况判断一下，谁是使用伪钞的家伙？

侦探小助理

讲述人	时间	地点	事件	侦查手段	证据及线索	关键点
夜班服务员克罗伯	凌晨 1 时 45 分	比尔旅馆	克罗伯收到了 100 马克的伪钞	推理、分析	考纳先生交了一张 100 马克，鲍克斯先生交了两张 100 马克，施特劳斯先生交了三张 100 马克	钞票

35. 谁把花踩坏了

一个晴朗而干燥的下午，尼娜看见邻居本特先生站在他的花圃里不住地摇头。

"有人弄坏了我所有的花，"本特说，"我刚用水管给它们浇过水。可就在我出去把水管放起来的时候，有人溜了进来，把所有的花都踩坏了。"

"谁会做这种事情？"尼娜问。

本特叹了口气："我想是个喜欢恶作剧的人。"

"我现在要去超市买东西。也许过一会儿我能帮您找出究竟是谁干的。"尼娜告诉本特。

她出了门，看到三个小女孩正在玩跳房子游戏。她很感兴趣，就停下来看她们跳。

琳达跳得十分小心，因为她左脚凉鞋的带子断了。

凯蒂跳得很慢，而且看上去很疲倦。她穿着一双紫色的运动鞋，像是已经快穿坏了。

跳得最快的萨拉穿着一双白色的跑鞋，鞋底上沾满了泥。她跳得那么快，好像脚都没有踩在地上一样。

"你想来玩一会儿吗？"凯蒂问尼娜，"我正好想休息一会儿。"

"不了，我要去买东西。"尼娜回答说，然后准备走了。就在这时，她突然醒悟过来，她已经知道是谁踩坏了本特先生的花了。

尼娜是怎么发现的呢？

36. 没能力做证人

汤姆作为一件伤害案的证人，被传到加州某市地方法院出庭候讯。他的证词将给被告带来很大的不利，但在做证前，还照例得接受被告辩护律师的一番盘诘，法官和陪审团将根据盘诘的结果，来裁定他是否具备作为公诉方面证人的资格。

被告律师问："汤姆先生，有些人由于看多了侦探小说，便养成了推理的习惯，往往就凭着自己的臆想，来对周围发生的事情进行推测。不知道你是否也有这样的习惯？"

汤姆回答："我从来不看侦探小说，也没有你说的那种习惯，我一向都是依照事实来说话的。"

律师点了点头，又问："你已经51岁了。在这样的年纪，记忆力是否已经有点衰退了？"

汤姆回答："我的记忆力并没有丝毫衰退。二三十年前的事情，我依然记得很清楚，就像昨天刚发生过的那样。"

"那么，你有抽烟的嗜好吗？"

"有。但抽得并不多。"

"抽过骆驼牌吗？"

"过去抽，最近不抽了。"

"那么，你能告诉我：骆驼牌烟盒上面印的那个牵骆驼的人的头上是不是裹着头巾？"

汤姆微蹙起眉头，思索了片刻，在自己的记忆中搜索着问题的答案。他的记忆告诉他骆驼被称为"沙漠之舟"，是居住在中东的阿拉伯民族的主要交通和运输工具，牵骆驼的当然是阿拉伯人，谁都知道阿拉伯人的服装特色是……想到这里，汤姆毫不犹豫地回答："那牵骆驼的人当然是裹着头巾的。"

"是吗？"律师脸上现出狡黠的微笑。他从衣袋里掏出一包骆驼牌香烟，高擎着走到陪审员席前面。

这一举动使汤姆立刻处于不利地位，按照美国的法律和司法惯例，汤姆立即被陪审团裁决为"没有能力提供有效证词的人"，否定了他作为公诉方面证人的资格。

请你想一想，一包香烟如何起了这么大的作用呢？

37. 绑匪是谁

一个深秋的夜晚，纽约市某董事长的儿子被绑票了，绑架犯索要 5 万美元的赎金。那家伙在电话里说："我要旧版的百元纸币500 张，用普通的包装，在明天上午邮寄，地址是查尔斯顿市伊丽莎白街2号，卡洛收。"接到电话后，某董事长非常害怕。为了不让孩子受到危害，他只好委托私家侦探菲立普进行调查。因为事关小孩的生命，菲立普也不敢轻举妄动。于是，他打扮成一个推销员，来到了绑架犯所说的地址进行调查，结果却发现城市名虽然是真的，但是地址和人名却是虚构的。难道绑架犯不想得到赎金吗？这当然是不可能的。忽然，菲立普灵机一动，明白了绑架犯的真实面目。第二天，他就成功地抓获绑架犯，并成功救出了被绑架的小孩。

菲立普明白了什么呢？

38. 无冤无仇

一天晚上，建筑商波恩在家中独自饮酒。突然，一个杀手从窗户跳了进来，对波恩说："波恩！我受人之托，今天要杀了你！"说着从怀里掏出手枪，扣着扳机。波恩却若无其事地说："朋友，咱俩无冤无仇，是谁请你杀我的？"

"这个你不必知道。"

"好！我出三倍的价钱买我的命如何？"

杀手一听有三倍的出价，立刻露出了贪婪的目光。波恩见状，便取了另一只酒杯，斟上了酒，对杀手说："要不要来干一杯？哦！喝酒不会影响你的技术吧？"杀手接过酒杯喝了下去，但手依然紧扣扳机。波恩接过杀手的酒杯，走到保险柜旁，说："钱在保险柜中，我现在就给你拿。"杀手用枪顶住波恩的后脑勺说："不许耍花招，否则让你脑袋搬家。"

波恩打开保险柜，取出一个厚厚的信封放在桌上，趁对方不注意，迅速将保险柜钥匙和酒杯放进保险柜中，锁上了保险柜。这样一来保险柜就打不开了。杀手发现那个厚信封里装的不是现钞，正要发火，波恩转过身来，笑着说："先生，现在你不敢杀我了，因为保险柜中锁着你留下的重要证据。"杀手见事已至此，只得落荒而逃。

保险柜中锁着的是什么证据呢？

39. 逃犯与真凶

一场混乱的枪战之后，某医生的诊所进来了一个陌生人。他对医生说："我刚才穿过大街时突然听到枪声，只见两个警察在追一个凶手，我也加入了追捕。但是，在你诊所后面的那条死巷里遭到那个家伙的伏击，两名警察被打死，我也受伤了。"医生从他背部取出一粒弹头，并把自己的衬衫给他换上，然后又将他的右臂用绷带吊在胸前。

这时，警长和地方议员跑了进来。议员朝陌生人喊："就是他！"警长拔枪对准了陌生人。陌生人忙说："我是帮你们追捕凶手的。"议员说："你背部中弹，说明你就是凶手！"

在一旁目睹一切的亨利探长对警长说："凶手是谁，一目了然。"

你能说出其中究竟吗？

40. 墙上的假手印

某公寓发生了一起杀人案。一个独身女性在三楼的房间里被刀刺死。卧室的墙壁上清晰地印着一个沾满鲜血的手印，可能是凶手逃跑时不留神将沾满鲜血的右手按到了墙壁上。"5 个手指的指纹都很清晰，这就是有力的证据。"负责此案的探长说道。

当他用放大镜观察手印时，一个站在走廊口，嘴里叼着大烟斗，弯腰驼背的老头儿在那里嘿嘿地笑着。

"探长先生，那手指印是假的，是罪犯为了蒙骗警察，故意弄了个假手印，沾上被害人的血，像盖图章一样按到墙上后逃走的。请不要上当啊。"老人好像知道实情似地说道。探长吃惊地反问道："你怎么知道手印是假的呢？"

"你如果认为我在说谎，你可以亲自把右手的手掌往墙上按个手印试试看。"刑警一试，果然不错。请问：这位老人究竟是根据什么看破了墙上的假手印呢？

侦探小助理

讲述人	时间	地点	事件	侦查手段	证据及线索	关键点
一位老人	某天	某公寓	一个独身女性死在三楼的房间里	物证、逻辑推理	墙壁上印着 5 个指纹都很清晰的手印	手印

41. 目击证人

乔博士和警长杰克沿着一条小路缓缓地行走。这条小路从迈克尔·海德油漆过的后门廊和后院的工具屋之间穿过。

"在这条小路的任何地方，"警长说，"海德都可以看见沙克·威尔被杀的情景。他是唯一可能的目击证人，但他却说什么也没有看见。"

"那他对此又作何解释？""海德声称他一直走到工具房才发现

油漆洒了一路。"乔博士于是更加仔细地查看油漆滴在地上的痕迹。从门廊到小路间，滴在路面的油漆呈圆点状，每隔两步一滴；从路中间到工具房，滴下的油漆则呈椭圆点状，间隔为五步一滴。进到工具房里，乔博士发现门背后挂着一把大锁。"无疑，他怕说出真情后会遭到凶手的报复。"乔博士说，"但他肯定看到了这里所发生的一切。"

请问：乔博士是根据什么做出这样的论断呢？

侦探小助理

讲述人	时间	地点	事件	侦查手段	证据及线索	关键点
警长杰克	某天	迈克尔·海德的家里	迈克尔·海德被杀	现场查看、情景再现	①从门廊到小路间，滴落的油漆呈圆点状，每隔两步一滴；②从路中间到工具房，滴落的油漆呈椭圆点状，间隔为五步一滴	油漆点

42. 考卷里的错误

琼斯在警察学院当学员，他以《贩毒犯》为题写了一份案例。内容如下：

某日中午，太阳当空，湖上留下长长的树影。马捷和沙多把一艘预先准备好的小船推进了湖。他们顺着潮流漂向湖心，这个湖是两个毗邻国家的界湖，由地下涌泉补充水源，不会干涸。马捷和沙多多次利用这个界湖干着走私的勾当。

他们在湖心钓鱼，不时能钓到一些海鳟，然后把内脏挖出，装进袋里。夜幕降临，四周一片漆黑，两人把小船快速划到对岸，与接应人碰头，然后一起把小船拖上岸，朝天翻起，船底装着一个不漏水的罐子。他们把小包毒品放在里面。他们干得相当顺利，午夜刚过 10 分钟，便开始往回划，在离开平时藏船处以北半公里的地方靠岸。两人将 100 包毒品取出平分。5 分钟后，一支海关巡逻队在午夜时分发现这只船时，没有引起丝毫怀疑。但当他俩回到镇上时，撞上了巡逻的警察，马捷和沙多被缉拿归案了。

哈莱金探长看完后，大笑着说："这份案例里漏洞百出，琼斯应该留一级才对。"

你能发现这案例里有多少处漏洞？请至少找出三处。

43. 完全不对的车子

两名武装歹徒冲进一家银行，抢了钱后，立即乘一辆福特车逃跑了。

一个银行职员记下了车子的号码。一刻钟后，布伦茨警长就带着助手赶到了现场。正在谈论案情时，他们突然发现了要找的那辆福特车。

警官克勒姆叫了起来："这不可能，车子的牌号、颜色、车号都对。"

他们迅速将车拦下。车中是一位年轻男子，名叫西格马尔。布伦茨警长对西格马尔进行了审问。虽然怀疑他跟这起银行抢劫案有关，由于他有不在现场的证据，只好将他放了。

事后调查，歹徒从那家银行抢走 75 000 马克新钞票。

没过几天，又发生了一起银行抢劫案。案发不久，西格马尔违章行驶，被警察罚了 10 马克。两天后，警方逮捕了他，理由是与银行抢劫案有关。

"这不可能，"西格马尔说，"我有不在现场的证据！"

布伦茨警长说道："但你是主谋。你找了两个朋友，弄了一辆完全相同的车。每次抢劫银行，你就将警方的注意力吸引到自己身上来，他们就趁机跑了。但是，这次你犯了个小小的错误，终于露了马脚！"

你能猜出西格马尔的失误在何处吗？

44. 一个报案电话

警察局接到一个报案电话，报案的是费林先生，他说他发现朋友伍德先生死在自家的书房里了。费林先生回忆了这段可怕的经历："我当时正在伍德先生家旁边的路上散步，打算进去看看伍德先生。我注意到他书房的灯开着，就走过去想看看他是不是在那儿。由于窗户玻璃上都是雾气，我就把它们擦干了，然后往里看。结果一眼就看到了他倒在地上。我赶紧踢开门进去，发现伍德先生已经死了，于是我立刻打电话报警。"

听完费林先生的话，警察立刻掏出手铐，逮捕了他，罪名是谋杀。

你知道费林先生的话里有什么问题吗？

45. 自杀的餐馆老板

这是普普通通的一天。波洛正在街上闲逛，突然听到一声枪响。他连忙向枪响的地方跑去，发现是附近的一家餐馆。他跑进餐馆，看到餐馆老板血流满面地倒在地上，额头上有一个弹孔，人已经死了。桌子上放着一把手枪，手枪上面有一张便条，是餐馆老板写的，说他对生活失去了信心，所以选择自杀。

警察赶来之后，判断说这很明显是自杀，因为这家餐馆十分不景气，马上就要倒闭了。而且，便条上的字也很像餐馆老板的笔迹。

波洛却不这么认为。你知道他的理由是什么吗？

侦探小助理

讲述人	时间	地点	事件	侦查手段	证据及线索	关键点
波洛	某天	一家餐馆	餐馆老板遭遇枪杀	现场查看、推理	案发现场桌子上放着一把手枪，手枪上面有一张便条	手枪

46. 保密的措施不保密

无赖雪特打听到海滨别墅有一幢房子的主人去瑞士度假，要到月底才能回来，便起了邪念。他找到懒鬼华莱，两人决定去碰碰运气。

两天后的一个夜晚，气温降到了 −5℃，雪特和华莱潜入了别墅，撬开前门，走进屋里。他们发现冰箱里摆满食物，当即拿出两只肥鸭放在桌子上让冰融化。几个小时过去了，平安无事。雪特点燃了壁炉里的干柴，屋子里更暖和了。他们一边坐在桌边，转动着烤得焦黄、散发着诱人香味的肥鸭，一边把电视打开，将音量调得很低，看电视里的综艺节目。突然，门铃响了，两人吓得跳起来，面面相觑，不知所措。两个巡逻警察进来了，站在他们面前，嗅嗅烤鸭的香味，晃晃两副叮当作响的手铐。

请你判断一下：他们究竟在什么地方露出了马脚？

47. 开具火葬证明

一天晚上，有个五十来岁的男人，走进派出所，神情悲伤，眼含痛苦泪水，以低沉而颤抖的声音向正在值班的警察申报妻子死亡，同时递上了医院的死亡证，要求给开具证明，以便将尸体运往火葬场火化。

警察朝来人投去审视的一瞥，探测到一种异常的迹象，于是决定查个水落石出，就找个借口让来人先回去，立即向值班长报告。

在医院里，警察看到死者安详地躺在那里，并无异常迹象，口中也无异味。病历证实死者确有心脏病史，医生认为可能是正常死亡。而死者的姐姐经警察耐心开导，讲出了自己的疑惑。于是，警察进行了尸检，果然，在死者的胃里发现了山柰。

请问：警察从哪里发现了疑点？

48. 遗书是伪造的

侦探乔森村的助手石原近几天正为女友遇到的麻烦而心神不宁，终于他向乔森村讲了这件事的原委：女友的父亲因交通事故住院，上星期去世了。在葬礼之夜，她的伯父，也就是死者的哥哥，拿着她父亲的遗书，提出要分一半财产给他。遗书是去世的前两天写的。内容是："生前多蒙哥哥的照料，故将我财产的一半馈赠予您，作为报答，唯恐儿子或女儿反对，故立此遗言。"女友的父亲负重伤后就卧床不起。她伯父说这份遗书是她父亲在他一人去探视时写的，没有第三人在场。因为不能坐起来，是仰面躺在床上用普通的圆珠笔写的，所以上面的字七扭八歪的，无法同生前的笔迹相比较，也就无法判断遗书的真伪。

乔森村听了，从写字台上拿起一支圆珠笔来，问道："是这种吗？"

石原说："是的。"

乔森村右手拿着那支圆珠笔，左手拿着纸仰面朝上写了一阵子。突然，向着石原吼了一声："笨蛋！那份遗书纯粹是伪造的。还不快点告诉你的女友，好让她放心。"

请问：乔森村连遗书都没看，怎么就知道那份遗书是伪造的呢？

侦探小助理

讲述人	时间	地点	事件	侦查手段	证据及线索	关键点
助手石原	某天	石原女友的父亲的家	石原女友继承父亲的遗产，她的伯父称自己有权继承	物证、逻辑推理	石原女友的伯父称其哥哥是仰面躺在床上用普通的圆珠笔写了遗嘱	圆珠笔

49. 可靠的证据

有一对兄弟在伦敦经营着一家小珠宝店。忽然有一天，一位堂弟从远方来投靠他们，于是这对兄弟让堂弟到店里帮忙，顺便照顾他，可是心怀叵测的堂弟却计划把平日与他合不来的弟弟杀死，并准备偷走店中的珠宝后逃走。

他和这对兄弟中的弟弟长得几乎一模一样。一天，他假装哥哥的声音，从外面打电话给弟弟，将弟弟骗出去杀了。然后，把尸体投入水井之中，并且把弟弟所穿的衣服藏起来。到了半夜，他偷偷地进入珠宝店，把现金、珠宝及弟弟的旅行支票拿走。第二天是礼拜天，珠宝店公休，他就把头发染成与弟弟一样的金黄色，穿上弟弟的衣服，这样的打扮，几乎就是弟弟。

他首先将珠宝放到挖空的书本中，然后以自己为收件人把书寄出去。接着用弟弟的旅行支票，搭船渡过多佛海峡，并且尽量地引人注意。最后他再以自己本来的面貌回到伦敦。

星期一哥哥来到珠宝店时，发现现金、珠宝被偷，弟弟也失踪了，大惊失色，连忙报警。伦敦警察局的科尔警长奉命调查此事。哥哥对他说，弟弟平时生活虽然不太检点，但是珠宝的产权有一半是弟弟的，所以不可能是弟弟偷的。

科尔警长认同他的说法，现场留下的线索虽然对弟弟不利，可是科尔认为弟弟是无辜的，最大的嫌疑犯便是堂弟了。

科尔警长在珠宝店中仔细地搜查，最后发现了可靠的证据。

试问：科尔找到了什么证据呢？

50. 雪地上的脚印

在一个严冬的早晨，积雪厚达30厘米，罪犯在自己家中杀人后，穿过一片空地，将尸体扛到邻居一所正在建造中的空房内，转移了杀人现场。然后他顺原路返回家，拨通了报警电话，装作若无其事的样子说发现有人被害了。

警探赶到后，查看了那个人往返现场时留在地上的脚印，便厉声呵斥说："你在说谎，凶手就是你！"

你知道警探是怎么判断的吗？

侦探小助理

讲述人	时间	地点	事件	侦查手段	证据及线索	关键点
罪犯	一个严冬的早晨	自己家中	罪犯杀人后，将尸体扛到邻居的空房内	现场查看、推理	当时积雪厚达30厘米，罪犯往返现场时在地上留下了脚印	脚印

51. 重大发现

某城市动物园的一只鸵鸟被人杀害了，还被剖了腹。

警方接到报案后，了解到这是一只从非洲进口的鸵鸟，非常受游人喜爱。警方一直弄不明白为什么有人会杀害这样一只鸵鸟。后来一个警察从他家孩子的地理教科书里找到了答案，案子很快就告破了。

你知道他从地理教科书里发现了什么吗？

52. 不在场证明

昨晚下了一场大雪，今早气温降到了 −5℃。刑警询问某案的嫌疑犯，当问到她昨夜十一点左右有无不在作案现场的证明时，这个独身女人回答："昨晚九点钟左右，我那台旧电视机出了毛病，造成短路停了电。因为我缺乏关于电的知识，无法自己修理，就吃了片安眠药睡了。今天早晨，就是刚才不到 30 分钟之前，我给电工打了电话，他告诉我只要把大门口的电闸给合上去就有电了。"

可是，当刑警扫视完整个房间，目光落在水槽里的几条热带鱼时，便识破了她的谎言。

请问：刑警发现了什么？

53. 凶手的破绽

古时候，苏州有个商人名叫张庆，他经常外出做生意。这一天晚上，他雇好了船夫，约定第二天在城外寒山寺上船出行。

第二天清晨天还没亮，张庆便带着很多银子离家去了寒山寺。太阳出来以后，张庆的妻子听到有人慌忙地拍门喊道："张大嫂，张大嫂，快开门！"张妻开门后，来的正是船夫，他开口便问："大嫂，张老板在哪里？他怎么还不上船啊？"

张妻赶紧随船夫来到寒山寺一探究竟，只见小船停在河边，张庆却失踪了。张妻到县衙去报案，县令听了她的诉说之后，便断定杀害张庆的人是船夫。

你知道这是为什么吗？

侦探小助理

讲述人	时间	地点	事件	侦查手段	证据及线索	关键点
张妻	太阳出来以后	寒山寺外的河边	船夫来张家喊张庆上船，发现他已经失踪	证词、逻辑推理	船夫来张家就喊张大嫂，让张老板上船	证词

第三章 ▷

深入分析犯罪心理

54. 不翼而飞的赎金

某银行董事长的儿子被绑架，歹徒索要 20 万美元的赎金。

歹徒打电话给受害者的家属说："把钱放在手提箱里，在今晚九点把手提箱放到火车站 22 号寄物箱内。寄物箱的钥匙在旁边公用电话亭的架子下面，用胶布粘着。把手提箱放入寄物箱之后，再将钥匙放回原处。"

儿子性命攸关，董事长答应了歹徒的要求，但他还是叫人秘密地报了警。

董事长把 20 万美元装进手提箱，于晚上九点钟赶到火车站。在寄物箱附近，已有警察在秘密监视。

董事长找到钥匙，把手提箱放入 22 号寄物箱，锁上箱子，将钥匙放回原处后，便驱车离开了。

电话亭附近也有警察监视。可是一直到天亮，歹徒始终没有露面。

第二天中午，董事长接到歹徒的电话说："20 万美元已经收到，你的儿子今天就能回家。"

警察接报后马上打开 22 号寄物箱。手提箱仍在，但离奇的是，20 万美元已经没有了。

请问：歹徒究竟是怎样把钱取走的呢？

55. 吞蛋送命

王忠准备生吞十枚鸡蛋。他这样表演，是因和朋友打赌引起的，可惜他不知道其中一个朋友赵三对他有谋害之心。

王忠剥开第一枚鸡蛋，仰起头猛吞下去，接着又吞下两枚，赢得了全场的掌声。

第四枚鸡蛋被一口吞下时，只见王忠脸色一变，吐了一口鲜血，话也说不出来了。

在场的人大惊，忙把他送进医院，经抢救才脱险。

警官接手调查此案，查到鸡蛋是赵三提供的，里面藏有钢针，于是逮捕了他。

你知道赵三是如何把钢针放入鸡蛋的吗？

56. 凶器消失了

在一个高级俱乐部的女性专用的蒸气浴室里女招待被杀。死者一丝不挂，被刺中了腹部。从其伤口判断，凶器很可能是短刀一类的东西，可浴室里除了一个空暖水瓶外，根本找不到其他看似凶器的刀具。

因为案发时还有一名女招待同在浴室里，所以被怀疑为凶手。但是当时在门外的按摩师清楚地看到，此人一丝不挂地从浴室出来，未带任何东西，而且直到15分钟后尸体被发现，再没有任何人出入浴室。

试问，凶手究竟用的是什么凶器，又藏在什么地方呢？

57. 手枪队护送宝马

一位欧洲富人不惜重金从亚洲买了一匹日行千里的宝马。为了把马安全运送到家,他专门请了一支手枪队护送这匹马。手枪队和马被安置在火车的同一节车厢,可是在开往欧洲的路上时,马却被盗了。

据说这支大约10人的手枪队一直和马寸步不离,也不是手枪队监守自盗,这究竟是怎么回事呢?

58. 失踪的赎金

百万富翁贝克的独生子突然失踪了。这天,贝克收到一封恐吓信:"如果你还想见到你的儿子,就把100万美元赎金装进手提包,明晚十二点,让你的司机在万圣公园的雕像旁边挖一个坑埋进去,后天中午你的儿子就可以回家了。"

贝克心急如焚,立即报了警。警方立即派警察埋伏在万圣公园暗中监视。

夜深了,公园里漆黑一片,公园门口有警方把守,雕像附近也隐蔽了好几个警察。

司机带着装有100万美元的手提包来了。他按绑匪的要求,在黑暗中挖了一个很深的坑,把手提包放进去埋好,然后空着手走了。警察们紧紧盯着雕像附近的一切动静。

可是,直到第二天中午,还是不见任何人来取钱,贝克的儿子却平安回到了家。

警方不知绑匪在耍什么花招儿,决定挖开埋钱的坑,手提包还在,可是打开一看,100万美元不翼而飞。警方日夜监视着那个坑,司机也确实把手提包放进坑中埋好,那100万美元到哪去了呢?

请你想想:赎金会在哪里?绑匪又是谁?

侦探小助理

讲述人	时间	地点	事件	侦查手段	证据及线索	关键点
百万富翁贝克	某天	万圣公园	贝克的独生子被绑架,司机送去的赎金不翼而飞	分析、推理	①没有任何人取钱;②钱是司机送去的	司机

59. 引爆

一天,市区发生了一宗爆炸事件。一位外出归来的音乐家回到住所不久,屋里突然发生爆炸,音乐家当场被炸死。

侦探勘查现场时发现,窗户玻璃碎片里还掺杂着一些薄薄的玻璃碎片,分析可能是乐谱架旁边桌上一个装着火药的玻璃杯发生了爆炸。奇怪的是室内并没有火源,也找不到定时引爆装置的碎片。如果不是定时炸弹,为什么定时引爆得那么准确呢?真不可思议!

就在这时,侦探获得了一个线索:发生爆炸前,音乐家正在用小号练习吹奏高音曲调。

侦探从这个小小的线索中,立即识破了罪犯的手段。

你知道罪犯是如何引爆炸药的吗?

60. 犯罪手法

法国有位侦探叫鲁彭。一次,一个罪犯进行犯罪活动,鲁彭为破案,就给罪犯家里打了个电话。尽管当时罪犯还未能离开现场,接电话的却是罪犯本人。这可把鲁彭弄糊涂了,他当时想了很久也不知罪犯使用了什么手段，伪造了"不在现场的假象"。后来，他一下子就猜出了罪犯使用的是什么手法。

你能猜出来吗？

61. 寡妇之死

住在犹太人聚居区的一位年轻寡妇，有一天被发现死在自己寓所的卧室内。推断死亡时间为前一天晚十点左右，致死原因是氢酸钾中毒。

死者没留下遗书，但是由反锁的门与防盗链、扣紧的门窗来推断，警方一致认为是服毒自杀。

但是，该区神父却怀疑警方的推断。因为死者是虔诚的犹太教徒，最近精神状态并无反常，而且听说她最近还有再婚的打算。

根据资料，前一夜死者的小叔曾拜访过她。警方指出："此人七点左右来，在九点以前就离开了，走的时候死者还亲自送他离去，这是管理员亲眼看见的。"

神父忽然想起死者有服用安眠药的习惯，于是向警方说道："死者的小叔就是凶手！因为如果死者是自杀的，现场必有盛毒容器。"

接着，神父就把凶手杀人的计谋有条不紊地说了出来。

你知道是什么计谋吗？

侦探小助理

讲述人	时间	地点	事件	侦查手段	证据及线索	关键点
神父	晚上十点左右	犹太人聚居区	一位年轻寡妇死在自己寓所的卧室内	情景再现、推理	①死者有服用安眠药的习惯；②现场没有盛毒容器	容器

62. 被偷得彻底的别墅

小北的家在城市近郊，那是一幢别墅式的住宅，房子外面有一个大花园，附近没有邻居。秋天的时候，小北的夫人带孩子去外婆家，只有小北一人在家，他每天都在公司吃过晚饭再回家。

一天晚上，当小北回到家时不禁大吃一惊：只见大门敞开，家里的一切都没有了。包括钢琴、电视机、录像机，就连桌子和椅子，这些家具也全不见了，整个屋子空空如也。

这显然是被盗，但是令人不可思议的是窃贼怎么会这么大胆，大白天居然把小北家偷得这么彻底呢？并且，据说在窃贼们偷盗的时候，有两个巡逻警察还站在旁边看了一会儿热闹。这到底是怎么回事？

侦探小助理

讲述人	时间	地点	事件	侦查手段	证据及线索	关键点
小北	秋天	小北的家	小北的家被盗	情景再现、推理	①整个屋子被偷得空空如也；②当时警察看到了却没干涉	搬空

63. 工人偷运橡胶事件

在一家提炼橡胶的工厂，经常发生工人偷运橡胶倒卖的事件。工厂的负责人为了防止橡胶被偷运，特意雇用了保安人员，对下班出厂的车辆、工人进行严格检查。

这一天，保安部接到举报，说今天有人要偷运橡胶出厂。保安人员立即行动起来，对来往行人、车辆都十分认真地进行排查。这时，一辆满载胶桶的货车准备驶出工厂大门，保安人员检查时，发现车上装的只是一些空胶桶，里面并没有装橡胶，就准予货车驶出工厂。过了一会儿，举报人又打来电话，说："刚才出去的那辆车已把橡胶偷运出厂了。"说完就挂掉了电话。

保安人员十分不解，他们对货车进行了全面检查，橡胶被藏在了什么地方呢？你能猜得到吗？

侦探小助理

讲述人	时间	地点	事件	侦查手段	证据及线索	关键点
保安人员	某天	提炼橡胶的工厂	有人偷运橡胶出厂	物证、推理	车上装的只有一些空胶桶	胶桶

64. 同样的剧情不同的结论

一个深夜，江文驾车正在峭壁险峻的海岸线车道上兜风，当到了一个急转弯处时，突然前方出现了疾驶而来的汽车。

那辆车的车速与江文的车速相同，离得越来越近。这条路只有对开两辆车那么宽，江文向左打轮时，对方似乎也同样在向右打轮。车灯从正面直射过来，江文心想，如果这样下去会迎面撞在一起，但为时已晚，已经没有躲闪的余地了。

江文不由得闭上眼睛，一狠心向右猛打方向盘，就在这一刹那，他的车子撞断护栏，冲下悬崖掉进大海，幸好江文迅速钻出车子浮在海面上，才捡了一条命。

这起交通事故实际上是江文的情敌王力一手策划的。可奇怪的是，江文错打了方向盘时，对面一辆车也没有，现场连对面会车的轮胎痕迹都没留下。

你知道王力用的是什么手段吗？

65. 警犬也会有失误

一个初秋的夜晚，监狱中有个囚犯越狱了。他用监狱厨房里烧火的木棒当高跷，跨过高耸的围墙，成功地逃出了监狱，接着穿过围墙边的空地，逃进了满是树林的山丘。

不过，由于正好下雨，被雨打湿的地面上留下了清晰的脚印。狱警带着警犬沿着脚印进行追踪。警犬仔细嗅过囚犯的足迹之后，一直循此足迹前进，直到进入树林。但追到途中，警犬不知为什么突然停下了脚步，左顾右盼，一步也不前进了。

逃犯并没有换穿别的鞋子继续逃亡，他脚上穿的始终是同一双鞋。

请问：他是如何骗过嗅觉灵敏的警犬的呢？

侦探小助理

讲述人	时间	地点	事件	侦查手段	证据及线索	关键点
警方	一个初秋的夜晚	监狱外的树林	有个囚犯越狱，逃到树林里警犬却不追了	物证、推理	囚犯没有换鞋，仍是同一双鞋	气味

66. 古屋幽灵

这是一座南北战争时期留下的古屋，据说曾出现过幽灵。买下这座古屋的人想将屋子整修一番，便雇来了工人。工人们刚刚走进前厅，突然出现一个全身冒着火焰、身高2米以上的幽灵，手持匕首，似乎要扑过来。工人们吓得拔腿就跑。

事情传出去以后，有些曾经进入过这座屋子的人提供了一些线索。他们说，这座屋子已建造了几十年。当时的主人据说在屋内藏了大量的珠宝。后来主人死了，珠宝究竟藏在哪里，没有人知道。曾进去过的人只知道，这座屋子的墙上装了许多大镜子。

不信邪的道格斯教授决心解开这个谜。他在漆黑的客厅里等幽灵出现。果然，像以前一样，幽灵手持匕首在火光中出现了。道格斯教授盯着幽灵细看，好像看到一个穿着宽大衣服的高个子男人。再仔细看，道格斯教授突然明白了，他猛地抓起身边的一把椅子朝前砸去。

"乒嘟嘟……"只听见一阵玻璃破碎的声音，幽灵随即不见了。

道格斯教授从屋里出来，马上与警方联系。警察包围了古屋……不久，事情便真相大白了。

你能想象出这幽灵究竟是怎么回事吗？

67. 女窃贼

女窃贼成田久子越狱逃跑了，女看守辛吉慌慌张张地向她的上司银次警长报告了这一惊人的消息。银次警长赶到104号女监一看，牢门敞开着，打开的铁锁掉落在水泥地上，锁上还插着一把用旧铁片锉成的钥匙。显然，女窃贼成田久子就是用这把钥匙打开铁锁逃跑的。

银次警长记得很清楚，昨天他把成田久子送入女监时，曾经指令女看守辛吉脱去成田久子的衣服进行了认真的检查。事后辛吉向他报告说，她就连成田久子的内衣都仔细地检查过了，没有发现任何夹带之物。再说，女窃贼事先并不知道将她关押在女监 104 号，她不可能事先准备好这间牢房的钥匙。那么，这把铁片锉成的钥匙是哪里来的呢？

"在你值班期间，有人和成田久子接触过吗？"银次警长想了想，厉声问女看守辛吉。

"没有……啊不，有过的，但他并未和成田久子直接碰面呀！"辛吉结结巴巴地说。

"那人是谁，他来干什么？"

"啊，是这样的。"辛吉回忆说，"昨晚，长寿庵的和尚伸助来找我，说成田久子是庵里的女施主，曾经出钱维修过长寿庵。现在她犯罪了，他送碗面条来给她充饥。我把面条捞起来细细地检查了一番，没有发现碗里有其他东西，就亲自送给成田久子吃了，空碗也是我拿回来交还给伸助的。伸助根本没有和成田久子见面，他也不可能给她钥匙。可是……等我上完厕所回来，只几分钟光景，该死的女窃贼就打开铁锁逃跑了。"辛吉显得非常难过。

"这是你的疏忽。"银次警长严肃地说，"你对那碗面条检查不严格。就是那个好色的伸助和尚，在你的眼皮底下把仿制的牢房钥匙送给了他的情妇成田久子，让她打开牢房的门逃跑了，你难道还不明白吗？"

"我……"辛吉并没有明白银次警长的意思。

请问：伸助和尚是怎样把仿制的牢房钥匙送给成田久子的？

侦探小助理

讲述人	时间	地点	事件	侦查手段	证据及线索	关键点
女看守辛吉	某天	女子监狱	女窃贼田久子越狱逃跑	物证、推理	①伸助和尚曾送给田久子一碗面；②面碗里没有可疑的东西	碗

68. 酬金有诈

星期天，某公司经理查理斯正在公园的林荫小道上散步。

忽然，一个年轻漂亮的女子同他打招呼。

查理斯问道："小姐，您是哪位？"

那女子冷冷地说道："我是一个杀手！"

查理斯的脸色一下子变得煞白，脱口而出："啊，你是那个小子派来的吗？"并苦求饶命。那女子说："请别误会，我不会杀你的，我是来帮助你的。刚才你说的那个小子，是不是 H 公司的经理？"

"是，是，在商业上，他是我最大的敌人，我巴不得他早点死掉！"

那女子用商量的口气说道："这件事就交给我办吧！我要让他不留痕迹地、无声无息地死掉。至于采取什么办法，你最好别问了。"

"好！事成之后，重金酬谢！"

三个月后，查理斯听说 H 公司的经理因心脏病治疗无效去世了。随后，在一个星期天的早晨，还是在那条林荫道上，查理斯再次碰到那位女子，他如数付了酬金，那女子迈着轻盈的步子走了。

那个女子用什么办法使 H 公司的经理死掉，却没被警察发现，从而得到一笔数量可观的酬金呢？

69. 瞬间逃窜的匪徒

一天深夜，某大厦 21 楼的保险柜被人炸开，一笔巨款随之失踪。由于这家大厦装有直通警署的警报系统，所以警察的巡逻车不到 1 分钟就到达了犯罪现场。

警察到达现场后，发现这座大厦正在停电，一片漆黑。警察找到了大厦的管理员，他声称，由于电箱的保险丝被烧断了，这才导致停电。警察守在大厦的出入口，又来到 21 楼失窃现场，发现案犯已经逃走。但是，大厦是封闭式的，根本没有其他出口供案犯逃跑。警方又经过实验，证明普通人由 21 楼跑到楼下，至少也需要两分钟，但警车在一分钟内即到达了现场。案犯是用什么办法逃走的呢？

最后经过调查，警方发现管理员是匪徒的同谋人。

那么请问，为什么案犯能在 1 分钟内逃出大厦呢？

侦探小助理

讲述人	时间	地点	事件	侦查手段	证据及线索	关键点
大厦管理员	一天深夜	某大厦二十一楼	保险柜被人炸开，一笔巨款随之失踪	现场查看、情景再现	①当时保险丝烧断导致停电；②逃跑需要 2 分钟，而警察赶到花了 1 分钟	楼梯

70. 罪犯的阴谋

夕阳西下，广阔的原野上阿尔法策马而行，奔往 A 城。途中的一株枯树上，捆绑着一个死去的牧马人。牧马人的嘴被堵着，脖子用 3 根牛皮条捆住，显然是由于脖子被勒住后窒息而死的。阿尔法解开绳子，把尸体放在马上，运到 A 城的警局。经检验，警官推断死亡时间是当日下午四点钟左右。第二天，警官逮捕了一名嫌疑犯。但是，经过调查，这个人从昨天中午到死尸被发现这段时间一直在 A 城，有人证明他一步也没离开 A 城。因为有人证明他不在场，所以，尽管他嫌疑很大，也不得不释放。警官十分为难。"警官先生，所谓罪犯不在现场是一个骗局。"阿尔法三言两语，便使得真相大白。

罪犯使用什么手段制造了骗局？提示：罪犯是单独犯罪，没有同案犯。

71. 凶手的作案手段

一天早晨，侦探在自家附近的公园里散步时，发现空地中央处仰面躺着一个年轻女子。人已经死了，其左胸上插着一把细长的没有把手的日本刀，大概她被刺中后没走几步便气绝身亡了。

刚刚下过雨，地面仍湿漉漉的。可是，令人感到奇怪的是，以尸体为中心，半径 25 米的范围内，只留有被害人高跟鞋的鞋印，却不见凶手的足迹。由于四处找不到刀鞘，既不能认为是被害人自己拿着一把没有把手的日本刀刺进自己的胸膛自杀，也不能认为是凶手把刀拴在 25 米长的竹竿或木棒一端行刺的。如果拿那么长的棒子，被害人会及时发现逃脱的。

那么，凶手究竟是用什么手段行刺的呢？这个案子就连老谋深算的侦探也思考了良久。当他注意到日本刀没有把手时才恍然大悟，进而识破了凶手巧妙的作案手段。

请你也当一次侦探，把这个案子推理一下。

侦探小助理

讲述人	时间	地点	事件	侦查手段	证据及线索	关键点
侦探	雨后的一天早晨	公园	空地中央仰面躺着一个死去的年轻女子	现场查看、情景再现	①死者身上插着一把没有把手的日本刀；②凶手不是近距离作案	刀

72. 时间观念很强的银行经理

鲁克伯是一家大银行的经理，他的时间观念很强，身上总带着一只手表和一只怀表，常常核对时间。

那天，有人在鲁克伯家和他谈话，家里只有鲁克伯和他侄子两人。夜深了，在客人即将告辞时，鲁克伯把侄子叫上二楼。据他侄子说，是伯父忘了打开窗子，让他把窗子上下各打开 30 厘米。

然后，客人和他侄子一起离开了。喝了一会儿酒，他侄子向客人借了一支猎枪，两人一同回到鲁克伯家，但门锁着，进不去。他侄子很生气，用手中的枪朝空中打了一枪，大叫道："伯父，你就在楼梯上摔死算了！"

当晚，他侄子就住在客人家。

第二天，人们发现鲁克伯果然摔死在楼梯上。楼梯上的地板有不平的痕迹，显然是因此而掉下来摔死的。尸者的右手拿着怀表，那表快了 1 小时；手表摔坏了，指着 12 点，正是他侄子叫喊他的时候。难道诅咒能成为现实吗？当然不会。

请问：鲁克伯到底是怎么摔死的呢？

73. 雪后脚印

一处悬崖峭壁，屹立在惊涛骇浪的海岸上。大雪纷飞，不一会儿，山顶上就积满了白茫茫的一层雪。大雪过后，在积雪中清清楚楚地留下了一串脚印，由远处的村庄走到了绝壁跟前……

再也找不到别的脚印了，是不是村里有人跳海自杀了？

但是经过调查了解，得知并没有人跳海自杀。请想一想，这可能是怎么回事呢？

74. 中毒

一天，亨利探长应友人之邀去一家小酒店饮酒。突然，隔壁桌上的一位老板呻吟着呕吐起来，两位保镖立即拔出匕首，对准与老板同座的一位商人。

亨利探长一问，才知道双方刚谈成一笔生意，共同喝酒庆贺，谁知老板竟中毒了。那位商人举着双手，吓得不知所措。

探长走上前，摸了摸温酒的锡壶，又打开盖子，看见黄酒表面浮着一层黑膜，就说："果然是中毒了！"

这时，中毒的老板摇晃着身子说："探长，救救我！他身上一定带着解毒药！搜出来……"探长笑着说："错了，他身上没带解毒药！这酒是你做东请客的，他怎么有办法投毒呢？"

到底酒里有没有毒？

75. 滑雪场的凶案

在某著名滑雪场，一架登山升降车正缓缓向山上移动着。

这时，坐在里面的一位女游客突然发出一声尖叫，从登山升降车里掉下去摔死了。

警察查看了死者身上的伤，发现女游客是被尖锐的器物刺进胸口后，摔入山谷而死的。但是，现场却没有发现任何凶器。

据了解，当时在女游客的升降车前后并没有人坐，只有在靠近其升降车较前位置坐着一位中年男子，可是这位男子坐的位置离女游客有七八米远。他怎么可能杀死女游客呢？

你能猜出来吗？

侦探小助理

讲述人	时间	地点	事件	侦查手段	证据及线索	关键点
游客	某天	滑雪场	登山升降车上一位女游客被尖锐器物刺进胸口后摔入山谷而死	现场查看、推理	①现场没有发现任何凶器；②最近的男子离女游客有七八米远	滑雪用具

76. 不可能发生的事

在风景如画的海滨沙滩上，有人发现了一具完整的女尸，死者身高在 1.8 米左右。

尸体被装在一只布袋里，布袋四周绑有 32 个铁饼，相当笨重。看上去，凶手在杀死女人之后，企图将尸体沉入大海。没想到，沉重的布袋依然被冲上了沙滩，结果尸体被发现了。

经过调查，警方找到了几个嫌疑犯：一个是身材矮小、瘦削的出租车司机，一个是身材高大的流氓，还有一个则是孔武有力的壮汉。

警方依法进行了仔细搜查，结果在那辆出租车里发现了死者留下的血迹。原来，这个司机看到死者的钱包里有很多现金，见财起意，就杀死了她，并弃尸大海。

但是，一个瘦小的歹徒，怎么能够把这具绑着这么多铁饼的尸体，拉过沙滩再抛入大海呢？

侦探小助理

讲述人	时间	地点	事件	侦查手段	证据及线索	关键点
警方	某天	海滨沙滩上	有人发现一具女尸	现场查看、推理	布袋四周绑有 32 个铁饼	铁饼

77. 硬币透露了案情

在学生宿舍楼的正门外，一具尸体背朝上倒在地上，背部垂直射进一支羽箭，从头朝门、脚朝大道的姿势看，显然死在外出归来正要开门的时候。经查询，死者名叫吉姆。警长卡特翻动了一下尸体，发现尸体下面有 3 枚 100 元的硬币，在死者衣兜的钱夹里，有不少 10 元和 100 元的硬币。

卡特问宿舍楼管理员：“这幢楼里有多少学生居住？”

　　管理员说："现在是暑假期间，学生们大都回家了，只剩下吉姆和布朗两人。他俩都是射箭选手，听说下周要进行比赛。"他抬头指着对着正门的二楼房间介绍说："那就是布朗的房间。不过，今天晚饭后布朗一直没有从二楼下来过。"

　　卡特来到布朗的房间里，叫醒了他。布朗吃惊地说："你们怀疑我吗？请别开玩笑。吉姆是正要开门的时候，背后中箭死的。就算我想杀死他，但我从窗口里也只能看到他的头顶，无法射到他的背部啊！"

　　卡特走到窗口，探身望了望，便转身取出 3 枚 100 元的硬币，对布朗说："这是你的吧，也许上面还有你的指纹哩。"

　　布朗一看，结结巴巴地说："可能是我傍晚回来，不小心从兜里掉出来的。"

　　卡特说："不，是你用它为吉姆设下了陷阱！"

　　请问：住在二楼的布朗究竟是怎样谋害吉姆的呢？

78. 狡诈的走私犯

　　霍普是个国际走私犯，每年从加勒比海沿岸偷运东西，从未落网。

　　根据海关侦查，6 个月前他曾在海关露面，开一辆新出厂的黑色高级蓝鸟敞篷车，海关人员彻底搜查了汽车，发现他的 3 只行李箱都有伪装的夹层，3 个夹层都分别藏有一个瓶子：一个装着砾岩层标本，另一个装着少量牡蛎壳，还有一个装的则是玻璃屑。人们不明白他为什么挖空心思藏这些东西。更奇怪的是，他每月两次定期开着高级轿车经过海关，海关人员因抓不到证据，每次都不得不放他过去。

迷惑不解的海关总长找名探洛里帮助分析，洛里看着"砾岩层、牡蛎壳、玻璃屑"深思着。"这些东西有什么意义？"总长心急地问，"他到底在走私什么东西？"洛里点燃烟斗，沉思良久，恍然大悟，笑着说："这个老滑头，你把他拘留起来好了。"

霍普到底在走私什么东西？

侦探小助理

讲述人	时间	地点	事件	侦查手段	证据及线索	关键点
海关总长	某天	海关	走私犯霍普走私东西，却无法发现	现场查看、推理	他每次都开着高级轿车经过海关	轿车

79. 打破的水晶花瓶

波洛侦探的助手报告说："迈克被杀死了，凶手就是他的仆人，但是一直没有找到凶手用的凶器。而地上的水晶花瓶碎片是凶手离开现场时不小心打破的。"

波洛说："不，他是故意打碎的。"

你知道凶手为什么这么做吗？

80. 老虎的微笑

玛莉美丽热情，是动物园的驯兽师，负责训练狮子和老虎等猛兽。这些平时非常凶猛的猛兽，一看到玛莉就变得温顺听话。在玛莉的调教下，老虎和狮子学会了钻火圈、滚球等项目，成了动物园的大明星。

每次动物园举办表演，最后一个压场节目都是由玛莉和老虎来表演：老虎张开血口，玛莉把头伸进老虎嘴里。

这天，正是动物园举办表演的日子，游客们从四面八方赶来，观看玛莉的驯兽表演。老虎和狮子在玛莉的指挥下既机敏又驯服，观众们不停发出啧啧的赞叹。

终于，最后一个节目来了，玛莉要像往常一样把头伸进老虎嘴里去，观众的心都提到了嗓子眼儿，玛莉却一点也不慌——她和老虎已经配合了不知道多少次，是不可能有危险的。

在玛莉的指挥下，老虎顺从地张开了大口，玛莉优雅地给全场观众鞠了一躬，然后返身弯腰，把头伸到老虎嘴里，观众席上发出了潮水般的掌声。

就在玛莉准备把头抽出来的一刹那，老虎嘴角上翘，做出了微笑一般的表情。接着，老虎将嘴一合拢，玛莉顿时倒在血泊之中！

观众们惊呆了，老虎好像也受惊了，它不停地用舌头舔她的脸。其他驯兽师飞快冲上去把玛莉救出来，但玛莉因为颈部血管破裂，失血过多，已经死了。

动物园园长无论如何也不能相信这样的事实，最有天赋的驯兽师玛莉竟然被自己驯养多年的老虎咬死！这是完全不可能的！

他强烈要求警方调查，可是警方说事情已经非常清楚，玛莉被老虎咬死，全场观众都亲眼看见，这有什么好调查的呢？无奈之下，动物园园长找到了布莱尔侦探，请他来解决这个离奇的事件。

布莱尔静静听完了事情的经过，问道："当天老虎喂饱了吗？老虎的情绪很差吗？"

园长肯定地答复道："老虎在表演前绝对喂饱了，情绪也非常好。何况就算饿着肚子或者心情很糟，它也不会袭击玛莉。他们之间有很深的感情。"

"这就奇怪了。"布莱尔继续问道，"那么，还有什么其他特别的事情吗？"

"倒是有一件事情。"园长说，"不知道重要不重要。有观众告诉我，老虎在合上嘴以前，露出了微笑一般的表情。"

"微笑？真是莫名其妙！"布莱尔琢磨着。可是，老虎为什么合上嘴前笑一笑呢？忽然，他想到了什么，大声说道："我明白了，玛莉是被人害死的，这个凶手真是太聪明了！""是吗？"园长连忙问道，"那么凶手到底是谁呢？"

布莱尔胸有成竹地答道："很可能就是玛莉的发型师！"

为什么布莱尔能根据老虎的微笑推测出凶手呢？

81. 没有消失的指纹

躲在远离 S 国的一家五星级宾馆的大床上，约翰深深地舒了一口气，心中暗暗得意：哼，让那些愚蠢的警察尽情地找我去吧！除了那处指纹以外，我什么也没有留下。

原来，约翰就是前几天震惊世界的"S 国国宝盗窃案"作案团伙成员之一。他们合伙窃取了收藏在 S 国国家博物馆中价值连城的宝物——黄金神像。约翰为了独吞赃物，干掉了其他同伙，独自带着珍宝来到国外，想等风声过了再将宝物卖出。那样的话，自己就会得到一大笔钱，足够后半辈子享用的了。

本来计划得挺完美，可是作案时，约翰不小心把一处指纹留在了现场。警方勘查现场的时候找到了这个线索，于是通过国际刑警组织，在世界各国寻找与现场指纹吻合的人。走投无路的约翰灵机一动，想出了变换指纹这一招儿，于是，他出高价在黑市上找到一位医生，从自己的小腿上割下一些皮肤，移植到了自己割掉指纹的手指上。

看着自己刚刚做过手术的手指，躺在床上的约翰满意地闭上了眼睛，梦想着即将实现的荣华富贵，嘴角不禁露出了一丝坏笑。

可是不知道为什么，不久之后，当约翰就要取得永久居住在 C 国的护照时，国际刑警组织找上门来了。约翰看到警察出示的逮捕证，顿时瘫软在地。他怎么也想不明白，自己的计划那样完美，行动那样谨慎，就连唯一留下的证据也被自己销毁了，可是警察到底是怎样找到自己的呢？

第四章

深度逻辑推理

82.一片沉寂

警长罗斯的别墅同哈利的寓所相距不远。一天夜里，突然一声枪响。罗斯闻声往外跑，正碰上哈利。哈利喊道："托尼被枪杀了！"

罗斯边走边听哈利诉说："托尼是我的客人。刚才我俩正看电视，突然电灯全灭了，我正要起身查看原因，前门开了，闯进一个人来，对着托尼开了两枪，没等我反应过来，那人已无影无踪了。"

进入寓所，罗斯发现房间里很黑，用手电照着托尼，他已死去。罗斯到车库里把被人拉开的电闸合上，房间里的灯立刻亮了。

第二天，名探洛克听着警长罗斯复述在现场所见，问道："开闸后电灯亮了，这时寓所里还有什么响动？"

罗斯说："一片沉寂。"

洛克说："够了。哈利涉嫌谋杀成立。"

请问：洛克为什么做出这一判断？

侦探小助理

讲述人	时间	地点	事件	侦查手段	证据及线索	关键点
警长罗斯	一天夜里	哈利的寓所	托尼被枪杀	现场查看、推理	①案发当时电闸被关上；②电闸合上以后一片沉寂	电视

83. 等鱼上钩

一日，张生投店住宿。半夜，有人用他的刀杀了店主，之后又把刀插回原鞘。

张生并未察觉，次日清晨就离开了客栈。天亮后，店里人见主人被害，把张生追回，查看佩刀，只见鲜血淋漓。张生瞠目结舌，无法辩白，被送到官府，重刑之下，只好招认店主是自己杀的。

主审官觉得有些可疑，便下令把当夜在店中的 15 岁以上的人都集中起来，然后又把他们放了，只留下一个老妇人。每天如此，几天之后，罪犯便自投罗网。

试问，这是什么道理呢?

84. 寓所劫案

一个画家的寓所遭到抢劫，警方立即赶到现场。他们发现大门是开着的，就在他走进大厅时，突然听见从卧室传来阵阵痛苦的呻吟声，进去一看，原来画家身负重伤倒在地上。

画家忍痛发出微弱的声音:"快……地道……"说着右手吃力地指向床底，警方随着他指的方向发现有一块板子，下面可能有地道，大概作案人是从这里逃出去的! 但是警方却没有找到这个地道的开关。

就在这时，画家又用十分微弱的声音吃力地说道:"……开……关……掀……米……勒……"说完就断气了。

警察反复地琢磨着"……开……关……掀……米……勒……"这句话，然后环顾了一下四周，发现房间里有一幅米勒的画像，还有一架钢琴。

警察立即认定开关设在米勒的画像后面。可是他们将画像掀开后，却没有找到开关。

就在这时候，一位警察灵机一动，找出开关之所在，并沿着地道一路追踪，将罪犯抓获。

请问，你知道地道的开关设在哪里了吗？

侦探小助理

讲述人	时间	地点	事件	侦查手段	证据及线索	关键点
一名画家	某天	画家的寓所	画家寓所遭到抢劫	人证、推理	①"开关掀米勒"；②房间里有一幅米勒的画像，还有一架钢琴	琴键

85. 不早不晚，正好七点

早晨，当埃里森探长赶到凶杀案现场时，屋里的挂钟正"当当"地响了七下。探长下意识地抬腕看了看自己的手表，不早不晚，正好七点。已在现场调查取证的一位侦探报告说："经过仔细检查，没有发现其他证据与线索，除了这盘磁带。它是最重要的证据，显示受害人被杀的时间是昨天晚上 10 时 6 分。"

原来，侦探们接到报案赶到案发现场后，在一台收录机中发现了一盘未被取走的磁带。侦探们倒带听了一下录音，立刻就发现了这一重要线索。

"噢，那么准确？"埃里森探长随口问了一句。

"磁带中录的是昨晚曼联和阿森纳两支英超球队的比赛实况。就在曼联球员攻入制胜的第三个进球的时候，磁带中突然响起了枪声，一共是两声，接着就是一阵呻吟声。经与负责昨晚电视转播的电视台确认，当时的时间是 10 时 6 分。"

"如果事情果然是这样的话，这是第二现场。"埃里森探长示意再听一下录音带。

"不会吧？我们听了好几遍了。"

请问：你知道埃里森探长为什么这么肯定吗？

侦探小助理

讲述人	时间	地点	事件	侦查手段	证据及线索	关键点
一位侦探	早晨七点	案件现场	凶杀案	物证、推理	①埃里森探长听到屋里的挂钟响了七下；②磁带中录有球赛实况并且有枪声	钟声

86."幽灵"的破绽

皇家大旅馆经理贝克斯刚要下班回家，襄理苏顿匆匆走进他的办公室，向他汇报说："刚才接到警方通知，'旅馆幽灵'已经来到本市，可能住进我们的旅馆，让我们提高警惕。"

贝克斯一惊："这个'幽灵'有什么特征？"

苏顿说："据国际刑警组织掌握的材料，他身高在 1.62 米到 1.68 米之间，惯用的伎俩是不付账突然失踪，紧接着旅客发现大量钱财失窃。他还经常化名和化装。"

贝克斯摇摇头说："我们该怎么办？如果窃贼真的住在我们旅

馆里的话，你要多加防范。昨天电影明星格兰包了一个大套间，她带了那么多珠宝，肯定是个目标。大后天早晨还有 8 位阿拉伯酋长来住宿，你派人日夜监视，千万别出差错。"

"是的，我已经采取了措施。"苏顿说，"我们旅馆有 4 个单身旅客，身高都在 1.62 到 1.68 米。第一个是从以色列来的斯坦纳先生，经营水果生意；第二个是从伦敦来的勃兰克先生，行踪有些诡秘；第三个是从科隆来的企业家比尔曼；第四个是从里斯本来的曼纽尔，身份不明。"

"这么说，其中每个人都有可能是'旅馆幽灵'？"

"是的，但您放心，我一定不会让窃贼在这儿得手。"

第三天上午，8 位阿拉伯酋长住进了旅馆。苏顿在离前台不远的地方执勤，暗中观察来往旅客。斯坦纳先生从楼上走到大厅，在沙发上坐下，取出放大镜照旧读他从以色列带来的《希伯来日报》。10 时，勃兰克和曼纽尔相继离开了旅馆。10 时 10 分，电影明星格兰小姐发现她的手镯、珠宝都不见了。苏顿顿时紧张起来，一边向警察报案，一边在思考谁是窃贼。

这时，他又把眼光落在斯坦纳身上。斯坦纳好像根本不知发生了什么事，仍正襟危坐，聚精会神地借助放大镜看他的报，从左到右一行一行往下移。突然，苏顿眼睛一亮，把斯坦纳请到了保卫部门。

一审讯，果然是斯坦纳作的案。

请问：苏顿是怎样看出斯坦纳伪装的破绽的？

87. 小福尔摩斯

本杰明是一名普通的六年级学生。不过，他认为自己是个小福尔摩斯。一天，在路上散步时，他注意到有两个人正在争论着什么，就跑过去看看是怎么回事。本杰明认出这两个人是他的同学杰里米和雅各布。杰里米正在指责雅各布杀死了他最心爱的宠物——蟑螂！雅各布则辩解说："今天早晨，杰里米让我帮他照看一下他的蟑螂，所以我一天都把它带在身边。大约半小时以前，我发现蟑螂好长时间没有动弹了。我拍了拍笼子，它毫无反应，于是我就打电话给杰里米。当时，蟑螂就像现在这个样子。可是，杰里米却说我杀了他的蟑螂。真是好心没好报！"

本杰明看了看背上还带有光泽的蟑螂尸体，想了一会儿，最终断定的确是雅各布杀死了蟑螂。

他是怎么知道的？

侦探小助理

讲述人	时间	地点	事件	侦查手段	证据及线索	关键点
杰里米	某天	路上	杰里米将宠物蟑螂交给雅各布照看，蟑螂死了	物证、分析	蟑螂显现出背上的光泽	蟑螂背部

88. 三个嫌疑犯

法院开庭审理一起盗窃案件，3 个嫌疑犯 A、B、C 被押上法庭。负责审理这个案件的法官是这样想的：肯提供真实情况的不可能是盗窃犯；与此相反，真正的盗窃犯为了掩盖罪行一定会编造口供。因此，他得出了这样的结论：说真话的肯定不是盗窃犯，说假话的肯定就是盗窃犯。审判的结果也证明了法官的这个想法是正确的。

审问开始了。

法官先问 A：“你是怎样进行盗窃的？从实招来！”A 叽里咕噜地回答了法官的问题，因为他讲的是某地的方言，法官根本听不懂他讲的是什么意思。法官又问 B 和 C：“刚才 A 是怎样回答我的提问的？”B 说：“法官大人，A 的意思是说，他不是盗窃犯。”C 说：“法官大人，A 刚才已经招供了，他承认自己就是盗窃犯。”

听了 B 和 C 的话之后，这位法官马上断定：B 无罪，C 是盗窃犯。

请问：法官为什么能根据 B 和 C 的回答做出这样的判断？A 到底是不是盗窃犯呢？

89. 拿走了一颗珍珠

侦探威尔正在因特网上冲浪，这时他的信箱里突然收到了一封紧急求助信。写信的是他的朋友百万富翁福斯特。

“威尔，我需要你的帮助。你知道，我有一个非常名贵的卢米埃尔首饰盒。这是著名的工艺大师卢米埃尔的杰作，在他去世之前，他总共只完成了四个这样的首饰盒。很幸运，我得到了其中的一个。我在首饰盒里放的是一串珍珠项圈，上面有整整100颗珍珠。我总是把锁首饰盒的金钥匙挂在脖子上。昨天我举办了一场宴会，其间把首饰盒拿出来给大家欣赏，因为它本身就是一件珍宝。然后，有人想看看这个小小的首饰盒里面放的项圈。于是，我拿出钥匙准备开盒子。令我惊讶的是，首饰盒上的金锁居然被弄坏了，好像有人想强行打开它一样！我的金钥匙不管用了，所以我只能把金锁撬开。项圈还在盒子里面，我松了一口气。不过你知道，我是个疑心很重的人，所以我又数了数项圈上面的珍珠。奇怪的是，只有99颗！我数了两遍，都是这样。那个窃贼一定是设法打开了首饰盒，同时还弄坏了那把很值钱的金锁，可是却只拿走了一颗珍珠，然后又把它锁上了。你说奇怪不奇怪？威尔，请帮帮我。我该怎么做呢？"

威尔读完了信，上网查了查关于卢米埃尔首饰盒的信息，并在一张纸上记下了3个名字。然后，他开车去了福斯特的别墅，向福斯特要了一份参加宴会的客人名单，与他自己的名单对了对。上面有一个名字是相同的。

威尔对福斯特说："我认为这个人就是窃贼！"

威尔是怎么知道的？他手上的那份名单是什么？窃贼为什么只拿走了一颗珍珠？

侦探小助理

讲述人	时间	地点	事件	侦查手段	证据及线索	关键点
百万富翁福斯特	某天	一场宴会上	福斯特的珍珠项圈少了一颗珍珠	物证、情景再现	①首饰盒上的金锁不能用金钥匙打开；②珍珠项圈上的珍珠只少了一颗	首饰盒

90. 藏珠宝的罐头

一个夏日的清晨，波兰卡尔拉特市警方得到了可靠的情报，一个化名米希洛的法国走私集团的成员，从华沙市及维瓦尔市弄到许多珠宝，装在一听柠檬罐头里面企图蒙混出境。

该罪犯所带的罐头外形、商标和重量与正常的罐头完全一样。为了查获珠宝罐头，女警官尼茨霍娃奉命前去海关协助检查。临行时，局长再三强调，一定不能损坏出境者的物品，以免判断失误，造成不良国际影响。

尼茨霍娃警官驱车来到海关后，开始注意带罐头的外国人。果然不出所料，"目标"已到了海关。在接受检查时，那个化名米希洛的人，出境时带着 12 听罐头，都是柠檬罐头。尼茨霍娃知道，靠摇晃罐头无济于事。于是她佯笑地问："先生，你带的全是柠檬果汁吗？"

"当然是。"米希洛彬彬有礼地含笑回答，毫无异色。

尼茨霍娃警官淡淡一笑，使了一招，然后取出其中一听罐头厉声问道："这听不是柠檬果汁！"打开一看，果然是珠宝。那个化名米希洛的走私犯低下了头。

你知道女警官尼茨霍娃采取什么妙法，查出了藏珠宝的柠檬罐头吗？

侦探小助理

讲述人	时间	地点	事件	侦查手段	证据及线索	关键点
警方	一个夏日的清晨	海关	嫌疑人走私珠宝	物证、分析	嫌疑人称所有罐头都是柠檬果汁	罐头

91. 那个人就是罪犯

一天晚上，一位教犯罪学的女士阿格瑟从学校回家，途中发现一家珠宝店被抢。店员告诉她，抢劫犯是个身穿晚礼服的男子。

阿格瑟一面安排报警，一面查看了店的四周及那一段街道，发现一辆小车停在那里，一个人伏在方向盘上。她走上去，看见那个人确实穿着晚礼服。阿格瑟叩开车门，那个人从车内探出头来。

"我要调查一桩抢劫案"，她说，"警察马上就到。请你告诉我，你在这里干什么？"

那人回答道："我在等我弟弟，我们将去参加一个婚礼。"

阿格瑟说："一个身着晚礼服的人抢劫了一家商店。"

那人气愤地说："那与我无关。假如我抢劫了珠宝店，难道我还会这样的装束，等你来抓我吗！"

阿格瑟说："走，到法庭去辩论吧！"

阿格瑟为什么这样说？

92. 智寻窃贼

美国 GH 公司的经理金斯先生从巴黎返回旧金山，他从机场直接回到公司,刚刚走进办公室,女秘书就跟进来说她女儿今天生日,特来请假回家。金斯掏出钱夹,从里面抽出 20 美元,让她给女儿买件生日礼物表示祝贺,顺手将钱夹放在桌上,然后打了几个电话,处理了这几天积压的工作,其间办公室里来人不断。金斯处理完工作回到家时,发现自己的钱包遗忘在办公室了。他急忙返回公司,这时离下班还有 10 分钟,全体员工仍在工作,金斯先生推开办公室的门,钱包还放在桌上,但里面 1.9 万美元和各种证件却不翼而飞了。

金斯先生赶紧给他的好友劳思探长打电话,请他来帮助找回丢失的钱物。不一会儿,劳思赶到公司,说有办法找到窃贼。他将所有的员工召集起来,说:"今天你们的老板将钱包放在办公桌上,钱包里的钱和证件被人偷走了,遗憾的是窃贼不知道这是金斯先生设下的一个圈套,他想借此考察公司职员的忠诚度。现在我们已经知道这个窃贼是谁了。"金斯接过话说:"我请劳思探长来,不仅要这个贼当众出丑,而且要让大家明白法律对盗窃罪的严厉惩处。"话音刚落,场内一片喧哗。

劳思探长又说道:"现在我给每人发一根草棍,只有一根稍长一些,金斯先生已暗示我把这根草棍发给那个窃贼,你们互相比比草棍的长短,就知道谁是窃贼了。"

不一会儿,果真找出了窃贼,并从他的柜子中搜出了丢失的钱和证件。

劳思是怎样找到窃贼的?

侦探小助理

讲述人	时间	地点	事件	侦查手段	证据及线索	关键点
金斯先生	某天	金斯办公室	钱包里面的1.9万美元和各种证件不翼而飞	观察、心理剖析	劳斯探长说只有给窃贼的那根草棍稍长一些	心理

93. 警员与警长

傍晚，一位男士冲向马路中间拦车，原来是他母亲心脏病突然发作。一辆救护车从东向西飞驰而来，那男士拦下了车，可司机却说他们要去接一名生命垂危的病人，没时间救他母亲。这位男士便同司机大吵起来。

这时，一辆去城西堵截三名抢劫银行歹徒的警车正好经过，见这里交通堵塞，他们便去疏通。最后，司机只好让车上的两名医生下去，将昏迷的患者抬上担架。

当警长看到患者被头朝外、脚朝里地抬上救护车时，立即下令将他们抓了起来，并从车上的急救箱中搜出整捆的钞票。原来他们就是那三名抢劫犯。

事后，警员们问警长："你怎么知道他们就是歹徒呢？"

警长微笑着说："这是一个常识性的问题，你们自己去想吧！"

94. 赃物藏在何处

在打击贩毒分子的活动中，警方歼灭了一个犯罪团伙，在罪犯的口袋中，警方搜到一张纸条，上面写着："某日下午三点，货在某区云杉树顶。"警方迅速赶到现场查看，发现这棵树并不高，而且货物明显不在树顶。于是，他们重新认真推敲那句话的意思，最后终于在正确的位置将货物取出。

你知道正确位置是哪里吗？

95. 银行抢劫案

一家银行发生了一起抢劫案，劫匪抢走了保险柜里的几万美元，然后劫持了银行的助理会计斯通先生，坐进小汽车逃跑了。

不久，警察接到电话，是斯通先生打来的，他说自己已经成功地从劫匪那儿逃跑了。他向警长讲述了自己的经历："我刚走进银行，三个蒙面的劫匪就冲了过来，用枪指着我，逼我打开了银行的保险柜。他们把里面的钱洗劫一空之后，还把我拖上汽车，然后就发动汽车向外逃走了。"

"那你是怎么逃出来的呢？"警长问道。

"离开银行之后，一个劫匪就把抢来的钱从银行的钱袋里倒出来，放到一个他们自己准备的包裹里。然后，他们把钱袋扔出了车窗。又过了两个街区，正好碰上了红灯，车子停住了。我瞅准机会，突然打开车门，从车里跳了出来，然后飞快地跑到最近的一所房子里。很幸运，劫匪没有追赶我，他们继续逃跑了。"

"请你领我们沿着刚才劫匪逃跑的路线回到银行去，看看路上有什么线索吧。"

"好的。"斯通先生说完，跟着警长坐进警车，往银行的方向开去。不久他叫了起来："就是这里！钱袋就在这里！"他们停下车，捡起钱袋，然后继续往银行开去。过了几分钟，他们来到了一个红绿灯前。"这就是我逃跑的地方。"斯通先生说。

警长拿出手铐,将斯通先生铐了起来。"别再编造故事了,快告诉我们你是如何勾结劫匪抢银行的吧!"

警长为什么那么肯定斯通先生参与了这起抢劫案?

侦探小助理

讲述人	时间	地点	事件	侦查手段	证据及线索	关键点
助理会计斯通	某天	一家银行	劫匪抢走了保险柜里的几万美元,并挟持了斯通	情景再现、推理	斯通描述的劫匪的动作顺序	钱袋位置

96. 谁是劫匪

警官墨菲在街上巡逻时忽然听到争吵声,于是他上前查看,原来有两个男子正在争夺一块手表。这两个男子中有一个身体强壮,穿着十分得体,好像是个白领,而另外那人则身体消瘦,还穿着一条短裤,看模样像一个蓝领工人。

看到墨菲,两人连忙停手,转而向墨菲诉说起事情的经过。身体消瘦的男子说:"我下班回家时,这个人突然走过来,想强抢我的手表。"身体强壮的男子则对墨菲说:"你不要相信他的鬼话。这只手表很名贵,这个人怎么有资格戴呢?"

墨菲仔细看了看这两个男子,然后拿起手表看了看。接着,他将手表交给身体消瘦的男子,并掏出手铐,铐住了身体强壮的男子。

请问:墨菲为什么能断定身体强壮的男子是劫匪?

97. 谍报员与定时炸弹

　　某谍报员正躺在床上看杂志,突然觉得耳边有一种奇怪的声音在响,起初还以为听错了,可总觉得有指针走动的声音。枕头旁的闹表是数字式的,所以不会有声响。一种不祥之兆涌向心头,谍报员顿时不安起来,马上翻身起来查看。

　　果然不出所料,床下被安放了炸弹,是一颗接在闹表上的定时炸弹。一定是白天谍报员外出不在时,特务潜进来放置的。这是一种常见的老式闹表,定时指针正指着 4 时 30 分。现在距离爆炸时间,只剩下 5 分钟。

　　闹表和炸弹被用黏合剂固定在地板上,根本拿不下来。闹表和炸弹的线,也被穿在铝带中用黏合剂牢牢粘在地板上,根本无法用钳子取下切断。而且,闹表的后盖也被封住了,真是个不留丝毫空子的老手。

　　谍报员有些着急了。这间屋子是公寓的 5 层,不能一个人逃离了事。如果定时炸弹爆炸,会给居民带来很大的惊慌。时间一分一秒地过去,谍报员决定自行拆除,他钻进床下,用指尖轻轻敲动闹表字盘的外壳。外壳是透明塑料而不是玻璃制的,可并非轻易就能取下来。万一不小心,会接通电流,就会有提前引爆炸弹的危险。

　　谍报员思索了一下,突然计上心来。在炸弹即将爆炸的前一分钟,终于拆除了定时装置。你知道谍报员采用的是什么方法吗?

98. 大侦探罗波

这是个蓝色的、明亮的夜晚。

大侦探罗波正驾着一辆小轿车在郊外的大道上飞驰。在明亮的车前大灯的照耀下，他猛然发觉有个男子正匆匆地穿越公路，只得"嘎"的一下急刹车。

那男子吓得像定身法似的在他的车前站住了。

罗波跳下车关切地问道："您没事吧？"

那人喘着粗气说："我倒没事。可是那边有个人正倒在动物园里，他恐怕已经死了，所以我正急着要去报案。"

"我是侦探罗波，你叫什么名字？"

"查理·泰勒。"

"好，查理，你领我去看看尸体。"

在距公路大约100米处。一个身穿门卫制服的男子倒在血泊之中。

罗波仔细验看了一下说："他是背后中弹的，刚死不久。你认识他吗？"

查理说："我不认识。""请你讲讲刚才所看到的情况。""几分钟前，我在路边散步时，一辆小车从我身边擦过，那车开得很慢。后来我看到那车子的尾灯亮了，接着听到一声长颈鹿的嘶鸣，我往鹿圈那边望去，只见一只长颈鹿在圈里转圈狂奔，然后突然倒下。于是，我过去看个究竟，结果被这个人绊了一跤。"

罗波和那人翻过栅栏，跪在受伤的长颈鹿前仔细查看，发现子弹打伤了它的颈部。

查理说："我想可能是这样，凶手第一枪没打中人，却打伤了长颈鹿，于是又开了一枪，才打死了这人。"

罗波说："正是这样，不过有一件事你没讲实话：你并不是跑去报警，而是想逃跑！"

"奇怪！我为什么要逃跑呢？"查理莫名其妙地说，"我又不是凶手。"

罗波一边拿出手铐把查理铐起来，一边说："你是凶手，跟我走吧！"

后来一审查，查理果然是凶手。可是，罗波当时怎么知道他就是凶手呢？

侦探小助理

讲述人	时间	地点	事件	侦查手段	证据及线索	关键点
查理	明亮的夜晚	动物园	一名身穿门卫制服的男子背后中弹而死	情景再现、推理	查理称听到过一声长颈鹿的嘶鸣	长颈鹿

99. 聪明的谍报员

秘密谍报员马克来到夏威夷度假。这天，他在下榻的宾馆洗澡，足足泡了20分钟后，才拔掉澡盆的塞子，看着盆里的水位下降，在排水口处形成漩涡。漂浮在水面上的两根头发在漩涡里好像钟表的两个指针一样，呈顺时针旋转着被吸进下水道里。

从浴室出来，马克边用浴巾擦身，边喝着服务员送来的香槟酒，突然感到一阵头晕，随之就困倦起来。这时他才发觉香槟酒里放了麻醉药，但为时已晚，酒杯掉在地上，他也失去了知觉。不知睡了多长时间，马克猛地清醒过来，发觉自己被换上了睡衣躺在床上。床铺和房间的样子也完全变样了。他从床上跳下地找自己的衣服，也没有找到。

"我这是在哪里呀！"

写字台上放着一张纸，上面写着："我们的一个工作人员在贵国被捕，想用你来交换。现正在交涉之中，不久就会得到答复。望你耐心等待，不准走出房间。吃的、用的房间内一应俱全。"

马克立刻思索起来。最近，本国情报总部的确秘密逮捕了几个敌方间谍。其中，能与自己对等交换的只有两个人，一个是加拿大的，另一个是新西兰的。那么，自己现在是在加拿大呢，还是在新西兰？

房间和浴室一样都没有窗户，温度及湿度是空调控制的。他甚至无法分辨白天还是黑夜，就像置身于宇宙飞船的密封室里一样。

饭后，马克走进浴室，泡了好长时间，身体都泡得松软了。他拔掉塞子看着水位下降。他见一根头发在打着旋儿呈逆时针旋转着被吸进下水道。他突然想到了在夏威夷宾馆里洗澡的情景，情不自禁地嘀咕道："噢，明白了。"

请问：马克明白自己被监禁在什么地方了吗？证据是什么？

侦探小助理

讲述人	时间	地点	事件	侦查手段	证据及线索	关键点
谍报员马克	某天	夏威夷一家酒店	马克不知自己被敌方关在哪里	现场查看、分析	①谍报员所在位置是加拿大和新西兰中的一个；②浴室里的水呈逆时针旋转	水流

100. 究竟发生了什么

侦探波洛接到了朋友杜弗斯打来的电话,杜弗斯对他说:"你一定得过来帮帮我,我刚才被一个窃贼打得不省人事。"

波洛踩着厚厚的积雪,来到杜弗斯的家里。杜弗斯正躲在一把宽大的沙发椅里。"好了,告诉我到底发生了什么。"

"你知道,我的谷仓已经空了好些年了。可是刚才,我突然听到谷仓那里不时地传来一阵阵的声音,好像有人在敲打谷仓的门似的。我走出去,想看看是不是有人在那儿,顺便检查了一下门上的锁。一切看起来都很正常。可是当我往回走的时候,我被窃贼在头上敲了一下,倒在了地上。一醒过来,我就赶紧给你打电话。"

波洛往窗外望去,在漫天飞雪之中,他清楚地看到了谷仓门口杜弗斯刚才留下的痕迹。"根本没有什么窃贼,杜弗斯。让我告诉你究竟发生了什么。"

那么,究竟发生了什么呢?

侦探小助理

讲述人	时间	地点	事件	侦查手段	证据及线索	关键点
杜弗斯	一个下雪天	杜弗斯的家	杜弗斯称出门被窃贼将头敲昏	现场查看、分析	①杜弗斯听到好像有人在敲打谷仓,却一切正常;②当时是冬季下着雪	雪

101. 摩尔的暗示

从前，有个十分聪明的孩子叫摩尔。一次，他和父亲出门去外地，住在一家旅店里。可到了半夜的时候，有一个强盗手持钢刀闯进了他们的房间，并用刀逼迫摩尔和他的父亲交出财物，否则就要对他们行凶。

这时，打更的梆子声由远而近地传来，心虚的强盗就催促假装在找东西的摩尔赶快交出财物。可摩尔却告诉强盗，如果着急的话就必须允许自己点亮灯盏来找。于是，就在打更的梆子声在房间的门外响起的时候，摩尔点亮了灯盏，并把父亲藏在枕头下面的钱交给了强盗。可就在这个时候，门外的更夫却突然大声地发出了"抓强盗"的喊叫声，很快，人们就冲进了房间，抓住了还来不及跑掉的强盗。

你能想到摩尔是怎样为走在门外的更夫做出屋里有强盗的暗示的吗？

102. 老地质队员遇难

一个初秋的早晨，在森林里一棵大树下的帐篷里，人们发现了失踪的老地质队员的尸体，他好像是在这儿被人杀害的。

然而，公安人员得知他是个老地质队员后，只看了一眼现场，就马上下了结论："罪犯是在其他地方作的案，然后又将尸体转移到这里来，伪装成死者在帐篷里被杀的假象。"

此结论的理由何在呢？

侦探小助理

讲述人	时间	地点	事件	侦查手段	证据及线索	关键点
公安人员	一个初秋的早晨	野外的帐篷里	老地质队员被人杀害	现场查看、分析	老地质队员的尸体在一棵大树下的帐篷里	帐篷位置

103. 聪明的警长

海滨的一幢房子发生了盗窃案。警方接到报案后，立即赶往现场调查，并在附近拘捕了两个可疑人物。面对警长的询问，第一个人掏出了他的护照，声称自己是一个游客，与盗窃案毫无关联。而第二个人则不停地用手指比画出各种手势，嘴里还发出呀呀声，表明自己是个聋哑人。警察局的所有警察都不懂手语，无法进一步询问。正在不知所措时，警长对两个嫌疑犯说了一句话，他们都不约而同地站起身来。这时，警长立即知道谁是小偷了。

警长究竟说了一句什么话呢？

104. 粗心的警察

一天清晨，某商店老板被杀后，一个粗心的警察在死者衣袋里发现了一块高级怀表，然而当时已经停止了运行。

无疑，表针所指示的时间对于确定案发或死者死亡时间等是一个非常重要的线索。可是，那警察竟胡乱地把怀表的指针拨弄了几圈。侦探长问他是否记得拨弄前时针所指示的钟点。那个警察报告说："具体时间没有看清楚，但有一点我印象十分深刻，就是在我拨弄表之前，这块表的时针和分针正好重叠在一起，而秒针却停留在表面一个有斑点的地方。"于是，侦探长看了看怀表，发现表面有斑点的地方是 49 秒。他立刻拿出纸和笔计算了一下，很快就确定了案发的确切时间，从而缩小了破案范围。

请问：你知道那块怀表的指针之前究竟停在什么时刻吗？

侦探小助理

讲述人	时间	地点	事件	侦查手段	证据及线索	关键点
警察	一天清晨	某地	一个商店老板被杀	数学分析、推理	拨表之前表的时针和分针正好重叠在一起，而秒针停留在 49 秒的位置	表针

105. 凶手就是他

日本一名私家女侦探在泰国调查一起黑帮凶杀案时，在她所住的饭店里被枪杀。附近警长带助手赶到现场，只见女侦探倒在窗下，胸部中了两枪，手里紧握着一支口红。

警长撩起她背后的窗帘一看，在玻璃上留着一行用口红写下的数字：809。他又从女侦探的提包中找出一张卷得很紧的小纸条，纸条上写着："已查到三名嫌疑犯，其中一人是凶手。这三人是：代号 608 的光，代号 906 的岛，代号 806 的刚。"

警长沉思片刻，指着纸条上的一个人说："凶手就是他！"根据警长的推断，警方很快将凶手缉拿归案。

请问，凶手是谁？

106. 哪一间房

　　一日，警探史蒂夫来到某饭店，准备参加朋友的婚礼。就在抵达该饭店的大厅时，他临时获得一个线报：有一对警方已经通缉多时的夫妻，正投宿在该饭店的三楼。为了避免打草惊蛇，史蒂夫决定自己捉拿他们。他向饭店的前台工作人员出示了证件，查看了饭店的住宿记录，发现三楼有三间房间有人住。这三间房分别有两男、两女以及一男一女住宿，计算机上显示出的记录是："301——男、男"；"303——女、女"；"305——男、女"。

　　史蒂夫心想："看来，这对鸳鸯大盗一定是在305房间。"于是，他火速冲到三楼，准备一举捉拿他们。

　　然而，就在史蒂夫要撞破305号房门时，饭店经理突然出现了。经理把他拉到一旁，悄声对他说："其实，住宿记录已经被人窜改过了！计算机上的显示和房间里住客的身份是完全不符的。"

　　史蒂夫想了一会儿，只敲了其中的一个房门，听到里面的一声回答，就完全搞清楚三个房间里的人员情况了。

　　请问：史蒂夫到底敲了哪一间房门呢？

侦探小助理

讲述人	时间	地点	事件	侦查手段	证据及线索	关键点
饭店经理	某天	某饭店	一对被通缉的鸳鸯大盗住在饭店，住宿记录被人窜改	分析、推理	①住宿记录被窜改；②三个房间完全被窜改	住宿记录

107. 侦探波洛

侦探波洛走进了豪华的"东方快车"的包厢，发现里面已经坐着三个人。一个是英俊的小伙子查尔斯，他背着一支猎枪，说是要去阿尔卑斯山打猎。另外两个都是美丽的姑娘，她们的名字分别是伊丽莎白和罗丝。波洛很快就看出来，两个姑娘都十分喜欢这位年轻人，而他却似乎拿不定主意去追求哪个女孩。

这天夜里，一件不幸的事情突然发生了。当时，车厢里的人都昏昏欲睡。突然，一声枪响，罗丝倒在了车厢的地板上，原来，一颗子弹击中了她。

大家都被惊醒了。波洛反应最快，在别人都还没有来得及弄明白出了什么事之前，他已经一把将罗丝抱了起来，送进了列车的急救室。过了一会儿，他走了出来，对伊丽莎白和查尔斯说："她没什么大事，只是脚上受了点伤，医生已经给她包扎好了。对了，你们刚才听到什么动静没有？"

伊丽莎白和查尔斯异口同声地说："没有，我睡着了。"

"还有，她穿的鞋被打坏了，得给她送只鞋去。"波洛又说。

伊丽莎白赶紧回到车厢，找出了一只右脚的鞋，向急救室走去。

谁知这时波洛厉声喊住了她："别去了，还是先告诉我你为什么要故意打伤她吧！"

波洛为什么这样说呢？

第五章

综合分析，练就最强大脑

108. 电话密码

　　某国正在缉拿一伙在逃的走私犯。

　　一天，保安处的查理来到黑塔旅馆。他发现这家旅馆老板的朋友们正是被通缉的那伙走私犯。由于这些人不知道查理的真正身份，就没有注意他。为了抓住这伙走私犯，查理决定用电话通知保安处。机智的查理假装在和女友通电话："亲爱的琼，我是查理，昨晚不舒服，不能陪你去酒吧，现在好些了，多亏黑塔旅馆老板上次送的药。亲爱的，不要因未达成目标生气，我们会永远在一起的。请你原谅我的失约，我们不是很快就要结婚了吗？今晚赶来你家时再道歉！亲爱的，再见！"

　　那些走私犯听了查理这番情话大笑起来。可是 10 分钟后，保安处的警员们因为这个电话，突然出现在黑塔旅馆，将走私犯全部捉住了。

　　你知道查理在打电话时，做了什么手脚吗？

109. 奇异的案情

　　某国有个古董商，某天晚上接待了一位新结识的朋友。新朋友叫史密斯，是个古董鉴赏家。

　　寒暄了一阵，古董商很得意地把新近得到的几件高价古玩给史密斯看。史密斯啧啧称赞。看完后，古董商把它们放回一间小房间，加了锁，并让一只大狼狗守在门口。

这天晚上，史密斯住在古董商家。

半夜，史密斯偷了那几件古玩，被那古董商发觉，两人打了起来。谁知，那条大狼狗不咬贼，反把主人咬伤了。史密斯乘机带着古玩逃跑了。

古董商连忙打电话给警察局报案。

一会儿，一位警长和两名警察来到现场。保险公司也派来了人。如果确实是失盗，保险公司将按照规定，赔给付过财产保险金的古董商一笔钱。

根据现场来看，确如古董商所说，他的高价古玩被抢。

但问题是，他怎么会被自己的狼狗咬伤呢？连古董商自己也无法解释清楚。

保险公司的人说："这是不合情理的事，从来没有训练有素的狼狗不咬小偷而咬主人的。此案令人难以置信，本公司不能赔款。"

警长注视着那件被撕得粉碎的睡衣，又见那狼狗还围着睡衣团团转，眼睛顿时发亮。他问："古董商先生，请你仔细看看，这件睡衣究竟是不是您的？"

古董商捡起那件破睡衣，仔细看了一会儿，忽然叫道："啊！不！这件睡衣不是我的。我的那件睡衣两袖上还绣有小花，是我小女儿绣着玩的。"

警长突然说："啊，我明白了，我丝毫不怀疑这个案件的真实性。"

后来，那位"古董鉴赏家"史密斯终于被捕，原来他是个专门盗卖古董的老贼。

你知道警长是怎么推理的吗？

侦探小助理

讲述人	时间	地点	事件	侦查手段	证据及线索	关键点
古董商	一天晚上	古董商的家里	史密斯偷了古董商的古玩	现场查看、推理、情景再现	①当时是晚上；②古董商说睡衣不是自己的	睡衣

110. 笔记本电脑不见了

一天，丽莎和琼约了三个男同学——约翰、乔和迈克尔，一起结伴去山上玩。不巧，下起了丝丝小雨，这使他们原本打算住帐篷的计划泡汤了。于是，他们在外面吃完晚饭，于八点半住进了一家小旅馆。他们分别住在面对面的两个房间里。

旅馆的服务员告诉他们，根据这里的规定，晚上九点以后所有的房间必须熄灯，所以他们动作得快一点。丽莎在简单梳洗过之后，拿出了她最喜欢看的一本书，还有她的笔记本电脑。熄灯之后，她把书放在笔记本电脑上，然后进入了梦乡。

第二天早上丽莎醒来时，发现笔记本电脑不见了！她冲到琼的床边，摇晃她的手，想把她喊起来。令她大吃一惊的是，琼的手上居然有血迹！琼告诉丽莎，昨天晚上约翰不小心用裁纸刀把她划伤了。这时，门口传来了敲门声，三个男孩走了进来。丽莎告诉他们自己的笔记本电脑丢了。

可是，乔却转换了话题："你们俩谁看过《侦探的猫》这本最新的小说？迈克尔刚才正在跟我讲这个故事。"

"哦，是的，这个故事写得真好。我昨晚一个晚上就把它读完了。"迈克尔对女孩们说。

丽莎突然喊了起来:"嘿,我知道你拿了我的笔记本电脑,快把它还给我!"

谁拿了丽莎的笔记本电脑?

111. 聪明的化装师

一个小伙子冒充送电报的,挤进了电影制片厂大化装师的家。他从腰间抽出一把匕首,说:"如果您老老实实听我的,就不伤您半根毫毛,只要施展一下您的手艺就行了。耍一下手艺,不会缩短您的寿命吧?"

这位大化装师的化装术很高明。墙上挂着的几张电影明星的剧照,就是经过她化装后拍摄的,可算得上是艺术佳品。瞧,那个40岁的男演员,经过她那双灵巧的手一化装,就变成了一位20多岁的"奶油小生";旁边的那一位,本来是眉清目秀的姑娘,现在却成了白发苍苍的老妪。另外,还有一张男扮女装的演员剧照,不管从哪个角度看,都看不出半点破绽。

现在,那个小伙子凶恶地说:"我进监狱已经将近半年了。监狱的生活真叫人难受。今天,我逃了出来,可不愿意再回到那鬼地方去了,我要请您为我把脸化装一下!"

大化装师朝他手里的匕首瞥了一眼,顺从地说:"那么,您准备化装成什么模样呢?有了,把您化装成一个女人,行吗?"

"不行!脸变成女人,以后一切不大方便。还是想个法子,把我的脸变个样子。"

"那好办,把您变成一个面带凶相的中年人,行吗?"

"行啊!"

她忙碌地替逃犯化起装来。

一会儿，镜子里映出了一张肤色黝黑、目光凶狠的中年男子的脸。

"怎么样，这模样满意了吗？"

"不错，连我自己都认不出来了。"

"好，现在你该走了吧！"

逃犯把女化装师捆了起来，又拿一块毛巾塞住了她的嘴，然后带着一张变形的脸，推开门走了。

过了片刻，一群警察来到大化装师的家，替她松绑："多亏您帮忙，我们才能把这个家伙捉拿归案。您受苦了！"

化装师说："我也在祈祷，希望尽快把逃犯缉拿归案。不过，那个家伙无论如何也不会不知道自己怎么被抓住的。"

你知道罪犯怎么这么快会被抓住吗？

侦探小助理

讲述人	时间	地点	事件	侦查手段	证据及线索	关键点
化装师	某天	化装师的家里	逃狱的小伙子让化装师给他化了装，但仍被警察缉拿归案	观察、生活常识	化装师将小伙子化装成一个面带凶相的中年人	化装

112."赌城"拉斯维加斯

有一天，一家赌场的老板邀请几个朋友来自己的赌场玩。那天晚上风雪交加，每个人都把钱放在自己面前的桌子上，这时灯突然灭了。当灯重新亮起来的时候，所有的钱都不翼而飞了。

为了把丢失的钱找回来，主人拿出了一个生锈的茶壶，上面绘有美丽的金鱼图案。他让大家排成队，在他关灯之后依次触摸这个茶壶。他说，当偷钱的人摸茶壶的时候，茶壶就会叫。但当大家都摸过茶壶之后，它并没有叫。

这时，主人开了灯，让大家都摊开双手。在看了每双手之后，他找出了偷钱的人。

他怎么知道是谁偷了钱呢？

113. 消夏的游客

盛夏的海边别墅群里，住满了来消夏的游客，白沙蓝水的海滨热闹非凡，人们泡在海水里洗澡和畅游。然而，却有个幽灵般的贼，半个多月来在别墅和宾馆的客房里连续盗窃游客的贵重物品。

警方经过多方调查访问，渐渐摸清了这个罪犯的体貌特征，于是请画像专家画了罪犯的模拟像四处张贴，提醒游客注意，发现后及时报告警方查缉。很快，一位宾馆服务员向警方报告，该宾馆新入住的一位客人与模拟像上的犯罪嫌疑人极为相像。

侦探们获讯后迅速赶到该宾馆，在服务员指引下敲开了这位客人的房门。这位客人确实长得和模拟像上的犯罪嫌疑人极其相像，唯一的区别是，客人梳的是大背头，而犯罪嫌疑人则是三七开分头。

当侦探拿着模拟像要求客人到警局接受调查时，客人立即指出了分头与大背头的区别，并称自己来海滨休假已经半月有余，有许多大背头的照片可以做证，只是刚换了个宾馆而已。说着，客人拿出许多彩色照片，来证明自己一向是梳理大背头发型的。

侦探们有些疑惑了，会不会只是长得相像而已？这时，宾馆服务员悄悄地向侦探建议，带客人到美容院做个实验，就能搞清问题。

你能猜出这是个什么实验吗？

侦探小助理

讲述人	时间	地点	事件	侦查手段	证据及线索	关键点
警方	盛夏的一天	海边别墅群和宾馆	有个贼连续盗窃游客的贵重物品	观察、生活常识	客人梳的是大背头，而犯罪嫌疑人梳的是三七开分头	发型

114. 钢结构房间

有一间房间是钢结构的，除了一个坚固的门之外，再也没有别的出口，并且当门关上时和门框处在同一平面上。这个房间只有一把钥匙，掌握在爱德华的手里。爱德华把佛瑞德锁在房间后就带着钥匙出去了。一个小时后，当他回来时，门已经被打开，佛瑞德逃跑了。佛瑞德没有打开锁，因为门的里面根本没有锁洞，并且房间里的东西没有被破坏。

佛瑞德是怎么逃出去的？

115. 姑娘的手枪

一天深夜，一位年轻的姑娘在僻静的公路上骑自行车独行。突然，黑暗中闪出 5 个人影，拦住去路。几个歹徒上前，要抢姑娘的手表和钱。

姑娘借口取钱，从包内"嗖"地拔出一支手枪，歹徒惊呆了。可是，歹徒发现姑娘手中的枪不是真的，于是向姑娘扑去。就在这紧要关头，"假"手枪竟发出"噗"的声响，一个歹徒倒下了。另一个歹徒拔腿想逃，又被一枪击倒。还有3个歹徒不敢再逃，乖乖就擒。姑娘完全脱险了，可是她伤了两条人命，这怎么办呢？其实，把歹徒送到派出所后不久，被击倒的两个歹徒又活过来了。

请问：这究竟是怎么回事呢？

116. 跟踪谜团

私人侦探艾诺独自经营着一家小小的事务所，生意十分兴隆。这天，事务所里来了一个戴着墨镜的男子。他对艾诺说："我想请你对一个人进行跟踪，严密监视她的一举一动，而且千万不能让她察觉。"

"那很容易！跟踪这事儿，我干过不止一两回了，从没出过岔子。请问要跟踪多久呢？"

"一个星期就行！到时我将来这儿取报告。"

说完，那个男人掏出厚厚一叠纸币交给了艾诺，然后又取出一张少女的照片，放在那叠纸币上。

第二天，艾诺立即开始了跟踪活动。他在少女家附近暗中监视。没过多久，就看到照片上那个少女从家中出来。不过，看上去她家并不豪华，少女本人也不算个美女。为什么要不惜花费重金对她进行跟踪呢？艾诺感觉这事有点蹊跷。

这个少女并未察觉到有人跟踪，径直走到火车站，买了一张车票。少女在一个小站下了车，来到山上一家小旅店住了下来，看样子是来游览高原风光的。她一天到晚总是出去写生，从不和任何人交往。

艾诺巧妙地隐蔽跟踪，躲在远处，用望远镜监视着她。可是三四天过去了，他根本没有发现少女的行动有丝毫可疑之处。她既不像间谍，也不像来寻找什么宝藏的，为什么要监视跟踪她呢？艾诺十分纳闷儿。

一周时间就这样过去了，那个少女仍然没有什么异常的举动。虽说跟踪就要结束了，可艾诺还是按捺不住自己的好奇心。他装着若无其事的样子走到少女身旁，搭讪着说："您这次旅行好像很悠闲呀！"

少女微笑着答道："是呀，我是一名学生，本来没钱这么尽兴地游玩。多亏一位好心人的帮助，我才得以享受旅游的乐趣！"

"这是怎么回事？"

"啊，事情是这样的。有一天，我在茶馆里碰见了一个戴墨镜的男子，他好像很热心，主动提出给我一笔钱做旅行费用，让我选择自己喜欢的地方去走走。真是个好心人！他什么要求也没跟我提，只是要了我的一张照片，说不定是用来做广告什么的，所以才肯……"

"戴墨镜？"艾诺若有所思，"莫非就是我的那位主顾？不过，很难想象在当今这个尔虞我诈的社会中，竟有这种乐善好施的人。"艾诺带着满腹狐疑，回到离开了一周的事务所。

"啊！"一回到事务所，艾诺立刻就明白了事情的缘由。

你知道是怎么回事吗？

侦探小助理

讲述人	时间	地点	事件	侦查手段	证据及线索	关键点
私人侦探艾诺	某天	艾诺的事务所	有人请艾诺跟踪一个女孩，但是女孩什么问题都没有	推理、情景再现	①女孩没有任何反常的举动；②她说是一个人资助她旅游的	跟踪

117. 半夜敲门

维特打开了电视机，播音员正在播报一条消息："今天 19 点左右，在贝姆霍德花园街，一名 79 岁的老人在遭抢劫后被枪杀。据目击者说，凶手穿绿色西装。请知情者速与警察局联系。"

花园街正好是维特住的这条街，她感到十分害怕。正在这时，阳台上的门口突然出现了一个 35 岁左右的男子，身穿绿色西装，而且衣服上有血。维特吓得脸都白了。

那人进了房间，让维特把手表和金戒指给他。正在这时，突然有人敲门。那人用枪顶着维特的背，命令道："到门口去，就说你已经睡下了，不能让他进来。"

"谁呀？"维特颤声问道。

"韦尔曼警官。维特小姐，您这儿没事吧？"听到这熟悉的声音，她内心平静了许多。

"是的。"她答道。停了一会儿，她用稍大的声音说，"我哥也在问你好呢，警官！"

"谢谢，晚安。"不一会儿，巡逻车开走了。

"干得不错，太妙了。"那人高兴地大口喝起酒来。突然，从阳台上那里一下子冲进来许多警察。那人没等反应过来，就被戴上了手铐。

"好主意，维特小姐。您没事吧？"韦尔曼警官关切地问道。

请问，维特是怎样给韦尔曼警官报信的？

118. 惯犯被擒

一个抢劫惯犯正用万能钥匙打开一个房间的门，房里传出一个女郎的声音："请稍候。"紧接着，她提高嗓门问了一声："谁？"

一会儿，门开了一条缝，惯犯随即用力推开房门，一闪身挤进房间，用背顶着门。女郎一见，惊恐地叫道："你想干什么？快出去，不然我要叫警察了。"

惯犯欺负女郎力弱，扑上去扼住她的脖子。女郎拼命挣扎，一脚踢倒了身旁的小桌，桌上的电话机掉在了床上。不大会儿工夫，女郎便被扼得昏死过去。

惯犯见状，忙拿过她的手提包，从里面翻出 50 万日元，随后他拿着包里的钥匙去打开衣柜的抽屉。突然，房门打开了，冲进来两个警察，惯犯束手就擒。

请问：是谁发出了报警信号呢？

119. 逃脱的方法

初春时节，西伯利亚仍然寒气袭人，A 国间谍史密夫在那里执行任务时，失手被擒，其后被关在高原上的木屋内。木屋的囚室内没有纸、笔、电筒，就只有一扇窗、一张床、一台冰箱及一罐汽水。

在晚上，史密夫就利用囚室内的设备，发出了求救信号，通知同伴来救援。最后，他成功地逃脱掉了。

请你判断一下：史密夫是如何发出求救信号的呢？

120."二战"中的间谍

第二次世界大战期间，英国警方得到一份情报，说一个纳粹间谍将从南美来到伦敦，随身携带了一笔 10 万英镑的巨款，准备发展间谍组织。英国警方对他进行了密切监视，并在他下船几个小时后故意制造了一次车祸，把他送进了医院。

趁此良机，警方仔细地检查了他的衣服和行李，结果，公文包里面除了放有几封他在英属圭亚那的朋友写给他的信之外，一无所获，根本就没有巨款的影子。

警方也考虑到这个间谍有可能玩弄其他花招，比方说通过邮局把钱寄给自己，但此时正值战时，邮递业务很不正常，因此这个办法行不通；他也可以将宝石吞进体内，但在医院里进行检查时，X 光机已经排除了这种可能性。

那么，这个间谍如何能够藏起这 10 万英镑呢？

侦探小助理

讲述人	时间	地点	事件	侦查手段	证据及线索	关键点
警方	第二次世界大战	医院	警方搜查一个携带 10 万英镑巨款的纳粹间谍，却一无所获	观察、生活常识	公文包里有几封信	信

121. 令人瞠目结舌的真相

1882 年 5 月 4 日早晨，巴西护卫舰"阿拉古阿里"号上的水手像往常一样，用吊桶提上来一桶海水，以便测量水温。忽然发现桶里浮着一只密封的瓶子。船长吩咐打碎它——瓶里掉出一页由《圣经》中撕下的纸。只见上面用英文在空白处不太整齐地写道："帆船'西·希罗'号上发生哗变，船长死亡，大副被抛出船舷。发难者强迫我（二副）将船驶向亚马孙河口，航速 3.5 节，请救援！"

船长取出罗意商船协会登记簿一查，知道确有"西·希罗"这样一艘英国船，排水量为 460 吨。它建于 1866 年，归赫耳港管。于是船长命令立即追踪。

两小时后护卫舰追上了叛船，并很快地控制了它，叛变者被缴了械，并戴上了镣铐。同时军需官在货舱里找到了拒绝与叛军合作的二副赫杰尔和其他两名水手。

二副奇怪地问道："请问你们是怎么得知我船蒙难的？叛变是今天早晨才发生的，我们认为一切都完了……"

"我们是收到了您的求救信才赶来的！"船长回答说。

"求救信？我们之中谁也没有寄过呀！"

船长拿出求救信给二副看。二副说："这不是我的笔迹，而且叛变者一刻不停地监视着我。"

这样一来，船长如坠雾中。当"西·希罗"号全体船员被遣返英国后，在法庭上才揭开了令人瞠目结舌的真相。

你知道这是怎么回事吗？

122. 机智脱险

被特工部门视为超级间谍的伊凡诺维奇，为了搜集一份重要情报，巧妙地混入了 A 国举行的一个外交集会。

伊凡诺维奇伪装成一个记者，他背着高级照相机和闪光灯，利用伪造的证件潇洒地步入了会场。

就在他不停地拍照的时候，联邦调查局的一位中年特工大步走到他的跟前。

"记者先生，能看看你的证件吗？"

"当然。请过目。"伊凡诺维奇微微含笑，彬彬有礼地递上"记者证"。

那中年特工仔细看过"记者证"，突然厉声喝问："好一位冒牌的记者先生，还是亮明你的真实身份吧！"他一面说，一面将手伸进衣袋里取枪。

伊凡诺维奇从对方那灼灼逼人的目光里知道遇上了 A 国特工，自己必须立即逃走。他站的地方离大门十分近，但他立刻又想到，如果自己此刻转身逃跑，对方一旦拔出手枪，自己就会被击中。伊凡诺维奇毕竟是位超级间谍，他急中生智，想出了一个迷惑对方、争取时间的巧妙办法，终于机智脱险，逃之夭夭。

你能猜出他用的是什么办法吗？

侦探小助理

讲述人	时间	地点	事件	侦查手段	证据及线索	关键点
中年特工	某天	一个外交集会	间谍伊凡诺维奇伪装成记者混入会场却被人查出	观察、生活常识	①伊凡诺维奇手中拿着高级照相机；②转身逃跑来不及	照相机

123. 监视的妙方法

警方接到线报，在某偏僻村落，藏匿着大批通缉犯及黑社会头目。

为避免打草惊蛇，高级督察查理做出周详而严谨的部署。他乔装成村民，视察现场环境后，发觉村屋坐落在一片隐蔽的丛林内，四面都有窗和门，方便罪犯逃走。

查理为防行动失败，特派 8 名干练的警探，悄悄地埋伏在对门的丛林内，等待晚上伺机行动，各出口有两人把守。到了深夜时分，通缉犯正蒙头大睡，查理见机不可失，调动数十人准备突袭行动，却发现 8 名警探中有 4 名失踪了，为怕拖延行动，只好急召其他警察救援，最后，终于把里面的罪犯拘捕，押上法庭。

事后，查理质询 4 名失踪的探员，为什么敢违抗命令。幸好行动成功，不然的话，他们便要受降职的处分。

谁知他们说："我们 8 人抵达现场观察后，觉得现场不需要 8 人驻守，便可把整间屋包围，所以我们没有听从你的意见，而擅做调整，希望你原谅！"查理细听他们擅自更改计划的原因后，觉得非常有理，便不再追究此事了。

你知道 4 名探员是如何监视那批罪犯的吗？

124. 奇怪的拳头

西瓜成熟了，可彦一家的西瓜经常被偷。彦一想惩治这些偷瓜贼，于是扎了一个很大的稻草人，插在瓜地里。

看见的人都笑起来："稻草人是防止鸟来吃稻谷的。偷瓜的人不是鸟，稻草人能吓走他们吗？"

偷瓜贼听说这件事后，特地到瓜地里去看了一下，果然是一个稻草人，威武地站在那里。他们心里直乐，觉得彦一这孩子不够聪明。

到了晚上，偷瓜贼又结伙来偷彦一家的西瓜了。为了保险，他们先到瓜棚里去探望了一下，看见床上有个人正在里面蒙着床单睡大觉，于是就肆无忌惮地去偷瓜了。

他们走过稻草人的身边，还互相打趣道："彦一这个孩子太蠢，竟然想用稻草人来吓我们。"

偷瓜贼正议论着时，忽然，其中一个人头上挨了一拳，他还以为是同伙与他闹着玩呢，正要责问时，那个同伙头上也挨了一拳头，两人争吵起来。跟在后面的几个人赶着来劝架，谁知他们的脑袋上也都挨了拳头。他们互相猜疑，乱作一团。

你知道这是怎么回事吗？

125. 新学期的风波

新学期开始了。因为很久没见面了，同学们还没进教室，就开始聊起天来，主要的话题是大家在假期中买到了什么好东西。

琼斯说："我买了最新的手机，全美国可只有30部噢！"

约翰不服气地说："那有什么，我这只高级多功能手表可是这种型号的最后一只！"

玛丽则插嘴说："别得意，你们的东西迟早都会被淘汰的。可我的999纯金项链，才是可以永存的最有价值的护身符！"

在他们旁边，一位准备去学校教务处办理转学手续的同学理查德，听了好生羡慕。还有一位每天都会来学校散步、拄着拐杖的老爷爷，正好经过这儿也听见了这些对话。

忽然，上课铃响了，大家都回到自己的座位上，教室外边没人了。老师凯瑟琳进来点完了名，确定大家都在自己的位子上后，大家又开始聊起天来。玛丽、约翰、琼斯三人，非常骄傲地把刚刚所说的东西拿出来炫耀。

接着，凯瑟琳要带同学们去上体育课。大家把书包留在了教室，一些贵重的东西也都没带走。当大伙儿到了操场时，凯瑟琳突然想起钥匙忘在了教室，于是赶忙跑回教室拿。

过了一会儿，凯瑟琳慌慌张张地跑回来说："我刚刚看到一个人影从教室旁的围墙跳了出去，觉得有问题，就冲上前去追他，结果他还是溜了。教室有被人动过的迹象，请同学们回去检查一下。"

大家回到教室，发现第一排到第六排的书包都掉在地上！大家检查完后，发现第一排到第六排的大多数同学的钱包或饰品之类的都没被偷，可是同样坐在前六排的琼斯、约翰的手机和多功能手表却不翼而飞了。由此可见，小偷应该是为他们攀比的那三件东西而来的。

玛丽松了一口气说:"好险!我刚好坐在第七排第一位,幸好小偷还来不及光顾我的座位,不然下一个可能就是我了!"

综合以上的描述,你推断,小偷可能是谁?

侦探小助理

讲述人	时间	地点	事件	侦查手段	证据及线索	关键点
凯瑟琳老师	新学期开学	教室	琼斯的新手机和约翰的多功能手表不翼而飞	现场查看、推理	①理查德没有去上体育课;②拄着拐杖的老爷爷在学校散步	理查德

126. 刑期有误吗

"二战"时期,一个德国纳粹间谍被捕了。在他的住处,搜出了许多的氨基比林药片和牙签。

审讯开始了。

"你干吗带那么多氨基比林药片?"

"我常常偏头痛。那是一种解痛药。"

"你干吗带那么多牙签?"

"我牙齿不好,吃了肉,老塞牙缝。"

然而,经过暗地里的观察,他并没有饭后剔牙的习惯,偏头痛也没有经常发作。于是他被判处20年有期徒刑。

你知道这是为什么吗?

侦探小助理

讲述人	时间	地点	事件	侦查手段	证据及线索	关键点
警方	某天	监狱	一个德国纳粹身上带有氨基比林药片和牙签，却没有偏头痛和剔牙的习惯	观察、生活常识	①氨基比林的成分；②牙签的其他用途	情报

127. 终日不安的罪犯

张某犯有盗窃罪，总怕他的同伙去自首，所以终日不安。他妻子劝他去自首，他非但不肯，反而毒打妻子。他父亲也劝他去自首，他吹胡子瞪眼地大骂父亲，就是不肯去自首。

后来，他为了逃避罪责就写了一封信给他的同伙，妄想同他订立攻守同盟。白天他不敢出去寄信，于是就在晚上出去寄。

可是，当张某寄出信后第二天就被警察捉拿归案了。难道是同伙告发他了吗？没有。

你知道这是怎么回事吗？

128. 灾难

文森和苏菲在海港的教堂里举行了结婚仪式，然后去码头，准备启程到国外度蜜月。这是闪电般的结婚，所以仪式上只有神父一个人在场，连旅行护照也是苏菲的旧姓，将就着用了。

码头上停泊着的国际观光客轮，马上就要起航了。两人一上舷梯，两名身穿制服的二等水手正等在那里，微笑着接待了他们。丈夫文森似乎乘过几次这艘观光船，对船内的情况相当熟。他分开混杂的乘客，领着苏菲来到一间写着"B13号"的客舱。两人终于安顿下来。

"苏菲，要是有什么贵重物品，还是寄存到司务长那儿安全。"

"拿着这2万美元，这是我的全部财产。"苏菲把这笔巨款交给丈夫，请他送到司务长那里保存。

可是，左等右等也不见丈夫回来。汽笛响了，船已驶出码头。苏菲到甲板上寻找丈夫，可怎么也找不到。她想也许是走差了，就又返回来，却在船内迷了路，怎么也找不到B13号客舱。她不知所措，只好向路过的侍者打听。

"B13号？没有这间不吉利号码的客舱呀。"侍者脸上显出诧异的神色答道。

"可我丈夫的确是以文森夫妇的名字预订的B13号客舱啊。我们刚刚把行李放在了那间客舱。"苏菲说。

她请侍者帮她查一下乘客登记簿，但房间预约手续是用苏菲的旧姓办的，是"B16号"，而且，不知什么时候，有人已把她一个人的行李搬到了那间客舱。登记簿上并没有文森的名字。

更使苏菲吃惊的是，司务长说，没有人向他寄存过2万美元。

"我的丈夫到底跑哪儿去了……"苏菲感到事情很不好。

正在这时，有两个有些眼熟的二等水手路过这里，他们就是上船时在舷梯上笑脸迎接过她的船员。苏菲想，大概他们会记得自己丈夫的事，就向他们询问。但船员的回答使苏菲更绝望。

"您是快开船时最后上船的乘客，所以我们印象很深。当时没别的乘客，我发誓只有您一个乘客。"船员回答说，看上去不像在说谎。苏菲开始怀疑是否自己脑子出现了问题。

　　苏菲一直等到晚上，也不见丈夫的踪影。他竟然神不知鬼不觉地消失了。一夜没合眼的苏菲，第二天早晨被一个人用电话叫到甲板上，差一点被推到海里去。

　　你知道苏菲的丈夫文森到底是怎么失踪的吗？

答 案

1. 破译情报

E=7，W=4，F=6，T=2，Q=0，东路兵力是7240，西路兵力是6760，总兵力是14000。

细心分析，可以发现只能是Q+Q=Q，因为Q＋Q=2Q，故Q=0。

同样，只能是W+F=10，T+E+1=10，E+F+1=10+W。

所以有三个式子：

W+F=10 （1）

T+E=9 （2）

E+F=9+W （3）

推出2W=E+1，所以E是单数。

另外E+F>9，E>F，所以推算出E=9是错误的，E=7是正确的。

2. 判断页码数

警长的算法是：开始9页每页用一个数字铅字，计9个；此后的90页每页用两个铅字，共计180个；再往后的900页百位数字的页码每页用3个铅字，共2700个。

因此推断出：这本书若是999页，就要用铅字：9+180+2700 = 2889（个）。但它只用了2775个字，因此书的页数在100~999。从第100页算起共需铅字2775-189 = 2586（个）；因每页用3个字，所以，2586÷3 = 862（页），再加上前边的99页，这本书共有961页。

3. 调查局难题

这位新助手将密函水平端起来，闭上一只眼睛，从下方图形，就会发现有"HELLO！"的字样。

4. 奇怪的钟表并不怪

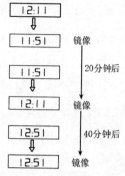

这是一个镜像电子时钟，需要通过镜子映照才能看到真实的时间。事实上，数字都是反过来的，即 12 时 11 分是 11 时 51 分、11 时 51 分是 12 时 11 分、12 时 51 分正好也是 12 时 51 分。

5. 周末选择

对本题的一个合理的解释是：向东的列车和向西的列车到达该地铁站的时间间隔是 1 分钟。也就是说，向东的列车到达后，间隔 1 分钟向西的列车到达，再间隔 9 分钟后另一班向东的列车到达，等等。这样，当然东去的可能性是 90%。

杨明语产生迷惑的原因是，他只注意到同向的列车到站的时间间隔是相同的，而没有注意到相向而开的两辆列车到站的时间间隔是不同的。

6. 神秘的情报

把这些记号倒过来，即可用英文读出："西克柯是老板，他出售石油。"（Shigeo is boss he sells oi1）

如：

SHIGEO IS BOSS
HE SELLS OIL

即：

SHIGEO IS BOSS
HE SELLS OIL

7. 常客人数

168 人。

假设常客的人数为"x"，可列出以下公式：

$$x=x/2+x/4+x/7+x/12+4$$
$$x=168$$

8. 拿破仑的结论

1、10、100、1000 四个数字，无论哪个都是 9 的倍数加 1，所以它们除以 9 都余 1。因此，这 60 袋子弹无论如何组合，合计的数量一定是这样计算出来的：（9 的倍数 +1）+（9 的倍数 +1）+（9 的倍数 +1）……=9 的倍数 +60。而 10000−60=9940，9940 除以 9 余 4，除不尽，因此子弹不可能正好是 10000 发。所以这个军需官不是徇私舞弊，就是个糊涂蛋。

9. 选择概率

在选择后再揭开另外一个空碗对他的选择没有任何影响，小王仍然是在 3 个碗中选择一个，他选择正确的概率仍然是 1/3。

10. 囚犯抓绿豆

（1）假设第一个人抓的绿豆多于 20 颗，则第二个人只需比第一个人少抓一颗，这样剩下的绿豆少于 60 颗，分给 3 个人，必然有一个人的绿豆少于 20 颗，则第二个人的绿豆处于中间，不会被处死。第三个人会选择前面两个人的平均数，此时平均数不是整数，大于 20 舍去余数，和第二个

人的一样，不会被处死。第四个人会选择前面三个人的平均数，此时平均数不是整数，大于 20 舍去余数，和第二个人的一样，不会被处死。第五个人会选择前面四个人的平均数，但平均数大于 20 时，此时剩下的绿豆少于 20 颗，他和第一个人将被处死。

（2）假设第一个人抓的绿豆少于 20 颗，则第二个人只需比第一个人多抓一颗，这样剩下的绿豆多于 60 颗，分给 3 个人，由于绿豆不必全部分完，不一定有一个人的绿豆多于 20 颗，则第二个人可能被处死。第三个人会选择前面两个人的平均数，此时平均数不是整数，小于 20 进一位，和第二个人的一样。第四个人会选择前面三个人的平均数，此时平均数不是整数，小于 20 进一位，和第二个人的一样。第五个人会选择前面四个人的平均数，此时平均数不是整数，小于 20 进一位，和第二个人的一样。由第

四条"若有重复的情况，则也算最大或最小，一并处死"，可是既然是一起死，为什么要这么抓呢？由第二条"他们的原则是先保命，再去多杀人"，如果他不这样抓，别人选择最好的方法，那么被处死的将会是自己。如果他这样抓，即使别人选择最好的方法，也是一起死，符合先保命、再多杀人的原则。

（3）假设第一个人抓的绿豆等于20颗，此时演变为4个人抓80颗绿豆的情况，如果第二个人抓的绿豆多于20颗，演变为（1）的情况，即第二个人相当于第一个人；如果第二个人抓的绿豆少于20颗，演变为（2）的情况，即第二个人相当于第一个人；如果第二个人抓的绿豆等于20颗，演变为（3）的情况，即第二个人相当于第一个人。

由此可见，当第一个人选择抓的绿豆多于或少于20颗，都会被处死，所以他一定会选择抓

20颗；第二个人也是这样想的，以此类推。

所以结论是：5个人都抓20颗，一并处死。

11. 郊外露营跳舞的女孩有几个

根据题意，与米莉相邻的人既可以是两个女孩，也可以是两个男孩。如果与她相邻的人是两个女孩的话，那么米莉也必定是她们的邻居。既然这两个女孩的邻居之一是米莉，是个女孩，那她们另一个邻居也必然是个女孩。这样的话，整个圆圈就都是女孩了。所以，与米莉相邻的两个人一定是男孩，这两个男孩又分别与米莉和另一个女孩相邻。所以，圆圈就是在这个交替的模式下继续的，所以女孩的人数与男孩的人数应该是相同的，也是12个。

12. 一起枪击事件

作案时间是12时5分。这道题看似复杂，其实计算方法是很简单的：从最快的丙的手表（12时15分）中减去最快的时

间（10 分钟）。或者将最慢的乙的手表（11 时 40 分）加上最慢的时间（25 分钟）也可以。

13. 车牌号是空的

10AU81 号是肇事车。理由是见证人从自己汽车的后视镜中看到并记下的车号恰好是相反的，左右位置颠倒了。

14. 集中抓捕行动

歹徒如果聪明，可以先把船划到湖心，看准刑警的位置，再立刻从湖心向刑警正对的岸边划。这样他只划一个半径长，刑警要跑半个圆周长，即半径的 3.14 倍，而刑警的速度是歹徒的 2.5 倍，这样歹徒就能在刑警到达之前先上岸跑掉。

15. 盗墓者的自首

假如 100 这个数可以分成 25 个单数的话，那么就是说奇数个单数的和等于 100，即等于双数了，而这显然是不可能的。

因此，100 块壁画分给 25 个人，每个人都不分到双数是不

可能的。显然，自首的盗墓者说了谎话。

16. 狡猾的盗窃犯

设 35 秒为一个时间单位。5 道门两次开启的时间分别是 3、2、5、4、1 个时间单位，所以 5 道门同时开启的时间间隔是 60 个时间单位，即 1、2、3、4 和 5 的最小公倍数。盗窃犯穿过 5 道门的时间最多只允许有 4 个时间单位（2 分 20 秒），否则会惊动警报器。只有在一种情况下盗窃犯才有可能逃脱，就是从第一道门开启算起，按顺序每两道相邻的门之间开启的间隔是 1 个时间单位。在警卫相邻两次出现的时间间隔内，即 0 和 60 个时间单位之间，5 道门按顺序间隔 1 个时间单位连续开启的情况只在第 33、34、35、36、37 个时间单位内会出现，它们分别是 3、2、5、4 和 1 的倍数。所以，盗窃犯只要在警卫离开的第 33 个时间单位后穿过第一道门，以后每 1 个时间单位穿过一道门，就能在第 37

个时间单位时逃脱。

17. 打开保险柜

里圈的数字是8。其实，要想打开保险柜，并不需要将里外圈的数字全部对上，只要将外圈最小的数与内圈最大的数对上就可以了。这样，里外圈每组数字相加都会是13。

18. 肇事车号

肇事车号是6198，因为被撞的小学生在飞起来翻了半圈时看到的车号是倒着的。

19. 智推车牌号

设肇事汽车的牌号是x，这个x的前两位数字是a，后两位数字是b，则：

x=1100a+11b=11（100a+b）(1)

由于x是个完全平方数，因此x中必含有因数121，也就是说（100a+b）能被11整除。可以将（100a+b）变形得：

100a+b=99a+（a+b）(2)

因此（a+b）也是11的倍数。

又因为b是从0~9的整数，a是从1~9的整数，所以$1 \leq a+b \leq 18$。

结合（a+b）是11的倍数，所以a+b=11。

将a+b=11代入（2）式，再将结果代入（1）式中得：

x＝11（99a＋11）＝121（9a+1）

为了使x是完全平方数，上式中的（9a+1）也必须是完全平方数。

又因为x是完全平方数，它的末尾数字b只可能是0、1、4、5、6、9，而由于a+b=11，a $\leq$ 9，所以b $\leq$ 2。由此可以推出，b只能是4、5、6、9，相应的a只能是7、6、5、2。当a是2、5、6时，（9a+1）的值分别是19、46、55，都是不完全平方数。当a=7时，b=11-7=4，x=1100a+11b=7744=88^2，是完全平方数。

所以车牌号是7744。

20. 报警的数字

比利留下的这串数字指代了 7、8、9、10、11 这 5 个月份英文单词的词头：J-A-S-O-N，这说明绑匪是 JASON（加森）。

21. 匿藏赃物的小箱子

斯密特探长根据带路人提供的每个箱子都有联系，而且都是 400 多号的情况，发现了其中的内在规律：两数之和的十位上的数字与第一个加数的十位上的数字相同，这就要求个位上的数字相加一定要向十位进 1，1 与第二个加数 396 十位上的 9 相加得整数 10 向百位进 1，所以两数之和的百位上的数字一定是 8，而它的十位上的数字从 0~9 都符合条件，因此，藏有赃物的另外 9 个箱子的号码是：408、418、438、448、458、468、478、488 和 498。

22. 奇异的钟声

李大伯醒来时，听到的第 1 声钟声是 12 点钟的最后一声，第 2 声是 12 点 30 分，第 3 声是

1 点，第 4 声是 1 点 30 分。

23. 遗书上的签名

因为打字机上并未留下任何指纹。

24. 玻璃上的冰

寒冷的天气里，室内温暖，冰霜都是结在室内玻璃上，户外玻璃上是不会结厚厚的冰的，可见波尔在编谎话。

25. 雪夜目击

当时下着大雪，目击者的车在外面整整停了两个半小时，目击者上车前并没有把车窗上的雪擦掉，所以他不可能看见那人摔下来。

26. 瑞香花朵

瑞香是一种只需要很少水的植物，如果水浇得太多，它就会死。卡罗尔小姐告诉警察自己每天给它们浇水，而且它们变得更美丽了，她肯定是在撒谎。

27. 沙漠归来

青年声称他昨天刚刚刮去长了几个月的络腮胡子，但他面

孔黝黑、下巴呈古铜色。如果他真的在阳光下待了数月而未刮胡子,那长胡子的地方就应显得白净些。

28.一个冷天里的冷玩笑

雪下了一整天,如果威廉姆斯小姐5分钟前刚刚回家,她的汽车就不会结冰了,而且车道上也肯定会有汽车轮胎留下的痕迹和她的脚印。因为房子没有车库,她不可能把车停在其他地方。所以,她肯定说了谎。

29.指纹

指纹留在了门铃上。

30.枪击案

杯口的红色,也就是唇印。一般修女是不会涂口红的。

31.为何指控她

奥尔森的手表不可能是在搏斗中摔坏的,因为奥尔森是被人从背后刺死的,所以,手表上的时间只是假象。现场的混乱和咖啡也是假象,因为实际上没有任何搏斗。

最后,纸杯上只有约瑟夫一个人的指纹,可是玛丽明明告诉警察是自己把纸杯扔进废纸篓的,纸杯上理应有她的指纹。所以,玛丽撒了谎。

其实,她就是凶手。她戴上手套,用毒刺刺死了奥尔森,然后伪造现场,想嫁祸于约瑟夫,却不小心露出了马脚。

32.可疑旅客

从曼谷有直达北京的航班,没有必要绕这么个大圈子。即使是旅游,哪有一天之内飞经那么多地方的?另外,长途旅行,行李却非常简单,违背常理。

33.一张照片引发的秘密

这位摄影师有着丰富的摄影经验,他断定歹徒给董事长女儿拍照的时候,歹徒的相貌一定会映在她的眼球中。拿到照片后,他运用先进的显影技术,将照片放大,直到能清晰地看出歹徒的相貌。这样警方就可以抓获歹徒。

34. 使用伪钞的家伙

是考纳。因为克罗伯收款时，考纳给他一张100马克的钞票，没有其他钞票对比，所以克罗伯没有识别出来。若是其他两位旅客付两张或三张100马克，真假混在一起，克罗伯就很容易发现。

35. 谁把花踩坏了

萨拉脚上那双沾满了泥的鞋子告诉了尼娜。本特先生刚刚给他的花圃浇过水，而天气晴朗干燥，因此萨拉脚上的泥一定是在她闯入花圃时沾上的。

36. 没能力做证人

骆驼牌烟盒上，除了一头站在沙漠里的骆驼以外，并没有任何人，当然也没有什么所谓"牵骆驼的人"。这样，汤姆的回答就否定了自己刚刚说过的从来不进行臆测或者推理、一切都依照事实说话的表白。

37. 绑匪是谁

问题出在地址上。既然大地址是真的，小地址是假的，而绑架犯不可能不想得到赎金，那么说明这个绑架犯必然是十分熟悉当地邮寄地址的人，最大的怀疑对象自然就落在了赎金寄达地点邮局的邮差身上，因为除了他以外，没有人能够收到，也不会引起怀疑。因此，绑架犯的真实身份就是当地的邮差。

38. 无冤无仇

证据便是波恩放到保险柜里的留有杀手指纹的酒杯。

39. 逃犯与真凶

议员是真正的凶手。他进诊所时，陌生人已经换上了干净的衣服，并且吊着手臂，他不应该知道陌生人是背部中弹。

40. 墙上的假手印

老人看到5个指头的指纹全部是正面紧紧地贴在墙上才觉得可疑的。因为手指贴到墙上时，拇指的指纹不应全贴在墙上。

41. 目击证人

地上的油漆痕迹告诉乔博士，海德走到路中间时，看到了凶杀情景，于是他跑进工具间将自己反锁在里面。工具屋里的挂锁和半路至工具屋的油漆痕迹变成椭圆形，并且间隔拉大都是证据。

42. 考卷里的错误

试卷共有 4 处错误：①中午，当太阳高悬天空中时，不论树木多高多矮，都不会有影子。②水源靠地下涌泉补充的湖是没有潮流的。③海鳟是海水鱼。④贩毒犯开始往回划时是"午夜刚过 10 分"，因此"午夜时分"巡逻队不可能在对岸发现他们的船。

43. 完全不对的车子

西格马尔交罚款的那张 10 马克的号码，是第一次被抢劫的 75 000 马克中的一张。

44. 一个报案电话

雾气是在窗户里面才有的，而不是外面。费林先生不可能在外面把雾气擦掉看到伍德先生的尸体。

45. 自杀的餐馆老板

如果餐馆老板开枪自杀，他不可能有时间把枪和便条放在桌子上。而且，要是便条是他预先写好的话，它应该在手枪的下面而不是上面。

46. 保密的措施不保密

因为雪特点燃了壁炉里的干柴，烟囱必然冒烟，屋里没人，而烟囱冒烟，一定会引起巡逻警察的注意。

47. 开具火葬证明

警察审视来人，发现对方在悲哀中带有惊惶的神色。另据死者的姐姐提供：妹妹早就怀疑丈夫有外遇，夫妻间经常吵闹，而近几个月来夫妻又和好如初，想不到妹妹会突然死亡。原来丈夫为达到同勾搭的女人结婚的目的，蓄意杀妻，先假意和好，使妻子解除戒备。这天，他削了一个苹果，暗地里将山萘放进挖好的小洞里，让妻子吃了下去。

最强大脑

削了一个苹果，暗地里将山萘放进挖好的小洞里，让妻子吃了下去。

48. 遗书是伪造的

如果仰面朝上用圆珠笔写字的话，在信笺上写不了几行字，圆珠笔就不出油墨了。

49. 可靠的证据

堂弟的指纹。人们的外貌可以相似，但指纹绝不会雷同。

50. 雪地上的脚印

往返的脚印不同。扛着尸体时重量大，所以留在雪地上的脚印就比较深，而返回时是空手而归，脚印浅，所以断定报案者就是凶手。

51. 重大发现

因为教科书里说非洲盛产钻石，于是他断定是有人用鸵鸟来运钻石，于是很快就锁定了作案的人群。

52. 不在场证明

刑警看到水槽里的热带鱼正欢快地游动，便识破了这个

女人的谎言。因为在下大雪的夜里，若果真停了一夜的电，那么水槽里的自控温度调节器自然也会断电，到清晨时，水槽里的水就会变凉，热带鱼也就会冻死了。

53. 凶手的破绽

按常理，如果张庆没去上船，船夫应该直接喊："张老板，你怎么还没上船啊？"

只有在船夫知道张庆不在家的时候，他敲门时才会直接喊："大嫂，张老板在哪里？他怎么还不上船啊？"可见应该是船夫见财起意，把张庆杀害了。

54. 不翼而飞的赎金

歹徒从 22 号寄物箱旁边的箱子里，将中间的隔板取下，然后把手提箱拉过去，取出钞票后再把手提箱推回原处，然后再放好隔板，一切恢复原状。

55. 吞蛋送命

赵三把鸡蛋浸在酸中一段

时间，然后，将小钢针慢慢刺入蛋里。这时，蛋壳的石灰质被酸浸解，变得软而略带韧性。钢针刺进时，蛋壳不会爆裂。待钢针完全刺入蛋内，蛋壳便自动封口，这时再将蛋拿出来，让酸挥发掉，鸡蛋就和正常的鸡蛋一样了。

56. 凶器消失了

凶器是用冰块做成的锋利的短刀，对着柔软的腹部，用冰做的短刀杀人是完全可能的。凶手为了不使冰融化，将其放入暖水瓶，再装入干冰带进浴室，趁对方不备突然行刺。

57. 手枪队护送宝马

盗贼把整个车厢都盗走了，他们把马和手枪队一块劫持了。

58. 失踪的赎金

绑匪是司机。赎金在汽车里。他车中放着两个同样的手提包，埋进去的是空包。

59. 引爆

罪犯趁被害人外出时，悄悄地溜进屋里，在火药里掺上氨溶液和碘的混合物。氨溶液里加入了碘，在潮湿的状态时是安全无害的。但是只要变得干燥，高音量的震动就会使其爆炸。

60. 犯罪手法

罪犯不可能分身，却可以间接地与鲁彭通电话。问题还是出在罪犯家里，能够做到让罪犯知道电话的条件就是罪犯家有两台电话。鲁彭挂电话时，罪犯的妻子会立即使用另一台电话呼叫罪犯。随后，他妻子就把这两部电话的受话器和送话器相对着靠在一起。

61. 寡妇之死

凶手拿出胶囊性质的毒药，谎称是安眠药，给死者服下。在胶囊尚未消化时，凶手就先行离去，所以有了不在场的证据。

62. 被偷得彻底的别墅

原来窃贼装扮成搬家公司

的工人，所以才敢在大白天把小北家偷得这么彻底。

63. 工人偷运橡胶事件

那些空胶桶就是偷运出去的橡胶。工人们先将橡胶提炼制作成桶形，待运出厂后，再将它熔化掉，转卖给他人。

64. 同样的剧情不同的结论

王力在道路前方立了一面与道路同样宽的大镜子。这样，就使江文产生了错觉，将镜子里反射出的自己的车当作对面开来的车子，于是慌忙打轮掉进了大海。

65. 警犬也会有失误

越狱犯是通过改变脚的气味逃走的。越狱犯在树林里脱下鞋子，并往鞋里撒尿，再继续往前跑。如此一来，足迹的味道改变了，警犬再厉害也会被弄糊涂的。

66. 古屋幽灵

当然没有真的幽灵，而是一项阴谋。原来，由于传说这座古屋里藏有大量珠宝，有人正在悄悄地寻找。而这座古屋被出售，工人们要进去整修。为了使寻宝不受工人们的干扰，躲在里面的寻宝者便假扮幽灵吓唬人，以使别人不敢贸然进去。他先穿上又宽又长的袍子，再用毛巾包住脸，然后将全身涂上磷。因为磷的燃点很低，室温中也会燃烧，发出蓝白色的火光，但磷火的温度不高，不会烧伤人。就这样他站在椅子上，又宽又长的袍子将椅子遮住，粗看起来像个巨人。为了使自己的形象更为恐怖，同时防止别人朝他开枪，他便利用了客厅里的镜子。也就是说，他并没有在客厅里，而是站在客厅楼梯转弯处的平台上。由于正对着大镜子，他的形象便从镜子里反射出来。所以，当道格斯教授抓起椅子砸碎镜子后，幽灵便不见了，而道格斯教授也明白，这是有人在装神弄鬼。

67. 女窃贼

伸助和尚用胶布把仿制的牢房钥匙贴在碗底。因为碗里装着面条，女看守辛吉没有将碗底翻过来检查。成田久子吃着情人送来的面条，当然会想到伸助和尚可能是来帮她越狱的。她仔细地摸索碗底，偷偷地将钥匙取下来。

68. 酬金有诈

这位女子是某医院的工作人员，凭借特殊的身份知道 H 公司的经理患了心脏病，并且知道他最多能活 3 个月。等到 H 公司的经理一死，这位女子就理所当然地得到了丰厚的酬金，而查理斯却被蒙在鼓里。

69. 瞬间逃窜的匪徒

管理员在绞断大厦电箱保险丝的同时保留了电梯的保险丝，所以案犯可以乘电梯逃走。

70. 罪犯的阴谋

罪犯是在上午把牧马人绑在枯树上的。罪犯是用湿的生牛皮捆住被害者的脖子后扬长而去的，那时被害者还没完全窒息。夏天湿牛皮在夏天太阳的照射下，逐渐干缩，直到勒紧牧马人的脖子，使其窒息而死。

71. 凶手的作案手段

刀是用弓箭射出去的。如果留意凶器日本刀上没有把手，谜也就解开了。也就是说，凶手是将日本刀当作箭，在 25 米以外用力拉弓射出来的。

72. 时间观念很强的银行经理

罪犯就是鲁克伯的侄子。表从高处掉下来，不是停，就是变慢了，不可能变快，这是他侄子上楼开窗时故意拨快的。他又有意朝天放枪并大声诅咒，知道伯父只要被吵醒必定要下楼来对表，事先在地毯上弄了皱褶，让他绊倒，从楼梯上摔下来跌死。

73. 雪后脚印

这是一个人由于某种原因而伪造的自杀现场的恶作剧。

首先他制作了一副高跷，但这副高跷是脚尖朝后的。当快要下雪的时候，他拿着这副高跷走到了峭壁上；当雪将停时，他就踩着自制的高跷，小心翼翼地一步步按原路走回村了。

74. 中毒

毒酒是温酒温出来的。锡壶其实是铅锡壶，含铅量很高。酒保把铅锡壶直接放在炉子上温酒，酒中就含有了浓度很高的铅和铅盐，多饮几杯，就会急性中毒！

75. 滑雪场的凶案

正是这位男子杀死了女游客。他用绳子拴住滑雪杆，然后把滑雪杆向后投去，刺中了女游客的胸口，又用绳子将滑雪杆拉回来，所以在现场找不到凶器。

76. 不可能发生的事

这么一具高大的尸体，还绑着这么多沉重的铁饼，显然是无法一次性拖动的。原来，为了毁尸灭迹，这个司机先将女尸装入布袋抛入大海，然后再将铁饼绑在布袋上。为了达到目的，他不惜一次次潜入水里，将铁饼逐个绑上。这个凶手的耐心实在了得，只可惜"天网恢恢，疏而不漏"。

77. 硬币透露了案情

布朗事先把钱扔在地上，等吉姆回来发现硬币弯腰去拾时，他便从二楼窗口朝下射箭，所以能正中吉姆的背部。

78. 狡诈的走私犯

霍普走私的正是他每月定期开过海关的高级轿车，而他那3个神秘的行李箱是迷惑转移海关视线的工具。当海关人员为此而头昏脑涨时，也就忽视了真正走私的轿车。

79. 打破的水晶花瓶

凶手用的凶器是一把用水晶做成的小刀，他用水晶刀故意打碎花瓶，然后把刀扔到水晶碎片里面以混淆人们的注意力。

80. 老虎的微笑

这是个极端凶残和聪明的凶手。他想除掉玛莉，可又没有机会，于是借老虎来行凶。他想办法在玛莉的头发上涂了一些有刺激性气味的药品。老虎闻到药品的味道，忍不住想打喷嚏，于是露出微笑一般的表情。由于喷嚏的力度过大，玛莉的脖子被咬断，凶手的目的也就达到了。

81. 没有消失的指纹

警察还是凭着那个指纹找到他的，原来指纹是有再生功能的，当皮肤再生的时候，指纹也会重新浮现出原有的模样，所以，通过给手指动手术的方式来改变指纹并不可靠。约翰不懂得这一点，便使自己在不知不觉中露了马脚。

82. 一片沉寂

如果确如哈利所说是在看电视时突然停电，同时发生了谋杀案，那么当电闸合上后，电灯亮了，老式电视也应有节目，寓

所里不会是"一片沉寂"。

83. 等鱼上钩

到了天黑，官员把老妇人放走，命令手下人秘密跟踪，看谁与这老妇人说话。这样反复三天，发现都有同一个人找老妇人。因他作案心虚，见每天都留下老妇人，就急忙打听虚实，正好中了主审官的圈套。

84. 寓所劫案

画家临死前说的"……开……关……掀……米……勒……"并不是指掀开米勒的画像，而是指掀开钢琴盖，按键上的两个音符"3"、"6"(米为3，勒为6)。按下这两个键后，地道的门自然就打开了。

85. 不早不晚，正好七点

收录机既然能录进枪声，那么也能录进屋里挂钟的报时声。这说明罪犯是在其他现场一边录音一边杀死被害者的，然后把尸体与录音机一同移至这第二现场。

探长根本无须听录音，就能够得出这一结论。因为如果录音里面有挂钟的报时声的话，他手下的侦探早就该知道确切的谋杀时间了，根本无须去问电视台。

86."幽灵"的破绽

斯坦纳在看《希伯来日报》。希伯来文和阿拉伯文一样，是从右向左书写的，而他的放大镜却是从左到右一行一行地往下移，从而露出其伪装的破绽。

87. 小福尔摩斯

蟑螂在自然死亡时是肚皮朝上的。可是，本杰明看到的蟑螂的尸体却是背朝上的。雅各布懂得的昆虫学知识太少，被本杰明看出了破绽。

88. 三个嫌疑犯

如果 A 是盗窃犯，那么 A 是说假话的，这样他必然说自己"不是盗窃犯"；如果 A 不是盗窃犯，那么 A 是说真话的，这样他也必然说自己"不是盗窃犯"。

在这种情况下，B 如实地转述了 A 的话，所以 B 说的是真话，因而他不是盗窃犯。C 有意错误地转述了 A 的话，所以 C 说的是假话，因而 C 是盗窃犯。

89. 拿走了一颗珍珠

窃贼要的不是珍珠，而是那个首饰盒！这个窃贼其实是卢米埃尔首饰盒的另一个收藏者。他自己的首饰盒上的锁坏了，所以他计划将自己的首饰盒跟福斯特的首饰盒调包。为了不让福斯特先生起疑心，他仿造了一个珍珠项圈（不幸的是，仿造的项圈只有 99 颗珍珠），然后在宴会中趁人不备，换走了福斯特的首饰盒。

威尔侦探手上的名单就是卢米埃尔首饰盒收藏者的名单。当他发现这份名单上的一个名字同样出现在福斯特的客人名单中时，他认为这个人就是窃贼。

90. 藏珠宝的罐头

女警官拿来一块木板，搁置一定坡度，将 12 听罐头并列在木板上滚动，发现其中一听滚得较慢，即是珠宝罐头。

91. 那个人就是罪犯

阿格瑟确定那人是罪犯，因为他知道失窃的是珠宝店，而阿格瑟未向那人提到这一点。

92. 智寻窃贼

其实，员工的草棍是一样长的。劳思故意说有一根稍长一些，小偷做贼心虚，怕当众出丑，就把自己的草棍掐去一截，这样唯有他的那根草棍比别人短一截，正好露出了马脚。

93. 警员与警长

医生将病人抬上救护车时，必须是先进头，后进身体。歹徒做的正好相反，所以被警长识破了。

94. 赃物藏在何处

货物埋藏在下午三点云杉树顶在地面的投影处。

95. 银行抢劫案

按照斯通先生的叙述，他们在回银行的路上，不应该先看到钱袋，再来到他逃走的地方，因为钱袋是在斯通先生逃走之前扔掉的。所以，斯通先生说的是假话，他肯定参与了这起抢劫案。

96. 谁是劫匪

两个男子的身材既然相差悬殊，手腕粗细自然也会有明显的分别。只要仔细观察一下表带上的洞孔痕迹，便会清楚地知道手表的主人是谁了。

97. 谍报员与定时炸弹

让表停下就可以了。谍报员用打火机将闹表字盘的外壳烧化，再用速干胶从洞中伸进去将表针固定住。只要表针不动，无论什么时候也到不了四点半，炸弹也就不会被引爆。

98. 大侦探罗波

那个人说他听到长颈鹿的嘶鸣后才被尸体绊了一跤。但是，实际上所有的长颈鹿都是"哑巴"，它们根本不会发出嘶鸣。他如果不是凶手，就不会编造假话。

99. 聪明的谍报员

马克被监禁在新西兰。因为在北半球的夏威夷宾馆里，拔下澡盆的塞子，水是呈顺时针方向旋转流进下水道的。而在这个禁闭室，水是呈逆时针方向流下去的。所以，马克弄清了当地是位于南半球的新西兰。

100. 究竟发生了什么

波洛在雪地上只看到了杜弗斯留下的脚印。他还看到，积雪从谷仓的屋顶不停地滑落下来，掉在了杜弗斯认为自己被袭击的地方。原来，可怜的杜弗斯把雪落下来的声音误认为是外人闯入的声音，而且被从屋顶掉下来的雪块砸伤了。

101. 摩尔的暗示

摩尔特意选在更夫走到屋子外的时候点亮了灯盏，这样一来强盗拿着刀的影子就很清楚地映在了窗户上，这就是给更夫的一个最好的暗示，所以更夫知

道了屋子里有强盗。

102. 老地质队员遇难

公安人员看帐篷支在一棵大树下，就断定此地不是案发第一现场。因为被害人是有经验的老地质队员，他不可能在野外将帐篷支在大树下，如果天气骤变，在大树下会有遭雷击的危险。

103. 聪明的警长

警长说的是："你们可以走了。"当第二个人起身离座时，警长便知道他是装聋扮哑的。

104. 粗心的警察

怀表指针停在 4 时 21 分 49 秒。

我们可以观察到，在 12 个小时内，时针与分针有 11 次重合的机会。时针的速度又是分针的十二分之一。因此，继上一次重合之后，每隔 1 小时 5 分 27 又 8 / 11 秒，时针和分针才能再度重合一次。

耐心地计算，午夜零点以后

两针重合的时间应该是:(1)1时5分27又3/11秒。(2)2时10分54又6/11秒。(3)3时16分21又9/11秒。(4)4时21分49又1/11秒。因此,怀表指针停的位置不外乎以上4种情况,而那个粗心的警察看到秒针停在有斑点的地方正好是49秒处,因此之前怀表指针停在4时21分49秒。

105. 凶手就是他

凶手是代号608的光,因为女侦探当时是背着手写下的608,数字排列发生了变化,正反顺序也颠倒过来,608就是809。

106. 哪一间房

史蒂夫敲了305房间,因为经理说计算机标示和房间的住客身份完全不符合,表示305房间里一定是两女或者两男;如果敲了305房间,听出了声音是男或女,就可知道305房间里是两男或两女。

假设305房间里是两男,则原本的301房间里一定是两女,

而303房间里则是一男一女。

而另一种可能性是,305房间里是两女,则原本的303房间里一定是两男,301房间里则为一男一女。

107. 侦探波洛

很简单,波洛并没有指明罗丝的哪只脚受了伤,伊丽莎白却已经知道她伤了右脚,证明她看到罗丝被打伤,可她却撒谎说睡着了。原来,她是为了除去情敌,才故意用猎枪打伤罗丝的。

108. 电话密码

查理有时捂紧话筒,有时松开手。这样,保安处就收到了查理如下"间歇式"的情报:"我是查理……现在……黑塔旅馆……和目标……在一起……请……快……赶来……"

109. 奇异的案情

警长推测,他们搏斗是在黑暗中进行的,而狼狗只凭早先沾在睡衣上的气味咬人,而这件睡衣是那位史密斯先生事先偷偷

地给古董商换过的。而这一切，又都是他预谋的，所以才发生了"狗咬自己主人的怪事"。

110. 笔记本电脑不见了

迈克尔拿了丽莎的笔记本电脑。他说他昨晚一直在读一本小说。可是昨晚他们到旅馆后过了 30 分钟就熄灯了，他不可能读完。他一定是用丽莎的笔记本电脑在网上读完这本书的。

111. 聪明的化装师

原来，女化装师是仿照街上张贴的一张通缉犯人的照片来化装的。她把杀人犯的那张脸型移到这个逃犯的脸上，怪不得警察一下就盯住了他。

因为职业关系，化装师要广泛收集脸谱，供化装之用。不料，她留意的一张通缉照片，竟派上了大用场。

112. "赌城"拉斯维加斯

茶壶生满了锈，无论谁摸它，手上都会留下痕迹。偷钱的

人听了主人的话，心里有鬼，不敢去摸茶壶，所以手上是干净的。依此推断，手上没有锈迹的人就是偷钱的人。

113. 消夏的游客

服务员的建议是：把该人带到美容院剃成光头，三七开式的分界线就会明显地暴露出来。因为盛夏在海滨住了半月以上，分界处的头皮和面部一样会受到日光的强烈照射，头发剃光后，光头上就会出现一条深色的分界线。

114. 钢结构房间

这是一把耶鲁锁（即撞锁，此锁的门内部分没有锁洞）。佛瑞德只要转动一下门插销就可以打开门出去了。

115. 姑娘的手枪

姑娘用的是麻醉枪，她是动物园的驯兽员。

116. 跟踪谜团

小说的结尾是这样的："室内一片狼藉。就连艾诺自认为

坚固无比的保险柜也豁然洞开，而里面空空如也。当然了，确知此地一周内无人防范，谁都可以悄无声息、从容不迫地撬开保险柜。这个戴墨镜的浑蛋！确实，世上哪有什么真正的热情慷慨之士……"

原来，这个戴墨镜的男子使了一个小小的诡计，让艾诺去跟踪那个少女一个星期，赢得了充分的时间，可以不慌不忙地进入空室作案。

117. 半夜敲门

韦尔曼警官是维特的朋友之一，所以他知道，维特没有哥哥。当维特得知门外是韦尔曼警官时，便故意说她哥哥也问他好，他就明白是怎么回事了。

118. 惯犯被擒

是一直处于通话状态的电话机发出了报警信号。惯犯用万能钥匙撬锁时，女郎正和朋友通电话，她听到门响，说"请稍候"，其实是对电话中的朋友说

的，因此她与小偷搏斗时的喊叫通过话筒传到朋友那里，她朋友马上报告了警署。

119. 逃脱的方法

史密夫先将冰箱移至窗户前，再将冰箱门开开关关，利用冰箱内闪烁的灯光发出求救信号。

120. "二战"中的间谍

警方忽略了那几封信上的邮票。因为这些邮票都是稀有邮票，每枚价值都在数千英镑以上。

121. 令人瞠目结舌的真相

原来，巴西护卫舰从海洋里打捞上来的并非是求救信，而是广告书。在"西·希罗"叛乱事件发生前16年，有个叫约翰·帕尔明格托恩的人出了一部名为《西·希罗》(《海上英雄》)的小说。后来由于在广告宣传上下了功夫，该书销路极好。宣传的方式之一就是作者在小说出版之前，往海里扔了

5000 只封装着摘自《圣经》的著名片断和书稿中求援呼吁内容的瓶子。偏偏有那么一只瓶子会被巴西护卫舰捞起,内容又偏偏与叛乱事件相符,以至奇迹般地成了罹难船的救命符。这是作者在 16 年前始料不及的……

122. 机智脱险

伊凡诺维奇用闪光灯向 A 国中年特工的眼睛闪了一下,使对方暂时失明,趁此瞬间迅速逃离会场。

123. 监视的妙方法

原来那 4 人站在 4 个屋角,一人可远远监视两个出口,到疲倦时,由另 4 人顶替。故当查理进行突袭行动的时候,4 名警探已躲藏起来休息,故不能参与行动,到双方对抗时才醒来,拘捕了通缉犯及黑社会头目。

124. 奇怪的拳头

原来,那稻草人已变成了彦一自己。他身披稻草,头戴稻草帽,站在那里。偷瓜贼头上挨的

拳头正是彦一打的。其实,彦一白天做了稻草人插在瓜地里,并且大肆宣传,让所有的人都知道他干了件"蠢事"。到了晚上,他把稻草人搬进瓜棚里的床上,把它蒙上床单。自己则披上稻草站在稻草人的位置上,等候偷瓜贼来偷瓜。偷瓜贼自作聪明,终于上了彦一的当。

125. 新学期的风波

从小偷翻了前 6 排座位,只偷了那两样东西来看,小偷事先就知道那三样东西,目的也正是它们。但是玛丽却没有被偷,由此可见,小偷并不知道他们坐在哪些位子上。所以,老师凯瑟琳可以排除在外,她所说的话当然也是真的了。

那么,知道他们那三样东西,又没有不在场证明,也不知道他们座位的人,只剩下老爷爷和准备去教务处办理转学手续的理查德同学。但是,老爷爷拄着拐杖,不可能跳过围墙。所

以，窃贼就是理查德。

至于理查德为何没有跟同学们一起去上体育课，前面已经说了——他要去教务处办理转学手续。

126. 刑期有误吗

氨基比林药片和牙签是秘密传递情报的工具。氨基比林药片，用水冲开后，便成了一种无色的"墨水"。用牙签蘸着，写在纸上，看不见字迹。但是用特殊的方法处理后，纸上的字就能清楚地显示出来。

127. 终日不安的罪犯

事后张某才知道，由于晚间看不清，加上他性急慌忙，把那封信投到举报箱里去了。

128. 灾难

苏菲的丈夫文森是个骗子，他是该观光客轮的一等水手。为了骗取苏菲的2万美元，他使用假名，隐瞒船员身份，同她闪电般地结了婚。在码头上，他同苏菲一起上舷梯时，穿的是便服，以便不暴露身份。二等水手以为上岸的一等水手回来了，怎么也不会想到他是苏菲的新郎。所以在苏菲向他们询问时，说了那样一番话。文森还在船舱的门上贴上了假号码。第二天早晨，打电话把苏菲叫到甲板上并企图杀害她的也是他。